mare
wissen

DAGMAR RÖHRLICH

TIEFSEE

Von Schwarzen Rauchern und blinkenden Fischen

Mit Illustrationen von Jan Feindt

BAND 1 mare wissen

Für Zoë

Die deutsche Nationalbibliothek verzeichnet diese Publikation in der Deutschen Nationalbibliografie; detaillierte bibliografische Daten sind im Internet unter http://dnb.ddb.de abrufbar.

1. Auflage 2010

Lektorat Claudia Jürgens
Gestaltung und Satz Simone Hoschack
Grafiken und Karten Walther-Maria Scheid
Schrift Bembo, Syntax
Druck Memminger MedienCentrum, Memmingen
Bindung Buchbinderei Lachenmaier, Reutlingen
Printed in Germany
ISBN 978-3-86648-122-0

www.mare.de

»Zu einer Zeit, in der die meisten von uns denken, dass der Weltraum unsere letzte Grenze ist, sollten wir daran erinnern, dass auf der Erde auch noch sehr viele unerledigte Geschäfte auf uns warten.«

Robert D. Ballard,
University of Rhode Island

Inhalt

Vorbemerkung

Das Abenteuer beginnt

Der Tag ist grau. Das dicke, schneebedeckte Eis wirkt stumpf. Unter der *FS Polarstern* schießt eine Eisscholle hervor, springt polternd zwei, drei Meter an der Bordwand hoch, ehe sie nach hinten überkippt, wieder ins Meer taucht. Mit aller Kraft wirft sich das Schiff nach vorn, rammt das Eis, schiebt sich weit hinauf, neigt sich mehr und immer mehr zur Seite – ehe das Eis unter seinem Gewicht bricht. Wieder zieht sich die *Polarstern* zurück, nimmt Anlauf, ehe sie erneut vorprescht.

Etwas entfernt schläft eine Robbe auf dem Eis. Sie hebt erstaunt den Kopf, betrachtet das Schauspiel, kratzt sich genüsslich den Bauch. Sie ahnt nicht, dass ein oder zwei Kilometer von ihr entfernt ein junger und hungriger Eisbär herumläuft – auf der Suche nach einem Happen um Mitternacht.

Die *Polarstern* ist auf Forschungsfahrt in der Arktis, in der Framstraße, zwischen Spitzbergen und Grönland, schließlich unterhält das Bremerhavener Alfred-Wegener-Institut für Polar- und Meeresforschung hier seinen »Hausgarten«, ein mit wissenschaftlichen Stationen versehenes Tiefseegebiet, das seit Jahren erforscht wird.

Die Tiefsee ist der größte und am wenigsten bekannte Lebensraum der Erde – ein schwarzer, lichtloser und kalter Lebensraum, in dem mörderische Drücke herrschen. Pflanzen gibt es nicht: Sie ist eine Welt der Mikroorganismen und der Tiere. Weil Nahrung knapp ist, steigen Myriaden von Lebewesen Nacht für Nacht auf, um an der Meeresoberfläche zu fressen und vor Tagesanbruch wieder in die sichere Finsternis zurückzusinken. Wer dafür zu tief wohnt, muss sich mit dem begnügen, was von oben herabrieselt, oder kann auch die Wanderer fressen, wenn sie von den fetten »Weiden« zurückkehren. Aber viel ist es nicht, was ihm bleibt. In der Tiefsee ist der Hunger Dauergast. Meistens jedenfalls. Es gibt auch Zonen, in denen Überfluss herrscht. Das sind seltsame chemische Welten, die von der Energie aus dem Inneren der Erde angetrieben werden: heiße vulkanische Quellen oder eiskalte Salzseen am Meeresgrund, an denen ungewöhnliche Lebewesen regelrechte Rasen bilden.

Auch die schwarzen Wassermassen werden von seltsamen Kreaturen bevölkert: von finsteren Horrormäulern, geflügelten Kraken, leuchtenden Bakterien. Dort leben bizarre Fabeltiere mit Riesenzähnen und Mägen, dehnbar wie ein Luftballon, oder mit Leuchtangeln, mit denen sie auf dem Boden hocken und Beute anlocken. Viele Bewohner der Tiefsee könnten einem Bild von Hieronymus Bosch entsprungen sein.

Die *Polarstern* hat das Eis verlassen. Es ist nur noch als weißer Saum am Horizont zu erkennen. Das Schiff bezieht in sicherer Entfernung Position, um *Victor 6000* auszusetzen. *Victor 6000* ist ein ROV, ein ferngesteuertes Unterwasserfahrzeug, das dem französischen Meeresforschungsinstitut Ifremer gehört. Sein gelber Auftriebskörper leuchtet in der Sonne, darunter schimmert silbern sein Skelett aus Aluminium und Titan.

Langsam senkt sich der »Wackelmast« am Heck des Schiffs über das Meer. Die Mannschaft an Deck hat alle Hände voll zu tun. Der erste Offizier gibt die Kommandos, hält über Funk Kontakt zur Brücke: Eine schnelle Drehbewegung seiner Hand, und der Mann im verglasten Windenleitstand lässt das tonnenschwere ROV langsam ins Wasser ab. Der schwere Haken wird ausgeklinkt. Dann entfernt sich die *Polarstern* vorsichtig, legt Meter für Meter zurück, während langsam das Kabel ausrollt: eine 8 500 Meter lange Nabelschnur, durch die *Victor 6000* Strom und seine Befehle bekommt. Während er sie ausführt, liefert er Bilder der Tiefsee nach oben in den Kontrollcontainer unter Deck. Von dort aus steuern drei Piloten pro Schicht den lieferwagengroßen Hightech-Koloss.

In diesem Container ist es dunkel. Lediglich die vielen Bildschirme liefern ein schummriges Licht. Es dauert Stunden, ehe *Victor* sein Einsatzgebiet in 2 500 Metern Tiefe erreicht. Stunden, in denen meist nicht viel anderes auf den Bildschirmen zu sehen ist als schwarzes Wasser. Plötzlich scheint ein Schneesturm loszubrechen: Aber diese Flocken sind keine Eiskristalle, sondern »Bioflocken« aus den abgestorbenen Resten mikroskopisch kleiner Algen und einzelliger Tiere, die in die Tiefsee hinabsinken.

Unten angekommen, beginnt *Victor 6000* mit der Arbeit. Über Joystick befehlen die Piloten dem ROV, mit den Greifarmen die Köder auszusetzen. Es dauert eine Weile, denn die ferngesteuerte Arbeit ist nicht einfach und verlangt einiges an Erfahrung und viel Konzentration. Dann geht es weiter zur nächsten Station. Sechs Stunden später. Zeit zum Einsammeln. Weiße, aalartige Fische drängen sich um die Köder, starren mit ihren schwarzen Augenhöhlen ins Licht. Die Tiere wollen nicht von ihrem Festmahl lassen: Sie verteidigen es vor dem Greifarm, verbeißen sich darin, attackieren tapfer trotz des ihnen unbekannten gleißenden Lichts den Räuber aus Metall. Vergebens – die Köder landen in der Sammelschublade. Anschließend werden Bodenproben gezogen, schließlich sollte eigentlich untersucht werden, wie schnell und wie viele der schlammbewohnenden Krebse sich über dieses Picknick hermachen wie Ameisen über ein Marmeladenbrot.

Plötzlich fängt die Kamera einen Tiefseeoktopus ein: Rosa schimmert er, und mit der aufgespannten Haut zwischen seinen Fangarmen erinnert er an eine tanzende Ballerina. Elegant schwebt er über eine Seeanemone hinweg, die – durch den Wasserwirbel gewarnt – schnell ihre Tentakel einzieht …

Die Tiefsee ist eine faszinierende Welt, so völlig anders als die, in der wir Menschen leben. Gerade 150 Jahre ist es her, dass Wissenschaftler ernsthaft mit ihrer Erkundung begannen. Es waren die Forscher der *Challenger*-Expedition, die vom 21. Dezember 1872 bis zum 24. Mai 1876 endgültig die Lehrmeinung widerlegten, dass unterhalb von 500 Metern Wassertiefe nichts Lebendiges mehr existieren könne. Aber ihre Expedition hatte noch ein anderes Ziel: Sie wollten Beweise finden, um Darwins Evolutionstheorie zu stützen, die damals noch heiß diskutiert wurde.

Dreieinhalb Jahre war die Besatzung der *Challenger* unterwegs, erlebte viele Abenteuer und litt unter einem erschöpfenden Alltag. Davon erzählen nicht nur die Berichte der Wissenschaftler, sondern auch die von Offizieren und Mannschaftsangehörigen. Sie geben Einblick in eine Zeit, als wissenschaftliche Expeditionen lebensgefährliche Unternehmen waren – heute am ehesten vergleichbar mit der Raumfahrt. Weil damals vieles anders war und diese Expedition die modernen Meereswissenschaften begründete, ist sie der rote Faden, der sich durch das Buch zieht.

Die Erzählung beginnt jedoch am 23. Januar 1960. Das war ein verrücktes Jahr, mit wahnwitzigen Aktionen im Dienste der Wissenschaft. So sprang Joseph Kittinger für die US Air Force am 16. August mit einem Fallschirm aus einem heliumgefüllten Ballon: Seine Absprunghöhe betrug mehr als 31 Kilometer. An diesem 23. Januar waren jedoch Jacques Piccard und Don Walsh an der Reihe, Wissenschaftsgeschichte zu schreiben. Sie tauchten mit dem Bathyskaph *Trieste* bis auf den Boden des Marianengrabens. Mit dieser Fahrt ging ein Traum in Erfüllung – der des Vaters von Jacques Piccard, Auguste. Als junger Mann hatte er die wissenschaftlichen Berichte der deutschen *Valdivia*-Expedition verfolgt, eine der Nachfolgeexpeditionen der *Challenger*. Was dort stand, faszinierte Auguste Piccard: Wenn man die Tiefsee wirklich erforschen wollte, musste man sie besuchen. Was für ein Plan! Er brauchte sein ganzes Leben, um sich diesen Traum zu erfüllen. Und nicht er war es, der in den Keller der Welt vordringen konnte, sondern sein Sohn Jacques. Aber es gelang – und das hätten sich die Wissenschaftler der großen Expeditionen des 19. Jahrhunderts noch nicht einmal in ihren kühnsten Fantasien einfallen lassen, auch nicht, dass einmal die Bilder eines ROV gleich über ein Dutzend Bildschirme an Bord eines Schiffs flackern werden und jede Sekunde aufgezeichnet wird, um sie später auszuwerten. Was sie von der Welt unter den Wellen sahen, war nicht mehr als der graue Schlamm und das, was an Tieren in ihren Netzen nach oben kam. Dass es ihnen gelang, daraus so viel zu machen, war eine große Leistung. Aber es brauchte die Erfindungen eines ganzen Jahrhunderts, um endlich direkten Einblick in diese Welt nehmen zu können.

In 13 Kapiteln – Abergläubische mögen es verzeihen – geht es um die Vielfalt der Tiefsee, es geht um ihre Entdeckung, um die Gesetze, die sie regieren, ihre Bewohner – und schließlich auch um ihre Bedrohung. Denn selbst die Tiefsee ist im 21. Jahrhundert nicht mehr sicher. Es sind Schiffe wie die *Polarstern*, die das große Erbe der *Challenger* angetreten haben und die heute vor Augen führen, wie verletzlich der größte Lebensraum auf der Erde ist.

Die Tiefsee – sie ist ein fremder Planet auf der Erde.

1

Zum tiefsten Punkt

Von der *Trieste* und dem Traum vom Meeresboden

Samstag, 23. Januar 1960. Tauchtag. Die Nacht war stürmisch, und auch am Morgen schlagen die Brecher wütend über den Bug der *USS Wandank*. Das Schiff schlingert und stampft in der rauen See. Jacques Piccard ist nervös, denn am Schlepptau der *Wandank* zerrt die *Trieste:* ein Tiefsee-U-Boot, ein Bathyskaph – *der* Bathyskaph, einen besseren gibt es nicht.

Eine Explosion übertönt das Tosen von Sturm und See. Eine Wasserfontäne spritzt hoch. Die achthundertste. Die Geophysiker an Bord des Begleitschiffs *USS Lewis* suchen immer noch mit Sprengladungen nach dem Ziel für diese Expedition. Irgendwo hier muss er sein: der tiefste Punkt der Erde – irgendwo in diesem Abschnitt des Marianengrabens. Diese Tiefseerinne im Westpazifik wurde am 23. März 1875 entdeckt. An diesem Tag senkten die Matrosen der *HMS Challenger* in der Nähe der Insel Guam – von wo aus 85 Jahre später die *Trieste* zu ihrer großen Tauchfahrt aufbrechen sollte – wieder einmal ein Lot ab. Damals war die Stimmung an Bord des britischen Forschungsschiffs

Abb. links:
Peitschenangler
Himantolophus paucifilosus
Größe: ♀ bis zu 46 cm, ♂ bis zu 4 cm
Tiefe: 1 000 – 4 000 m
Der Peitschenangler ist eher bizarr als eine Schönheit. Die kleinen Punkte auf der Haut sind Sinnesorgane, mit denen er noch winzigste Wasserbewegungen wahrnimmt.

schlecht: Es war fast windstill, und wegen der knappen Kohle lieferte die Dampfmaschine kaum mehr als Hilfskraft. Man kam einfach nicht voran, alle waren mürrisch. Und dann noch diese Sisyphusarbeit, die jedes Mal ewig dauerte. Die Messungen waren ein sich immer wiederholender Albtraum: Einen ganzen Tag lang schaukelte das Schiff wehrlos in den Wellen, die Monotonie, das Wimmern, Ächzen und Quietschen der Winde, wenn sie zuerst die Lotleine und dann die Dredsche hochholten. Aber der Auftrag lautete, die Meeresbecken systematisch zu vermessen. Es ging also nicht anders. Hunderte Male wiederholte Routine. Aber an diesem 23. März dauerte das Ganze noch viel länger als sonst. Die Lotung schien kein Ende zu nehmen. Sie erreichte 447 Faden – mehr als acht Kilometer. Die Bodenprobe in der Dredsche bestätigte, dass kein Messfehler vorlag und das Lot hinter dem Schiff hergezogen worden wäre, ohne den Grund zu erreichen: Es war tatsächlich so weit hinabgesunken. Einen tieferen Punkt hatten sie auf dieser Reise nicht gefunden, bei Weitem nicht. Der Rekord hellte die Stimmung schlagartig auf, und die Wissenschaftler beschlossen, diese Stelle nach dem beliebten Navigations-Unteroffizier Herbert Swire zu benennen. Aber als sie wieder in England waren, änderten sie den Namen in Challenger Deep, dem Schiff zu Ehren. Und dabei blieb es.

1960 reißt der Name Challengertiefe Piccard immer noch hin, obwohl es inzwischen Jahre her ist, dass er ihn zum ersten Mal gehört hat. Das war nach einem Vortrag in Lausanne gewesen. Er hatte von den Tiefseegräben rund um den Pazifik berichtet, davon, dass diese schmalen Rinnen Tausende Meter unter die Meeresbecken hinabreichen, dass die Menschen sie unbedingt erkunden sollten: »Vor allem die Mindanaotiefe vor den Philippinen, denn nirgends auf der Welt geht es so weit hinunter wie dort«, hatte er erklärt. Als er den Saal verließ, war sein alter Professor lächelnd auf ihn zugekommen: »Jetzt müssen Sie aber zum Marianengraben fahren.« Und er erzählte ihm, dass die Besatzung des britischen Vermessungsschiffs *Challenger II* dort 1951 eine Stelle entdeckt hatte, an der es fast 11 000 Meter bis zum Ozeangrund waren …

Abb. rechts: Auguste Piccard (1884–1962) in der Kapsel seines Stratosphärenballons FNRS-1.

An Bord der *Lewis* schließen die Geophysiker ihre Auswertungen ab. Sie scheinen die tiefste Stelle ausgemacht zu haben. In der vergan-

Der Marianengraben befindet sich im Pazifik. Die größte Tiefe erreicht er an seinem Südende: Dort tauchten Piccard und Walsh bis auf 10 916 Meter hinab.

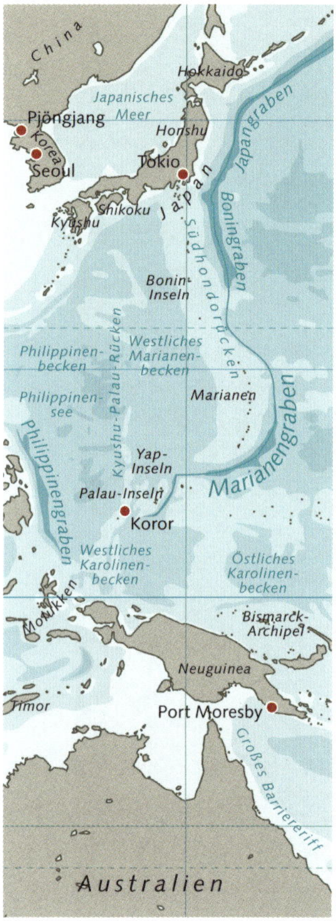

genen Nacht waren die Druckwellen einer Explosion 14 Sekunden unterwegs gewesen, ehe sie sie wieder auffangen konnten: Das entspricht 10 840 Metern! Rund 80 Kilometer von der Stelle entfernt, an der die Besatzung der *Challenger* 1875 ihre Rekordmessung gemacht hatte, soll es hinuntergehen. Piccard schaut auf die Uhr. Eigentlich hätte der entscheidende Tauchgang um 7 Uhr morgens beginnen sollen. In den meterhohen Wellen ist es jedoch zu riskant, bei Dunkelheit an Bord der *Trieste* zu gehen. Er muss auf das Tageslicht warten. Nur: Soll er bei dieser See wirklich alles auf eine Karte setzen? »Das ist ein Tauchgang wie jeder andere«, versucht er sich zu beruhigen. Er weiß, dass das nicht stimmt. Er hat nur eine Chance. Bei diesem Wetter und bei dem engen Zeitplan lässt sich die *Trieste* hier draußen kein zweites Mal flottmachen. Dabei wäre diese Fahrt die Krönung jahrelanger Arbeit – und der Abschluss, denn danach muss er den Bathyskaphen endgültig an die amerikanische Marine übergeben, die den Bau finanziert und damit seinen Traum und den seines Vaters Auguste verwirklicht hat – den Traum von der Erkundung der Tiefsee.

Begonnen hatte dieser 1905, als Auguste Piccard noch Physikstudent an der Polytechnischen Universität in Zürich war. Er las ein gerade erschienenes Buch über die deutsche *Valdivia*-Expedition, die bis in die Gewässer vor der Antarktis vorgedrungen war. Über Seiten beschrieb Expeditionsleiter Carl Chun die Netze und Gerätschaften, mit denen seine Mannschaft die »flüchtigen Fische« an Bord holte. Er las von durchsichtigen Kraken, von Pfeilwürmern mit rotem Darm, violetten Quallen und zarten Seewalzen. Er las vom Anglerfisch und den Kommentar, den der wissenschaftliche Zeichner bei seinem Anblick abgegeben hatte: »Man könnte meinen, der liebe Gott habe alle seine Dummheiten in der Tiefsee versteckt.« Er las davon, dass Tiere in den Netzen zerdrückt wurden oder dass bei vielen die Zellen durch den raschen Druckunterschied beim Einholen platzten. »Also beobachtet man die Fische doch besser direkt am Meeresgrund«, schloss Auguste Piccard.

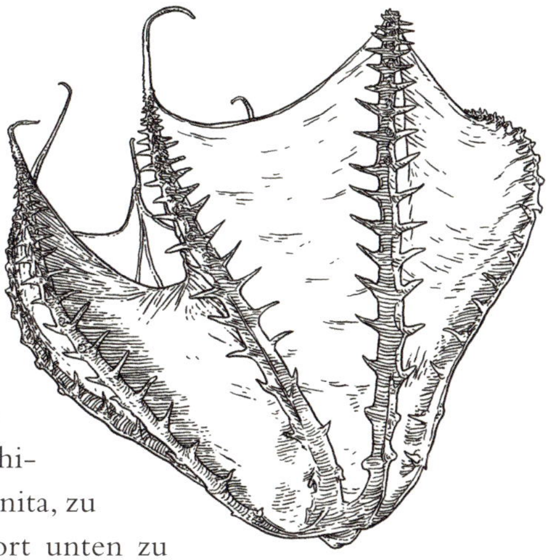

Damit nahm er einen Gedanken des Physikers Robert Hooke aus dem 17. Jahrhundert auf. Der hatte damals vergeblich versucht, seine Zeitgenossen für die Tiefseeforschung zu begeistern. Dort unten müsste es von Leben ebenso wimmeln wie an Land, erklärte Hooke, nur dass der Mensch es nicht kenne, weil es sich in einem anderen Element entfalte. Er wollte Boten hinabschicken, um diese unbekannte Welt, diese Terra incognita, zu erkunden. Man müsste nur Geräte bauen, um dort unten zu überleben.

Vampirtintenfisch
Vampyroteuthis infernalis
Größe: 12 – 30 cm
Tiefe: 600 bis mindestens 1 500 m
Der schwarze Vampirtintenfisch wirkt umso unheimlicher, als er mit den Leuchtorganen an seinen Flossen und Armen Blitze und pulsierendes Licht ausstrahlen kann.

Zu Hookes Lebzeiten ließ sich das nicht realisieren. Auch als Piccard 1905 den Bericht der *Valdivia*-Expedition las, waren die zur Verfügung stehenden Mittel noch sehr unzureichend. Die Tiefseeforschung hatte gerade erst richtig begonnen – und so spielte der Student in Gedanken durch, was alles erfunden werden musste, damit der Mensch selbst den Meeresboden erobern könne: eine Stahlkugel, die dem Druck standhält, samt einem Fenster, um den Meeresgrund zu beobachten. Man muss wieder nach oben – aber wie? Kabel oder Seile können reißen. Wie wäre es mit einem »Unterwasserballon«? Die Stahlkugel hinge dann an einer Art Schwimmer, der mit einer Flüssigkeit gefüllt sein müsste, die leichter ist als Wasser. Gas wäre ungeeignet, weil der Druck der Tiefsee es zusammenpressen würde. Öl oder Benzin wären besser. Der Schwimmkörper sorgt für Auftrieb, Ballast an Bord fürs Absinken. Auguste Piccard denkt über ein Gefährt nach, das so fantastisch anmutet, dass es auch von Jules Verne hätte stammen können.

In seiner Fantasie sah er den Bathyskaphen schon vor sich – und tatsächlich wird die *Trieste* später genau so funktionieren. Zuerst jedoch beendete der 21-Jährige sein Studium – und dann lockte ihn der Himmel. Als Professor an der Universität Brüssel baute er einen Stratosphärenballon, um die kosmische Strahlung zu untersuchen. So hoch oben in der Atmosphäre ist die Luft viel zu dünn, um atmen zu können, und der Druck für einen Menschen tödlich niedrig. Wie also dort überleben? Er erinnerte sich an seine alte Idee und entwickelte ein »stratosphärisches Unterseeboot«, mit dem er sich am 27. Mai 1932

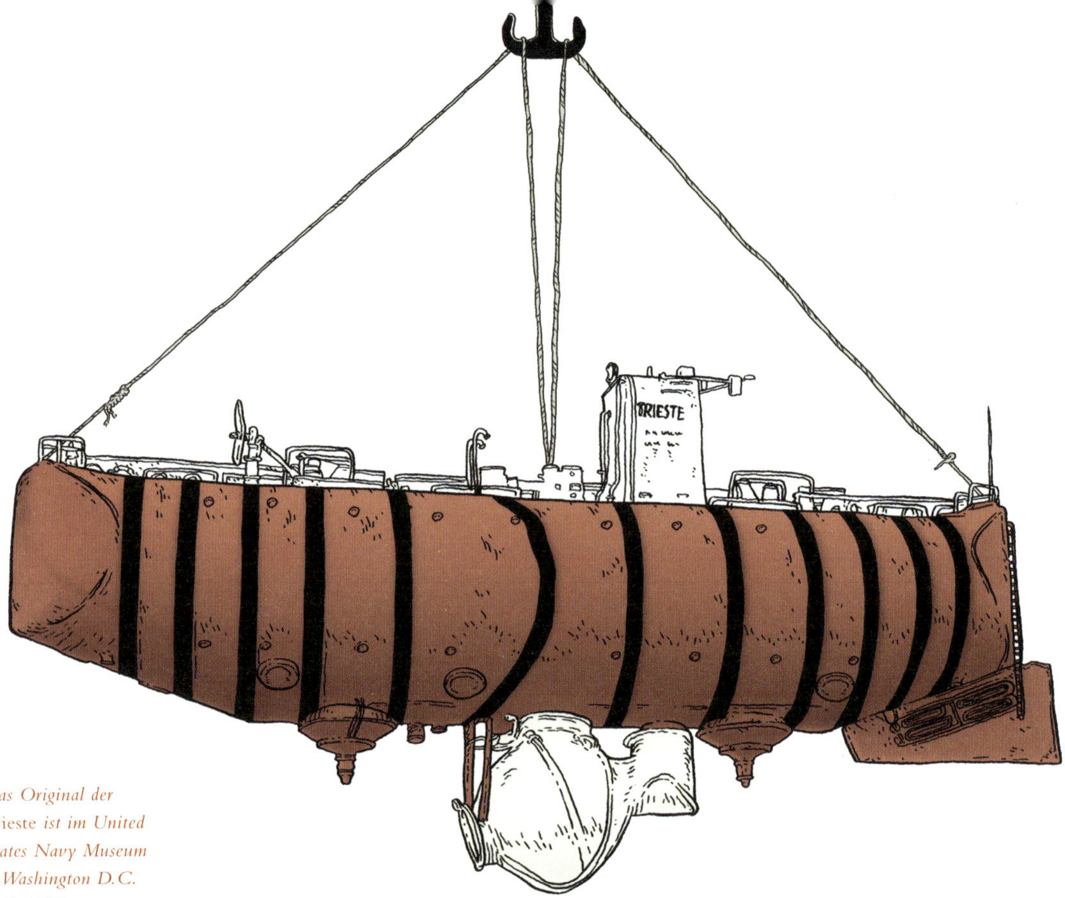

Das Original der Trieste *ist im United States Navy Museum in Washington D.C. zu besichtigen, ein Probeguss der Tauchkugel steht im Deutschen Museum, München.*

zusammen mit seinem Assistenten Paul Kipfer in Richtung Weltraum wagte. 15 940 Meter erreichten die beiden, bei einem zweiten Start am 18. August waren es sogar 16 910 Meter. Der Traum von der Tiefsee jedoch war nicht vergessen.

1937, ein Empfang in Brüssel bei König Leopold III. Der fragte Auguste Piccard, an welchem Projekt er augenblicklich arbeite. Die Antwort: »Sire, ich beschäftige mich mit der Konstruktion eines Bathyskaphen. Er muss mindestens 4 000 Meter Tauchtiefe erreichen und zwei Beobachter zum Meeresgrund bringen.« Der König war interessiert, wünschte ihm Glück: Und Auguste Piccard nahm das als Startschuss zum Projekt seines Lebens.

Der Zweite Weltkrieg verzögerte die Verwirklichung. Als endlich wieder Frieden herrschte, ging es los. Allerdings waren die ersten Versuche enttäuschend. Dann lief – am 1. August 1953 – die *Trieste* vom Stapel: in der damals freien Stadt Triest an der Grenze zwischen Italien und Jugoslawien. Mit ihrem Einstiegsturm, dem zigarrenförmigen Körper und der massiven Stahlkugel, in der zwei Männer zusammengepfercht Platz haben, erinnert die *Trieste* an eine Kreuzung zwischen U-Boot und Zeppelin. Zunächst war sie auf Tauchtiefen von 6000 Metern ausgelegt. Erst eine zweite, noch festere Stahlkugel machte sie tauglich für das Abenteuer Marianengraben: Diese Kugel war extra von Krupp in Essen angefertigt worden.

Tauchen oder nicht tauchen?

Als der Morgen graut, wirft die *Lewis* Leuchtkugeln aus: Sie markieren das Ziel. Mühsam hält die *Wandank* auf die markierte Stelle zu. Ist die *Trieste* überhaupt in tauchfähigem Zustand? Immerhin war die 360 Kilometer lange Schleppfahrt von Guam hierher eher ein wilder Ritt gewesen. Einmal war sogar das Schlepptau gerissen. Prinzipiell ist das kein Problem: Aus Sicherheitsgründen war es so gewählt worden, dass es reißt, wenn der Zug zu stark wird, schließlich darf der Bathyskaph auf keinen Fall beschädigt werden. Aber durch den Zwischenfall gingen Stunden verloren, der ohnehin enge Zeitplan geriet ins Wanken.

Und das Wetter bleibt schlecht. Die Bedingungen sind alles andere als ideal. Tauchen oder nicht? Um die Entscheidung zu fällen, muss sich Jacques Piccard die *Trieste* erst genauer ansehen. Der Versuch, das Beiboot der *Wandank* auszusetzen, scheitert am Seegang. Bleibt das Schlauchboot, und auch das tanzt erst nach einem heftigen Kampf auf den Wogen. Piccard, sein Mitarbeiter Giuseppe Buono und Leutnant Lawrence Shumaker von der US-Marine schaukeln auf den mehr als sieben Meter hohen Wellen zum Bathyskaph. An Deck der *Trieste* erschrecken die drei. Die Wucht der Wellen hat das Überwassertelefon für den Kontakt zwischen Deck und Tauchkugel fortgespült, die Tachometer zur Messung der Sinkgeschwindigkeit sind zerstört.

»Nun? Tauchen wir, Signore?«, fragt Giuseppe Buono. Piccard zuckt zweifelnd die Achseln. Auch sein Kopilot, US-Marine-Leutnant Don Walsh, der sich mit einem Motorboot von der *Lewis* hierher durchgekämpft hat, schüttelt nachdenklich den Kopf: »Was meinen Sie, Jacques?« »Ich schau mir das Ganze erst einmal von innen an.«

DIE TECHNIK DER *TRIESTE*

Die *Trieste* wird mit Eisenschrot, Wasser und Benzin reguliert: Der Ballast zieht sie nach unten, wobei sie in kältere und dichtere Wasserschichten gerät. Das Benzin in den Tanks des Schwimmkörpers zieht sich durch die Kälte zusammen, Meerwasser dringt ein, der Bathyskaph wird schwerer, und er sinkt weiter. Zum Aufstieg wird der Ballast abgeworfen. Auf dem Weg nach oben dehnt sich das Benzin wieder aus und verdrängt das Wasser – das U-Boot wird leichter und damit schneller. Im Notfall schaltet der Pilot den Elektromagneten ganz aus, aller Schrot fällt heraus, und die *Trieste* schwimmt auf wie ein Korken.

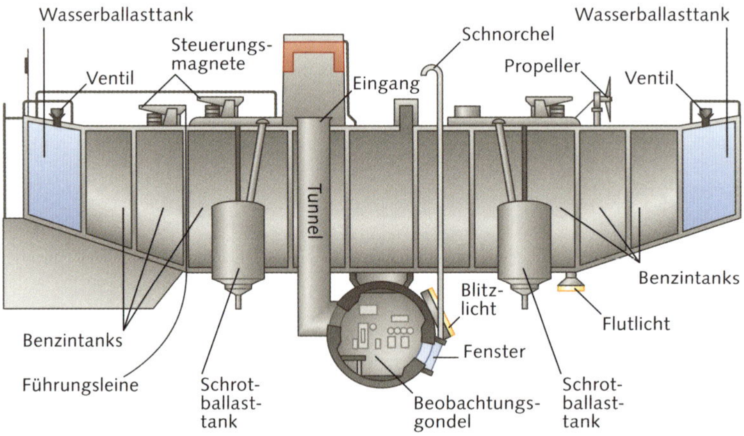

Piccard schwingt sich in den Kommandoturm, klettert die Leiter hinunter, schlängelt sich nach unten in die Kugel. Es ist 8 Uhr. Höchste Zeit, denn wenn sie es wagen, müssen sie auf jeden Fall vor Einbruch der Dunkelheit wieder oben sein. Sonst sind sie auf dem Meer nicht zu finden. Als Erstes setzt Piccard die Elektromagnete unter Strom. Sie halten während der Tauchfahrt den Ballast fest: Eisenschrot, das der Pilot dosiert in die Tiefe des Marianengrabens rieseln lassen kann, indem er den Strom gezielt abschaltet. Die Elektromagnete sprechen an. Bei ihnen ist alles in Ordnung. Die meisten wichtigen Geräte funktionieren. Nur die Tachometer sind unbrauchbar. Mit der Sinkgeschwindigkeit wird er improvisieren müssen. Notfalls geht das mit Uhr und Druckmesser. Die Entscheidung: »Wir tauchen!«

Piccard klettert den Kommandoturm hoch, nickt den anderen zu. Erleichterung. Es geht los!

8.10 Uhr. Giuseppe Buono klettert ans Heck der *Trieste*, löst das Schlepptau. An Deck laufen die letzten Arbeiten. Die Klappen der beiden Silos werden geöffnet, in denen 16 Tonnen Eisenballast gebunkert sind. Jetzt halten ihn nur noch die Elektromagnete. Der Ballast reicht genau für 1 440 Sekunden – oder 24 Minuten – aktives Eingreifen. Macht 11,3 Kilogramm Eisenschrot pro Sekunde – plus Sicherheitsreserve.

»Alles klar?«, fragt Piccard.

»Okay«, antwortet Buono.

Ein letzter Blick zum Himmel. Noch ein paar Anweisungen. Da das Bordtelefon irgendwo auf dem Meeresgrund liegt, werden Signale vereinbart: Falls während der Startphase irgendetwas im Bootsinneren nicht in Ordnung ist, wird Piccard den Propeller an Deck anlassen.

Buono schüttelt Walsh und Piccard die Hände: »Buona fortuna!«

»Grazie – e arrivederci.«

Es ist so weit. Piccard und Walsh werfen die schwere Stahltür hinter sich zu, verriegeln sie. Die *Trieste* tanzt auf den Wellen. Es ist ungemütlich in der engen, wild schaukelnden Kapsel: »Nichts wie weg hier!«

8.15 Uhr. Wasser flutet den Vorraum. Piccard öffnet die Sauerstoffventile, überprüft die Anlage zur Luftreinigung. Das Abenteuer beginnt: der Sinkflug zum tiefsten Punkt der Erde.

8.23 Uhr. Endlich – das Schaukeln hört auf. Die Wellen können die *Trieste* nicht mehr packen. Beide Piloten seufzen erleichtert. Über 104 Meter läuft alles nach Plan.

8.35 Uhr. Der Bathyskaph erreicht eine kältere, dichtere Wasserschicht, die ihn ein paar Meter nach oben drückt. Eigentlich muss man nur abwarten, bis sich das Benzin in den Schwimmtanks der Außentemperatur entsprechend abgekühlt hat und sich zusammenzieht, sodass Meerwasser nachströmen kann. Aber die Minuten verrinnen, ohne dass etwas passiert. Dabei drängt die Zeit. Also lässt Piccard etwas Benzin ins Meer ab, um den Auftrieb zu verringern.

Die *Trieste* sinkt wieder – aber nicht weit. Die nächste Sperrschicht hält sie auf. Erneut öffnet Piccard das Benzinventil, und auch bei 128 Metern und 157 Metern. »Verflixt« – bei keiner der 65 Tauchfahrten zuvor waren die Bedingungen zu Beginn so schwierig gewesen. Warum ausgerechnet heute?

9 Uhr, 244 Meter Tiefe. Sinkgeschwindigkeit: zehn Zentimeter pro Sekunde. Das ist lächerlich. Wenn die *Trieste* weiter so kriecht, kommen sie niemals unten an!

Endlich geht es weiter! Noch dringt ein letzter Lichtschimmer ins Wasser: Wenn das Kabinenlicht aus ist, lassen sich gerade noch die Umrisse des Ballastbehälters erkennen. Langsam verlässt der Bathyskaph die Dämmerungszone. Vor der kleinen Luke aus Plexiglas wird es tiefschwarze Nacht. Der vordere Scheinwerfer flammt auf: Plankton tanzt wie Schneegestöber durch den Lichtkegel.

DIE PHYSIK DES ABSTIEGS

Was Piccard nicht weiß: Als Buono die beiden Luftkammern im Schwimmkörper flutete, sank der Bathyskaph nicht, weil das Benzin durch die tropischen Temperaturen zu warm und damit zu leicht war. Buono öffnete deshalb noch einmal die Luke des Einstiegsschachts und ließ die Wellen hineinschlagen, bis der Schacht mit Wasser gefüllt war: Innerhalb von Sekundenbruchteilen musste er die Luke zuschlagen, auf das Schlauchboot springen – so schnell sank die *Trieste*. Normalerweise blieb immer etwas Luft im Einstiegsschacht zurück, die beim Absinken komprimiert wurde, sodass mehr Wasser nachströmen konnte: Das machte die *Trieste* schwerer. Diese Luftblase fehlte, und deshalb sank die *Trieste* so unwillig.

Sinkgeschwindigkeit: ein Meter pro Sekunde. Jetzt muss Piccard Auftrieb und Absinken so balancieren, dass die *Trieste* weder zu schnell noch zu langsam wird. Um zu beschleunigen, hält er Ballast zurück, zum Abbremsen stellt er den Elektromagneten kurz ab, damit etwas Eisenschrot in die Tiefe rieselt. Die beiden Piloten können es kaum fassen: Sie sind tatsächlich auf dem Weg zum tiefsten Punkt der Erde. Nach mehr als 250 Jahren wird Robert Hookes Traum von der bemannten Tiefseeforschung wahr!

Tot oder lebendig?

Dabei hatte schon 1818 Kapitän Sir John Ross auf der Suche nach der Nordwestpassage Leben in der Tiefsee gefunden. Zu den Aufgaben von Ross hatte es auf dieser Expedition in die Baffin Bay zwischen Grönland und dem Kanadisch-Arktischen Archipel gehört, den Meeresgrund mit einem Netz nach Lebewesen abzusuchen. Als das nicht funktionierte, ließ Ross den Schmied an Bord eine »Tiefseemuschel« bauen, eine Art Bagger, der seine Greifer in den Meeresboden rammte. Wurde dieser wieder hochgezogen, schlossen sich die Klauen, rutschten in einen Eisenbehälter darüber, und dann wurde alles zusammen an Bord gehievt: samt gepacktem Sediment und darin gefangenen Lebewesen. Die Jagd war äußerst erfolgreich: Am 1. September 1818 etwa steckten Würmer im weichen Meeresschlick und ein »wunderschönes Gorgonenhaupt«, ein Schlangenstern mit stark verzweigten Armen. Aus bis zu 2000 Metern Tiefe holte Ross Krebstiere herauf, Korallen, Muscheln und Würmer.

Aber der Kapitän war kein Biologe, also wurden seine Funde von den Fachleuten nicht recht ernst genommen. Auch nicht die seines Neffen, Sir James Clark Ross, der 20 Jahre später auf einer Antarktis-Expedition alles mögliche Getier aus der Tiefe an Deck holte. James Clark Ross stellte sogar fest, dass die Tiere in den Tiefen des Südpolarmeers denen am Nordpol glichen. Er schloss daraus, dass die Temperaturen am Meeresgrund rund um die Welt gleich sein müssten, sodass die Organismen von einem Pol zum anderen gelangen konnten. Onkel wie Neffe waren sich einig: Der Meeresgrund musste voller Leben sein, trotz des hohen Drucks und der Finsternis.

Mit dieser Überzeugung widersprachen sie der gängigen Lehrmeinung, die über Jahrzehnte hinweg von Edward Forbes bestimmt wurde. Forbes war ein eifriger Forscher, der sich intensiv mit dem Ökosystem Meeresboden beschäftigte und dem viele wichtige Erkenntnisse gelangen. Sein Pech war, dass er die Tiefen der Meere ausgerechnet in der Ägäis erkunden wollte. Forbes bewunderte Aristoteles und war begeistert, weil er dort forschen durfte, wo sein antikes Vorbild die Meeresbiologie begründet hatte. So brach er 1841 als Naturforscher an Bord der *HMS Beacon* auf. Immer wieder ließ Forbes eine kleine Dredsche über den Boden ziehen. Er arbeitete in Wassertiefen zwischen knapp zwei und 420 Metern und holte Hunderte von Tierarten herauf, die er acht Tiefenzonen zuordnete. Jede Zone besaß ihre eigene Fauna, genau wie an Land, an einem hohen Berg, an dessen Flanken die Pflanzengemeinschaften einander abwechseln.

Edward Forbes (1815–1854) war einer der führenden Naturforscher des 19. Jahrhunderts.

Was Forbes nicht ahnte: Seine Lederdredsche war denkbar ungeeignet für diese Forschungen, denn ihre Maschen waren zu groß. Kleine Lebewesen schlüpften einfach hindurch, und viele andere konnten durch die Dredschenöffnung fliehen. Vor allem aber ist die Ägäis ein notorisch unproduktives Meeresgebiet, weshalb die Tiere mit zunehmender Wassertiefe schnell rar werden. Und weil Forbes nicht zimperlich war und Aristoteles auf seiner Seite wusste, berechnete er, dass die Zahl der Tiere etwa bei 550 Metern gegen null gehen müsste. Darunter liege die Endzone, führte er in seiner Hypothese aus, die azoische, die den größten Teil der Meeresbecken umfasse und in der keinerlei Leben existiere.

Forbes kannte die Arbeit von John und James Clark Ross, hatte sogar ein paar der vom Südpol mitgebrachten Exemplare begutachtet. Trotzdem hegte er nicht den geringsten Zweifel an seinen eigenen Ergebnissen. Seiner Meinung nach hatten sich die Tiere in dem Gerät verfangen, als es zum Meeresboden fiel, und stammten aus höheren Wasserschichten. Edward Forbes konnte sich der Sympathie vieler Forscherkollegen und der Öffentlichkeit sicher sein, schließlich entsprach seine azoische Hypothese dem gesunden Menschenverstand: Wie sollte auch irgendein Fisch oder Seestern der Kälte in der Tiefseewelt trotzen? Wie dem Druck? Wovon sollten die Tiere leben? In der ewigen Nacht wachsen doch keine Pflanzen? Wie sollten sie atmen? Die Tiefen der Meere sind doch seit Urzeiten mit dichtem Eiswasser gefüllt, das sich nicht bewegt und dessen Sauerstoffgehalt längst aufgebraucht ist? So dachte man jedenfalls.

Also hielt sich diese Hypothese hartnäckig, obwohl mehr und mehr Befunde auftauchten, die das Gegenteil nahelegten. Um die neumodischen Telegrafenkabel zwischen den Kontinenten zu verlegen, wurde nämlich der Meeresboden untersucht, und an Bord der Schiffe waren auch Naturforscher. Einer von ihnen war George Charles Wallich, ein ehemaliger Militärchirurg, der 1862 mit der *HMS Bulldog* über den Atlantik segelte. Seit er mit einem Lot aus mehr als 2000 Metern Tiefe 13 Seesterne herausgeholt hatte, kämpfte er vehement gegen die azoische Hypothese. Auch er bekam zu hören, dass sich die Seesterne nur an dem Lot festgeklammert hätten. Dann hob man im Mittelmeer aus 2300 Metern Tiefe ein gebrochenes Telegrafenkabel, auf dem sich 15 verschiedene Tierarten fest angesiedelt hatten, darunter eine Steinkoralle, die als dicke Kruste auf dem Kabel wuchs. Und obwohl Edward Forbes die öffentliche Meinung prägte, griff Jules Verne die Entdeckungen auf, füllte 1870 in *Zwanzigtausend Meilen unter dem Meer* die Ozeane mit Leben – und einem mysteriösen Helden namens Kapitän Nemo, der eine futuristische Tauchmaschine von einem Abenteuer zum nächsten manövriert und dabei auch etlichen schrecklichen Ungeheuern begegnet. Noch taten viele das als Fantasie eines Schriftstellers ab. Aber ein Meinungsumschwung zeichnete sich ab: Wenn auch nicht unbedingt von Ungeheuern, so konnte die Tiefsee doch belebt sein. Vielleicht hatten die Leute von den Telegrafengesellschaften ja recht?

Auf ihrem Weg zum tiefsten Punkt der Erde versucht Don Walsh, über das Unterwassertelefon in der Kapsel mit der *Wandank* oder der *Lewis* Kontakt aufzunehmen. Und Piccard geht noch einmal die Aufzeichnungen und Kurven durch, die er aufgrund der Daten vorangegangener Tauchfahrten berechnet hat. Bis in 8 000 Meter Tiefe will er so schnell wie möglich sinken, dann die Geschwindigkeit drosseln und sich in Bodennähe mithilfe des Echolots langsam vortasten. Das sollte etwa 180 Meter über Grund ansprechen, dann bleibt noch genügend Zeit, um Ballast abzuwerfen und den Sinkflug zu bremsen. Über den Tabellen durchzuckt ihn ein Gedanke: Die Öffnung des Marianengrabens ist nur anderthalb Kilometer breit, ein Nadelöhr, und niemand kennt die Strömungen. Was ist, wenn sie gegen die Grabenwand gedrückt werden? Piccard versucht den Gedanken zu verdrängen. Zunächst geht es ja durch freies Wasser.

9.20 Uhr, 731 Meter Tiefe. Vor der Luke herrscht absolute Finsternis. Die Kälte der Tiefsee dringt in die Kugel ein. Sie beide frieren erbärmlich: Beim Einstieg sind sie vollkommen durchnässt worden. Trotz der Enge müssen sie ihre Kleider wechseln.

»Schokolade?« Don Walsh holt eine der Tafeln heraus, die er als Verpflegung an Bord mitgenommen hat. Letztes Mal hatte Piccard Schweizer Schokolade angeboten, diesmal ist es amerikanische. Das ist nicht ganz so nebensächlich, wie es sich anhört: Beim Projekt Nekton, wie der Ausflug zum tiefsten Punkt der Erde offiziell heißt, werden selbst Süßigkeiten zum Symbol. Die USA wollen zwar als erste Nation dorthin, wo noch nie zuvor ein Mensch gewesen ist, aber das Knowhow mussten sie für 250 000 Dollar kaufen. Die Piccards sind Schweizer, die *Trieste* ist in Italien gebaut worden und fährt unter italienischer Flagge. Außerdem hat Auguste Piccard zuvor Bathyskaphen für das belgische Forschungsministerium und die französische Marine gebaut. Durch die Presse gingen Berichte, dass die französische Regierung einen Super-Bathyskaphen konstruieren lasse, das hat zusätzlich für Konkurrenzdruck gesorgt. Obwohl Nekton als rein wissenschaftliches Projekt gilt, leidet der Stolz der Amerikaner.

Abb. rechts: Jacques Piccard und Don Walsh an Bord der Trieste.

Wie tief der Stachel sitzt, lässt die bizarre Geschichte um die Flaggen erahnen: Während der Vorbereitungen im Hafen von San Diego verschwand seltsamerweise die Schweizer Fahne regelmäßig vom Bug der *Trieste*, sodass das Sternenbanner allein im Wind flatterte. Allerdings zog Piccard ebenso regelmäßig einen Ersatz aus seinem Gepäck, sodass die *Trieste* schließlich unbeflaggt aufbrach.

EIN BOOT WIE EIN FISCH

Das griechische Wort Nekton – zu Deutsch: das Schwimmende – bezeichnet alle Tiere in den Ozeanen und Binnengewässern, die aktiv und unabhängig von der Strömung schwimmen können. Als Name des Projekts sollte er andeuten, dass die *Trieste* ebenso durch die Meere schwimmt wie Wale oder Fische und damit den Menschen Zugang zu bislang verschlossenen Bereichen verschafft.

Allerdings hatte die unter der Oberfläche schwelende Auseinandersetzung auch eine ernste Seite: Man wollte Piccard den alles entscheidenden Tauchgang verweigern. Die Marine hatte beschlossen, dass zwei US-Offiziere die *Trieste* steuern sollten. Piccard war empört: Sein Vater hatte den Bathyskaphen entwickelt, den Bau vorangetrieben. Er selbst hatte dessen Traum zu seinem gemacht. Diese Tauchfahrt sollte der Höhepunkt werden – und nun sollte er nicht dabei sein! Sein moralischer Anspruch beeindruckte die Marine nicht: »Nach amtlichem Bescheid werden Walsh und Rechnitzer die Tauchfahrt übernehmen.« Aber die hatten kaum Erfahrung mit dem Bathyskaphen. Andreas Rechnitzer war der wissenschaftliche Leiter von Nekton und war nur vier Mal unter 460 Meter Tiefe getaucht, Walsh dreimal. Aber das änderte nichts an dem Befehl. Verzweifelt suchte Piccard nach Argumenten – und erinnerte sich schließlich an eine Klausel in seinem Beratervertrag. Danach hatte er das Recht, die *Trieste* bei allen kritischen Tauchfahrten zu steuern: »Meinen Sie nicht, dass eine Tauchfahrt zum Grund der Challengertiefe besonders kritisch ist?«

Ein Zögern auf der Gegenseite.

Dann: »Haben Sie eine Abschrift Ihres Vertrags?«

Die hatte Piccard: Da stand es, schwarz auf weiß. Telegramme flogen zwischen dem Stützpunkt in Guam und dem Office of Naval Research in Arlington in Virginia hin und her. Schließlich bestätigte Arlington die Klausel. Piccard hatte gewonnen, er tauchte mit Walsh.

9.29 Uhr, 1280 Meter Tiefe. Ein feiner Wasserfaden windet sich die Kabinenwand herunter.

9.37 Uhr, 1752 Meter Tiefe. Ein Anruf der *Wandank*. Giuseppe Buono berichtet, dass er trotz der Hektik beim Start die Einstiegsluke von außen schließen konnte. »Sie können beruhigt sein, Signore«, versichert Buono. »Ach ja, hier oben ist es stürmisch, und es regnet.« Aber das ist weit fort …

Die *Trieste* sinkt tiefer und tiefer. Schwarzes Wasser rauscht an der Luke vorbei. Der wachsende Druck schließt das erste kleine Leck. Bei 5 500 Metern macht sich ein zweites bemerkbar. »Da bist du ja«, denkt Piccard. Er kennt dieses kleine Leck, weiß, dass es sich bald von selbst wieder abdichten wird, wenn sie noch tiefer gesunken sind.

Verlorene Reiche

Als Jules Verne in der zweiten Hälfte des 19. Jahrhunderts seinen Roman um Kapitän Nemo schrieb, brachten Neuigkeiten aus Norwegen die These von der leblosen Tiefsee ins Wanken. Dort dredschten Michael Sars und sein Sohn Georg Ossian vor der Küste in Tiefen von bis zu 825 Metern. Und sie holten aus Zonen, in denen nichts mehr existieren sollte, seltsame Geschöpfe an Bord, die zum Ausgangspunkt fantastischer Ideen wurden. *Rhizocrinus lofotensis* etwa, eine Seelilie – ein lebendes Fossil, von dem die Paläontologen geglaubt hatten, dass es seit weit mehr als 100 Millionen Jahren ausgestorben sei. Oder *Brisinga coronata*, ein zerbrechlicher, altertümlicher Seestern, der seine Arme in die Strömung streckt, um Plankton daraus zu angeln, während seine modernen Verwandten lieber Bodenlebewesen überwältigen. *Rhizocrinus* und *Brisinga* schienen einer fernen Vergangenheit entsprungen zu sein. Haben sich in der Tiefsee längst untergegangene Welten erhalten? Die der Kreidezeit, als die Saurier lebten? Die Aufregung war groß, schließlich war 1859 Charles Darwins *Entstehung der Arten* erschienen, und das Buch sorgte seitdem für heftige Debatten – nicht nur unter Wissenschaftlern und den Kirchen, sondern auch in den Salons, Theaterfoyers, auf Bällen und in Wirtsstuben. Dabei ging es nicht nur um die äffische Verwandtschaft des Menschen. Unter Fachleuten hatte sich unter anderem ein Streit an der Frage nach den Übergangsformen zwischen fossilen und modernen Tieren und Pflanzen entzündet. Wenn neue Arten durch Anpassung an eine sich verändernde Umwelt entstehen, dann müsste es ja auch Lebewesen geben, die zwischen Alt und Neu stehen. Darwin hatte angenommen, dass man sie in den Tiefen der Meere finden könnte, denn während sich die Bedingungen an Land ständig änderten und die Arten einem unerbittlichen Kampf ums Überleben ausgesetzt seien, biete die Tiefsee vielleicht ein Rückzugsgebiet für nicht so durchsetzungsfähige Arten. Dort unten schien die Zeit stillzustehen, es war immer dunkel, es war immer kalt – und der Druck blieb gleichmäßig hoch. Vor diesem Hintergrund waren die altertümlichen Seelilien und Seesterne eine Sensation. Waren sie in der gleichförmigen Umgebung tief unter dem Meeresspiegel tatsächlich dem harten Wettbewerb entgangen und als lebende Fossilien erhalten geblieben?

Marrus orthocanna
Größe: bis zu 40 cm
Tiefe: 400 – 2200 m
Marrus orthocanna *gehört zu den Staatsquallen, bei denen sich viele hoch spezialisierte Einzeltiere zusammengeschlossen haben und gemeinsam fast so etwas wie einen Organismus bilden.*

Diese Fragen faszinierten den schottischen Zoologen Charles Wyville Thomson. Nach einem Besuch bei Georg Ossian Sars schrieb er am 30. Mai 1868 an seinen Freund und Kollegen William B. Carpenter, dass es nicht nur in der Tiefe Lebewesen gebe, sie unterschieden sich auch von denen der flachen Gewässer – und: »Sie scheinen zumindest manchmal sehr eng mit den Tieren aus der frühen Tertiärzeit verwandt, ja ihre direkten Nachfahren zu sein.« Thomson und seine Kollegen glaubten fest daran, dass die Evolution in der Tiefsee zum Stillstand gekommen sei. Sie hofften, dass dort eine Zeitkapsel auf ihre Entdeckung wartete.

Mit einem Mal rückte die Tiefsee ins Zentrum des wissenschaftlichen Interesses, Thomson und Carpenter planten Expeditionen, überzeugten die königlich-britische Wissenschaftsgesellschaft Royal Society von ihrer Bedeutung und lockten die britische Admiralität damit, dass das Land die Führung in dem neuen Forschungszweig übernehmen könnte. Beiden war klar, dass sie für eine ernsthafte Erkundung der Tiefsee den Staat als Finanzier brauchten. Und so machte man den Anfang: Das erste Schiff, das die Marine der Tiefseeforschung zur Verfügung stellte, war die *HMS Lightning,* der wohl älteste Kahn in ganz Großbritannien. 1868 kreuzten die Wissenschaftler mit dem Kanonenboot vor Schottland, und obwohl das Schiff leckte und zweimal fast untergegangen wäre, gelangen einige interessante Funde. In dem Stoffsack, der am Metallrahmen der Dredsche hing, verfing sich nicht nur der Schlamm der obersten Bodenschicht. Vor allem holten sie *Hyalonema lusitanicum* herauf, einen primitiven Glasschwamm, dazu Schlangensterne, Seefedern, Seegurken, Krebse, Seelilien und viele andere Kreaturen mehr. Nein, die Tiefen der Meere seien keineswegs tot, schrieb Thomson, außerdem lebten nicht nur ein paar halb verhungerte Tiere dort unten, vielmehr sei die Fauna reich und vielfältig.

Die Ergebnisse waren so vielversprechend, dass Carpenter und Thomson die Admiralität um ein besseres Schiff baten – und es im März 1869 auch erhielten: die *HMS Porcupine.* Was für ein Fortschritt gegenüber der alten *Lightning:* Die *Porcupine* war ein Vermessungsschiff, klein, aber hervorragend für wissenschaftliche Zwecke geeignet. Außerdem hatten Kapitän und Mannschaft jahrelang den Meeresboden vor der Ostküste Großbritanniens vermessen, waren also erfahren im präzisen wissenschaftlichen Arbeiten: ein unschätzbarer Vorteil. Und so setzten Thomson und Carpenter in den Sommern der Jahre 1869 und 1870 ihre Forschungen in den tiefen Gewässern um Europa fort und stießen dabei immer weiter nach Süden vor.

Die Forschungsfahrt der *Porcupine* führte bis nach Spanien und ins Mittelmeer. Die Crew unternahm eine Unzahl an ozeanografischen Messungen. Diese bewiesen unter anderem, dass die Tiefsee kein stagnierendes System ohne jede Bewegung ist, sondern dass es einen Wasseraustausch gibt, der durch Unterschiede in Temperatur und Salzgehalt angetrieben wird. Das Prinzip hinter den Meeresströmungen war entdeckt. Damit war auch klar, dass Sauerstoffmangel in der Tiefsee kein Problem sein sollte. Vor allem aber verschoben die Meeresbiologen die Grenze der azoischen Tiefe weiter und weiter nach unten. 1000, 2000 Meter – überall holte Thomson Tiere vom Meeresgrund, darunter immer wieder lebende Fossilien.

Allerdings war die Dredsche an Bord der *Porcupine* nicht so effizient wie erhofft. Kapitän Peter Davis Calver hatte den Einfall, ausgediente Bündel aus Hanf, die nicht mehr für das Deckscheuern taugten, an ihr festzubinden: Es war ein voller Erfolg, denn die Hanfbesen fegten den Meeresgrund regelrecht. Einmal verfingen sich 20000 Seeigel darin, versicherte Thomson im wissenschaftlichen Bericht von der Reise. Ein paar Nachteile gebe es aber auch: So müsse man Seefedern oder Krebse mühsam mit einer Nagelschere aus den Fasern befreien, und Empfindliches würde gleich ganz zermahlen.

Am 22. Juli 1869 dredschte die Besatzung in 4454 Metern Tiefe. Noch nie war versucht worden, aus solcher Tiefe Proben heraufzuholen. Die Arbeit war kritisch. Um Spannungen zu vermeiden, wurde das Seil per Hand von der Winde herabgelassen. Das dauerte laut Fahrtbericht 33 Minuten und 35 Sekunden. Kapitän Calver spürte den Ruck, mit dem die Dredsche aufsetzte. Das Seil war während des gesamten Abstiegs durch seine Finger geglitten. Etwa drei Stunden blieb die Dredsche unten, obwohl das Seil unter den gewaltigen Spannungen jederzeit reißen konnte. Noch einmal zwei Stunden und zwei Minuten dauerte es, ehe sie wieder an Bord war, gefüllt mit 68 Kilogramm grauen Meeresschlamms. Das war kurz nach 1 Uhr in der Nacht zum 23. Juli, sodass der Fang erst am nächsten Morgen begutachtet wurde. Thomson und seine Mitarbeiter siebten alle möglichen Weichtiere aus dem Schlick heraus, dazu Stachelhäuter und Würmer, Glasschwämme und Plankton.

»Das Leben reicht bis in die tiefsten Tiefen und ist mit jeder Gruppe der marinen Wirbellosen vertreten«, schrieb Thomson. Die Hypothese der azoischen Tiefe ließ sich spätestens jetzt nicht mehr halten, davon war er überzeugt.

Urschleim

»Ob es dort unten Fische gibt?«

Walsh zuckt mit den Achseln. Kann etwas so hoch Entwickeltes wie ein moderner Fisch am tiefsten Punkt der Erde überleben? Zwar haben die Dänen 1951 während ihrer Galathea-Expedition im Philippinengraben aus etwa 10000 Metern Tiefe Seeanemonen, Seegurken und Borstenwürmer geholt. Aber gibt es so tief unten noch Fische?

3660 Meter Tiefe. Die Wassertemperatur beträgt nur noch 1 Grad Celsius.

6 000 Meter Tiefe. Den Boden des Pazifiks hätten sie jetzt erreicht, aber sie sinken weiter, in den Marianengraben hinein – in hadische Tiefen.

7 026 Meter Tiefe. Noch nie ist ein Mensch so tief gewesen.

11.24 Uhr. Ein kaum hörbarer Anruf erreicht die *Trieste*.

»Ich muss denen da oben mitteilen, wie es uns geht«, meint Walsh, »wir haben einen Code vereinbart.«

Piccard ist erstaunt, bittet ihn um eine Erklärung. Weil der Sender durch so viel Wasser hindurch die Übertragung von Stimmen nicht mehr schafft, soll Walsh einfache Signale absetzen.

»Ein Doppelsignal bedeutet: Alles in Ordnung«, erklärt Walsh, Fünfergruppen sind das Notsignal. Walsh setzt das Doppelsignal ab.

11.30 Uhr, 8 230 Meter Tiefe. Es ist Zeit, die Sinkgeschwindigkeit zu drosseln. Bislang hat Piccard sechs Tonnen Ballast abgeworfen, damit die Abstiegsgeschwindigkeit nicht über 90 Zentimeter pro Sekunde steigt. Jetzt schaltet er den Elektromagneten etwas länger aus.

11.44 Uhr, 8 860 Meter Tiefe. Sie sind tiefer unter dem Meeresspiegel, als der Mount Everest aufragt. Das Wasser im Lichtkegel des Scheinwerfers ist kristallklar. Keine Spur von Plankton. Allein in einer ungeheuren schwarzen Leere. Das Benzin über ihren Köpfen zieht sich mehr und mehr zusammen, rauschend strömt eisiges Wasser ein, macht die *Trieste* schwerer und schwerer.

»Was ist, wenn wir gegen die Grabenwand getrieben werden?« Der Gedanke an eine Kollision geht Jacques Piccard jetzt nicht mehr aus dem Kopf. Er betätigt den Ballastknopf und verlangsamt die Fahrt auf 60 Zentimeter pro Sekunde. Dann auf 30.

12 Uhr, 9 450 Meter. Piccard stellt das Echolot an. Noch ist nichts zu empfangen. Das Unterwassertelefon ist stumm. Die *Trieste* kann Tauchtiefen von 20 Kilometern standhalten – auf dem Papier. Nur das Zischen des entweichenden Sauerstoffs ist zu hören und das Summen der Geräte. Piccard späht durch das Plexiglasfenster. Nichts als kaltes schwarzes Wasser. Was

Flügelschnecke
Clione limacina
Größe: 8,5 cm
Tiefe: 0–600 m
Die Clione limacina *frisst nur eine andere Flügelschneckenart. Ist die rar, kann sie bis zu einem Jahr lang fasten: Ihr Stoffwechsel läuft auf Sparflamme, sie baut Körperzellen ab, und spezielle Fette dienen ihr als Energiespeicher.*

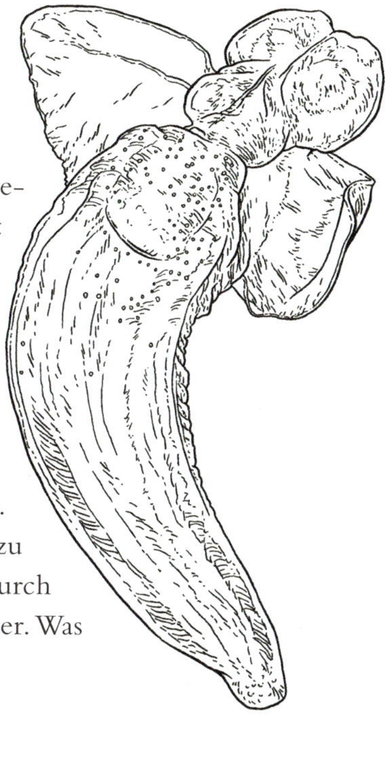

ist, wenn das Echolot defekt ist? Auf Fahrt 65 hat es erst rund 36 Meter über dem Grund angesprochen.

Im 19. Jahrhundert tobte nach dem Erscheinen von Darwins *Entstehung der Arten* eine heftige Debatte darum, wie in aller Welt der Beginn des Lebens ausgesehen haben mochte. Anhänger der Evolutionslehre hegten den Verdacht, dass das Leben in der Tiefsee entstanden sein könnte. Und den Beweis dafür sollte *Bathybius* liefern, ein pulsierender Urschleim.

Diesen *Bathybius* hatte Thomas Henry Huxley entdeckt. Huxley, der sich als vehementer Verfechter des Darwinismus den Spitznamen »Darwins Bulldogge« verdient hatte, untersuchte 1868 eine zehn Jahre alte, in Alkohol konservierte Probe von Tiefseeschlamm, die nordwestlich von Irland beim Verlegen des ersten transatlantischen Telegrafenkabels genommen worden war. Darin entdeckte er eine homogene, gallertartige Substanz, in der Coccolithen steckten. Vielleicht hatte der Schleim sie verzehrt – oder waren sie sein ursprüngliches Skelett? Wenn man das Ganze schüttelte, schien das Zeug zu vibrieren, zu leben. Für Thomas Henry Huxley konnte das nur eines bedeuten: Er hatte die einfachste mögliche Lebensform vor sich, deren Existenz der Evolutionstheoretiker und Philosoph Ernst Haeckel vorhergesagt hatte.

Die Funktion der Kalkplättchen, die die einzelligen Meeresalgen Coccolithophorida *umgeben, ist weitgehend unbekannt. Sie könnten dem Schutz vor Fressfeinden dienen, der Regulierung des Auftriebs oder die Fotosynthese unterstützen.*

Die Basis allen Lebens sollte laut Haeckel ein Organismus bilden, der nur aus einer einzigen Substanz bestand – *Monera.* Haeckel hatte die Moneren als vollkommen strukturlose Substanz beschrieben, ein bisschen Eiweiß, das sich ernähren und fortpflanzen konnte – eine Zwischenform zwischen Lebendigem und Nichtlebendigem. Mit ihnen ließe sich das wohl schwierigste Rätsel lösen, dem sich die Evolutionstheoretiker gegenübersahen: der Übergang von einem komplexen Chemikaliencocktail zum einfachsten Organismus. Haeckel wusste, dass selbst die simpelste Amöbe viel zu komplex war, als dass sie spontan hätte entstehen können. Also musste es noch viel primitivere Wesen geben, solche, die lediglich aus einer gleichförmigen, gelartigen organischen Masse bestanden …

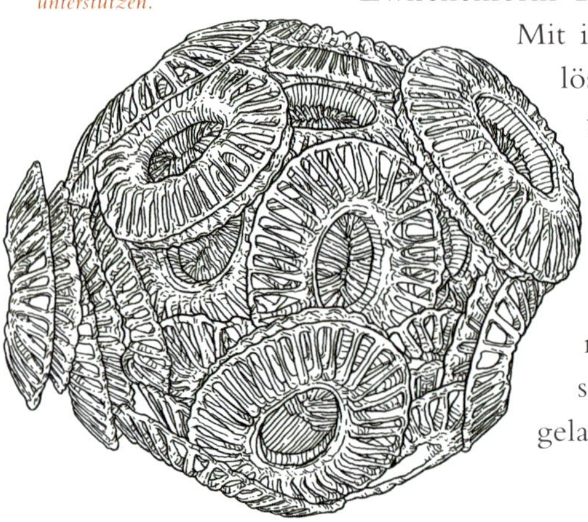

COCCOLITHEN – ODER DIE SCHÖNHEIT DER SYMMETRIE

Mitte des 19. Jahrhunderts wusste man noch nicht, was es mit diesen Coccolithen auf sich hatte. Heute ist klar, dass diese winzigen Kalkplättchen, die mal wie eine Schneeflocke aussehen und mal wie gerippte Ufos, lediglich die Bausteine sind, aus denen sich einzellige Kalkalgen – sogenannte *Coccolithophoriden* – ein kugeliges Stützskelett um ihre Zellkörper »zimmern«. Nach dem Tod der Algen zerfällt die Kugel in einzelne Scheibchen, und die regnen dann auf den Meeresgrund. Es kann sie in so großer Zahl geben, dass sie Gesteine aufbauen: das Kreidegestein, das auch den Namen für den erdgeschichtlichen Abschnitt der Kreidezeit lieferte. So entstanden die weißen Kreidefelsen von Rügen, Calais, Dover und Møn.

Nachdem Haeckel die Existenz solcher Moneren angenommen hatte, gehörte die Suche nach ihnen zu den Lieblingsbeschäftigungen der Anhänger Darwins. Je strukturloser die potenziellen Kandidaten waren, desto besser. So diffus, wie die Masse war, die Huxley vor sich hatte, konnte sie nur Monera sein, das Bindeglied zwischen Chemie und Biologie – da war er sich sicher. Zu Ehren Haeckels nannte er das Geschöpf *Bathybius haeckelii:* »Ich hoffe, Sie werden sich nie Ihres Patenkindes schämen«, schrieb Huxley. Der deutsche Forscher war denn auch hocherfreut und verlieh *Bathybius* umgehend den Titel »Urschleim«, erhob ihn zur Urmutter allen Lebens, zur Verbindung zwischen Unbelebt und Belebt, und endete sein Antwortschreiben mit: »Hoch leben die Moneren.«

Welcher Forscher sich nun auch immer aufmachte, um die Geheimnisse der Tiefsee zu erkunden, er fand Moneren. *Bathybius* schien überall zu sein. Auf der Fahrt mit der *Porcupine* hatte Thomson diese geheimnisvolle Substanz in fast allen Proben vom Meeresgrund entdeckt. »Wenn man den Schlamm mit ein wenig schwachem Weingeist vermischt und dann schüttelt, dann fallen feine Flocken aus«, schreibt er, »und wenn man ihn, mit einem Tropfen Meerwasser versehen, unters Mikroskop legt, bildet sich nach einiger Zeit ein unregelmäßiges Netzwerk, das an Eiweiß erinnert.« Dieses Netzwerk verändere sich langsam, könne sich sogar bewegen: »Es besteht kein Zweifel, dass das eine sehr primitive Form des Lebens ist.« Eine Lebensform ohne jedes Organ, eine amorphe Masse aus Proteinen, die sehr begrenzt auf äußere Reize reagiere und Nahrung in sich aufnehmen könne: »Vor allem die Ausdehnung von *Bathybius* interessiert uns, denn er scheint – gleichgültig, ob nun als ein einziges, riesiges Individuum oder zerbrochen in viele kleine – den größten Teil der Meeresböden zu bedecken.«

Würde *Bathybius* das Geheimnis des Lebens verraten? Wenn man mit einem großen, modernen Schiff, das speziell für die Tiefseeforschung ausgerüstet war, um die Welt reisen würde – könnte man dann nicht diese großen Fragen der Wissenschaft lösen? Auch was es mit diesen untergegangenen Kontinenten auf sich hatte, die man unter der gleichmütigen Oberfläche des Meeres vermutete? Wie sollten sonst die Fossilien auf der einen Seite des Atlantiks so sehr ihren Gegenstücken auf der anderen gleichen, wenn es nicht dereinst eine Verbindung gegeben hat?

Angesichts der neuen Entdeckungen und der gewichtigen Themen schien Carpenter jetzt die Zeit reif, die Regierung mit ins Boot zu holen. Und so erreichte im Jahr 1871 das damals noch sehr junge, aber schon einflussreiche Magazin *nature* ein Bericht, in dem stand, dass Schweden und Deutschland Tiefsee-Expeditionen im Atlantik und der Arktis planten. Die Amerikaner wollten ebenfalls den Atlantik erkunden und dazu den Pazifik: Großbritannien drohte seine Führungsrolle auf dem Gebiet der Meeresforschung zu verlieren!

Niemals durfte das Nationalprestige in Gefahr geraten, also musste gehandelt werden. In Windeseile setzten Thomson und Carpenter für die Royal Society die wissenschaftlichen Ziele einer großen Fahrt zur Tiefsee-Erkundung fest und erstellten einen Forschungsplan. 1871 wurden die Unterlagen eingereicht, im April 1872 genehmigte das Unterhaus des britischen Parlaments die Mittel. Die Admiralität stellte die *HMS Challenger* zur Verfügung, eine 61 Meter lange Korvette mit Hilfsmotor (mit der Kraft von 1 234 Pferden): ein kleines, dreimastiges Kriegsschiff, das für die Wissenschaft umgebaut wurde. Nur zwei der 17 Kanonen blieben an Bord, damit genügend Platz für die Laboratorien war, für die Kabinen der Wissenschaftler und für Hunderte von Kilometern an Hanfseilen fürs Dredschen und nicht weniger Klavierdraht für die Lotungen. Eine motorbetriebene Winde sollte der Crew dabei helfen, die Proben vom Meeresgrund heraufzuholen. Schon im Dezember 1872 – nach rekordverdächtig kurzer Zeit – stach die *Challenger*-Expedition in See. Sie brachte die azoische Hypothese endgültig zu Fall – und noch so einige andere Ideen.

Am tiefsten Punkt der Welt

Die *Trieste* sinkt und sinkt. Piccard und Walsh schweigen. Die Spannung lässt sich förmlich greifen. Endlich: Das Echolot zeichnet zurückgeworfenen Schall auf! Ein lang gezogener Fleck erscheint auf dem Schirm: der aus dem Behälter strömende Ballast.

Aufatmen. Zunächst. Dann schleicht sich leise das Unbehagen wieder ein: Wie wird der Untergrund aussehen? 1951 hat die *HMS Challenger* – das insgesamt siebte britische Schiff dieses Namens – ganz in der Nähe eine Bodenprobe an Bord geholt. Die bestand aus den Überresten winziger tropischer Diatomeen, Kieselalgen, die über Äonen von der Oberfläche auf den Grabenboden gerieselt waren und die einen guten, festen Grund bildeten. Aber in der Zwischenzeit könnte eine untermeerische Schlammlawine abgegangen sein, die alles mit einem dicken, flockigen Brei bedecken würde. In dem könnte die *Trieste* verschwinden, ehe die beiden überhaupt merken, dass sie unten sind. So haben sowjetische Wissenschaftler mehrere Kameras verloren. Sie waren unrettbar im zähen Schlamm stecken geblieben. Walsh und Piccard können nur hoffen – und warten.

12.06 Uhr, 9875 Meter Tiefe. Ein dumpfer Knall. Die Kugel zittert. Walsh schaut auf, fragt gelassen: »Sind wir auf Grund gestoßen?«

»Ich glaube nicht.«

Warten, mit angehaltenem Atem. Etwas anderes bleibt nicht. Es gibt keinen Fluchtweg. Sekunden verstreichen. Nichts passiert. Vielleicht ist die Fassung des Scheinwerfers über der vorderen Luke eingebrochen? Diese Lampe flammt nicht auf, als Piccard sie einschalten will. So etwas ist schon früher passiert, aber es hat sich anders angehört, heller. Noch immer zeigen die Instrumente nichts Ungewöhnliches an. Piccard schaltet den Funk ab. Das Rauschen stört. Ganz still soll es sein. Nichts. Die *Trieste* taucht weiter wie zuvor. Die Benzintanks sind also wohl dicht.

»Machen wir weiter?«

»Klar!«

10 360 Meter Tiefe, nichts als Wasser.

10 670 Meter Tiefe, immer noch kein Grund.

Mit 30 Zentimetern pro Sekunde gleitet die *Trieste* immer tiefer in die ewige Nacht.

10 970 Meter Tiefe. Eigentlich müssten sie unten sein. Haben sie ein noch tieferes Loch gefunden, oder zeigt das Manometer die Tiefe falsch an? Beide starren auf das Echolot.

Und wenn wir den Grund verfehlt haben, durchfährt es Piccard. Blödsinn, beruhigt er sich, was für eine verrückte Idee.

12.56 Uhr. »Er ist da, Jacques! Anscheinend haben wir den Grund gefunden!«

77 Meter unter der *Trieste* zeichnet sich der Boden der Challengertiefe ab.

Piccard späht durch das vordere Plexiglasfenster, bereit, die *Trieste* aufzusetzen. Walsh liest ihm die Werte vor: »66 Meter. Das Echolot kommt schwach zurück.«

»59 – 51 – 46 – 44.«

»Jetzt ist die Zeichenspur schön deutlich.«

»Wir gehen geradewegs hinunter.«

»Elf Meter. Wir werden langsamer, können zum Stehen kommen.«

Dort! Piccard ist überrascht: »Da ist ein kleines Tier, vielleicht eine rote Garnele, etwa zweieinhalb Zentimeter lang.«

»Was sagen Sie? Eine rote Garnele? Wundervoll. Noch fünfeinhalb Meter.«

»Jetzt kann ich den Grund durch die Luke sehen.«

»Sehr gut! Wir haben es geschafft!«

Der Boden hat im Licht der Scheinwerfer die Farbe von Elfenbein: »Hübscher Diatomeenschlick.«

Wie eine Decke überziehen Kieselalgen die Tiefe.

»Ein Plattfisch.«

Was hätte Robert Hooke dazu gesagt? Es ist eindeutig ein Fisch,

30 Zentimeter lang, 15 Zentimeter breit – wie eine Seezunge. Mit runden Augen.

»Wozu braucht ein Tiefseewesen Augen?«

Dieser Fisch nimmt zum ersten Mal helles Licht wahr. Von den Scheinwerfern der *Trieste* muss er geblendet sein. Aber selbst am tiefsten Punkt der Erde gibt es Fische! Trotz des zermalmenden Drucks leben hier unten hoch entwickelte Wirbeltiere. Langsam schwimmt der Plattfisch davon, immer am Grund entlang, verschwindet in der Nacht – wie in Zeitlupe …

Walsh und Piccard schütteln sich die Hände. Obwohl – wie Piccard berechnet – auf der Metallkugel unter der *Trieste* ein Druck von 170 000 Tonnen lastet, schwebt sie wie ein Luftballon über ihrem Schleppseil, das im Moment der Bodenberührung den Schlamm aufwirbelt.

Es ist 13.06 Uhr. Das Manometer zeigt 11 278 Meter an.

Walsh lässt das Funkgerät viermal summen – das vereinbarte Signal für »Wir sind auf dem Grund«.

Aus Spaß ruft er in die Sprechleitung: »*Wandank, Wandank,* hier ist *Trieste.* Wir befinden uns auf dem Grund der Challengertiefe bei 6 300 Faden. Ende.«

»*Trieste, Trieste,* hier ist *Wandank.* Ich höre Sie schwach, aber klar. Wollen Sie Ihre Tiefe wiederholen?«

Geschafft: Jacques Piccard und Don Walsh sind nach ihrer Rekordtauchfahrt zum Grund des Marianengrabens wieder an der Oberfläche.

Verblüfft starren die beiden Männer auf das Gerät.

»6300 Faden.«

Mehr als zehn Kilometer Wasser schwappen zwischen ihnen und der *Wandank* – sie sind davon ausgegangen, weit außerhalb des Empfangsbereichs zu sein.

»Unsere Ankunftszeit an der Oberfläche ist 17 Uhr. Ende.«

»*Trieste*, hier ist die *Wandank*. Ich habe verstanden. Sechs-drei-null-null Faden.«

Viel Zeit bleibt nicht. 30 Minuten. Also schnell die Messungen. Kein Anzeichen für Radioaktivität. Die Wassertemperatur liegt bei 2,4 Grad Celsius. Immerhin, sie ist also nach dem 1-Grad-Minimum bei 3660 Metern wieder leicht gestiegen. Das ändert aber nichts daran, dass die beiden frieren. Feuchte Kälte hat sich in der Kugel breitgemacht. 10 Grad Raumtemperatur. Aber was soll's: Sie haben es geschafft!

Der Strömungsmesser zeigt nichts an, und es ist auch keine Wasserbewegung zu sehen. Aber es muss einen langsamen Wasseraustausch geben, sonst könnten weder Plattfisch noch Garnele leben. Sie wären längst erstickt.

Der aufgewirbelte Schlamm setzt sich. Da ist wieder eine kleine rote Garnele.

Die Tiere bewegen sich langsam, wie in Zeitlupe. Wohl ein Tribut an die fremde Welt, in der sie leben.

Messfehler
Da das Druckmessgerät, das Manometer, auf Süßwasser geeicht war, ist dieser Wert nicht korrekt. Bei Nachmessungen stellte sich heraus, dass die Tiefe 10916 Meter betrug.

Auf dem Schlick gibt es keine Grabgänge, keine Schlammhäufchen oder Atemlöcher. Die sonst vertrauten Spuren des Meeresbodens fehlen. Eine Wüste, denkt Piccard. Da sind nur ein paar Furchen, die vielleicht ein Tier gezogen hat. Falls die Spuren wirklich Furchen sind.

Der rückwärtige Suchscheinwerfer flammt auf.

»Jetzt weiß ich, was eben die Erschütterung verursacht hat!«

Walsh weist auf das zweite Fenster, durch das man nicht direkt ins Meer schaut, sondern zuerst auf den Vorraum der Kugel mit der Einstiegsluke. Dieses Fenster wird von feinen, horizontalen Rissen durchzogen. Das Metall der *Trieste* und das Plexiglas haben unterschiedlich auf die Temperaturveränderungen reagiert, Spannungen haben sich aufgebaut – das Glas ist geborsten. Das war der Knall. Unmittelbare

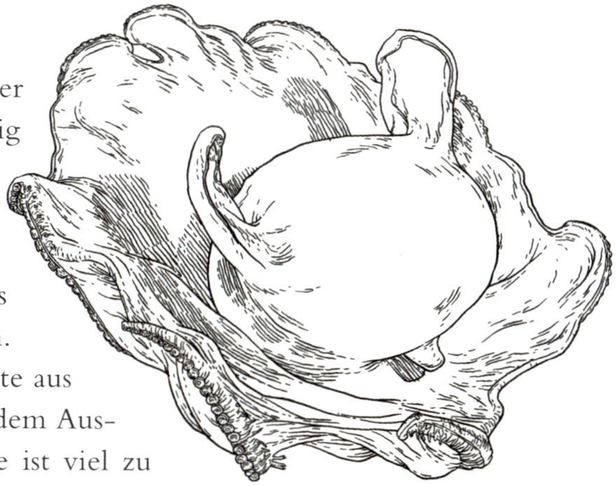

Gefahr besteht nicht – im Moment. Aber das wird sich an der Oberfläche schlagartig ändern: Der Weg hinaus führt durch diesen Vorraum – und dafür muss das Wasser mit Druckluft aus dem Einstiegsschacht geblasen werden. Wenn dann das Plexiglasfenster versagt, wird es gefährlich.

Auf der *Wandank* gibt es zwar eine Platte aus Metall, mit der Taucher das Fenster vor dem Ausblasen abdichten könnten – aber die See ist viel zu rau für den Einsatz von Tauchern. Und dann sind da auch noch die Haie! Eine Alternative wäre, einfach in der Kugel zu bleiben, sich von der *Wandank* nach Guam schleppen zu lassen. Bei diesem Wetter könnte das durchaus fünf Tage dauern. Keine verlockende Aussicht. Oder man flutet die Kugel und versucht, mit einem Atmungsgerät zu entkommen. Eine riskante Option.

Cirrentragende Kraken
Grimpoteuthis species
Größe: 20 cm
Tiefe: 300–5000 m
Grimpoteuthis-*Kraken sind bizarre Tiere, die sich meist am Boden aufhalten, wo sie Schnecken und Würmer suchen. Auf den Armen sitzen neben Saugnäpfen auch Cirren, bewegliche Körperanhänge.*

Fieberhaft denken die beiden nach. Eins ist klar: Sie müssen sofort aufsteigen. Wenn alles planmäßig läuft, schaffen sie die elf Kilometer lange Rückreise ans Licht bis 17 Uhr. Dann wäre es noch knapp anderthalb Stunden lang hell. Zeit zum Handeln.

13.26 Uhr. 30 Sekunden lang schaltet Piccard den Elektromagneten aus. 363 Kilo Eisenschrot fallen heraus. Die *Trieste* hebt sich im Zeitlupentempo. Die Füße der beiden Männer fühlen sich inzwischen wie Eisklumpen an. Bewegen können sie sich in der engen Kapsel kaum. Aber da sind die Behälter, die das Kohlendioxid aus der Luft absorbieren. Sie werden beim Betrieb heiß. Wie Wärmflaschen. Jeder der beiden schiebt sich einen Behälter unter die Wolljacke.

Vor der Luke flirren Farbplättchen vorbei, die vom Kielwasser erfasst und fortgezerrt werden. An sich nicht ungewöhnlich, schließlich löst sich in großen Tiefen immer etwas Lack vom Metall. Aber es ist mehr als sonst. Momente der Beklemmung. Durch den Aufstieg dehnt sich das Benzin im Schwimmkörper langsam wieder aus, verdrängt allmählich das eingedrungene Wasser. Die *Trieste* nimmt Fahrt auf.

10000 Meter Tiefe. Aufstiegsgeschwindigkeit: 30 Zentimeter pro Sekunde.

9 150 Meter Tiefe. Die Aufstiegsgeschwindigkeit liegt bei 76 Zentimeter pro Sekunde.

7 300 Meter Tiefe. Aufstiegsgeschwindigkeit – jetzt 90 Zentimeter pro Sekunde.

Piccard lässt das Messgerät für die Benzintemperatur nicht aus den Augen. Benzin erwärmt sich, wenn es komprimiert wird, kühlt bei Ausdehnung ab. Nun geht es schnell aufwärts, und das Benzin dehnt sich entsprechend aus und kühlt ab. Aber im Benzin ist auch Wasser, das in den Leitungen gefrieren könnte: Dann besteht Explosionsgefahr.

Dreieinhalb Stunden dauert der Aufstieg. Während der ganzen Zeit versucht Walsh, die *Wandank* oder die *Lewis* zu erreichen. Er will ihnen von ihren Problemen mit dem Fenster berichten. Immer wieder ruft er sie – vergebens.

16.02 Uhr, 3 960 Meter Tiefe. Walsh hört erst das Summen des Echolots der *Lewis*, einen Augenblick später die *Wandank* über das Unterwassertelefon.

»*Trieste, Trieste*, hier ist die *Wandank*. Bitte bestätigen Sie die Ankunftszeit an der Oberfläche.«

Die Stimme klingt verzweifelt. Anscheinend versucht man schon seit Langem, sie zu erreichen. Schließlich müssen sich beide Schiffe vor dem Auftauchen entfernen. Walsh will antworten – der Kontakt kommt nicht zustande.

915 Meter Tiefe. Aufstiegsgeschwindigkeit: 152 Zentimeter pro Sekunde.

Die Dunkelheit vor der Luke verwandelt sich allmählich in eine Dämmerung. Die *Trieste* steigt immer schneller auf.

16.17 Uhr. Die Benzintemperatur liegt bei 0 Grad. Die *Trieste* gerät ins das warme Oberflächenwasser, das sie bremst.

16.56 Uhr, vor der angegebenen Zeit. Sie sind wieder oben – und schaukeln auf den Wellen. Noch immer ist das Benzin bei 0 Grad.

Und da ist das Plexiglasfenster. Die Entscheidung: Piccard bläst die Luft ganz langsam in den Einstiegsschacht, damit es nicht springt. Während des Aufstiegs hat sich das Glas wieder ausgedehnt und die Spalten geschlossen. Sachte entleeren Piccard und Walsh den Inhalt von drei Druckflaschen in den Schacht, über eine Leitung quillt das

Wasser hinaus. Normalerweise geht das blitzschnell, aber diesmal dauert die Prozedur eine Ewigkeit: Die Minuten verstreichen endlos. Der Wasserspiegel fällt Millimeter um Millimeter. Endlich sinkt er unter die Ebene des Türfensters. Er fällt weiter. Plötzlich füllt Nebel den Schacht: Der Druckausgleich mit der Welt dort draußen ist geglückt – sie sind frei. So schnell es geht, stoßen die beiden die Tür auf, klettern nach oben und stehen an Deck endlich wieder im Sonnenschein und in der tropischen Hitze. Sie haben den tiefsten Punkt der Erde erobert!

1960 wusste die Menschheit kaum etwas über die Tiefsee. Sie war damals nur wenig bekannter als die Rückseite des Mondes – und die hatte die Menschheit erst ein Jahr zuvor zum ersten Mal gesehen, 1959, als die sowjetische Sonde Lunik 3 den Mond umkreiste. Aber während der Mond schnell erobert war, tat sich die Menschheit mit der Erforschung des größten Lebensraums der Erde sehr viel schwerer: Die Tiefsee ist nicht nur das größte Ökosystem auf diesem Planeten, sie ist auch eine der großen Herausforderungen für die Forscher – der letzte unbekannte »Kontinent«.

Die Welt dort unten wirkt in unseren Augen bizarr. Es gibt Fische, die nur aus einem Maul zu bestehen scheinen, oder solche, aus denen spitze Zähne wie mittelalterliche Folterwerkzeuge ragen. Aale mit Entenschnäbeln warten auf unvorsichtige Fischchen, Oktopusse mit »Ohren« schweben durch die ewige Nacht, die die Staatsquallen mit einem besonderen Feuerwerk erhellen, um Beute in ihre giftigen, leuchtenden Fangarme zu locken. Es gibt sogar Ökosysteme, die die Sonne nicht brauchen. Vielleicht stand sogar die Wiege des Lebens in den Tiefen der Meere, wenn auch anders, als Ernst Haeckel es sich gedacht hatte … Die Regeln, nach denen die Tiefsee funktioniert, lernen wir gerade erst kennen.

Gallertkalmar
Leachia species
Größe: 10–20 cm
Tiefe: bis etwa 700 m
Mithilfe ihrer Leuchtorgane an Augen und Unterseite verschmelzen die durchsichtigen Gallertkalmare mit dem Restlicht ihres Lebensraums. Eine ammoniakgefüllte Schwimmblase verleiht ihnen Auftrieb.

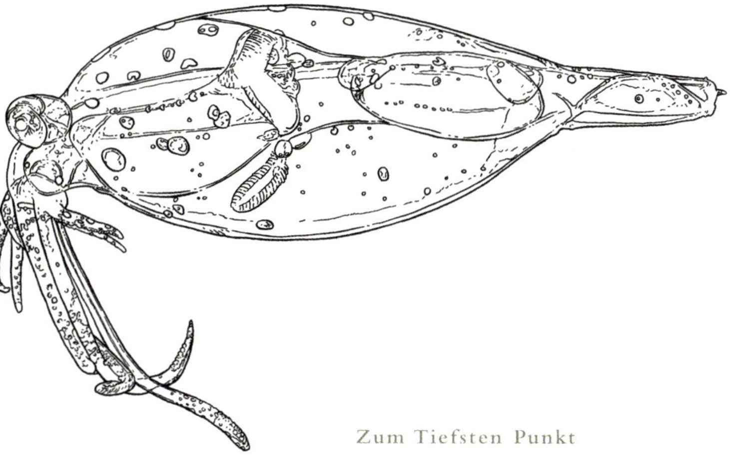

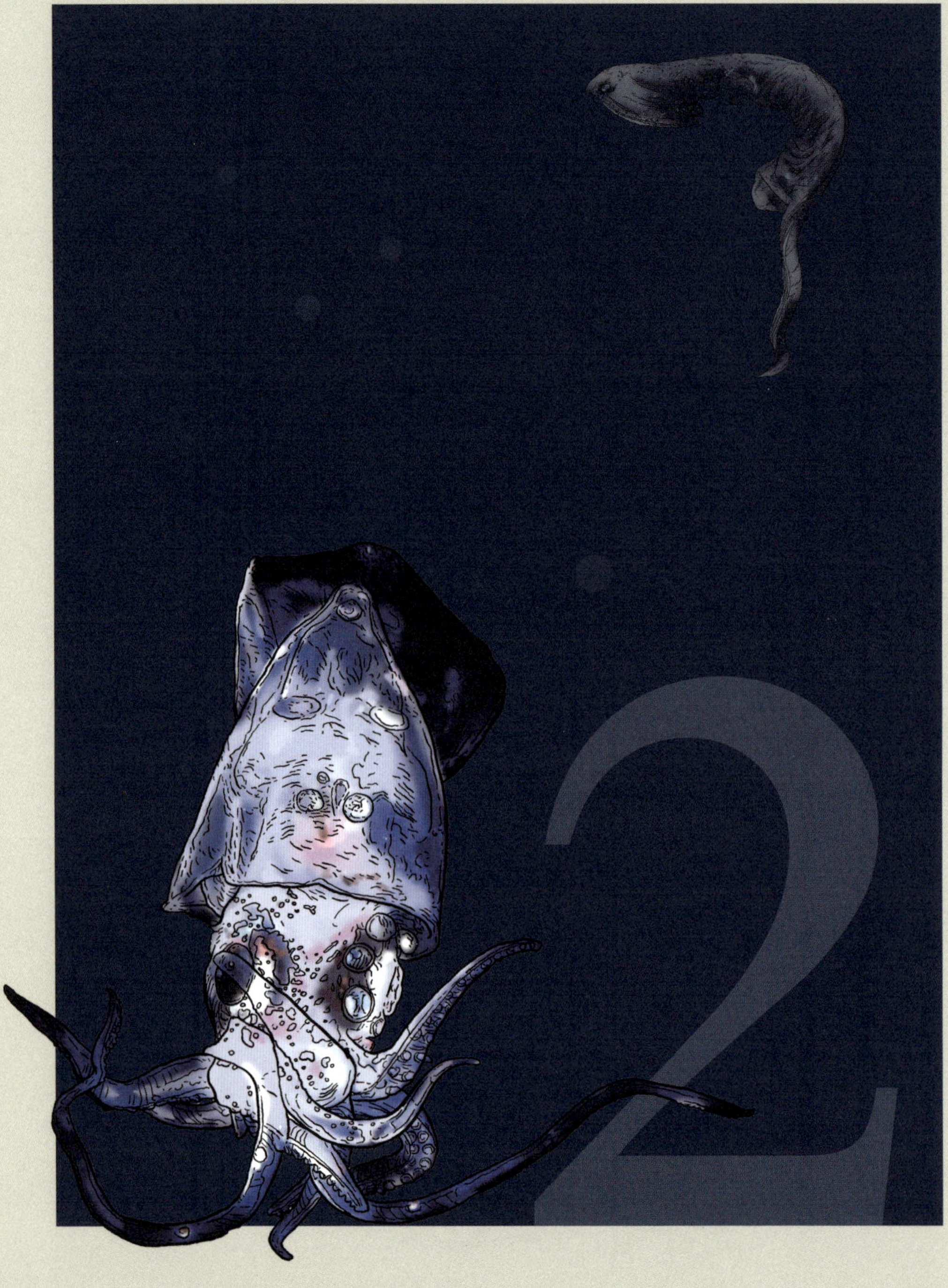
2

Und sie lebt doch!

Von lebenden Fossilien und guten wie bösen Omen

Der Beginn der *Challenger*-Expedition stand unter keinem guten Stern. Es geschah am Montag, dem 18. November 1872. Morgens waren 175 Mann der Besatzung angekommen. Den ganzen Tag über hatten sie ihre Sachen verstaut und sich mit dem Schiff vertraut gemacht. Abends um sieben war es stockfinster und die Pier, an der das Schiff lag, sehr schlecht beleuchtet. Von Bord aus war kaum zu sehen, wie Tom Tubbs auf der düsteren Gangway den Halt verlor und wie ein Stein ins schmutzige, stinkende Hafenwasser stürzte. Ein kurzer Aufschrei, ein Klatschen – noch ehe der Erste dem jungen Seemann eine Leine zuwerfen konnte, war er bereits versunken: Seine schweren Kleider hatten ihn hinuntergezogen.

Abb. links:
Lampadioteuthis megaleia
Größe: 15–20 cm
Tiefe: 80–500 m
Die bunten Leuchtorgane dieses kleinen Kalmars schimmern wie Edelsteine. Sie sind mit einem violetten Pigment überzogen, das vermutlich wie ein Filter wirkt und dem Tier bei der Tarnung hilft.

Die ganze Nacht hindurch versuchten Mannschaft und Hafenpolizei verzweifelt, Tom Tubbs im trüben Licht einiger Petroleumlampen zu finden. Im ersten Morgengrauen kam ein Taucher. Schweigend sahen alle zu, wie er in seinem steifen, eisenbeschwerten Anzug backbord über dem eiskalten Wasser abgelassen wurde. Es war still an Deck,

Von der HMS Challenger, *hier an den St. Paul's Rocks, ist heute nur noch die Galionsfigur übrig, die das Foyer des National Oceanography Centre in Southampton schmückt.*

auch auf der Pier. Die Suche schien endlos zu dauern. Nur das Klacken der Luftpumpe war zu hören. Dann entdeckte der Taucher die Leiche von Tom Tubbs mit weit aufgerissenen Augen am Grund des Hafenbeckens …

Sein Tod – ein böses Omen für die Fahrt? Die Stimmung an Bord war gedrückt, als die Korvette Anfang Dezember aus Sheerness in Nordkent auslief, um im südenglischen Portsmouth den Rest der Ausrüstung an Bord zu nehmen. Außerdem war das Wetter grauenhaft. Vom Sturm aufgepeitschte Wellen warfen die *Challenger* wie einen Spielball hin und her, sodass sie nach zwei Tagen erst einmal unvorhergesehen in Deal einlief. Die seekranken Wissenschaftler nutzten die Gelegenheit und machten sich mit dem Zug nach Portsmouth auf, während Mannschaft und Offiziere weiter gegen Sturm und Wellen ankämpfen mussten. Am nächsten Tag suchte das Schiff in Folkestone Schutz, dann in Dungeness. In der rauen See war kaum ein Fortkommen. 109 Stunden brauchte die *Challenger* für die ersten rund 200 Kilometer – unter Volldampf. Die 1 200-PS-Hilfsmaschine sollte die *Challenger* eigentlich nur bei den Tiefenmessungen oder beim Dredschen stabil am Punkt

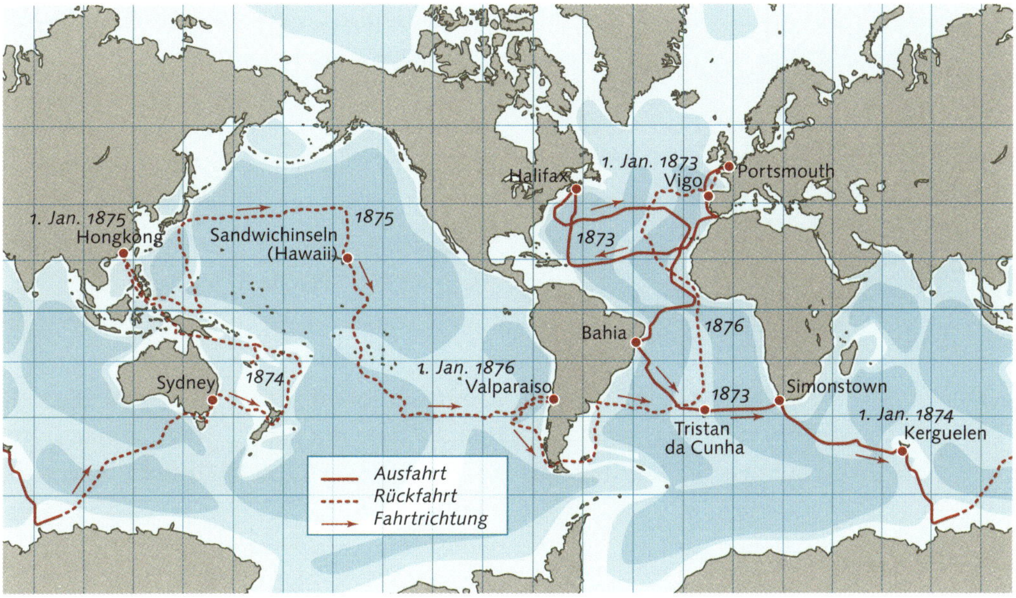

Die Route der Challenger-Expedition.

halten. Aber jetzt brauchte man sie, um überhaupt gegen den sich steigernden Wintersturm anzukommen. Höher und höher türmten sich die Wellen. Schließlich schlug die See durch eine ungesicherte Luke in den Maschinenraum. Die Lage war ernst. Mit knapper Not verhinderten Schiffsingenieur William Spry und seine Mannschaft, dass das Wasser die glühenden Dampfkessel erreichte: Sonst wäre die *Challenger* explodiert.

Auch das war ein böses Omen. Üble Vorahnungen setzten sich in den Köpfen fest. Dann, als sie endlich in Portsmouth angelangt waren und alle vereint auf die Abreise warteten, machte sich auch noch melancholische Stimmung breit. Selbst Wyville Thomson wurde davon angesteckt. War es wirklich richtig gewesen, die wissenschaftliche Leitung der Expedition zu übernehmen? Schließlich ließ er Frau und Sohn allein, dreieinhalb Jahre lang – und er hatte seine alte Freundschaft mit William Carpenter zerstört, der zu gerne selbst diese Position eingenommen hätte.

Für Zweifel war es jetzt jedoch zu spät. Vollgestopft mit wissenschaftlichem Gerät und Vorräten aller Art, lief die *Challenger* am

Sir Charles Wyville Thomson (1830–1882) war Chefwissenschaftler der Challenger-*Expedition.*

21. Dezember aus. »Endlich ist es soweit«, schrieb George Granville Campbell, jüngster Sohn des achten Duke of Argyll, der als Leutnant an Bord war: »Die letzte Kiste mit wissenschaftlicher Ausrüstung ist an Bord, das letzte Lebewohl gesagt, ein Schlepper dreht unseren Bug: Volle Kraft voraus – hurra, wir sind auf Weltreise.«

Joseph Matkin hingegen, 18 Jahre, Schiffssteward, war sehr unglücklich. Nicht nur, weil er seinen kranken Vater zurückließ, nicht wusste, ob er ihn wiedersehen würde. Er und seine sechs Kameraden, die auch in der Messe arbeiteten, mussten für Geschirr und Besteck sorgen – aus eigener Tasche. Zusammen mit dem Geld für die an Bord notwendige Kleidung hatte er für seine Verhältnisse ein Vermögen ausgegeben. Wie sollte er die zehn Pfund zurückzahlen, die sein Vater ihm leihen musste? Er rechnete und rechnete, aber bei seinem Sold würde es bis New York dauern, ehe er seine Schulden abbezahlen konnte. Dabei brauchte seine Familie das Geld doch so dringend.

127 580 Kilometer sollte die *Challenger* auf ihrer Expedition zurücklegen. Zunächst ging ihre Reise in den Golf von Biskaya, dann folgte ein kurzer Abstecher ins Mittelmeer und von da aus unter anderem via Teneriffa in die Karibik. Dort fädelte sie sich in den Golfstrom ein, folgte ihm zum kanadischen Halifax, fuhr zurück zu den Bermudas, über die Azoren nach Brasilien, von Tristan da Cunha zum Kap der Guten Hoffnung, dann zu den Kerguelen, einem Archipel im Indischen Ozean, und zur Antarktis. Die nächste Station war Sydney, gefolgt von Neuseeland, Neuguinea, Hongkong, Japan und Tahiti. Anschließend ging es über die Magellanstraße zwischen dem südamerikanischen Festland und Feuerland zurück in den Atlantik: Die *Challenger* steuerte die Falklandinseln an, die uruguayische Hauptstadt Montevideo, dann erneut die Kapverden vor der Westküste Afrikas, und endlich lief sie am 24. Mai 1876 nach dreieinhalb Jahren wieder in Portsmouth ein.

Diese Expedition markiert den Beginn der modernen Ozeanografie. Es ging um die systematische Erforschung der Tiefsee in allen wichtigen Meeresgebieten: im Nord- und Südatlantik, im Indischen Ozean, im Nord- und Südpazifik und in den Südozeanen rund um die Antarktis bis hin zur Eisrandzone. Die Aufgaben waren breit gefächert: Die Physik, die Chemie und die Biologie der Meere, der Tiefsee und des Meeresbodens sollten erforscht werden – und es sollten Verbindungen zur Lebenswelt früherer Erdzeitalter gefunden werden. Dazu war die *Challenger* mit Menschen, wissenschaftlicher Ausrüstung plus Lebensmittel- und Kohlevorräten im wahrsten Sinne des Wortes vollgestopft. Platz war Luxus, allein war man nie. Noch nicht einmal die Unteroffiziere hatten Einzelkabinen. Der Gestank unter Deck war unbeschreiblich – vor allem, als man tropische Gefilde erreichte.

Mit Kapitän George S. Nares führte einer der besten Seefahrer der britischen Marine das Kommando. 23 Offiziere und 240 Seeleute waren an Bord, dazu kamen sechs Forscher. Neben Chefwissenschaftler Charles Wyville Thomson war da der kanadisch-schottische Naturforscher, Meeresbiologe und Ozeanograf John Murray. Er sollte der berühmteste Wissenschaftler der Expedition werden, weil er in unermüdlicher Arbeit als Hauptautor in 50 Bänden die wissenschaftlichen Ergebnisse der Expedition zusammenfasste.

Sir John Murray (1841–1914) legte mit seiner Arbeit den Grundstein für die moderne Ozeanografie.

Zur wissenschaftlichen Crew gehörte Henry Nottidge Moseley, ein begabter Naturforscher, der ganz überwältigt davon war, dass er an der *Challenger*-Expedition teilnehmen durfte – schließlich hatte er als Kind Daniel Defoes *Robinson Crusoe* ebenso verschlungen wie als Jugendlicher Darwins Reisebericht über die Fahrt mit der *HMS Beagle*. Vor der Abreise hatte Moseley Monate damit verbracht, das Zoologielabor der *Challenger* auszurüsten, während sein schottischer Kollege John Young Buchanan das Chemielabor aufbaute. Die Laboratorien lagen auf dem Hauptdeck, stanken penetrant und wurden am Tag nur durch drei kleine Oberlichter erhellt, bei Nacht mit Öllampen. Keine einfachen Bedingungen, aber es ging nicht anders. Buchanan war übrigens nicht nur ein hervorragender Chemiker, sondern auch ein geschickter Instrumentenbauer und Glasbläser – nützliche Fertigkeiten an Bord eines Forschungsschiffs, das durch raue Gewässer fährt.

Mit 25 Jahren war der deutsche Zoologe Rudolf von Willemoes-Suhm der jüngste Wissenschaftler im Team. Auch für ihn, den Spe-

INTERNATIONALE ZUSAMMENARBEIT

Die besten Experten rund um die Welt sollten Proben von der *Challenger*-Expedition erhalten. Damit legte Charles Wyville Thomson den Grundstein zu der seitdem – je nach politischer Lage – mehr oder weniger beibehaltenen Tradition der Meeresforscher, in internationalen Gruppen zu arbeiten. An der Auswertung damals waren insgesamt 76 Wissenschaftler beteiligt.

Zunächst übernahm Thomson nach der Rückkehr die Leitung der *Challenger* Expedition Commission, die die Auswertung koordinierte und die Ergebnisse veröffentlichte. Nach seiner Erkrankung 1879 und seinem frühen Tod 1882 folgte ihm John Murray auf dieser Position nach. Die Ergebnisse wurden in den *Challenger Reports* auf 29500 Seiten zusammengefasst, hinzu kamen rund 3000 Zeichnungen, Tabellen, Karten und Diagramme. Der letzte Band erschien erst 1895 – 19 Jahre nach der Rückkehr des Schiffs nach Portsmouth.

zialisten für wirbellose Meerestiere, ging ein Traum in Erfüllung, als er an Bord des Forschungsschiffs *Phoenix* die Einladung erhielt, an der *Challenger*-Expedition teilzunehmen: der Beginn einer glänzenden Karriere. Dann war da noch John James Wild, als Jean Jacques Wild in Zürich geboren, der gleichzeitig als Thomsons Sekretär und wissenschaftlicher Zeichner fungierte. Er zeichnete alles: die Ausrüstung, die Matrosen bei der Arbeit, die Wissenschaftler – immer korrekt und irgendwie deplatziert gekleidet mit Strohhut, Anzug und Krawatte. Er zeichnete die Arbeit in den Laboratorien unter Deck, Landschaften und Gebäude bei den Landgängen, Szenen von der Expedition – und immer wieder einmal Meerjungfrauen.

Die erste Etappe der Reise führte die *Challenger* nach Lissabon – eine stürmische Passage. Lord Campbell schrieb: »Schiff rollt wie verrückt – Schlaf minimal – Wissenschaftler seekrank – irgendwas zu essen – Geschirr zerbricht – ein absolutes Elend – vorgetäuschte Fröhlichkeit.« An das Gedränge, den Schweißgeruch und die fahlen Essensdünste mussten sich alle erst gewöhnen. Auch daran, mit dem Heimweh fertig zu werden.

Bei gedämpfter Stimmung stand direkt nach dem Auslaufen das erste Weihnachtsfest an Bord bevor. Kapitän Nares hielt die Andacht. Es stürmte. Das Festessen war ein Desaster. Viele waren seekrank, und wer am Tisch saß, musste seinen Teller festhalten. Eine Welle war so heftig, dass John Young Buchanan aus seinem Sitz in der Offiziersmesse in eine benachbarte Kabine geschleudert wurde. Am schlimmsten war jedoch, dass mysteriöserweise der duftende Truthahn für die Offiziere verschwand und nie wiederauftauchte. Am nächsten Tag erging es der gebratenen Gans ebenso. Immerhin fanden sich von ihr ein paar Fetzen Fleisch und Knochen zwischen den Tauen.

Hässliche Wesen und unerfreulicher Schlamm

Am 30. Dezember 1872 – das Wetter hatte sich endlich etwas beruhigt – begann in der Bucht von Vigo in Galizien die wissenschaftliche Arbeit an Bord: Trawlen, Loten und Dredschen – die einzigen Methoden, mit denen man damals die Tiefsee erkunden konnte. Die Dredschen, mit denen Proben vom Meeresgrund genommen wurden, waren primitiv: An einem dicken Hanfseil ließ man einen Stahlrahmen herab, der einen Sack aus fein gewebtem Material offen hielt. Hatte das Gerät Grund erreicht, durfte das Schiff die ganze Zeit über seine Segel nicht einsetzen, sondern musste die Dredsche mit dem bisschen Dampfkraft der 1 200-PS-Maschine schleppen, damit sie den Ozeanboden abschabte. Zwischendurch wurden Thermometer und Lot hinabgelassen. Unten waren die Geräte durchschnittlich nach 35 Minuten, die Dredsche nach drei Stunden. Das Einholen jedoch dauerte erheblich länger. Stand Trawlen auf dem Programm, begann die Arbeit frühmorgens, und die Netze kamen oft erst nachts wieder an Deck.

Jede Aktion machte der Mannschaft handfest klar, wie groß der Ozean wirklich ist. Vor allem die Maschinisten litten. Selbst in der feuchten Tropenhitze, wenn die *Challenger* in allen Ecken dampfte, schaufelten sie Kohle in den Heizkessel: Der Propeller musste das Schiff auf Position halten, damit die *Challenger* im Lauf der Arbeiten nicht zu weit abdriftete und die Lotungen verfälscht würden. Auch an Deck war die Arbeit unendlich mühsam und anstrengend. Die einzige Hilfe für die Matrosen war ein Dampfeselchen, eine Hilfsmaschine mit nur 12 PS Leistung.

Die Dredsche war im 19. Jahrhundert ein modernes Hilfsmittel der Meeresforschung. Mit ihr »schabten« die Wissenschaftler Proben vom Ozeangrund.

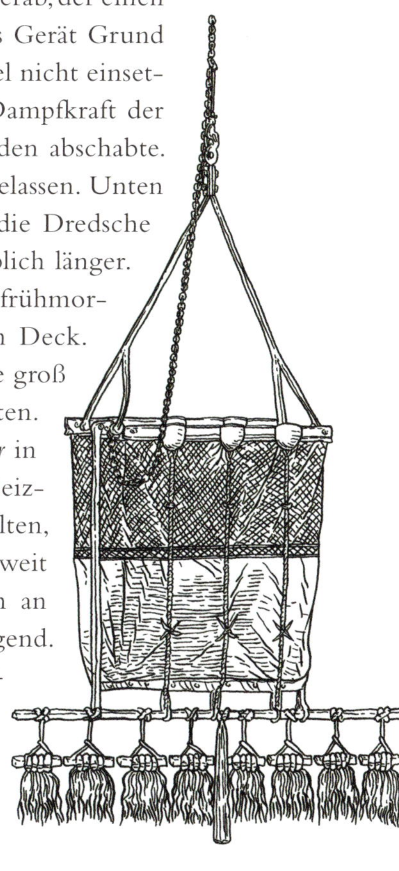

Das Ganze zerrte an den Nerven. Beim Loten und Dredschen lag die *Challenger* die ganze Zeit über rollend in der See – und ständig kreischte die Winde, vor allem wenn das Dredschseil auf die Trommel gelegt wurde: Dann war der Krach ohrenbetäubend – stundenlang. Hatte man Pech, hing so viel Schlamm an den Geräten, dass sie zu schwer wurden, das sechs oder sieben Kilometer lange Seil riss – und alles in der Tiefe verschwand.

Das Leben an Bord war hart und langweilig. Nichts als Routine – die anfangs jedoch fehlte. So konnte man die »ersten Dredschversuche wohl nur schwerlich als erfolgreich bezeichnen«, schrieb Lord Campbell, »es sind eher Lehrstunden, aber wir werden zweifellos schon bald erstklassig darin sein«. Seine Ahnung täuschte ihn nicht. Am Ende der Reise sollte die Bilanz der wissenschaftlichen Untersuchungen stolz sein: Die Statistik wies 492 Tiefwasserlotungen aus, 151 Trawls, 263 Temperaturprofile, und nicht weniger als 133-mal dredschte man den Meeresgrund – wenn auch unter dem Fluchen von Mannschaft und Offizieren. Denn oft brachten die Dredschen nur Kümmerliches nach oben.

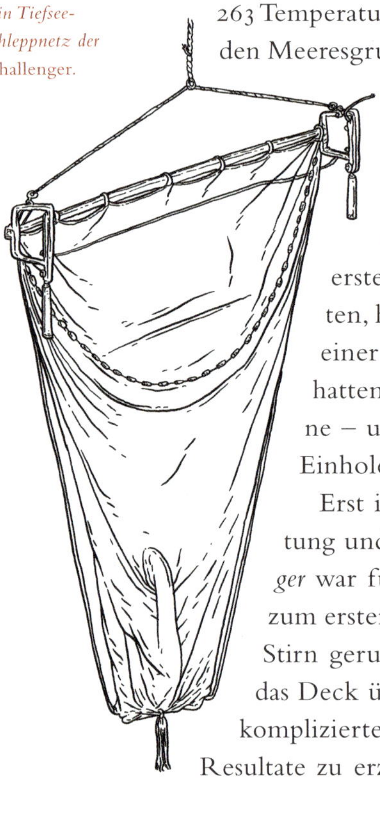

Ein Tiefseeschleppnetz der Challenger.

Die Trawls versprachen interessanter zu sein, denn sie waren größer und flexibler im Einsatz. Lord Campbell bevorzugte sie ganz eindeutig: »Sieh an, im ersten waren zwei verschiedene und ziemlich seltene Arten, hässliche Wesen mit vorstehenden Augen.« Fische mit einer seltsam weichen Haut und großen braunen Augen hatten sich im Netz verfangen, Quallen, Korallen, Seesterne – und »erfreulicherweise kein Schlamm«. Der war beim Einholen ausgewaschen worden.

Erst im Lauf der Zeit stellen sich die Männer auf Ausrüstung und Schiff ein. Das war nicht einfach, denn die *Challenger* war für Forschungszwecke ungewöhnlich groß: Als er sie zum ersten Mal sah, hatte Wyville Thomson deshalb besorgt die Stirn gerunzelt. Er dachte an das Schlingern, daran, wie hoch das Deck über dem Wasser lag, wie schwierig es sein würde, die komplizierten Geräte von dort aus zu bedienen und vernünftige Resultate zu erzielen – vor allem bei den Lotungen. Dabei gehörte die korrekte Vermessung des Ozeangrunds zu den zentralen Aufgaben der Expedition.

Schließlich war der Meeresboden im 19. Jahrhundert durch die Verlegung der ersten Telegrafenkabel zwischen den Kontinenten plötzlich interessant geworden. Zwar glaubte alle Welt, er sei eben – aber man wollte wissen, wie tief er war. Wohl einer der Ersten, die sich das gefragt hatten, war lange zuvor der portugiesische Seefahrer Ferdinand Magellan gewesen. 1521 hatte er aus reiner Neugier versucht, den Pazifik auszuloten. Vergebens: Als selbst eine 700 Meter lange Lotleine den Boden nicht erreichte, schloss er daraus, die wahrscheinlich tiefste Stelle der Meere entdeckt zu haben – was auch immer das bedeuten mochte. Dem ließ dann im Zeitalter der anbrechenden interkontinentalen Kommunikation unter anderem das United States Naval Observatory nachspüren. Allerdings ist es eine verzwickte Sache, die Wassertiefe im offenen Meer zu bestimmen: Schiffe driften, sodass die Lotleine nie senkrecht hängt. Außerdem wurden Hanfleinen benutzt, die selbst so schwer waren, dass sie sich auch dann noch weiter abspulten, wenn das Gewicht bereits den Boden berührt hatte. Weil auch noch Tiefenströmungen das Lot erfassen und davontragen können, wundert es nicht, dass unglaubliche Wassertiefen diskutiert wurden. Manche der Lotungen schienen den Meeresgrund noch nicht einmal in 18 Kilometern Tiefe erreicht zu haben.

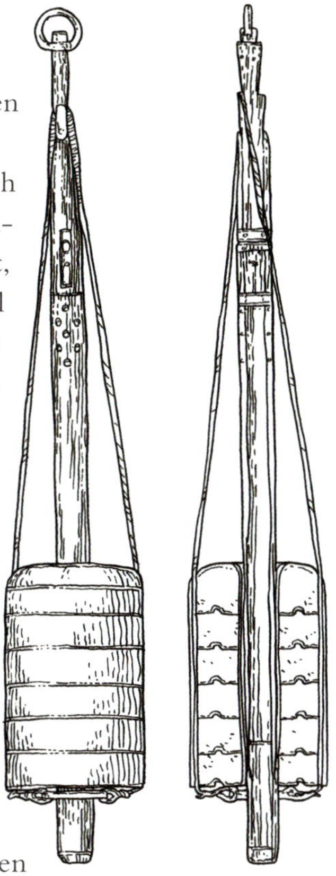

Die Lotmaschine, die die Wissenschaftler an Bord der Challenger *einsetzten, war in dieser Form 1871 von Charles William Baillie erfunden worden.*

Erst 1853, 19 Jahre vor der *Challenger*-Expedition, hatte der Amerikaner John Mercer Brooke eine verlässliche Methode zur Bestimmung der Meerestiefe entwickelt. Er nahm eine 63 Pfund schwere Kanonenkugel als Gewicht, sodass die Schiffsbewegung das Lot nicht mehr krümmen konnte. Außerdem wählte er dünnes, starkes Garn anstelle der schweren Hanfleinen: So spulte sich nichts weiter ab. Vor dem Einholen wurde die Kugel ausgehakt, damit das Garn nicht riss und eine durch ein Loch in der Kugel gesteckte Eisenstange wieder an Bord geholt werden konnte. An deren Spitze war eine kleine Vertiefung: Wenn darin etwas Meeresschlamm klebte, war klar, dass das Lot wirklich den Grund berührt hatte.

1872 waren Tiefseelotungen die Speerspitze der Technik, und die *Challenger*-Expedition war für das 19. Jahrhundert das Gleiche wie die Raumfahrt für unsere Zeit. Heute geht es um die Entdeckung von Leben auf mehr oder weniger weit entfernten Planeten, damals drehte sich alles um das Leben in der Tiefsee – und den Nachweis von Darwins Evolutionstheorie. Das war das zweite große Ziel der Expedition. Deshalb waren alle an Bord hellauf begeistert, als sie kurz nach dem Verlassen von Lissabon aus 1 800 Metern Wassertiefe eine Seelilie der Gattung *Umbellularia* heraufholten. Endlich ein gutes Omen! Solche Entdeckungen hatten die Forscher Regierung, Marine und der Royal Society versprochen. Dafür hatten sie das Geld bekommen.

Umbellularia groenlandica
Größe: 120 cm
Tiefe: 550–3700 m
Auf dem Fahrtabschnitt nach Teneriffa holte die Crew der Challenger *unter anderem eine dieser Seelilien an Bord.*

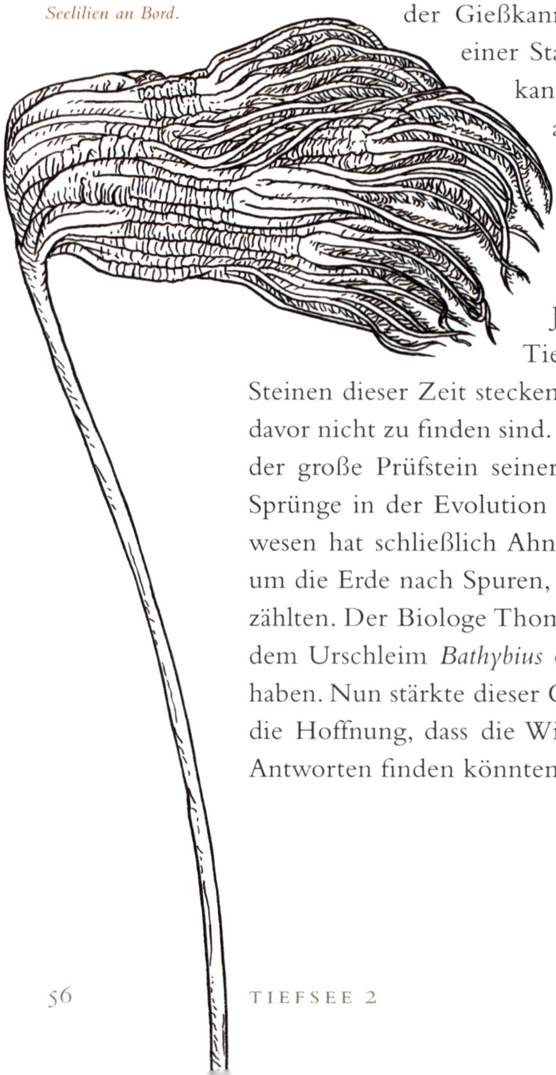

Nun sah es so aus, als könnte man die Hoffnungen erfüllen. Es ging unter anderem um die Frage, ob die Tiefsee ein Rückzugsgebiet für lebende Fossilien war. Dafür sprach die Seelilie, aber auch der Gießkannenschwamm, der am 18. Januar 1873 auf einer Station vor Gibraltar entdeckt wurde. Gießkannenschwämme sind Tiere, die irgendwie aussehen wie große Tannenzapfen aus fein gesponnenem Glas und die zu den ältesten Bewohnern auf der Erde zählen: Es gab sie schon zur Zeit der Kambrischen Explosion, als vor mehr als 540 Millionen Jahren wie aus dem Nichts alle wichtigen Tiergruppen aufzutauchen scheinen. In den Steinen dieser Zeit stecken plötzlich Fossilien von großen Tieren, die davor nicht zu finden sind. Für Darwin war die Kambrische Explosion der große Prüfstein seiner Theorie, denn ihr zufolge sollten solche Sprünge in der Evolution eigentlich nicht möglich sein: Jedes Lebewesen hat schließlich Ahnen. Deshalb suchten seine Anhänger rund um die Erde nach Spuren, die etwas über die Anfänge des Lebens erzählten. Der Biologe Thomas Henry Huxley schien 1868 ja auch mit dem Urschleim *Bathybius* einen geeigneten Kandidaten gefunden zu haben. Nun stärkte dieser Glasschwamm mit seiner langen Geschichte die Hoffnung, dass die Wissenschaftler der *Challenger* in der Tiefsee Antworten finden könnten.

STATIONEN DER TIEFSEEFORSCHUNG

1521	Aus Neugier lässt Ferdinand Magellan im Pazifik ein 700 Meter langes Seil mit einer schweren Eisenkugel hinab, um die Tiefe der Meere auszuloten. Es erreicht den Boden nicht.
1818	Sir John Ross findet während seiner Suche nach der Nordwestpassage in der Baffin Bay als erster Mensch Leben in der Tiefsee.
1841–1842	Edward Forbes erforscht an Bord der *HMS Beacon* das Mittelmeer. Aufgrund seiner Erfahrungen begründet er die Theorie, dass unterhalb von 550 Metern Wassertiefe kein Leben möglich ist.
1850	Michael Sars holt auf seinen Dredschzügen vor der Küste der Lofoten und entlang der norwegischen Fjorde aus Tiefen von 800 Metern Lebewesen herauf und widerlegt damit Forbes' »azoische Hypothese«.
1872–1876	An Bord des britischen Forschungsschiffs *HMS Challenger* legen Charles Wyville Thomson und sein Wissenschaftlerteam die Grundlagen der modernen Meeresforschung.
1898–1899	Den zwölf Wissenschaftlern der deutschen *Valdivia*-Expedition gelingt es unter Leitung von Carl Chun mit einem speziellen Netz, die Meeresfauna in verschiedenen Wassertiefen zu erkunden.
1930	William Beebe und Otis Barton erreichen in einer Stahlkugel, der Bathysphere, als erste Menschen die Tiefsee: Sie sinken 435 Meter tief hinab, 1934 schafft Beebe sogar 923 Meter Tiefe.
1960	Jacques Piccard und Don Walsh tauchen mit dem Bathyskaph *Trieste* zum tiefsten Punkt der Meere hinab.
1977	Mit dem Forschungs-U-Boot *Alvin* entdeckt der Geologe Jack Corliss die Black Smoker. Damit ist die Theorie widerlegt, dass alles Leben auf der Erde von der Sonne abhängt.

Siege …

Im 19. Jahrhundert war Darwins Evolutionstheorie etwas Ungeheuerliches. Der Gedanke, dass neue Arten entstehen, war gotteslästerlich. Gott hatte die Welt erschaffen – und die Lebewesen waren und blieben, wie der Schöpfer es für sie vorgesehen hatte: Nichts und niemand starb aus, nichts und niemand kam neu hinzu. Für Darwin jedoch befand sich die Erde und alles, was auf ihr lebte, fortwährend in einem langsamen Wandel. »Alte« Arten verschwanden, weil ein neuer Räuber mit kräftigeren Klauen auftauchte oder weil sich das Klima veränderte oder, oder, oder. Aus denselben Gründen werden die neuen Arten »geboren«, weil sie eine Krabbe mit einem stärkeren Panzer knacken wollen oder weil ein Sturm sie auf eine einsame Insel verschlägt – so wie es den berühmten Darwinfinken auf den Galapagosinseln erging. Wer überleben will, muss sich an die neuen Bedingungen anpassen. Das vollzieht sich von Generation zu Generation, denn die Nachkommen sind keine identischen Kopien ihrer Eltern. Zum einen werden die väterlichen und mütterlichen Gene bei jedem Kind immer wieder neu kombiniert (aber das wusste damals noch niemand), zum anderen kann es immer wieder Mutationen geben, plötzlich auftretende Veränderungen im Erbgut. Kommen die Kinder besser in der Umwelt zurecht als ihre Eltern, haben sie selbst wieder viele Nachkommen, die ebenfalls die positiven Eigenschaften tragen können. Ist die Veränderung ungünstig, sterben die Träger früh, entweder ohne sich fortzupflanzen oder wenn, dann mit geringem Erfolg. Das Spiel geht weiter und weiter, bis im Fall der Darwinfinken irgendwann die Unterschiede zu ihren Ahnen so groß sind, dass sie neue Arten bilden.

Dass sich die erfolgreiche Form durchsetzt und die anderen verschwinden, nannte Darwin »natürliche Selektion«. Es war ein steter Prozess, mit dem sich die Organismen immer besser an ihre Umwelt anpassten. Weil die jedoch nie gleich blieb, kam auch die Entwicklung der Arten nie zum Stillstand: Pflanzen und Tiere veränderten sich immerfort. Nur die Tiefsee sollte die Ausnahme der Regel sein. Bis weit in das 20. Jahrhundert hinein hielt man sie für den ältesten Ort der Erde: Sie sollte den Endzustand darstellen, das Schicksal allen Landes, wenn die Verwitterung es erst einmal abgetragen hätte. Die Tiefen der Meere erschienen unveränderlich – und damit wären es auch die Tiere dort unten. Da andere Forscher bereits vor den Philippinen einen lebendigen Glasschwamm gefunden hatten, schienen Tiefseebewohner rund um die Welt in einem Refugium zu leben, in dem die Evolution zum Stillstand gekommen war – ein Dorado für lebende Fossilien, ein *Jurassic Parc.*

BLUMEN DER STRÖMUNG

Seelilien und ihre mobilen Verwandten, die Haarsterne, sind eine sehr erfolgreiche Gruppe von Lebewesen. In den rund 500 Millionen Jahren ihrer Existenz haben sie mehr als 5000 Arten entwickelt. Mit langen Stielen am Boden verankert, wiegen sie sich in der Strömung und strudeln sich mit einer Tentakelkrone aus Federarmen Plankton in den Mund. In ihren Blütezeiten bildeten Seelilien Rasen am Meeresgrund: Sie »wucherten« überall, beherrschten durch ihre große Zahl die Ökosysteme in den lichtdurchfluteten Meereszonen. Manchmal gab es so viele, dass ihre Überreste ganze Gesteinspakete aufbauten. Dann – vor 250 Millionen Jahren – begann das größte Massenaussterben aller Zeiten, bei dem mehr als 97 Prozent der bekannten Arten von Meerestieren verschwanden. Es forderte auch von den Seelilien seinen Tribut: Nur eine Handvoll Arten überlebte die Katastrophe. Aber diese Überlebenden sorgten für eine neue Blüte im Jura – dem Zeitalter, als die Saurier die Welt beherrschten. Wieder bauten die Seelilien Gesteine auf, aber dann schienen sie allmählich zu verschwinden – bis 1858 eine erste lebendige in der Dredsche von Michael Sars auftauchte.

Die erste Seelilie und der erste Gießkannenschwamm, die gleich zu Beginn des Fahrtabschnitts von Lissabon nach Teneriffa gefunden worden waren, begeisterten alle. Ob Kapitän, Koch oder Schiffsjunge – sobald ein Fang aus der Tiefsee an Deck kam, lief jeder, der seine Arbeit kurz liegen lassen konnte, herbei, um die seltsamen Wesen zu begutachten. Gierig stürzten sich die Wissenschaftler auf die Ausbeute, arbeiteten in ihren düsteren Laboratorien bis spät in die Nacht.

Doch als am Abend des 14. Februar die *Challenger* bei schönem Wetter und einer leichten Brise Teneriffa verließ, begann die Prozedur zur Routine zu werden – und schnell ließ die Faszination nach: »ein paar Seesterne, ein Fisch und eine Krabbe – alle wirklich sehr selten«, witzelte Campbell in seinem Logbuch über einen Fang. Oder: »Neben den üblichen ein oder zwei Zentnern Schlamm waren ein paar Tiere

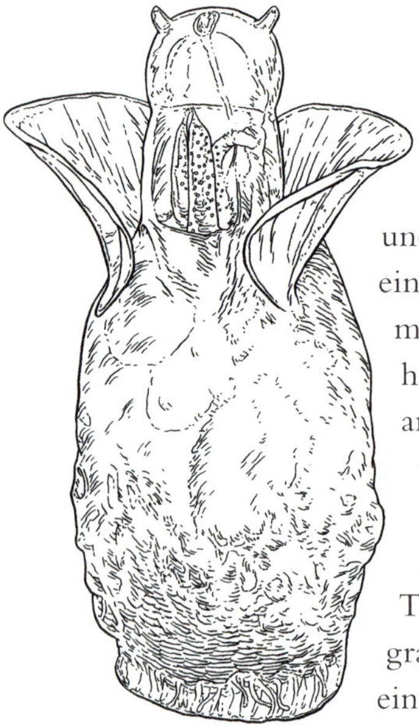

dabei.« Dem Expeditionsplan zufolge sollte die *Challenger* etwa alle 200 Kilometer die Meerestiefe ausloten – samt Entnahme von Wasserproben und Temperaturmessungen –, und ungefähr alle 500 Kilometer wurden Dredsche und Trawl eingesetzt. Die Seeleute waren es gewöhnt, mit dem Schiff möglichst schnell von einem Hafen zum anderen zu fahren. Sie hassten dieses ewige Stop-and-go. Es war enervierend – und am schlimmsten war die Aussicht, dass es jahrelang so weitergehen sollte. Die Wissenschaftler hingegen waren selig – noch. Sie fanden heraus, dass der Meeresgrund bis etwa 450 Kilometer westlich von Teneriffa ziemlich eben ist, eine Tiefe von 3 600 Metern hat und mit nichts anderem als einem grauen oder gelblichen Schlick bedeckt ist. Foraminiferen, also einzellige, meist räuberische Tiere – genauer: sogenannte Globigerinen –, bauen diesen Schlick auf. Dazu kamen noch ein paar Schalen von verblichenen Tiefseeschnecken und die Hinterlassenschaften der Würmer.

Flügelschnecke
Cliopsis krohni
Größe: 2–4 cm
Tiefe: bis 1500 m
Cliopsis krohni *sind räuberische Tiere. Um durchs Wasser zu schweben oder ein Opfer gezielt anzusteuern, haben sie ihren Fuß in zwei flügelförmige Lappen*

Noch einmal 100 Kilometer weiter westlich war das Meer plötzlich viel flacher: Am 18. Februar 1873 stellte Wyville Thomson fest, dass sich unter dem Meeresspiegel ein steiler Anstieg von rund 900 Höhenmetern verbarg. Am Lot klebte diesmal kein Schlick – dieser Seamount, dieser Seeberg, bestand also anscheinend aus hartem Fels. Um 10 Uhr vormittags brachte die Mannschaft die Dredsche aus. Wie üblich heulte und kreischte die Winde stundenlang. Um 17.30 Uhr war die Dredsche wieder an Bord – und in den Maschen steckten ein paar Steine, die genauso aussahen wie die Basaltfelsen der Kanarischen Inseln, dazu einige große Bruchstücke von toten Korallen, die von einer schwarzbraunen Kruste überzogen waren. Einige schienen sogar aus einer dicken, schwarzbraunen Kruste herausgewachsen zu sein.

Das schwarze Zeug war Manganoxid, wie John Young Buchanan in seinem Labor feststellte. Er fand heraus, dass Manganoxidkristalle das Material der ursprünglichen Koralle ersetzt hatten. Hunderte von Seemeilen später sollte er es wieder mit diesen Krusten zu tun bekommen und auch mit Knollen, die sich aus diesem Material gebildet hatten. Und von da an waren sie für die *Challenger*-Crew eine vertraute Beute, die immer fernab der Kontinente anzutreffen war. Buchanan wäre wohl äußerst erstaunt gewesen, zu hören, dass diese Manganknollen im 21. Jahrhundert ein Glitzern in den Augen von Bergbauinvestoren hervorrufen könnten. Schließlich gelten sie heute als Rohstoffquellen am Meeresgrund, weil sie nicht nur Mangan, sondern auch Kupfer enthalten, Kobalt, Zink oder Nickel.

DORADO MEERESBODEN?

Manganknollen sind unscheinbare, schwarzbraune »Kartoffeln«, die wie Ackersteine im Schlick liegen und fernab der Kontinente in den Tiefseebecken heranwachsen. Bereits in den 1980er-Jahren hatten Bergbaukonzerne darüber nachgedacht, den gigantischen Schatz an Metallen, der in ihnen steckt, zu fördern. Allerdings machten damals die Entdeckung neuer Lagerstätten an Land und die explodierenden Ölpreise, die den Schiffsdiesel verteuerten, das Projekt unattraktiv. In Vergessenheit geriet es deshalb jedoch nicht, denn die Vorräte gelten als gewaltig: Auf mindestens zehn Milliarden Tonnen oder mehr taxieren Rohstoffexperten die Größe aller Manganknollenfelder zusammen. In einem der ergiebigsten Manganknollengürtel zwischen Mexiko und Hawaii, wo in Wassertiefen zwischen 4000 und 6000 Metern bis zu 60 Kilogramm dieser Knollen pro Quadratmeter liegen, haben sich internationale Konsortien ihre Claims gesichert: An diesen Bündnissen sind Länder wie Deutschland, Frankreich, Indien, Japan, Russland, China, Polen, Bulgarien und Tschechien beteiligt. Die Claims könnten sich lohnen, wenn die Rohstoffpreise stimmen. Aber nur einen ihrer beiden Claims dürfen die Nationen für sich untersuchen, den zweiten müssen sie als Rohstoffquelle für die Welt bewahren, schließlich liegen die Lagerstätten in internationalen Gewässern. Über die Gebühren, die bei einer potenziellen Ausbeutung an die UN-Meeresbodenbehörde in Kingston, Jamaika, gezahlt werden müssten, sollen dann die Länder der Dritten Welt an dem Reichtum teilhaben.

Das Problem sind die Umweltfolgen des Tiefseebergbaus. Mit einer Art Kartoffelroder sollen die Knollen aus dem Sediment geholt, über einen »Tiefseestaubsauger« auf das Förderschiff gehievt und dann vom mitgeschleppten Schlick getrennt werden. Der Schlick soll zurück ins Meer – entweder indem er einfach über Bord gepumpt wird oder indem er in 1000 oder 2000 Metern Wassertiefe aus einer Pipeline fällt. »So oder so, dabei entstehen Sedimentwolken, die mit den Strömungen über Hunderte oder Tausende von Kilometern hinwegtransportiert werden«, warnt IFM-GEOMAR-Direktor Peter Herzig vor den Umweltfolgen: »Der Schlamm kann großräumig Meeresökosysteme zerstören.« 1989 haben Wissenschaftler an Bord des deutschen Forschungsschiffs *Sonne* vor der Küste Südamerikas einen kleinen Versuch zum »Tiefseeleben nach dem Bergbau« durchgeführt. Das Ergebnis: Die meisten Bodenlebewesen sterben durch Förderung oder Schlammwolke, und es dauert Jahre, bis sich das Gebiet wieder erholt hat. Inzwischen hat die Internationale Meeresbodenbehörde deshalb ein Schutzkonzept entwickeln lassen: Der Bergbaubetrieb müsste nach dem Schachbrettprinzip verlaufen. Ein Gebiet wird ausgebeutet, und rundherum gibt es Pufferzonen, damit die zerstörten Areale von diesen Refugien aus wieder besiedelt werden könnten.

Das Chemielabor an Bord der Challenger.

An jenem 18. Februar jedoch konnte sich niemand an Bord so recht erklären, was man vor sich hatte. Ein seltsamer Fund – und bis heute streiten sich die Forscher über Feinheiten des Prozesses, der die Manganknollen wachsen lässt. Ein Teil der Metalle jedenfalls soll beispielsweise aus dem Meeresboden stammen, ein anderer aus den Schalen abgestorbener Planktonwesen, und sie kristallisieren dann um einen Keim herum, ein Stückchen Muschel beispielsweise oder einen Haifischzahn. Damals, an Bord der *Challenger,* stellte Buchanan zunächst nur fest, dass die Korallen, auf denen die Mangankrusten wuchsen, schon eine Weile tot waren. Gefunden hatte man sie in 2 700 Metern Tiefe. Die Frage war, wie sie dahin kamen, schließlich lebten diese Korallen in Symbiose mit Algen und deshalb am Licht – und anscheinend waren sie auf einem Vulkan gewachsen. Konnte es sein, dass der früher einmal an die Meeresoberfläche gereicht hatte und samt Korallen abgesunken war?

Teile der Erdkruste, die auf- und abtauchen, als säßen sie im Fahrstuhl? Das war eine beliebte Vorstellung des 19. Jahrhunderts, das viel für versunkene Kontinente und die Sagen um Atlantis übrighatte. Für die Wissenschaftler bot diese Idee eine auf den ersten Blick simple Erklärung, wenn sie sich fragten, warum es in Südamerika und in Afrika die gleichen Fossilien gibt. Warum also sollte es nicht auch einen versunkenen Vulkan geben?

Die Sache mit den toten Korallen auf dem Vulkan war ziemlich rätselhaft – aber dafür waren die »prächtigen« Schwämme umso schöner, die auf ihnen wuchsen. Sie hatten eine »gewisse Ähnlichkeit mit Baumpilzen«, schrieb Wyville Thomson, und sie müssen wirklich

EIN VERSUNKENER KONTINENT NAMENS LEMURIA

Die Menschen des 19. Jahrhunderts faszinierte die Vorstellung von untergegangenen – möglichst paradiesischen – Kontinenten. So hatte ein Aufsatz von Philipp Lutley Sclater, in dem er sich mit der Frage beschäftigte, warum die Halbaffen auf Madagaskar und den Komoren so sehr denen Südostasiens glichen, ungeahnte Folgen. Dieser Aufsatz war 1864 im britischen Magazin *Quarterly Journal of Science* erschienen – und mit ihm schuf Sclater den Mythos von Lemuria, einem Land, das einst Indien mit Madagaskar verbunden haben soll und das in den Fluten verschwand, so wie Atlantis, das der Philosoph Platon beschrieben hat.

Eigentlich wollte Sclater erklären, wie sich die Lemuren über Tausende von Kilometern Wasser hinweg ausbreiten konnten. Er glaubte weder daran, dass so kleine Wesen wochen- und monatelang ohne Nahrung und Wasser auf Treibholzflößen unterwegs gewesen sein könnten, noch an Langstrecken schwimmende Äffchen. Es erschien ihm viel einleuchtender, dass einst ein Kontinent Teile des Indischen Ozeans eingenommen hatte. Dieser Kontinent sollte untergegangen sein, zerbrochen in mehrere Inseln, »von denen einige mit Afrika verschmolzen ... einige mit dem heutigen Asien, und dass uns mit Madagaskar und den Maskaren Überbleibsel dieses großen Kontinents vorliegen, für den ich den Namen Lemuria vorschlage«. Damit war der Mythos in der Welt, und das Publikum nahm die Idee von Lemuria begierig auf. Mit dem versunkenen Kontinent nahm Sclater eine Idee des französischen Naturhistorikers Étienne Geoffroy Saint-Hilaire aus den 1840er-Jahren wieder auf. Auch der suchte Erklärungen für die Ähnlichkeit zwischen indischer und madagassischer Fauna. Ebenso dachte der deutsche Wissenschaftler Ernst Haeckel über eine Landverbindung zwischen Südafrika und Indien nach. Als Haeckel von Lemuria hörte, verlegte er kurzerhand die Wiege der Menschheit dorthin. 1868 veröffentlichte er seine *Natürliche Schöpfungsgeschichte*, und darin zeichnete er eine Karte, bei der sich die Menschheit von Lemuria aus über den gesamten Planeten verbreitet hatte.

Die Idee lag in der Luft – und erschien den Menschen damals als »sexy«, so wie heute die Theorie vom Schneeball Erde, einer im Lauf ihrer Geschichte mehrfach komplett eingefrorenen Erde. Lemuria setzte sich seinerzeit durch – allerdings beruhte die Theorie auf einem wissenschaftlichen Fehler: Die Lemuren auf Madagaskar und den benachbarten Komoren sind gar nicht so nah mit den indischen Primaten verwandt, wie Sclater geglaubt hatte. Lemuren gibt es in Indien höchstens im Zoo.

Die Metalle in den Manganknollen scheiden sich in vielen Lagen um einen Kristallisationskeim wie eine Foraminiferenschale, einen Haifischzahn oder ein Lavabröckchen ab.

aufsehenerregend gewesen sein: Selbst Lord Campbell erwähnte sie begeistert in seinem Logbuch, ebenso die weißen Seesterne, die auch heraufgezerrt worden waren. Am bemerkenswertesten fand er jedoch, dass diesmal »kein Schlamm mit nach oben kam, sodass die Dredsche wohl über einen Wald aus toten Korallen gekratzt war«.

Seine Lordschaft hasste den Schlick: »Der Schlamm!«, schrieb er – wohl mit einem tiefen Seufzen: »Lieber Gott, stellen Sie sich einen Karren voll mit weißlichem Schlamm vor, der aus winzigsten Schalen besteht und der nass, klebrig und schleimig auf die sauberen Planken gekippt wird – dann haben Sie eine leise Ahnung davon, was diese Globigerinen sind. Und darin waten die Wissenschaftler, füllen Schaufeln voll davon in feinere und feinere Siebe, bis nichts anderes mehr übrig ist als die winzigen Schalen.«

Vom Schlamm sollten Campbell und alle anderen an Bord während der Expedition mehr als genug sehen – so wie sie auch sonst in einer seltsamen Schleife gefangen zu sein schienen: Denn in allen Weltmeeren tauchten aus der Tiefsee immer wieder die gleichen »langweiligen« Wesen auf, sodass irgendwann außer den Forschern nur noch ein oder zwei diensthabende Offiziere erschienen, um das Ergebnis der stundenlangen Arbeit zu begutachten. Schließlich kamen noch nicht einmal mehr alle Wissenschaftler an Deck. Nur Wyville Thomson und John Murray waren und blieben vorbildlich bei der Sache – selbst wenn die Dredsche gerade zur Dinnerzeit ankam. Sie fanden diese Arbeit niemals langweilig, schließlich wussten sie nur zu gut, dass die Admiralität ebenso wie die Royal Society von ihnen erwarteten die »Natur« des Meeresbodens zu verstehen.

… und Niederlagen

Den meisten anderen kam das Gefühl, an etwas Großem teilzuhaben, auf der Fahrt irgendwie abhanden. Der Alltag an Bord war eher frustrierend. Sicher, es gab brillante Entdeckungen, aber während die *Challenger* durch die Meere fuhr, platzte auch eine schillernde Spekulationsblase nach der anderen. Eine der ersten Niederlagen betraf die Idee von der Kontinuität in der Tiefsee – und vor allem Wyville Thomson musste sie einstecken. Diese Idee von der Kontinuität fußte im Grunde auf den weißen Klippen von Dover. Während der Kreidezeit bauten Coccolithen, die Überreste winziger Kalkalgen, diese Felsen auf – und Wyville Thomson stellte fest, dass die uralten Ablagerungen dem modernen Kalkschlick glichen, den er in der Tiefsee vor Großbritannien fand. Deshalb glaubte er an die »Kontinuität der Kreidezeit«, dass also die Nachfahren der Organismen, die einst die weißen Klippen aufgebaut hatten, noch immer in der Tiefsee lebten. Alle Meeresbecken sollten sie bedecken.

Gleich zu Beginn der Expedition wurde klar, dass es nicht weit her ist mit der Kontinuität des Kreideschlamms. Unweit von England verschwand er. Der Schlick veränderte sich. Mal war er grau, mal weiß, mal gelblich. Mal bauten ihn winzige Pteropoden auf, also planktonisch lebende Schneckchen, mal noch winzigere Globigerinen. Auf jeden Fall schien er immer förmlich von Lebewesen zu platzen! Wie sehr hatte sich doch Forbes mit seiner Annahme von der toten

DAS BUCH DES KLIMAS

Schon für Wyville Thomson und John Murray waren die Tiefseesedimente wichtige Informationsquellen. Aber sie wären überrascht zu erfahren, wofür diese Sedimente inzwischen eingesetzt werden können: als Millionen Jahre weit zurückreichende Klimaarchive, die Informationen über Veränderungen der Temperatur, des Salzgehalts oder der Meeresströmungen speichern. Deshalb führten 2004 ein Atom- und zwei normale Eisbrecher im Arktischen Ozean ein seltsames Ballett auf. 250 Kilometer vom Nordpol entfernt, verharrte eines wochenlang auf einem Fleck, während die beiden größeren es umkreisten wie balzende Hähne: Sie hielten das Packeis fern, damit mit dem stationären Schiff ein 400 Meter langer Bohrkern aus der dicken Sedimentkruste auf dem untermeerischen Lomonossow-Rücken gezogen werden konnte. Darin stecken 50 Millionen Jahre Klimageschichte – erzählt von Meereseinzellern, Pollen, Sporen und chemischen Besonderheiten. So war das Meer über dem Pol vor 53,5 Millionen Jahren mit 27 Grad Celsius tropisch warm. Es regnete oft, und die Flüsse der Landmassen ringsherum schleppten Wasser heran: Also schwamm eine Süßwasserlinse auf dem Meer, in der des Sommers Entengrütze in dichten Teppichen wucherte. Diese Süßwasserlinse ließ kein sauerstoffhaltiges Oberflächenwasser absinken, die tieferen Wasserschichten erstickten. Dort war das Reich der Mikroben, die keinen Sauerstoff brauchen. Sie hinterließen ihre Spur in Form des stechend stinkenden Schwefelwasserstoffs.

Tiefsee geirrt! Der Meeresboden wimmelte doch von Leben, war für diese mikroskopisch kleinen Tiere, die dort unten lebten, ein Schlaraffenland.

Thomsons Sicht, dass sozusagen ein kreidezeitliches Paradies den Boden der Weltmeere bedeckte, sollte im Dezember 1873 endgültig zu Grabe getragen werden, auf dem Weg in die Antarktis. Aber schon am 26. Februar 1873 kamen erste Zweifel auf, als eine Lotung irgendwo im Westatlantik eine Wassertiefe von 5 760 Metern ergab. Als die Dredsche wieder an Deck kam, steckte in ihr etwas Unerwartetes. »Wir fanden eine bis dahin unbekannte Ablagerung der Tiefsee«, schrieb Campbell, »einen dunkelroten bis schokoladenbraunen Ton, in dem so gut wie kein Leben ist – und keine Spur von Kalk.« Zwischen den Fingern fühle sich dieser Ton wie Fett an, ein faszinierendes Zeug, das wesentlich weniger Dreck mache als der übliche Schlick, vermerkt er.

Doch was hatte es mit diesem Tiefseeton auf sich? Es war der Ozeanograf John Murray, der die Fleißarbeit auf sich nahm und alle Planktonproben, die vom Meeresboden bis zur Oberfläche gesammelt wurden, mit dem verglich, was an Mikroorganismen in den Sedimenten steckte. Derweil beschäftigten sich Thomson und seine Kollegen mit der regionalen Verteilung der verschiedenen Böden. Schnell fanden sie ein Muster und konnten nun aufgrund der gemessenen Wassertiefe vorhersagen, über welche Art von Schlamm sich Lord Campbell würde ärgern müssen: Im flachen Wasser bis etwa 700 Meter fanden sich im weißen Schlick viele winzige Schneckenhäuser der Pteropoden. Die verschwanden, und darunter folgte der weiße bis gelbliche Globigerinen-Schlick, der in 2 500 Metern Tiefe allmählich eine graue Tönung annahm und schließlich bei 4 000 Metern in den roten Tiefseeschlamm überging.

Abb. links: Das Arbeitsequipment an Deck der Challenger.

Thomsons erster Eindruck war, dass es sich bei dem Tiefseeton um feinste Verwitterungsreste der Steine an Land handelte, die mit Flüssen und Strömungen in die Meere gelangten. Er sei überall, vermutete er, nur dass man ihn erst dann wahrnehme, wenn die Globigerinen aufgrund der Tiefe nicht mehr am Meeresgrund leben würden. Aber irgendetwas stimmte mit seinem ersten Gedankenspiel nicht. Der Ton sah viel zu gleichförmig aus, als dass er von den so unterschiedlichen

Kontinenten stammen könnte. Dann fand Buchanan heraus, dass er – egal, wo sie ihn heraufbeförderten – keinen Kalk enthielt.

Nun sollte John Murrays Fleißarbeit Früchte tragen. Er war früh zu der Überzeugung gekommen, dass die Globigerinen keineswegs den Meeresgrund nach Fressbarem durchwühlten: Sooft er auch Plankton und Schlick miteinander verglich, sie bestanden immer aus den gleichen Organismen. Also schwammen sie als Plankton frei an oder nahe der Meeresoberfläche, und erst nach ihrem Tod sanken sie zu Boden.

Inzwischen waren Monate seit der Entdeckung des roten Tiefseetons vergangen, es war Dezember geworden. Bald würde man den Treibeismassen der Antarktis begegnen – und nun lagen die Beweise wohlgeordnet vor. Wyville Thomson sah sich die Arbeit seines Kollegen Murray an und erkannte: Er hatte sich im Vorfeld der Fahrt zu weit aus dem Fenster gehängt mit seiner Theorie von dem dicht mit Einzellern besiedelten Meeresboden. Murray hatte recht: »Wir waren mehr und mehr davon überzeugt, dass die wichtigsten Elemente des Globigerinen-Schlicks an der Oberfläche lebten«, schrieb Thomson – und notierte gleich auch noch die Erklärung für den roten Tiefseeton. Das frei schwimmende Plankton sank überall im Meer nieder: »Weil wir auf dem Tiefseeton keine Schalen finden, ist die einzig verständliche Erklärung die, dass diese aufgrund von chemi-

WO ALLER KALK VERSCHWINDET

Die Calcit-Kompensationstiefe – oder abgekürzt CCD – ist eine Art Schneegrenze in den Ozeanen. Sie entsteht, weil Meerwasser mit zunehmender Tiefe immer mehr gelöstes Kohlendioxid enthält. Das stammt nicht nur aus der Atmosphäre, aus der es durch Wind und Wellen ins Wasser hineingemischt worden ist, sondern vor allem aus dem organischen Kohlenstoff zahlloser abgestorbener Planktonwesen, die sich auf ihrem Weg in die Tiefsee zersetzen. Kalk wird mit sinkenden Temperaturen und mit wachsendem Druck löslicher, sodass das Wasser in Oberflächennähe kalkgesättigt ist, während im Tiefenwasser Kalkmangel herrscht. Das Tiefenwasser nimmt mehr und mehr Kohlendioxid auf und wirkt zunehmend wie eine milde Säure: Es verhindert, dass neue Kalkkristalle entstehen, löst bestehende auf. Dieser Effekt setzt etwa 300 bis 800 Meter oberhalb der Kompensationstiefe ein, und wenn sie überschritten ist, gibt es keine Kalkschalen mehr. Deshalb bleibt in Tiefen unterhalb von 4500 Metern im Atlantik und von 4000 Metern im Pazifik nur der »rote Ton« Murrays zurück – der in Wirklichkeit übrigens eher braun ist.

schen Reaktionen entfernt werden.« Kurz: Sie lösten sich auf. Damit war eine der grundlegenden Eigenschaften der Ozeane entdeckt: die Calcit-Kompensationstiefe, also eine für alle Besitzer von Kalkschalen höllische Schwelle, weil sich darunter das Kalziumkarbonat ihrer Schalen auflöst. Es war Buchanan, der ein wichtiges Experiment durchführte, als er etwas Säure auf Globigerinen-Schlick schüttete. Innerhalb weniger Minuten löste sich aller Kalk auf – und zurück blieb ein »rötlicher Schlamm aus Siliziumdioxid, Aluminium und roten Eisenoxiden«. Der rote Ton sei also kein feinster Verwitterungsrest der Kontinente, sondern das, was übrig bleibe, wenn aller Kalk aus den Globigerinen-Schlämmen entfernt worden sei, schloss er.

Aber woher kommt, was übrig bleibt? Wieder brachte eine Fleißarbeit die Lösung, die Wochen und Monate dauern sollte, und wieder war es Murray, der sie übernahm. Während der ganzen Fahrt trocknete er Proben des Tons, untersuchte ihn unter dem Mikroskop und mit dem Magneten, analysierte ihn chemisch, probierte ihn sogar. Hin und wieder sollte er einen Haifischzahn oder ein Stück Walknochen finden, oft von Arten, die seit Jahrmillionen ausgestorben waren. Daraus schloss er, dass diese Tonschichten am Tiefseegrund unendlich langsam wuchsen. Und er folgerte weiter, dass ein Großteil des Tons aus Aschewolken von Vulkanen herausgerieselt war oder von Sandstürmen stammte, die aus den großen Wüsten aufs Meer hinausziehen. Eine kleine Menge sei kosmischen Ursprungs, urteilte Murray: die Überbleibsel des steten Regens winzigster meteoritischer Fragmente auf die Erde. Aber das alles fand man erst viel später auf der Fahrt heraus.

Geplatzte Illusionen und neue Erkenntnisse

Je länger die *Challenger* unterwegs war, umso gereizter wurde die Stimmung. Es waren einfach zu viele Leute an Bord des schlecht belüfteten und mit allem Möglichen vollgestopften Schiffs. Joe Matkin musste die Briefe an seine Familie im Stehen schreiben. In seinem Quartier gab es keinen Platz für einen Stuhl. Wenigstens hatte die Routine Einzug gehalten. Sie machte einiges einfacher: Morgens um 4 Uhr war Wecken.

Dann wurden zunächst einmal die Decks mit reichlich Meerwasser geschrubbt – der Hygiene wegen, die aufgrund der neuesten wissenschaftlichen Erkenntnisse über Krankheitserreger bei der britischen Marine hoch im Kurs stand. Auf sie wurde ebenso viel Wert gelegt wie auf die tägliche Ration Zitronensaft gegen den Skorbut – die Geißel der Seefahrt jener Tage. Wenn das Schiff schön sauber war, machten die Männer die Schlafquartiere tagfest: Hängematten und Decken wurden sauber verpackt. Um 6 Uhr gab es dann Frühstück: Kekse und Kakao – und dann waren alle Mann an Deck für die täglichen Arbeiten, die bis spät am Abend oder gar in die Nacht hinein dauern konnten.

Abb. rechts: Die Wasserproben wurden an Bord der Challenger *chemisch untersucht. Mit diesem Apparat ließ sich der Kohlendioxidgehalt bestimmen.*

Das Leben war ungeheuer anstrengend. Die immer perfekt als Gentlemen gekleideten Wissenschaftler blieben für sich, erklärten den schwitzenden und ackernden Seeleuten kaum einmal, für welche Erkenntnisse sie schufteten. Und dann noch das Essen: Während die Mannschaft über viele Wochen nur Salzfleisch und Kekse bekam, dinierten die Offiziere und Forscher immer noch stilvoll. Vielleicht war deshalb der Dieb immer noch nicht gefasst worden, der hin und wieder ein Stück Fleisch aus dem gut bewachten Vorratsraum für die Offiziere entwendete. Außerdem machte die Mannschaft sich wegen eines neuerlichen bösen Omens Sorgen: Ihr Schiff wurde von einem Tigerhai begleitet, was nur bedeuten konnte, dass einer von ihnen über Bord gehen würde, noch ehe sie die Karibischen Inseln erreicht hätten. Joe Matkin nannte den Hai John. Die Wissenschaftler hatten extra für ihn einen großen Brocken gesalzenes Schweinefleisch als Köder ausgeworfen. Aber John schnüffelte nur daran, nagte kurz lustlos – und schwamm angewidert ein Stück fort. Aber nicht weit. Er wartete vielmehr geduldig auf seine Chance, »wie ein Advokat«, schrieb Joe Matkin.

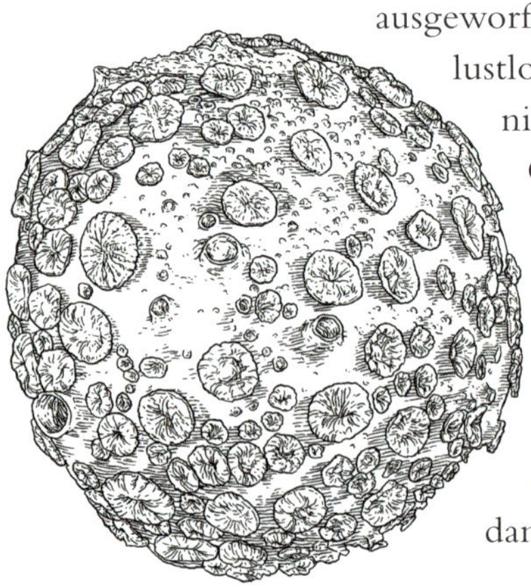

Latrunculia apicalis
Größe: 11 cm
Tiefe: 10–1200 m
Der kleine Schwamm lebt in den Gewässern rund um die Antarktis.

Ein anderer Grund für die Spannungen war, dass die Wissenschaftler sich wenig darum kümmerten, was an Bord um sie herum geschah. Sie lebten ganz in ihrer eigenen Welt. Also versuchte Kapitän Nares, sie davon zu überzeugen, der Mannschaft etwas mehr von ihren Erkenntnissen mitzuteilen, damit er sie besser bei der Stange halten konnte. Von

der Lehrstunde waren alle begeistert. Joe Matkin schrieb sogar mit und schickte einen Brief an seine Familie mit den neuesten wissenschaftlichen Details zur Tiefsee.

So erreichte die *Challenger* die Karibik, genauer: die Jungferninseln, die damals eine Brutstätte für Gelbfieber waren. Für den Kapitän war das ein Grund zur Besorgnis, denn für seine Karriere wäre es ausgesprochen unvorteilhaft gewesen, einen der Wissenschaftler an die Krankheit zu verlieren. Er ließ sicherheitshalber außerhalb der Hauptstadt Charlotte Amalie auf der Insel Saint Thomas ankern, damit die Forscher in Ruhe ihre Riffe erkunden konnten. Als das erledigt war, ergänzte man die Vorräte an Kohle, Lebensmitteln und Wasser – und am 24. März 1873 lichtete die *Challenger* ihre Anker.

Der Strömungsmesser der Challenger *wurde während der Lotungen eingesetzt.*

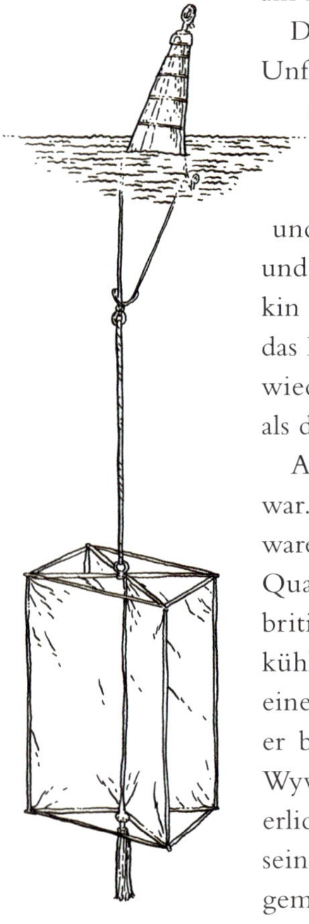

Die Arbeit begann erneut – und direkt gab es einen schrecklichen Unfall. Die Dredsche verfing sich am Grund. Die Mannschaft versuchte, sie freizubekommen. Der Zug wurde so groß, dass ein ans Deck geschraubter Eisenblock aus der Verankerung gerissen wurde. »Er traf einen Schiffsjungen namens William Stokes am Kopf und warf ihn mit solcher Wucht aufs Deck, dass seine Hüfte brach und sein Rückgrat ganz schrecklich verletzt wurde«, schrieb Joe Matkin betroffen. Der Junge starb vier Stunden nach dem Unfall, ohne das Bewusstsein wiedererlangt zu haben. Als die Dredsche schließlich wieder an Bord war, stieg Wut in den Männern auf: Sie enthielt nichts als den üblichen Schlick und ein paar Korallenstücke.

Am nächsten Tag zeigte die Lotung, dass das Meer 7000 Meter tief war. »Beide Thermometer wurden bei den Messungen zerdrückt. Sie waren niemals für Drücke von mehr als drei britischen Tonnen pro Quadratzoll getestet worden – und heute lag der Druck wohl bei vier britischen Tonnen pro Quadratzoll«, bemerkte Campbell militärisch kühl. Dann notierte er, dass der Meeresboden aus Schlamm bestand, einer dünnen, schokoladenbraun-roten Decklage, und darunter war er blaugrau. Und: »Am Abend setzten wir den armen Jungen bei.« Wyville Thomson schrieb: »Kurz bevor wir seinen Körper in einer feierlichen Zeremonie der Tiefe übergaben, konnten wir feststellen, dass sein Grab an der tiefsten Stelle sein wird, die jemals in diesem Meer gemessen worden ist.«

Der Tod des Jungen war ein Schock. Kapitän Nares wusste, dass er etwas unternehmen musste. Und so gab er am 1. April 1873 den Befehl »Hands to bathe« – und jeweils 80 Mann sprangen zum Schwimmen ins Wasser, wobei von einem Boot aus nach Haien Ausschau gehalten wurde. John war nicht in der Nähe. Dann ging die Arbeit weiter: »Ich möchte Sie nicht mit Wiederholungen langweilen«, schrieb der Lord, »vielmehr möchte ich nur sagen, dass wir geradewegs bis zu den Bermudas die Tiefen loteten und zweimal in Tiefen von 5 000 Metern die Dredsche einsetzten und dabei den üblichen schokoladenbraun-roten Ton heraufholten und eine kleine tote Krabbe, die vielleicht – oder auch nicht – vom Boden hochgeholt worden war. In diesem dunkelroten Ton scheint irgendetwas Tödliches zu stecken, sodass das Dredschen reine Zeitverschwendung ist.« Campbells anfängliche Begeisterung für den neu entdeckten Ton war dahin.

Dafür platzte die Illusion von *Bathybius haeckelii* – dem Urschleim. 1869, nach der Fahrt mit der *Porcupine,* hatte Thomson in höchsten Tönen von *Bathybius* geschwärmt: »Der Schlamm war tatsächlich lebendig, er hing in Klumpen zusammen, als sei ihm Eiweiß beigemischt.« Er sprach von ihm als »tatsächlich lebendiger … zähflüssiger Masse«. Deshalb versuchten die Wissenschaftler an Bord der *Challenger* immer wieder, frische Exemplare von *Bathybius* im Tiefseeschlamm zu entdecken. Ohne Erfolg. Es war Buchanan, der den Grund dafür herausfand, nachdem er viele Stunden über dem Mikroskop verbracht hatte – denn das, was angeblich das Bindeglied zwischen »Ding und Sein« sein sollte, erwies sich als nichts anderes als ein Artefakt, ein durch die Analysemethode verfälschtes Ergebnis. Wann immer die Biologen ihre Schlammproben für eine spätere Analyse aufbewahrten, fügten sie Alkohol hinzu. Huxleys erster *Bathybius* steckte in Proben, die so seit einem Jahrzehnt konserviert gewesen waren. Jede einzelne Sichtung war an konservierten Proben gelungen. Im frischen Schlamm ließ er sich einfach nicht nachweisen. Sobald John Young Buchanan Alkohol hinzugab, war der Urschleim plötzlich da. Buchanan analysierte ihn – und entdeckte, dass er nichts anderes war als ein »kolloidaler Niederschlag aus Calciumsulfat«, sprich: ein Gel aus fein verteilten Gipsteilchen. Er war eine chemische Reaktion auf den Alkohol. Charles

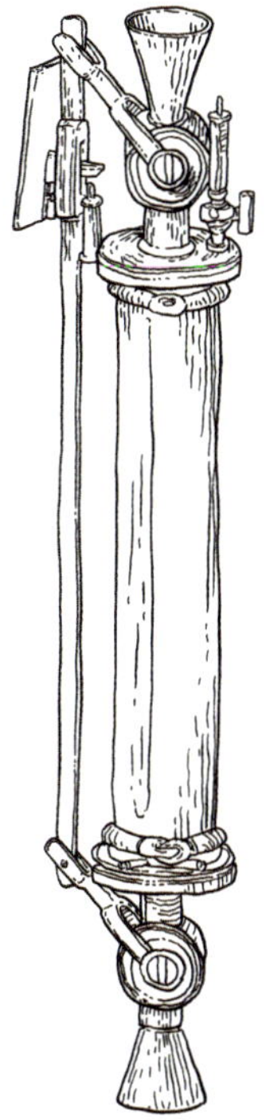

Um gezielt Wasserproben sammeln zu können, konstruierte John Young Buchanan dieses Gerät, das an einem Draht ausgesetzt wurde. Das Wasser strömte hindurch, bis die Deckel in der gewünschten Tiefe geschlossen wurden.

Wyville Thomson zog seine Veröffentlichungen zu *Bathybius* zurück und schrieb sofort an Huxley, der die Beleidigung einsteckte (wie sich Huxley ausdrückte). Und auch Haeckel gab schließlich nach, enttäuscht, dass sein Patenkind *Bathybius* dann doch keines war.

Solche Schläge waren zwar schwer einzustecken, aber jedem der Forscher war klar, dass die Erkenntnisse der *Challenger*-Expedition die Wissenschaft wirklich weiterbrachten. Endlich bekamen sie Daten und Fakten an die Hand, sodass sie nicht mehr nur über die Natur des größten Lebensraums der Erde spekulieren mussten. Sie bestimmten Tausende von neuen Arten, und endlich war die Tatsache, dass es überall auf dem Tiefseeboden Leben gibt, über jeden Zweifel erhaben. Die hochfliegenden Erwartungen, lebendige Exemplare von allen wichtigen Fossilien zu entdecken, wurden jedoch enttäuscht.

Sie stöberten am Meeresgrund keinen der heiß ersehnten Trilobiten auf, der längst ausgestorbenen Dreilappkrebse. Und obwohl sie das Innere eines jeden Tintenfischs zuäußerst drehten, sie fanden einfach keinen »Donnerkeil«, das harte Innenskelett der Belemniten, Kopffüßern, die zur Zeit der Saurier ihre Blüte erlebt hatten und dann verschwunden waren. Die fehlenden Bindeglieder zwischen längst ausgestorbenen und modernen Lebewesen existierten nicht – trotz Glasschwamm und Seelilie.

Es war wieder Murray, der das Muster der Evolution in der Tiefsee erkannte: Jedes Tier, das dort unten in Finsternis, Kälte und unter hohem Druck lebte, hatte einen Anpassungsprozess durchlaufen. Seine Ahnen kommen ausnahmslos aus dem flachen Wasser, von den meeresüberfluteten Rändern der Kontinente oder vom Kontinentalabhang. Ganz Darwins Theorie entsprechend, hatten sie über zahllose Generationen hinweg Schritt für Schritt den Abstieg in das Reich der Finsternis geschafft.

Allerdings war das nicht vor Äonen passiert, sondern vor gar nicht so langer Zeit. Das schloss Murray schließlich angesichts aller Befunde, die im Lauf der *Challenger*-Expedition herauskommen sollten. Als die Saurier über die Erde liefen, war das Klima warm. Selbst an den Polen herrschten tropische oder subtropische Verhältnisse – und weil unter diesen Bedingungen Meeresströmungen nicht so gut funktionieren, gab es damals keinen oder nur sehr wenig Nachschub an frischem, sauerstoffreichem Wasser für die Tiefsee. Also musste sie in dieser Zeit recht lebensfeindlich gewesen sein. Erst als sich das Klima grundlegend änderte, kühler wurde und die Eiszeiten einsetzten, sprang die Tiefenwasserzirkulation an – reichlich Sauerstoff wurde hinabgepumpt und die Tiefsee vielfältig besiedelt. Statt einer uralten Lebenswelt fand man dort unten eine sehr junge!

Aber noch war man auf großer Fahrt …

Vampyrocrossota childressi
Größe: 1,5 cm
Tiefe: 600–1500 m
Vampyrocrossota childressi *ist die einzige bislang bekannte schwarze Qualle. Ihre Farbe macht sie in der Tiefsee vollkommen unsichtbar.*

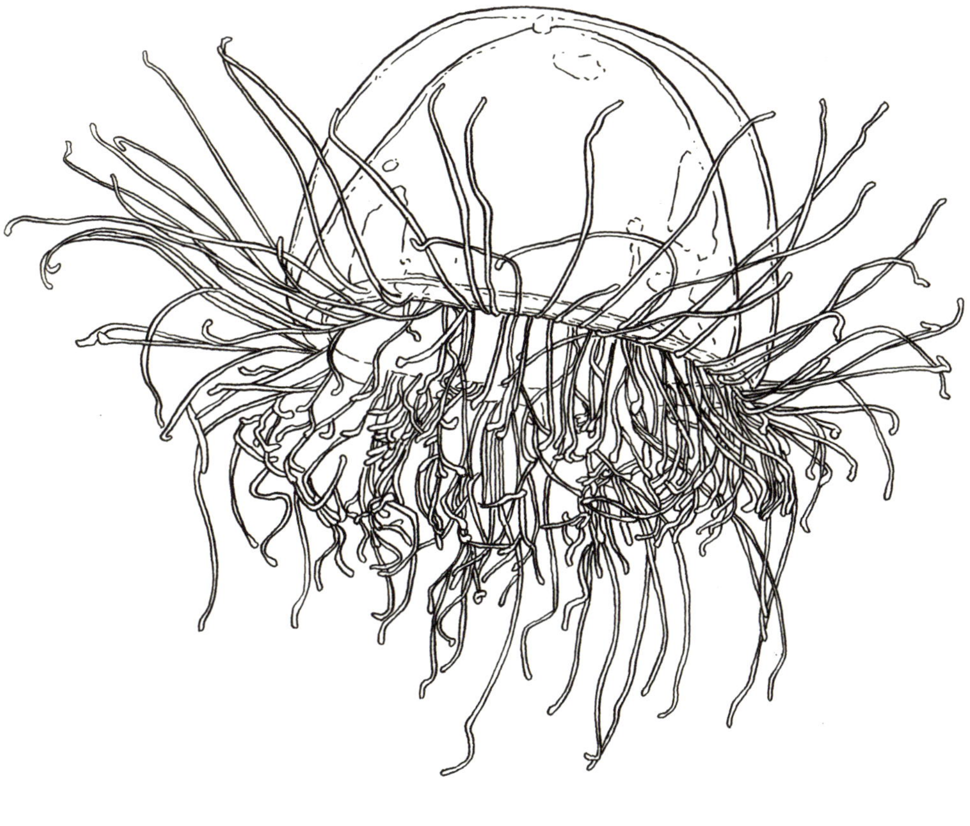

3

Flüsse im Meer –

Vom Golfstrom und dem Geburtstag einer Königin

Das nächste Ziel der *Challenger* waren die Bermudas. Vor St. George's kam der Lotse an Bord. Er stand am Fockmast, dirigierte die vier Männer am Steuerrad, manövrierte das Schiff durch die Untiefen: Direkt unter der Wasseroberfläche lauerten Dutzende von Riffen, und daran hingen noch die Reste der gesunkenen Schiffe, denen sie zum Verhängnis geworden waren. Wie Mahnmale schimmerten die Wracks durch das klare Wasser. Es war Abend, ehe die *Challenger* in den Hafen von Grassy Bay glitt.

Vor einer Woche erst hatten sie Stokes' Leiche dem Meer übergeben, aber schon in dieser Nacht sollte der Nächste sterben: Adam Ebbels, Schiffsschulmeister für Bill Nares, den Sohn des Kapitäns. Als man ihn fand, lag er in seiner Hängematte, aschfahl, die Hände zu Klauen verkrampft: Gehirnschlag, urteilte der Schiffsarzt. Am Morgen wurde Ebbels auf dem kleinen Friedhof von Grassy Bay beerdigt. Die trübe Stimmung unter Deck wurde noch von den Nachrichten genährt, die eintrafen: Der Dampfer *Atlantic* – eines von fünf Schiffen der

Abb. links:
Cirrentragender Krake
Stauroteuthis syrtensis
Größe: bis zu 50 cm
Tiefe: 500–4000 m
Der Krake hat seine Saugnäpfe zu »Laternen« umfunktioniert, mit denen er Beute anlockt. Das Opfer verfängt sich in dem Schleimnetz, das er mit den Cirren unter seinem Mantel aufspannt.

später durch den Untergang der *Titanic* berühmt gewordenen britischen Reederei White Star Line – war während eines Sturms mit 560 Passagieren an Bord in der Nähe von Halifax gesunken. Am 1. April 1873, als man so fröhlich im Wasser geplantscht hatte. Wie sterblich der Mensch doch war. Davon erzählten auch die Grabsteine auf dem Friedhof: »Du wärest überrascht zu sehen, wie viele Seeleute und Offiziere in den vergangenen 80 Jahren dort beerdigt worden sind«, schrieb Joe Matkin an seinen Cousin. »Es gibt allein 80 oder 90 Schiffsgrabsteine: Jedes Schiff hat einen großen Grabstein dort, mit den Namen der Offiziere und Seeleute eingraviert, die dort beerdigt worden sind. Die meisten ertranken, fielen aus der Takelung oder starben am Gelbfieber ...« Und er selbst hatte noch mehr als drei Jahre auf See vor sich. Ob er seine Familie jemals wiedersehen würde?

Aber es blieb keine Zeit zu trauern: Die Riffe rund um die Bermudas standen auf dem Arbeitsplan. Immerhin gewährte Nares zur Zerstreuung immer wieder Landgang. Drei Wochen später ging es zurück auf hohe See. Der Golfstrom wartete und mit ihm die Geheimnisse der Meeresströmungen.

Bei seinen Arbeiten 1868 auf der *HMS Lightning* hatte Wyville Thomson bestätigen können, dass die Wassertemperatur unterhalb von etwa 350 Metern ein Eigenleben führte: Die Strömungen dort unten hatten sogar einen eigenen Salz- und Sauerstoffgehalt – und nichts mit der Oberfläche zu tun. Dass es in der Tiefe diesen Bruch gibt und das Wasser plötzlich kalt wird, hatte 1751 Henry Ellis entdeckt.

Ellis war Kapitän des britischen Sklavenschiffs *Earl of Halifax* und ein naturwissenschaftlich interessierter Mensch, weshalb er gerne Experimente durchführte und darüber der Royal Society Bericht erstattete. Als er wieder einmal den Atlantik in Richtung Jamaika überquerte, probierte er die »Meeressonde« aus, die ihm der englische Erfinder Reverend Stephen Hales zur Verfügung gestellt hatte: ein Thermometer, das in einem Eimer mit zwei Klappen steckte, die sich beim Hochziehen schlossen und etwas Tiefenwasser einfingen. Ellis ließ die Wassertemperatur zwischen 100 und 1 600 Metern Tiefe messen – und er stellte fest, dass der Ozean bis in 1 200 Meter Tiefe immer kälter wurde. 11 Grad zeigte das Thermometer an (tatsächlich liegt die Tem-

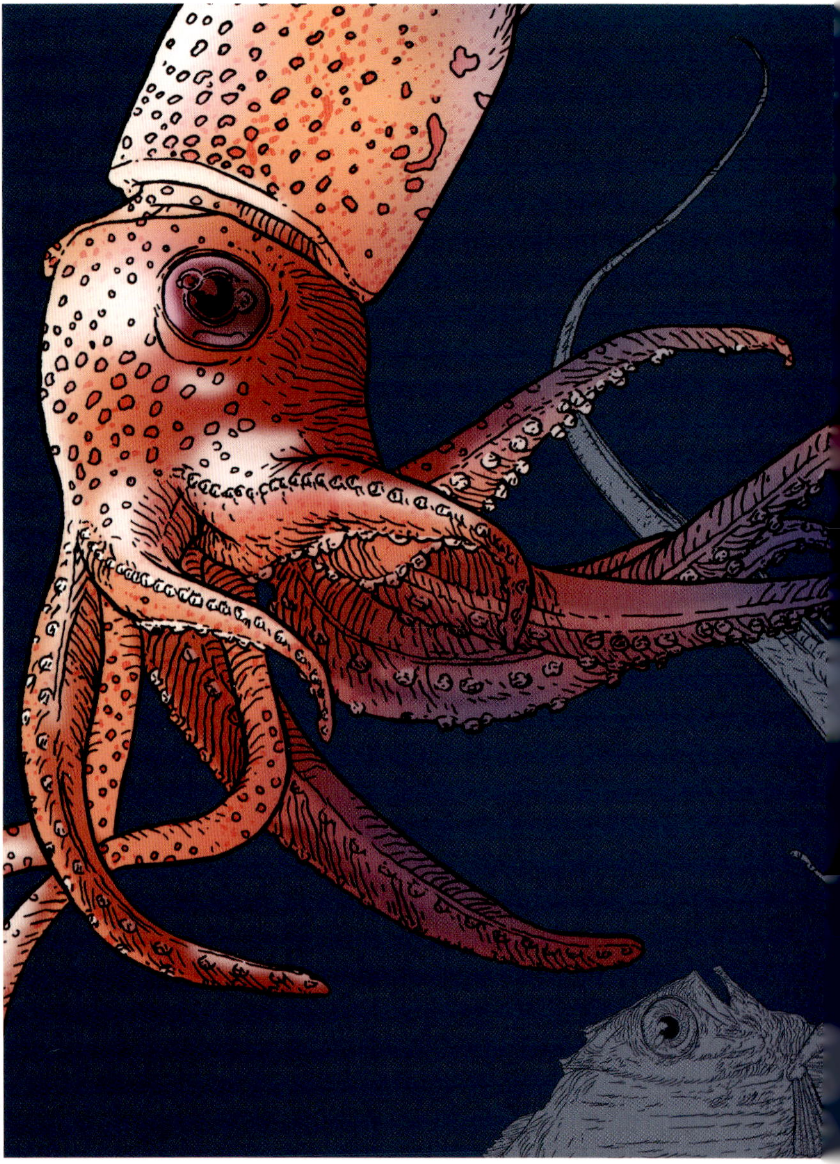

peratur bei 5 Grad, aber das einfache Thermometer hatte sich auf dem Weg nach oben wieder erwärmt). Darunter schien es nicht kühler zu werden.

Die Sonne, so schloss Henry Ellis, heizt die tieferen Meeresschichten nicht mehr auf. Als praktischer Mensch nutzte er seine Entdeckung für sich und seine Crew: »Dieses Experiment, das anfangs zu nichts weiter als der Befriedigung der Neugier zu dienen schien, hat sich mittlerweile als sehr nützlich erwiesen«, schrieb er an Reverend Stephen Hales, »mit seiner Hilfe können wir unser kaltes Bad haben und unseren Wein und das Trinkwasser nach Belieben kühlen, und das ist in diesem brennend heißen Klima höchst angenehm.« Ansonsten machte er sich keine Gedanken über dieses Phänomen.

Da war Benjamin Thompson, Reichsgraf von Rumford, ganz anders. Der Sohn eines kleinen Farmers aus North Woburn bei Boston liebte Naturwissenschaften, Frauen und seine Karriere. Im Vorfeld des Unabhängigkeitskriegs drohte ihm die Festnahme wegen seiner »lauwarmen Einstellungen in Sachen Freiheit«. Eine aufgebrachte Menge wollte sein Haus stürmen, ihn teeren und federn – und so suchte Benjamin Thompson Schutz bei den britischen Truppen in Boston. Später ging er nach London, wo er Versuche zur Sprengkraft von Schießpulver durchführte und zur Geschwindigkeit von Artilleriegeschossen. Dann verschlug es ihn nach Bayern. Dort organisierte er für Kurfürst Karl Theodor die desolate Armee neu, plante den Englischen Garten und wurde 1791 zum Reichsgrafen ernannt.

Rumford war ein erfinderischer Geist. Unter anderem stammt die Rumfordsuppe von ihm, ein billiger Eintopf aus Graupen und getrockneten Erbsen, den er für die Armee entwickelte. Zur weiteren Kostenersparnis wurde bald ein Teil der Graupen durch Kartoffeln ersetzt, und man gab noch in dünne Scheiben geschnittenes, altbackenes Brot dazu, damit die Soldaten auch

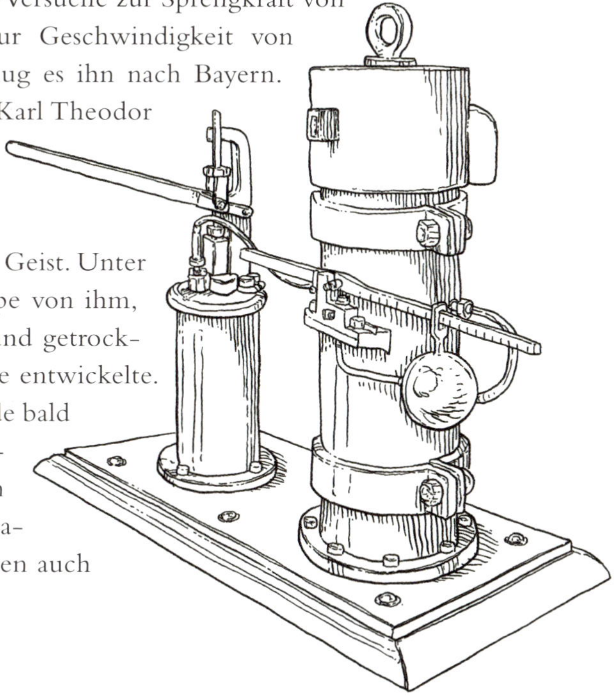

Um Messfehler zu vermeiden, wurde mit dieser hydraulischen Pumpe an Deck das Verhalten der Instrumente unter Tiefseedruckbedingungen getestet. Erst dann wurden sie abgelassen.

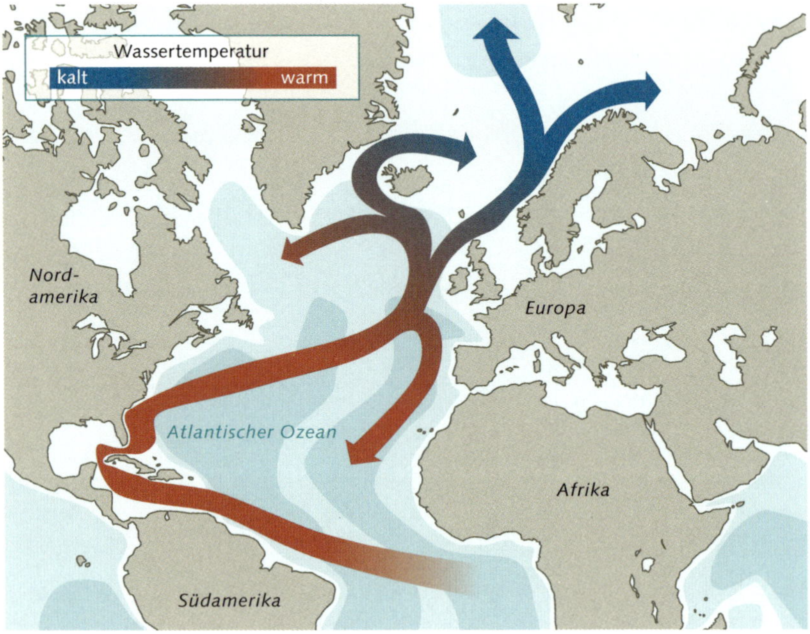

Der Verlauf des Golfstroms: Westlich der Britischen Inseln teilt er sich auf. Ein Ast schafft als Nordatlantikstrom warmes Wasser nach Norden, der andere fließt als Azorenstrom in den Süden.

etwas zu kauen hatten. Das Beste, was man über das mit Essig und Salz gewürzte Gericht sagen konnte, war wohl, dass es nahrhaft war, und das war ja auch der Sinn des Ganzen. Rumford erfand außerdem eine Kaffeemaschine, Kälteschutzunterwäsche, einen Brennstoff sparenden Herd – und bei all dem verlor er auch die Wissenschaft nicht aus den Augen.

So war unter anderem sein Interesse an der physikalischen Erforschung der Wärme nicht erlahmt. Eines Tages fand er bei einem Experiment heraus, dass warme Flüssigkeiten aufsteigen, kalte hingegen absinken. Er hatte die Konvektionsströmungen entdeckt. Rumford schloss aus dem Vorgang, der in jedem Kochtopf zu beobachten ist, auf die Meere: »Wenn das Wasser des Ozeans, das, sobald es von kalten Winden eines großen Teils seiner Wärme beraubt wird, zum Meeresgrund absinkt, beginnt es augenblicklich, sich auf dem Meeresgrund auszubreiten und zum Äquator zu fließen, und das muss notwendigerweise an der Oberfläche eine Strömung in die entgegengesetzte Richtung erzeugen.«

Als sich die Crew der *Challenger* 1873 dem Golfstrom widmete, waren dessen wärmende Eigenschaften für Europa bekannt – und auch, dass er im Golf von Mexiko beginnt, sich zwischen Kuba und den Key-Inseln hindurchzwängt und dann erst einmal als mächtiger, warmer Strom an der Küste Nordamerikas vorbeizieht. Das hatte Juan Ponce de León – oder wohl eher sein Steuermann Antón de Alaminos – am 22. April 1513 entdeckt. Sobald sich ihr Schiff der Küste näherte, ließ es sich kaum noch auf Kurs halten. Die Seeleute erzählten sich von einem »Fluss« im Atlantik, der schnell berühmt wurde. 1596 erwähnt John Layfield – Kaplan und Reisebegleiter von George Clifford, dem dritten Earl of Cumberland – in seinem Reisetagebuch ein Experiment: Um zu prüfen, was an den Gerüchten dran war, ließ der Kapitän vor den Azoren kleine Dinge über Bord werfen. Und tatsächlich: Alles trieb gegen den Wind. Der Fluss im Meer musste ungeheuer stark sein.

Erklären konnte sich das niemand. Wilde Spekulationen schossen ins Kraut. Der Minoritenmönch James Knosc of Bolduc vertrat eine fantastische Theorie, die er aus Platons *Phaidon* abgeleitet hatte. Danach markiert ein schwarzer, riesiger Felsblock den Pol, wo die Wellen aller Meere zusammenlaufen und in einem gewaltigen Abgrund verschwinden. Vier große Inseln umgeben den Schlund, die durch Kanäle getrennt sind, und in jeden dieser Kanäle stürzt eines der Weltmeere, zieht sein Wasser hinter sich her.

Zwar verwarfen die Kosmografen und Seeleute diese Idee, aber trotzdem wurden Wirbel und Fels samt Schiffen, deren unglückliche Besatzungen gegen den drohenden Absturz kämpften, in viele Kartenwerke des 16. und frühen 17. Jahrhunderts eingezeichnet. 1872, beim Start der *Challenger*-Expeditionen, war diese Erklärung längst nur noch Gegenstand von Geschichten über die seltsamen Mythen vergangener Zeiten – aber damit war noch nicht erklärt, wie Meeresströmungen genau funktionieren.

So war ein Ziel der *Challenger*-Expedition, hinter das Geheimnis der Meeresströmungen zu kommen. Deshalb schickten die Wissenschaftler mit jeder Lotung einen Satz von wissenschaftlichen Instrumenten hinab: einen Sammler für Bodenproben, Kolbensätze, die für Buchanan gezielt Wasserproben aus unterschiedlichen Zonen nehmen konnten, und Thermometer, die die höchste und niedrigste Temperatur auf dem langen Weg nach unten aufzeichneten. Außerdem setzte man nach der Lotung noch eine zweite Leine aus, an der alle 100 Meter ein Thermometer angebracht war, um die Veränderungen, bezogen auf die Tiefe, genau zu dokumentieren.

WAS DIE MEERE HEIZT

In erster Linie hängen die Meerestemperaturen von der Sonne ab – oder besser: von der ungleichen Verteilung der Sonneneinstrahlung auf die Erde. In den Tropen liegen die Temperaturen des Oberflächenwassers bei rund 30 Grad Celsius, während die Temperaturen an den Polen auf Werte um den Gefrierpunkt für Salzwasser sinken (–1,9 Grad Celsius). Wie Henry Ellis richtig bemerkt hat, heizt die Sonne das Meerwasser aber nicht von oben bis unten auf: In der Tiefe herrschen andere Gesetze. Und so sind mehr als 80 Prozent des Meerwassers kälter als 5 Grad Celsius. Das warme Wasser der Tropen und Subtropen schwimmt nur als wenige Hundert Meter hohe mächtige Lage auf dem kalten Tiefenwasser, das die Meere füllt.

Und so hatte die Mannschaft alle Hände voll zu tun, als die *Challenger* auf ihrer Fahrt Richtung New York den Golfstrom erreichte. Der Wind war frisch, und die Messungen waren schwierig. Wyville Thomson notierte: »Der Golfstrom war zu Beginn des Mai 1873 an der Stelle, an der wir ihn kreuzten, 111 Kilometer breit, 182 Meter tief und floss mit einer Geschwindigkeit von fünfeinhalb Kilometern pro Stunde.« Außerdem war er mindestens 4 Grad wärmer als das Meer rechts und links, und zudem wurde das Wasser unter ihm schnell kühler: In 3000 Metern Tiefe schwankten die Temperaturen zwischen 1,7 und 1,8 Grad Celsius.

Eigentlich hatte Kapitän George S. Nares New York anlaufen wollen. Aber wegen des schlechten Wetters und der ungewöhnlich starken Winde, die sich bis zum Orkan steigern konnten und sich mit dichtem Nebel und Regen abwechselten, entschied er sich anders. Er ließ Kurs auf Halifax setzen. Gegen Mittag des 9. Mai 1873 erreichte die *Challenger* die Küste Kanadas.

Enypniastes eximia
Größe: bis zu 35 cm
Tiefe: 500–5000 m
Sie kann sich Dutzende Meter hoch in die Wassersäule schwingen und lange Strecken schwimmen. Bei Gefahr leuchtet ihre Haut auf und wird abgeworfen, damit das klebrige Zeug ihrem Angreifer den Appetit verdirbt.

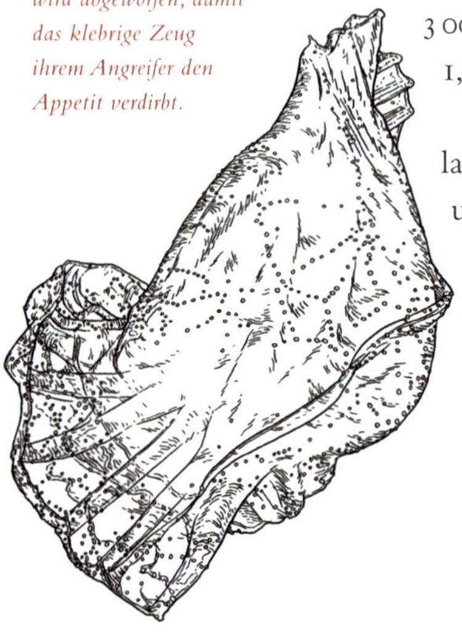

Der Ort gefiel der Mannschaft, weil er sie mit seinen Leuchttürmen und Forts an England erinnerte. Und auch das Wetter war wie zu Hause – eine Erleichterung nach der karibischen Hitze. Nachts tanzten Polarlichter über den Himmel, und das Essen war gut. Es gab Kabeljau, Lachs, Heilbutt, Makrele, riesige Hummer. Was wollte man mehr. Joseph Matkin schwärmte in seinen Briefen an die Familie von den flackernden Nordlichtern, die wie schimmernde Schleier über den weiten kanadischen Himmel tanzten. Das Postschiff hatte Briefe von daheim mitgebracht – und Zeitungen. Darin wurde über einen Prozess berichtet, der in England für Schlagzeilen sorgte: der Tichborne-Fall (den Agatha Christie mit *The Murder of Roger Ackroyd,* zu Deutsch *Alibi,* für Generationen von Englischschülern und deutschen Krimilesern geradezu unvergesslich machen sollte). Ein gewisser Artur Orton hatte behauptet, Sir Roger Tichborne zu sein, der älteste Sohn des zehnten Barons von Tichborne und sein Erbe. Tichbornes Schiff war 1854, auf der Rückreise von Brasilien, gesunken. Seine Mutter konnte sich mit dem Verlust einfach nicht abfinden und suchte nach ihm, denn sie war fest überzeugt, dass ihr Sohn die Katastrophe durch ein Wunder überlebt hätte. Als Artur Orten behauptete, eben dieser Sohn zu sein, war Lady Tichborne überglücklich, der Rest der Familie jedoch skeptisch. Und so begann 1871 der Prozess. Nach drei Monaten wurde Orton als Hochstapler verurteilt und des Meineids angeklagt. Ein zweiter Prozess war für den Mai 1873 angesetzt. Aber schon Monate vorher schlugen die Spekulationen der Presse hohe Wellen – war die erste Verurteilung zu Recht erfolgt, und wenn ja, wie lange würde er ins Zuchthaus müssen? Obwohl der ganze Atlantik zwischen der *Challenger* und dem Gerichtshof im fernen England lag, gingen auch an Bord die Meinungen auseinander. Der Alkohol tat ein Übriges – und an Bord brachen Schlägereien zwischen den Parteien aus.

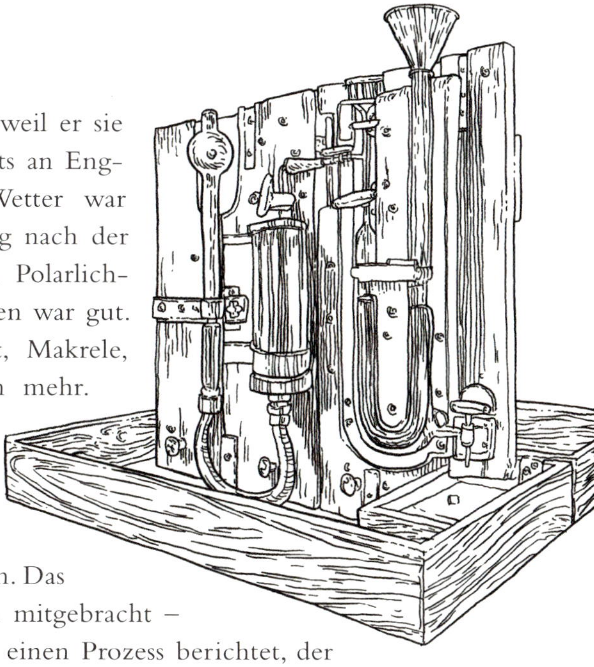

Der Apparat zur Gasanalyse im Chemielabor der Challenger. *Mit ihm analysierte John Young Buchanan, welche und wie viel atmosphärische Gase sich im Meerwasser gelöst hatten.*

Der Weg des Wassers

Bevor die *Challenger* wieder in Richtung Bermudas in See stach, wurde reichlich Proviant an Bord genommen und 200 Tonnen Kohle. Außerdem musste der Kapitän seine Mannschaft ergänzen: In Halifax waren fünf Männer desertiert, um in den USA ihr Glück zu machen – und wohl auch, weil der Alltag an Bord der *Challenger* eher frustrierend war. Ein weiteres Crewmitglied erkrankte schwer und musste zurückbleiben. Viel Zeit hatte Nares für die Personalsuche nicht, denn es ging schon am 19. Mai 1873 weiter: Die Expedition war bereits drei Wochen hinter der Zeit! Und das bei einem Plan, der minutiös eingehalten werden sollte. Die Admiralität im fernen London drängte aufs Tempo. Die verlorene Zeit sollte bis zum Kap der Guten Hoffnung wieder aufgeholt werden. Also übernahm Nares sechs Männer von der *HMS Royal Alfred*, die ebenfalls im Hafen lag. Die wussten wahrscheinlich nicht so recht, wie ihnen geschah, als sie zu den Klängen von *Auld Lang Syne* auf der auslaufenden *Challenger* standen und am Kai Tausende von Menschen sahen, die zusammengeströmt waren, um der berühmten Expedition Lebewohl zu winken.

Das deutsche Vermessungsschiff Meteor *hat zwischen 1925 und 1927 weite Teile des Atlantiks vermessen.*

Nun waren auch die Neuen Teil eines bedeutsamen Unterfangens. Im Lauf der gesamten Fahrt durch den Atlantik, die Südozeane und den Pazifik trugen die Wissenschaftler der *Challenger* eine beachtliche Datensammlung zu den physikalischen und chemischen Eigenschaften der Meere zusammen. Buchanan analysierte den Salzgehalt einer jeden Probe. Er fand heraus, dass man ihn als eine Art Markierungsstoff, als Tracer, einsetzen konnte, um die

Wassermassen in den Weltmeeren zu unterscheiden und zu kartieren. Dazu kamen präzise Temperaturprofile. Obwohl man nach der *Challenger*-Expedition so viel über die Meeresströmungen wusste wie nie zuvor, blieben die Erkenntnisse begrenzt – unter anderem, weil der Kurs der *Challenger* längst nicht so systematisch war, wie er für diese Art Forschung hätte sein müssen.

SAG MIR, WIE VIEL SALZ DU HAST …

Meerwasser ist nicht immer gleich dicht. Im Gegenteil: Durch Unterschiede in Salzgehalt und Temperatur entstehen in den Ozeanen scharfe Grenzen, die Wassermassen mit unterschiedlicher Dichte voneinander trennen. Diese Wassermassen sind wie Individuen, lassen sich genau unterscheiden und auf ihrem Weg verfolgen – und sie behalten ihre Position bei, wie es ihnen von Temperatur und Salz her zukommt.

Es dauerte rund 50 Jahre, bis man wirklich weiterkommen sollte, und dieses Verdienst gebührt der Deutschen Atlantischen Expedition. Zwischen 1925 und 1927 kreuzte das Forschungsschiff *Meteor* unter der wissenschaftlichen Leitung von Alfred Merz – und nach dessen Tod von Kapitän Fritz Spieß – in regelmäßigen Abständen über den Atlantik und führte dabei zwischen Afrika und Südamerika auf 13 Profillinien insgesamt 67 000 Echolotungen durch. Außerdem wurden an 310 Punkten Temperatur und Salzgehalt des Wassers von der Oberfläche bis zum Meeresgrund gemessen. Auch die Wissenschaftler der *Meteor* stellten fest, dass es in den Ozeanen verschiedene Wassermassen gibt, die alle ihre eigene Temperatur und ihren eigenen Salzgehalt haben und die deshalb über weite Strecken hinweg gut zu identifizieren sind.

Zusammen mit den bereits vorhandenen Daten konnten die Ozeanografen diese Wassermassen nun erstmals verfolgen. Sie erkannten, dass das Tiefenwasser, das den Atlantik füllt, in sehr eng begrenzten Regionen entsteht: im Norden in der Labradorsee und im Europäischen Nordmeer zwischen Grönland und Norwegen sowie im Süden im Weddellmeer östlich der antarktischen Halbinsel und im Rossmeer. Einmal unten angekommen, breiten sich die Wassermassen in Richtung

Im Grunde sind die tiefen Wassermassen der Meere erstaunlich eintönig. So ziehen zwei Wassermassen über die Tiefsee-Ebenen fast aller Weltmeere: das antarktische Boden- und das nordatlantische Tiefenwasser. Deshalb herrschen – physikalisch gesehen – überall mehr oder weniger die gleichen Verhältnisse, und die Temperaturen schwanken zwischen −1 und +4 Grad Celsius. Nur das Mittelmeer fällt heraus, dort bringt es die Tiefsee auf kuschelige 14 Grad Celsius. Dort sorgt übrigens allein der durch die Verdunstung steigende Salzgehalt dafür, dass die Dichte des Oberflächenwassers hoch genug wird, um es absinken zu lassen.

Über dem Tiefenwasser gibt es mittlere Wasserschichten, die zwischen 500 und rund 1500 Metern Tiefe dahinziehen. Sie entstehen im Nordpazifik und im Nordatlantik. Auch eine warme, salzreiche Wassermasse, die über die Straße von Gibraltar aus dem Mittelmeer kommt, fällt in diese Kategorie. Außerdem mischt sich noch von Süden das antarktische Mittelwasser, das während des Winters in den Südozeanen entsteht und relativ salzarm ist, ins Geschehen ein.

Äquator aus und prallen im Südatlantik aufeinander. Diese Kollision gewinnt das Tiefenwasser aus der Antarktis, weil es noch etwas dichter ist. Es behält die Bodenposition bei und gleitet bis in den Nordatlantik hinein. Sein Gegenspieler aus dem Norden wird nach oben geschoben und gelangt vor der Antarktis an die Oberfläche. Dort kühlen die Wassermassen sofort wieder ab, sinken erneut, wobei ein Teil ausschert und sich als antarktisches Zwischenwasser wieder auf den Weg nach Norden macht. So weit, so gut. Die Forscher der *Meteor* nahmen an, dass sich diese Wasserschichten dabei wie Gletscherzungen durch die Ozeane schöben. Dass es nicht nur an der Oberfläche Meeresströmungen gibt, sondern Strömungen auch die Tiefsee beherrschen, konnten sie noch nicht wissen. Das sollte erst Henry Melson Stommel in den 1940er- und 1950er-Jahren herausfinden.

Stommel muss ein großartiger Mensch gewesen sein, mit einem mitreißenden Lachen, neugierig, warmherzig, freiheitsliebend. Ein Mensch, der immer abgewetzte Jacken trug und seine Frau Chickie (Elizabeth) so sehr liebte, dass er stets Punkt 12 Uhr zum Mittagessen kam (es sei denn, er war auf See). Er war ein Mann, der nicht mehr schlafen konnte, wenn ihn ein Problem beschäftigte – und der dann seine Kollegen mitten in der Nacht anrief, um mit ihnen zu diskutieren. Ein Mann, der nie seinen Doktor machte – dafür aber der Papst der physikalischen Ozeanografie war.

In Wilmington, Delaware geboren, wuchs Henry Stommel in einer zerrissenen Familie auf: mit seiner Schwester Anne, seiner alleinerziehenden Mutter, deren Eltern, der Urgroßmutter sowie einer geschiedenen Tante Beck samt Tochter. Die finanzielle Verantwortung lastete auf den Schultern seiner Mutter Marian, die während der Weltwirtschaftskrise die schwierige Aufgabe hatte, Spenden für ein Krankenhaus aufzutreiben und PR zu machen – und auf die zu Hause die ewig streitende Verwandtschaft wartete. Das Familienleben war geprägt von »zänkischen Frauen«, wie er selbst es später beschrieben hat. Ein Trost für den Jungen war sein Großvater, Levin Franklin Melson, ein friedliebender Mensch, der sich immer, so schnell es ging, in sein Zimmer zurückzog und oft seinen Enkel mitnahm. Dann diskutierten die beiden über Wissenschaft. Leider starb der Großvater früh.

Die Ekman-Spirale tritt auf, wo der Wind stetig übers Wasser streicht, es hinter sich »herzieht« und die Corioliskraft es ablenkt: Mit zunehmender Wassertiefe wird diese Ablenkung stärker, während sich die Bewegung verlangsamt. Schließlich strömt das Wasser in die entgegengesetzte Windrichtung, ehe sich die Windwirkung verliert.

Als Henry die Highschool abschloss, besorgte ihm seine Mutter ein Stipendium an der Yale University. Er studierte Astronomie und Mathematik, fing aber kein Feuer. 1944 wechselte er an die Woods Hole Oceanographic Institution in Massachusetts, um an der U-Boot-Abwehr zu forschen. Nach Kriegsende schnupperte er in diverse Arbeitsgruppen hinein, von der Gezeitenmodellierung bis zum Wärmeaustausch in der Atmosphäre, tat sich aber nirgends hervor – bis er sich mit den Meeresströmungen befasste. 1948 veröffentlichte er einen Artikel, nur ein paar Seiten lang: Er erklärt, wie Oberflächenströmungen wie der Golfstrom funktionieren, warum sie mal schnell und tief als schmale Randströmung fließen und mal breit und träge. Das Geheimnis dahinter war die Erddrehung, genauer: die Corioliskraft. Danach treibt der Wind die Oberflächenströme durch die Reibung mit der Meeresoberfläche an und zieht dabei eine 100 oder 200 Meter tiefe »Wasserschleppe« mit sich. In den Subtropen entstehen so durch die ewig gleich wehenden Passatwinde gigantische Wasserräder, die sich flach in den obersten Meeresschichten drehen, und die Corioliskraft sorgt dann für ihr »unsymmetrisches« Verhalten. Den Geistesblitz zu dieser Erkenntnis soll Henry Stommel während einer Kaffeepause auf einer Autofahrt gehabt haben.

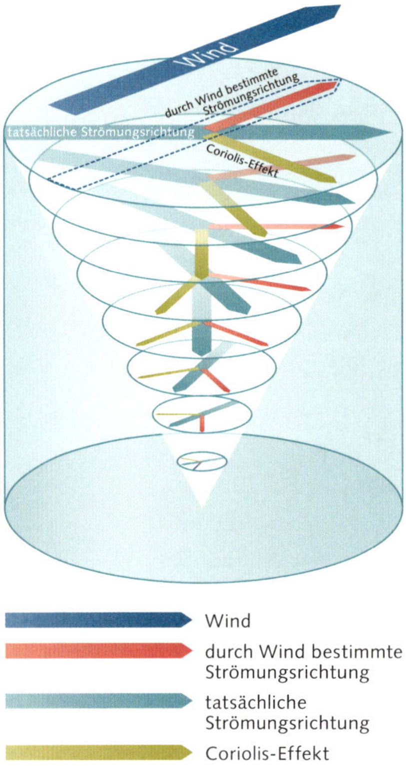

Nach seinem furiosen Einstieg lieferte Henry Stommel eine neue Erkenntnis zu den Ozeanzirkulationen nach der anderen. Ab den 1950er-Jahren interessierten ihn vor allem die Tiefenströmungen, an deren Existenz damals kaum jemand glaubte. Man dachte, dass sich das Wasser dort unten nur langsam bewege und für viele Jahrhunderte eingeschlossen bleibe. Aber 1955 behauptete Stommel, dass alle Ozeane von einem globalen Zirkulationssystem erfasst werden und dass es beispielsweise vor der amerikanischen

DIE KRAFT DES HERRN DE CORIOLIS

Gaspard Gustave de Coriolis absolvierte 1808 als Zweitbester seines Jahrgangs die neu gegründete Eliteschule École Polytechnique in Paris. Im Jahr 1835 veröffentlichte der begeisterte Billardspieler und Lehrer an der École Polytechnique ein Buch mit einem nüchternen Titel: *Sur les équations du mouvement relatif des systèmes des corps – Über die Gleichungen der Relativbewegungen von Vielkörpersystemen.* Obwohl er anscheinend nie auch nur einen Fuß auf ein Schiff gesetzt hatte, ging es darin um den Einfluss der Erddrehung auf die Richtung der Winde und Strömungen, die nach ihm Corioliskraft genannt wurde.

Die Corioliskraft ist eine sogenannte Scheinkraft, die entsteht, weil wir auf einem rotierenden Körper leben. Die Erde dreht sich innerhalb von 24 Stunden einmal um die eigene Achse, und dabei ist die Rotationsgeschwindigkeit am Äquator sehr viel höher als an den Polen. Würden wir am Nordpol stehen bleiben und uns keinen Millimeter bewegen, legten wir allein aufgrund der Erddrehung am Tag trotzdem ein paar Meter zurück, also wenige Dezimeter pro Stunde. Am Äquator hingegen wären es 40000 Kilometer in 24 Stunden, das macht immerhin ein Tempo von 1674 Stundenkilometern – ohne auch nur einen Fuß zu rühren. Bewegen sich nun Luft- oder Wassermassen über die sich mit so unterschiedlicher Geschwindigkeit unter ihnen hinwegdrehende Erde, werden sie abgelenkt – auf der Nordhalbkugel nach rechts, auf der Südhalbkugel nach links. Genau das ist der Coriolis-Effekt. Er lässt Meerwasser rotieren und die Hoch- und Tiefdrucksysteme entstehen, die unser Wetter ausmachen – und er sorgt dafür, dass Kanonen immer ein wenig nach rechts oder links eingestellt werden müssen, wenn sie ihr Ziel nicht verfehlen sollen.

Küste direkt unterhalb des Golfstroms eine schnelle, kalte Tiefenrandströmung geben müsse, die nach Süden fließt und die das Meeresbecken mit kaltem Wasser vom Nordpol versorgt. Bald darauf wurde die Existenz dieses Unterstroms bestätigt. In späteren Jahren wurden solche tiefen Randströmungen mit Kurs auf den Äquator überall entdeckt: vor Südamerika, vor Madagaskar, vor Japan, Neuseeland … – wo immer man nach ihnen an der westlichen Seite der Meeresbecken sucht, dort sind sie auch.

Lungengeflecht für die Tiefsee

Um die Meeresströmungen zu verstehen, sammelten die Ozeanografen wahre Datenberge an. Anfang der 1970er-Jahre konnten sie erstmals ein Bild dieses weltumspannenden Netzwerks entwerfen. Es ist höchst komplex – ein globales Förderband, das durch Unterschiede in Temperatur und Salzgehalt angetrieben wird. Diese thermohaline Zirkulation transportiert ungeheure Wassermassen über Tausende von Kilometern hinweg. Einem Wassertropfen, der sich in der Karibik ins Meerwasser mischt, steht eine lange Reise bevor. Zunächst treibt der Wind das warme Wasser aus der Karibik und dem Golf von Mexiko nach Norden. Dann läuft es als Golfstrom vor der Küste Nordamerikas entlang bis nach Cape Hatteras in North Carolina, wo es sich vom Kontinent löst und bald darauf weit mäandrierend als warmer Nordatlantikstrom nach Europa fließt. Der thermohaline Sog zerrt an ihm: Während an den Meeresoberflächen in den Tropen und Subtropen dauernd warmes, leichtes Wasser produziert wird, das nachfließen kann, verdunstet aus dem Strom auf seinem langen Weg nach Norden reichlich Wasser, das Salz bleibt zurück, und gleichzeitig kühlt das warme Band allmählich aus. Das Wasser wird immer dichter und dichter, bis es vor Grönland und Norwegen auf die eiskalten Wassermassen aus der Arktis trifft. Dort erledigt der nächste harte Winter den Rest: Das Wasser beginnt zu sinken. Wie durch Trichter rauscht es in die Tiefe, wo es auf einen Pool aus eiskaltem Tiefenwasser vom Nordpol trifft.

Solmissus species
Größe: 20 cm
Tiefe: 700–1 000 m
Diese Qualle, die wie ein Teller aussieht, jagt aktiv nach ihrer Beute. Während sie den Tag in der Sicherheit dunkler Wasserzonen verbringt, steigt sie nachts auf der Suche nach ihren Opfern auf.

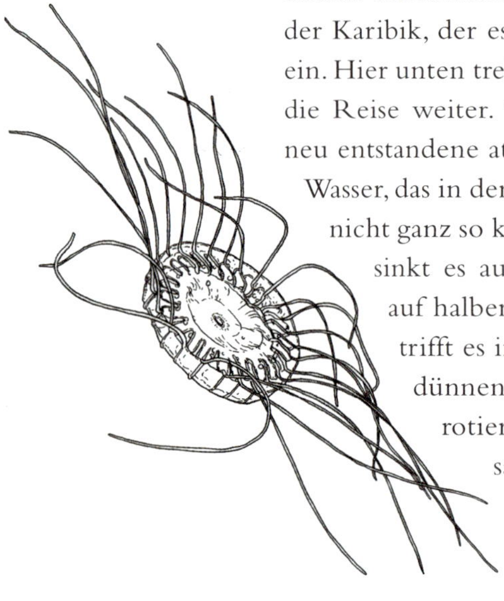

Dieser Pool, in dem sich beide Wassermassen treffen, schwappt über, und zwar an gigantischen Wasserfällen, die über einen untermeerischen Gebirgsrücken zwischen Grönland und Schottland in die Abgründe des Atlantiks stürzen und dabei auch wärmeres Wasser aus flacheren Meereszonen darüber mit sich ziehen. Der Wassertropfen aus der Karibik, der es bis hierher geschafft hat, schlägt nun den Südkurs ein. Hier unten treiben Dichteunterschiede das Wasser an. Und so geht die Reise weiter. Vor Neufundland möchte ein neuer Strom in das neu entstandene atlantische Tiefenwasser einmünden. Das ist das kalte Wasser, das in der Labradorsee abgesunken ist. Allerdings wird es dort nicht ganz so kalt wie das zwischen Grönland und Europa: Deshalb sinkt es auch nicht ganz so tief ab, sondern fließt sozusagen auf halber Höhe in Richtung Bermudas. Dort angekommen, trifft es in mittleren Tiefen von etwa 1 000 Metern auf einen dünnen Strom von sehr salzigen, fortwährend um sich selbst rotierenden Wasserlinsen aus dem Mittelmeer. Gemeinsam geht es weiter nach Süden.

ERINNERUNGEN AN SIZILIEN

1984 konnten Ozeanografen mitten im Atlantik einen Wirbel aus Mittelmeerwasser beobachten, der etwa zwei Jahre zuvor über die Straße von Gibraltar gekommen sein musste. Bis 1986 konnten die Forscher ihn verfolgen – und in dieser Zeit legte er fast 1100 Kilometer zurück, drehte sich alle fünf oder sechs Tage einmal im Uhrzeigersinn um die eigene Achse und gab nach und nach seine Ladung aus zweieinhalb Milliarden Tonnen überschüssigem Salz an das Tiefenwasser des Atlantiks ab, bis er schließlich erschöpft war.

Mit dem Gros des Wassers strömt auch der karibische Wassertropfen über den Äquator hinaus. Es geht immer vor Südamerika entlang, bis er plötzlich einen neuen Sog spürt und in den Wasserring gerät, der durch den Südlichen Ozean um die Antarktis rauscht und die größten Meere miteinander verbindet. In diesem Ring mischt sich alles Wasser: Es ist der Zirkumpolarstrom, eine mächtige Strömung, mehrere Dutzend Kilometer breit und vier Kilometer tief. Bei dieser Kollision wird das Nordwasser hochgezerrt. Ein Teil wird abgelenkt und fließt als Zwischenwasser wieder in den Atlantik zurück. Das meiste aber reist mit dem Zirkumpolarstrom weiter, auch der karibische Wassertropfen. Im Indischen Ozean zweigt ein Teil des kalten Tiefenwassers ab, und hinter Australien löst sich dann die nächste Partie, die es in den Pazifik zieht.

Die kalten Wassermassen treiben in ihrem Meeresbecken nordwärts – immer so nah wie möglich an den Westhängen –, bis sie den Äquator erreichen. Dort greifen die Passatwinde an, drücken Oberflächenwasser kräftig nach Norden und Süden, sodass das Tiefenwasser aufsteigen und sich erwärmen kann. Dann geht es als warme Oberflächenströmung zurück, der Wassertropfen ist bereit für die »Heimreise«. Ist er in den Indischen Ozean geraten, zieht er nun mit seiner Oberflächenströmung an Afrika vorbei gen Süden. Kommt er aus dem Pazifik, muss er sich durch die indonesische Inselkette zwängen, um nach Hause zu gelangen. Egal, mit welchem Strom er ankommt, beide versuchen vereint, sich um das Kap der Guten Hoffnung in den Südatlantik hineinzukämpfen. Allerdings schafft der größte Teil der Wassermassen das nicht, auch nicht der karibische Tropfen. Er weicht in die

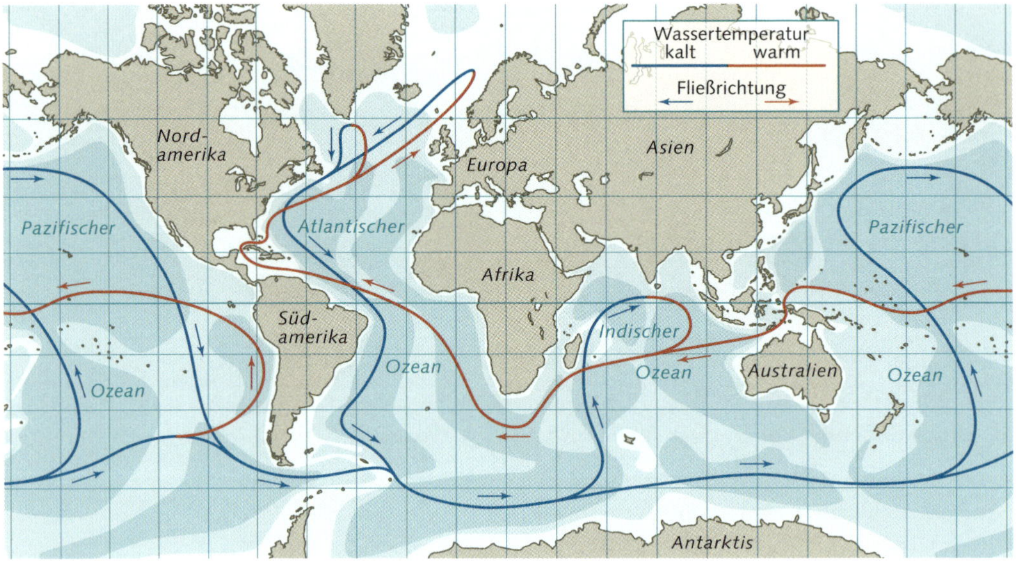

Das Globale Förderband ist ein Netz von Meeresströmungen, die große Wassermassen rund um die Erde bewegen. Angetrieben wird es durch Unterschiede in Wassertemperatur und Salzgehalt.

Südozeane aus. Dort schließt sich seine Strömung mit einer anderen zusammen, die durch die Drakestraße zwischen Südamerika und der Antarktis kommt – und gemeinsam biegt man dann endlich nach Norden. Jetzt hat es auch der Wassertropfen geschafft. Das letzte Hindernis für ihn und die anderen warmen Wassermassen ist der Äquator: Aber sie queren in riesigen Wirbeln das durch die Passatwinde aufwallende Wasser – und wenn sie die Karibik erreichen, schließt sich der Kreis: Der Golfstrom »entspringt« – und der Wassertropfen ist angekommen.

Meeresströmungen sind wie gewaltige Maschinen, die Wärme aus den Tropen in den Norden schaffen, Nährstoffe aus den Tiefen hinaufschleppen und im Gegenzug die Tiefsee gut belüften. Besonders während der Wintermonate nimmt die Tiefsee immense Sauerstoffmengen auf, weil sich dann aufgrund der Kälte das Gas am besten im Wasser löst. Messungen im Atlantik zeigen, dass die Tiefenströmungen diesen »eingeatmeten« Sauerstoff im gesamten Ozean verteilen – und zwar schnell. Das verraten Schadstoffe, etwa das in den 1950er- und frühen 1960er-Jahren bei den oberirdischen Atomwaffentests freigesetzte radioaktive Tritium – überschwerer Wasserstoff – oder die künstlich hergestellten Fluorchlorkohlenwasserstoffe (die FCKW, das sind die

Chemikalien, die hoch oben in der Atmosphäre das Loch in den irdischen Ozonschutzschild fressen). Verfolgt man in der Tiefsee, bis wohin es diese »Fremdkörper« gebracht haben, zeigt sich, dass die Strömung für die 9600 Kilometer zwischen der Labradorsee und dem Äquator lediglich 23 Jahre braucht. Wirklich altes Tiefenwasser kennen die Ozeanografen nur aus dem Pazifik – und selbst dort kommt es nur auf 1 600 Jahre. Die Ströme der Tiefsee sind also viel dynamischer, als es sich die Wissenschaftler auf der *Challenger* hätten träumen lassen. Das ist gut für die Tiefsee: Ohne den steten Sauerstoffnachschub von der Oberfläche wäre sie längst erstickt, reich an giftigem Schwefelwasserstoff und an Faulschlämmen, ein Königreich der Bakterien, die dort als Schleier waberten oder in Ruhe Riffe bauen könnten, weil es niemanden mehr gäbe, der sie abgraste. Im Grunde war es das, was John Murray erkannte, als er bemerkte, dass die Tiefsee kein Panoptikum vergangener Zeiten sei. Die Strömungen sind die Grundlage für das tierische Leben im größten Ökosystem der Erde.

Sturm am Ozeangrund

In den späten 1950er-Jahren bemerkten die Wissenschaftler, dass es nicht nur diese beckenweiten Zirkulationssysteme gibt, die die Weltmeere miteinander verbinden, sondern auch kleinere Wirbel mit Durchmessern von 50 bis 200 Kilometern. Damit hatten sie das »Meereswetter« entdeckt. Im Vergleich zu den Hoch- und Tiefdruckgebieten in der Luft, die nur Tage oder Wochen bestehen, sind diese Ozeanwirbel außergewöhnlich langlebig, können über Jahre verfolgt werden. Sie stammen aus dem Mittelmeer, spalten sich von starken Oberflächenströmungen wie dem Golfstrom ab oder bilden sich in großen Sturmgebieten – und dann führen sie ein Eigenleben. Sie enthalten durchaus hundertmal mehr Energie als das normale Meerwasser um sie herum, und durch ihre Drehung geben sie reichlich davon an

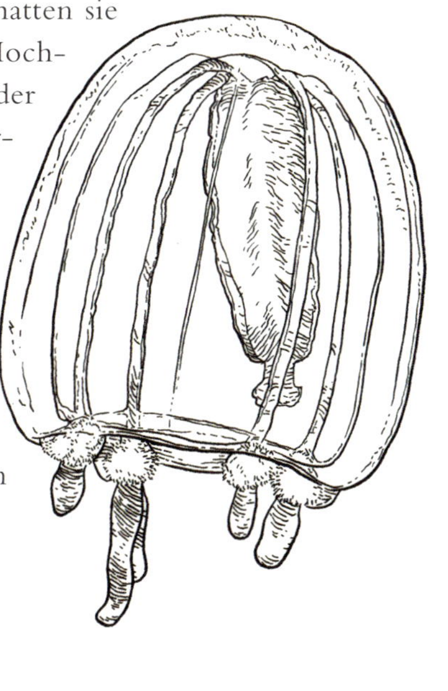

Euphysa flammea
Größe: 7 mm
Tiefe: 0–1 750 m
Diese winzige Qualle lebt im Arktischen Ozean.

tiefere Wasserschichten ab. Manchmal so viel, dass sie in der Tiefsee Stürme auslösen können.

Dass es solche Tiefseestürme gibt, war auf Fotografien vom Meeresboden aufgefallen. Normalerweise kann er durchaus etwas von einer Mondlandschaft haben: eine konturlose Ebene aus weichem Schlick mit Kratern darin, die von Bodenlebewesen erzeugt worden sind. Aber hin und wieder sieht der Tiefseeboden ganz anders aus. Dann sind Rippeln zu sehen, die von starken Strömungen hinterlassen worden sein müssen. Es war Charles D. Hollister von der Woods Hole Oceanographic Institution, der das Phänomen Ende der 1970er-Jahre vor der Ostküste der USA näher untersuchte. Er ließ ein ganzes Set von Instrumenten ausbringen. Über mehr als 700 Kilometer zog sich ihr Experiment am Kontinentalabhang der USA hin, bis in Tiefen von 4800 Metern. Zehn Jahre lang machten automatische Kameras Bilder, und es wurden Strömungsstärken, Dichten und Temperaturveränderungen gemessen. Das Ergebnis: In der Tiefsee gibt es tatsächlich Stürme, sogenannte benthische Stürme, die den Schlamm aufwirbeln und für Tage oder Wochen in der Schwebe halten. Die Strömungsmesser in 4800 Metern Tiefe zeigten dann Fließgeschwindigkeiten von fast zwei Kilometern pro Stunde an – das entspricht in der Atmosphäre einer Windgeschwindigkeit von 65 Kilometern pro Stunde. Sie wirbeln Unmengen an Sediment auf und schleppen Tonnen davon mit sich fort. Im Grunde sind sie das Tiefseeäquivalent der antarktischen Schneestürme. Danach ist der Meeresgrund nicht mehr wiederzuerkennen.

Leider konnten die Forscher der *Challenger* das alles noch nicht wissen. Von Halifax aus ging es – erneut über den Golfstrom – zu den Bermudas und damit in wärmere Gefilde. Sehr zum Leidwesen der Mannschaft, und zwar nicht nur aus Geruchsgründen: Die Hitze ließ überall im Schiff die Feuchtigkeit von den Wänden tropfen. Und das war noch nicht alles. »Seitdem wir Halifax verlassen haben, fahren wir fast immer unter Dampf«, schrieb Joe Matkin an seinen Cousin, »deshalb ist es auf dem Unterdeck, wo wir leben und schlafen, fast unerträglich.« Fälle von Rheumatismus und leichtem Fieber häuften sich. Resigniert sinnierten die Männer darüber nach, dass sie erst in fünf Monaten die Antarktis erreichen und Kälte spüren sollten. Bis dahin mussten sie mit der Hitze an Bord fertig werden. Immerhin durften sie von nun an leichte weiße Hosen tragen. Und es gab einen Lichtblick: den 24. Mai 1873, den Geburtstag der Königin. Jeder an Bord bekam ein Gläschen Sherry. Auch Joe Matkin feierte mit – allerdings dachte er dabei an seinen Vater Charles Matkin, der ebenfalls an diesem Tag Geburtstag hatte. Aus den Briefen von daheim wusste er, dass es ihm immer schlechter ging. So brachte er einen Toast auf ihn aus – heimlich, »denn käme es heraus, wäre das eine Beleidigung für Queen Victoria und nach dem Kriegsrecht ein Verbrechen, das mit dem Tode bestraft wird«, schrieb Matkin.

Wein gab es auch am 31. Mai 1873, nachdem die *Challenger* wieder mithilfe eines Lotsen in den Hafen von Hamilton eingelaufen war, der Hauptstadt der Bermudas. Der Alkohol war die Belohnung für den schwierigen Tag: Um die Moral an Bord aufrechtzuerhalten, verfügte die *Challenger* über einen großen Vorrat an solchen »Extras«.

Der Aufenthalt auf den Inseln war unerfreulich. In den Oleanderbüschen warteten Tausende von Moskitos auf ihre Opfer, unter Deck war es heiß und stickig. Dann kam die Nachricht von einer Ruhrepidemie. Auch Joe Matkin hatte es erwischt. Kapitän Nares befahl, die Bermudas so schnell wie möglich zu verlassen. Die ersten Fälle an Bord gab es bereits. Sie wurden mit Pfeilwurz behandelt und mit Liebig-Fleischextrakt. Die zähe braune Fleischpaste galt im viktorianischen England als Allheilmittel. Bevor man die Bermudas verließ, gab es allerdings noch etwas sehr Wichtiges zu erledigen: Auf dem Marinefriedhof wurde ein Grabstein aufgestellt:

»Dieser Stein wurde von den Offizieren und der Mannschaft der *HMS Challenger* errichtet, in Erinnerung an Adam Ebbles, Marinelehrer, der am 4. April auf den Bermudas starb. Ebenso an Wm. H. Stokes, Erster Schiffsjunge, der am 25. März 1873 vor den Westindischen Inseln starb. In der Mitte des Lebens sind wir vom Tod umfangen.«

Pannychia moseleyi
Größe: 20 cm
Tiefe: 200–2600 m
Diese Seegurke durchstöbert auf der Suche nach Fressbarem große Areale des schlammigen Tiefseebodens. Fühlt sie sich dabei gestört, leuchtet ihr Körper in einer blaugrünen Spirale auf.

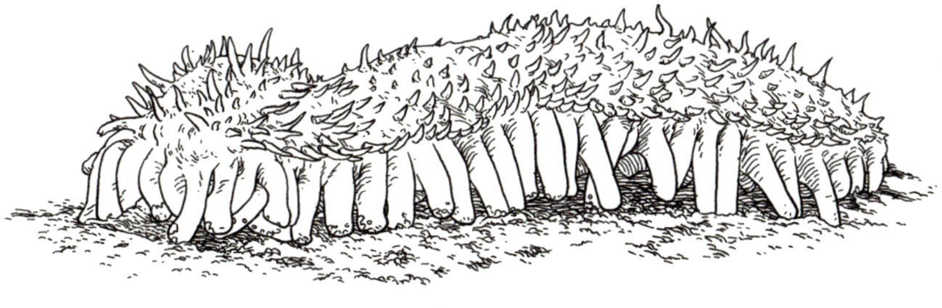

4

Verborgene Kontinente –

Von der Plattentektonik und dem Telegrafenplateau

Auf ihrem Weg zu den Azoren umrundete die *Challenger* eines der seltsamsten Meeresgebiete der Welt – die Sargassosee. Starke Meeresströmungen – darunter der Golfstrom und der Nordatlantische Strom – kreisen dieses »Meer der verlorenen Schiffe« ein, bilden einen Wall, der es isoliert. Die Sargassosee ist ein Ozean ohne Ufer. Legenden erzählen von Schiffen, die für immer in undurchdringlichen Teppichen aus Sargassum, aus Tang, stecken blieben, berichten von Wracks. Etwa von dem Sklavenschiff, auf dem nur noch Hunderte von Skeletten waren. 1840 fand man das driftende Wrack des Handelsschiffs *Rosalie* – ohne eine einzige Seele an Bord. 1857 verschimmelte auf den Tischen in der Messe der in eine Flaute geratenen Barkasse *James B. Chester* noch das Essen – aber es gab kein Zeichen der Besatzung mehr …

Wie beim Bermudadreieck ließ auch der bloße Namen Sargassosee das Blut in den Adern der Matrosen gefrieren. So waren sie ganz froh, dass sich die *Challenger* am Rand hielt. Immer wieder schwammen olivgrüne Inseln aus Sargassum vorbei. Ansonsten verging Tag um Tag,

Abb. links:
Ptychogastria polaris
Größe: 7 cm
Tiefe: 0–3000 m
Ptychogastria polaris *zählt zu den selteneren Tieren, die sowohl im Arktischen Ozean als auch in den Meeren rund um die Antarktis leben. Während Quallen normalerweise Steine meiden, hält sie sich mit ihren kurzen Tentakeln gerne an Felsen fest und fischt mit den längeren Beute aus der Strömung.*

ohne dass man einen Hai sah, einen Schweinswal, Delfin oder eine Meeresschildkröte. Noch nicht einmal Seevögel gab es hier – »abgesehen von einer Begegnung mit ein paar Sturmschwalben«, so Wyville Thomson, der anschließend das blaue Wasser bewunderte, das von innen zu leuchten schien.

SKELETTE UND SCHIMMELNDES ESSEN

In den Legenden, die sich um die Sargassosee winden, steckt ein Körnchen Wahrheit. Zwar blieben die Schiffe nicht im Seetang stecken, aber das Gebiet liegt in den fast windstillen Rossbreiten. Sie erhielten ihren Namen daher, dass spanische Schiffe dort auf ihrem Rückweg von der Karibik in Flauten gerieten: Dauerten die zu lange, wurden die Pferde – die Rösser – geschlachtet, um Frischfleisch zu erhalten und Wasser zu sparen, wenn sie nicht gleich einfach ins Meer gestoßen wurden. Solange Segelschiffe für Transporte zuständig waren, war es für Vierbeiner sehr gefährlich, in die Rossbreiten zu gelangen. Denn auch die Kapitäne der Tiertransporter ließen Schweine, Ziegen oder Schafe über Bord werfen, wenn der Wind zu lange schwieg.

Die Sargassosee ist ein extremer Lebensraum. 5000 Meter ist das Meer hier tief, und es ist kalt und nährstoffarm, weshalb die *Challenger* so einsam dahinzog. Obenauf schwimmt eine dünne Linse aus sehr warmem, sehr salzreichem Wasser. Es ist das schwimmende Reich des Tangs, in dem seltsame Krabben leben, Würmer und andere Meerestiere, die wenigstens den Wissenschaftlern reichlich Beute boten. Die Arbeiten in den tiefen Wasserschichten liefen reibungslos – und Kapitän Nares spendierte seiner hart arbeitenden Mannschaft regelmäßig Wein. Leutnant Lord George Campbell fühlte sich bemüßigt, in seinem Reisebericht noch ein »letztes Mal« – so sein Versprechen an die Leser – die Arbeiten an Bord zu beschreiben. Er summierte 16 Lotungen, neun mal Dredsche oder Trawl. Die Ausbeute des ersten Trawls war ein Fisch, beim zweiten gab es ein paar Seegurken, weiße Seesterne, einige kleine schwarze Fische und eine neue Muschelart, die auf einem Stein wuchs. Der Offizier war frustriert. Anders ging es Schiffschemiker John Young Buchanan. Der war hocherfreut, weil die Dredsche wieder Manganknöllchen mit nach oben gebracht hatte.

Am 1. Juli 1873 ankerte die *Challenger* vor Horta auf der Azoreninsel Fayal. »Der Hafenarzt kam und befragte uns kurz nach unserem

Gesundheitszustand. Die ganze Zeit über blieb sein Boot längsseits, so als ob wir eine Seuche an Bord hätten«, notierte Lord Campbell. »Dann fuhr er weg, nachdem er uns – gesund, wie wir waren – erlaubt hatte, an Land zu gehen. Mit keinem Wort erwähnte er, was uns der englische Vizekonsul erzählte, der direkt nach ihm kam – nämlich dass die Pocken in der Stadt grassierten. Im vergangenen Monat gab es jeden Tag zwei Tote.« Deshalb fuhr die *Challenger* schnell weiter, nachdem sie in dem schmalen Kanal zwischen Fayal und der Nachbarinsel Pico den Meeresboden untersucht hatten. »Die Dredsche war voll von vulkanischem Sand und Tuff«, schrieb Thomson, »und wir waren überrascht über die Vielfalt und den Reichtum der Fauna.«

Am 4. Juli lief die *Challenger* São Miguel an. 18 Tage hatte die Überfahrt gedauert, und die Wissenschaftler waren geradezu euphorisch über die Ergebnisse. Die Mannschaft hingegen sehnte sich nach ein paar Tagen Ruhe. Und São Miguel schien dafür der ideale Platz zu sein. Bei der Mannschaft war die Insel aber nicht wegen ihrer Orangen oder ihrer landschaftlichen Schönheit beliebt, sondern weil man von hier aus innerhalb von fünf Tagen Southampton erreichen konnte. Es gab einen Grund, warum die Männer ganz insgeheim so hoffnungsfroh waren: Der Destillierapparat, mit dem auf See aus dem Salzwasser Süßwasser gewonnen wurde, funktionierte schon seit den Bermudas nicht mehr richtig. Vielleicht musste die *Challenger* nach Hause, damit das Gerät in Ordnung gebracht werden konnte. Ein kleiner, erfreulicher Abstecher. Aber leider setzten die Schiffsingenieure und -techniker ihren ganzen Ehrgeiz darein, es aus eigener Kraft zu schaffen. Die Reparatur gelang, man würde also nicht nach Hause fahren, sondern weiter gen Süden halten. Unter Deck vermutete man, dass Kapitän Nares viel Druck gemacht hatte, um nicht nach Southampton zu müssen – zu viele seiner Leute wären trotz der Strafandrohung desertiert.

Schlecht gelaunt gingen die Männer an Land – und es kam laufend zu Streitereien mit den Bewohnern von São Miguel. Die Besatzung »befreite« für ihr Sonntagsessen hier ein halbes Schaf, dort ein paar Pfund Ziegenfleisch, selbst einen Schweinekopf. Und man trank unmäßig viel. Joe Matkin beobachtete amüsiert, wie seine Kameraden versuchten, möglichst nüchtern klingende Antworten auf die Fragen des wachhabenden Offiziers zu geben. Sie hatten sich vollaufen lassen, und nun stand ihnen eine schwere Prüfung bevor: Sie mussten gerade über einen Strich laufen. Schafften sie das nicht, galten sie als betrunken, und als Strafe wurde ihnen ein Tag Ausgang gestrichen.

Die Brooke'sche Lotmaschine machte es im 19. Jahrhundert erstmals möglich, die Tiefe der Meere relativ schnell und zuverlässig zu bestimmen.

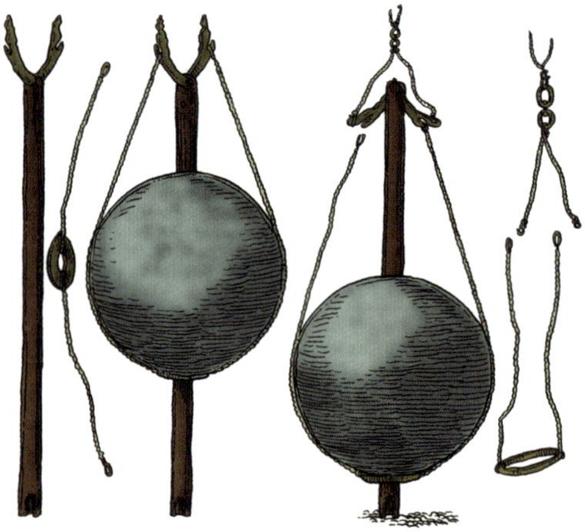

Die Azoren sind Inseln mitten im Atlantik. Genau wie die Bermudas verdanken sie ihre Existenz dem Vulkanismus. Aber trotzdem sind sie ganz anders: »Während die Bermudas als isolierte Spitzen aus großer Tiefe emporspringen, scheinen die Azoren nur die höchsten Punkte auf einer großen, plateauartigen Erhebung zu sein, die sich über mehr als tausend Meilen von West nach Ost ausdehnt.« Die Lotungen verrieten noch mehr, erzählt Wyville Thomson: »Zudem scheint sich nach Island im Norden ein durchgehender Flachwassergürtel zu erstrecken, ebenso zum Dolphin-Rücken im Süden, einem Plateau, das den Nordatlantik längs in zwei große Täler teilt, in Ost und West.«

Die Messungen der *Challenger* zeigten, dass sich der Dolphin-Rücken nicht nur vom Nord- bis in den Südatlantik

DER DOLPHIN-RÜCKEN

1854 hatte Matthew Fontaine Maury, Direktor des US-amerikanischen Marinedepots für Karten und Instrumente, dieses Plateau in einer ersten Atlantikkarte vermerkt. Dafür hatte das Vermessungsschiff *Dolphin* den Ozean zwischen Neufundland und Brasilien vermessen: Es war der erste große Einsatz für die von John Mercer Brooke entwickelte Lotmaschine, mit der in dem gewaltigen Gebiet 200 Tiefenmessungen durchgeführt wurden. Meist lagen Hunderte von Kilometern zwischen den unregelmäßig verteilten Messpunkten. Trotzdem zeigte diese erste, sehr grobe Karte, dass der Meeresboden nicht weit vom Rand der Kontinente entfernt abfällt und dass es in der Mitte des Atlantiks ein Plateau gibt – eben den Dolphin-Rücken, wie Maury die Struktur nach dem Vermessungsschiff benannte. Aufgrund von 30 Messpunkten konstruierte er außerdem zwischen Neufundland und Irland das »Telegrafenplateau« – so getauft, weil es geschaffen zu sein schien, um untermeerische Telegrafenkabel darüber zu verlegen. Das erledigte dann auch prompt die Atlantic Telegraph Company im Jahr 1858. Leider arbeitete dieses Kabel nur einen Monat lang.

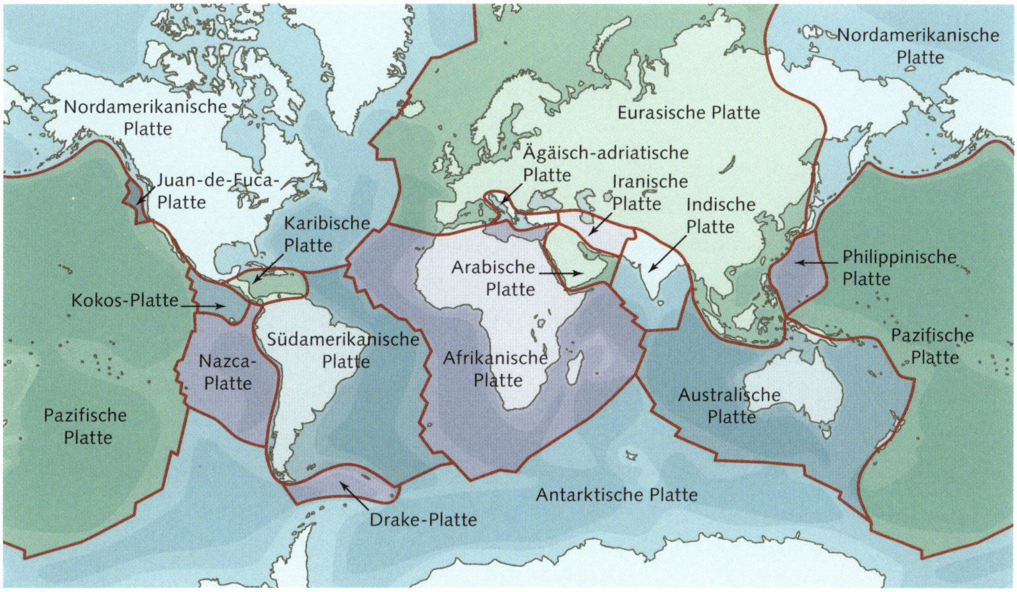

zog, sondern dass er eine regelrechte Barriere war: Das Tiefenwasser auf der afrikanischen Seite war immer 1 Grad wärmer als das auf der südamerikanischen. Das Bild einer untermeerischen Gebirgskette zwischen den Kontinenten setzte sich in den Köpfen der *Challenger*-Wissenschaftler fest.

Im Licht der Plattentektonik betrachtet, erscheint die Erde als Riesenpuzzle: Die Lithosphäre, also die Erdkruste und der oberste Teil des Erdmantels, zerfällt in sieben größere und etliche kleinere Platten, die sich gegeneinander bewegen.

Untermeerische Gebirge schienen ein weitverbreitetes Phänomen zu sein, denn später, im Indischen Ozean, fanden sie noch ein weiteres, den Carlsbergrücken (Nordwestindischer Rücken). Als Wyville Thomson seine Entdeckung nach London meldete, machte die Expedition Schlagzeilen. Lemuria schien gefunden – ein Kontinent, der einmal große Teile des Indischen Ozeans eingenommen haben sollte. Großbritannien gratulierte sich zu seiner so erfolgreichen Mission, die seine Spitzenposition unter den Seefahrernationen bei der Meeresforschung eindrücklich unter Beweis stellte. An Bord der *Challenger* war man sich nicht so sicher: Ein Expeditionsziel war, herauszufinden, ob diese auf- und abtauchenden Landbrücken existierten, die die Tierwelten zwischen den Kontinenten verbanden. Und inzwischen schienen ihnen die Meere doch eher unveränderlich zu sein, Lemuria nur ein Traum.

Das Puzzle des Herrn Wegener

Wie sollte das physikalisch überhaupt funktionieren? Hoben und senkten sich Kontinente wie die Kolben in einem Motor, um Landbrücken mal auftauchen, mal verschwinden zu lassen – ohne jede Spur? So wie das die zahlreichen Befürworter der Landbrücke glaubten? Den Streit, ob Landbrücke oder nicht, konnten die Forscher der *Challenger* nicht entscheiden. Das sollte erst im 20. Jahrhundert gelingen.

Am Anfang steht Alfred Wegener. Ihm sprang 1910 beim Betrachten einer Weltkarte etwas ins Auge, das schon im 17. Jahrhundert Gelehrten aufgefallen war: dass die Atlantikküsten von Afrika und Südamerika aussehen, als hätte man sie auseinandergerissen. Zunächst kümmerte sich Wegener, der junge Privatdozent für Meteorologie und Geophysik an der Universität Marburg, nicht weiter darum: Zu unwahrscheinlich erschien diese Idee. Dann fiel ihm zufällig im Herbst 1911 ein Aufsatz über Fossilien in die Hände, die sowohl in Afrika zu finden sind als auch in Brasilien. Waren diese Tiere zu Lebzeiten wirklich über Landbrücken gelaufen, um von Brasilien nach Nigeria zu gelangen? Er erinnerte sich an seine Gedankengänge vor der Weltkarte: Was wäre, wenn Südamerika und Afrika einmal eins gewesen wären? Er verbrachte Tage in der Marburger Universitätsbibliothek, um ähnliche Aufsätze zu suchen, war wie besessen, schlief kaum, aß wenig. Mit jedem neuen Hinweis fühlte er sich sicherer. Er dachte an die Eisberge, die er auf seiner ersten Grönlandfahrt gesehen hatte. Vielleicht bewegten sich Kontinente ja ähnlich?

Wenige Monate später, am 6. Januar 1912, trat er im großen Hörsaal des Frankfurter Senckenberg-Museums vor ein erlesenes wissenschaftliches Publikum. Mit einiger Mühe hatte er den Vorsitzenden der Geologischen Vereinigung überzeugt, seine Theorie von der Kontinentalverschiebung erstmals auf der Hauptversammlung vorstellen zu dürfen. Der Titel seines Vortrags: *Die Herausbildung der Großformen der Erdrinde (Kontinente und Ozeane) auf geophysikalischer Grundlage.*

Wegener war aufgeregt: Seine Theorie widersprach jedem geologischen Lehrwissen. Trotzdem dozierte er über geophysikalische Prinzipien, über die Spuren einer Hunderte von Millionen Jahren zurückliegenden Vereisung, die sich in Australien finden, in Südafrika, Südamerika, sogar in Westindien – aber nicht auf der Nordhalbkugel. Er führte an, dass es im Amazonasbecken und in Westafrika identische Schichtfolgen gebe, dass die Appalachen in ihrem geologischen Aufbau den schottischen Hochländern glichen, und eben auch, dass viele Fossilien, die aus Eurasien oder Afrika bekannt sind, auch in beiden Teilen Amerikas auftauchen. Wie soll das möglich sein?, fragte Wegener und gab selbst die Antwort: Alles lasse sich einfach erklären, wenn die Kontinente über die Meereskruste drifteten wie Eisberge durch dünnes Treibeis.

Seine Botschaft erstaunte das Auditorium. Zunächst. Je länger er redete, umso mehr wandelte sich die Verwunderung in Ablehnung. Die Blicke wurden kälter, missbilligendes Raunen setzte ein. Alfred Wegener versuchte, seinen Vortrag zu beenden. Der Vorsitzende meldete sich zu Wort: »Es tut mir leid, aber wir müssen hier aus Zeitgründen schließen.«

Alfred Wegener (1880–1930) legte mit seiner Theorie der Kontinentalverschiebung die Grundlagen für die spätere Entwicklung der Plattentektonik.

Trotz des Misserfolgs präsentierte Wegener seine Idee vier Tage später erneut, vor der Gesellschaft zur Beförderung der gesamten Naturwissenschaften zu Marburg – und erntete Befremden. Bald darauf schrieb er erste Veröffentlichungen in geologischen Fachzeitschriften. 1912/13 nahm Wegener an einer Grönland-Expedition teil, der Erste Weltkrieg brach aus – die Arbeiten an der Theorie ruhten. Erst ein längerer Krankenhausaufenthalt nach einer Verletzung gab ihm die Zeit, die er brauchte. 1915 erschien die erste Auflage von *Die Entstehung der Kontinente und Ozeane.*

Darin erklärt Wegener, dass alle Kontinente einmal zu einem einzigen Superkontinent namens Pangäa (All-Land) verbunden waren. Pangäa brach auseinander, und die Fragmente – also Eurasien, Afrika, Nord- und Südamerika, Australien und die Antarktis – bewegten sich allmählich auf ihre heutige Position. Durch dieses Auseinanderdriften entstanden die Meeresbecken. Sie seien also nicht – wie immer gedacht – die ältesten Teile der Erde, sondern die jüngsten.

Wegen des Ersten Weltkriegs blieb das Buch beinahe unbeachtet. Aber danach veröffentlichte Wegener drei jeweils überarbeitete und ergänzte Ausgaben der *Entstehung der Kontinente und Ozeane*. Das Werk wurde in mehrere Sprachen übersetzt, seine Theorie unter dem Namen »Kontinentaldrift« bekannt – und von Geologen aus aller Welt heftig diskutiert. Er hatte durchaus eine Handvoll Anhänger – meist in Europa und vor allem in Großbritannien, vielleicht weil die Geologen dort die Gesteine aus Afrika, Indien oder Südamerika, über die Wegener schrieb, selbst kannten. Sie fanden die Idee interessant. Mit ihr ließ sich vieles erklären, etwa warum es in den Tropen Spuren von Eiszeiten gibt. Wären die Kontinente unbeweglich – wie hätte der Äquator jemals vereisen können? Aber die meisten Kommentare – allen voran die aus den USA – waren gelinde gesagt unfreundlich: »Gewäsch!«, »Humbug!«, »Völliger Blödsinn!«, hieß es: – und: »Niemand, der bei klarem Verstand ist, darf so etwas unterstützen!« oder »Fieberfantasien

VOM WIDERSTAND GEGEN NEUES

Schon der Naturforscher Friedrich Wilhelm Heinrich Alexander Freiherr von Humboldt hatte 1787 vermutet, dass die Kontinente beweglich seien. Nach seiner Andenreise war er davon überzeugt, dass es einen Zusammenhang zwischen den Gebirgsketten und den Küsten geben müsse – und er schloss daraus, dass Gebirge durch gewaltige Kräfte aus dem Erdinneren entstehen.

Die Idee von den beweglichen Kontinenten war also nicht neu. Aber Alfred Wegener, der im November 1930 im Alter von 50 Jahren bei einer Expedition in Grönland starb, hatte es als Erster geschafft, die wissenschaftliche Diskussion dauerhaft zu eröffnen – und nur Entrüstung geerntet. Zeit seines Lebens hatte er damit zu kämpfen. Äußerlich nahm er die Ablehnung gelassen hin, zog nur nachdenklich an seiner Pfeife, wenn ihm der Wind wieder einmal besonders heftig entgegenblies. Dieses schweigsame Beharren, das Kompromisslose verstärkte nur den Widerstand gegen seine Theorie, weil seine Gegner ihn für dogmatisch hielten – und deshalb stieß er vor allem in Amerika auf Kritik. Dort galt seine Art der Erkenntnis als altmodisch, sein Ausgangspunkt – eine Idee, am Schreibtisch entstanden – erschien undemokratisch. In den USA waren die Geologen vor allem damit beschäftigt, das eigene Land zu kartieren und Berge an Daten zusammenzutragen. Sie wollten erst einmal so viele Fakten so urteilsfrei wie nur möglich sammeln, mehrere Hypothesen erarbeiten und sie miteinander vergleichen. Für Geniestreiche war da kein Platz. Außerdem galt Wegener vor allem in den US-amerikanischen Zirkeln als Meteorologe und damit nicht als »echter« Geophysiker. Die britischen Geologen sahen alles viel gelassener, stritten sich nicht so sehr um die Beweglichkeit der Kontinente an sich als vielmehr darüber, wie schnell sich Meere wie der Atlantik öffnen können.

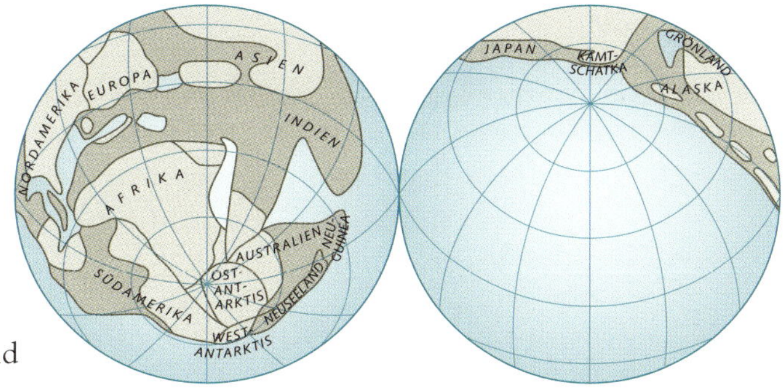

der von Krustendrehkrankheit und Polschubseuche schwer Befallenen!«

Wegener hatte die Diskussion eröffnet. Aber hatten die Kontinente überhaupt genügend Zeit für ihre Tausende von Kilometern weiten Wanderungen gehabt? Würden sie nicht zu Staub zerrieben, wenn sie gegen den Widerstand des massiven Meeresbodens durch die Erde pflügten? Dass die These von der Kontinentaldrift sich so schwer durchsetzen konnte, lag unter anderem an schlichten Wissenslücken. Man wusste kaum etwas über den Aufbau der Erde, die Temperaturen in ihrem Inneren, hatte noch nicht einmal eine Vorstellung, wie alt der Planet überhaupt war. Vor allem jedoch fehlte Wegener etwas Entscheidendes – der Motor. Ihm fielen nur die Gezeitenkräfte oder die Zentrifugalkraft durch die Erddrehung als potenzielle Kräfte ein, aber die waren viel zu schwach.

Dieses Bild von der Erde veröffentlichte Alfred Wegener 1922. Es zeigt die Verteilung der Kontinente vor mehr als 300 Millionen Jahren während des Karbons – so wie Wegener sie sich damals vorstellte.

Dabei gab es durchaus interessante Ansätze. Schon 1839 war die Idee aufgetaucht, dass Konvektionsströme im Erdmantel die Kontinente wie Schaum auf einer langsam brodelnden, dicken Erbsensuppe schwimmen ließen. 1881 diskutierte Reverend Osmond Fisher, ein englischer Geologe und Geophysiker, in seinem Buch *Die Physik der Erdkruste,* wie die Konvektionsströme das Innere einer geschmolzenen Erde umwälzten. In den 1920er-Jahren vertrat der britische Physiker und Geologe Arthur Holmes – der eine wichtige Rolle bei der Bestimmung des Erdalters spielen sollte – die These von Konvektionsströmungen unter der Erdkruste. Ende des 19. Jahrhunderts war die Radioaktivität entdeckt worden, und Holmes überlegte, ob der radioaktive Zerfall im Erdinneren den Planeten erwärmen und damit Strömungen antreiben könnte – und dass das vielleicht der gesuchte Motor sein könnte. Aber so recht glaubte er selbst nicht daran.

Reine Theorie waren seine Überlegungen jedoch nicht: Nach dem katastrophalen San-Francisco-Erdbeben von 1906 hatte man die Bewegungen an der berühmt gewordenen San-Andreas-Verwerfung untersucht – und das Tempo, mit dem sich die beiden Seiten der Störung aneinander vorbeibewegten, entsprach genau der Geschwindigkeit, die man für Strömungen in einem viskosen Mantel erwartete. Aber ehe sich aus der Kontinentalverschiebung die Plattentektonik mausern konnte, mussten bessere Daten her, und die gab es erst, nachdem einige Erfindungen gelungen waren.

Von Echoloten und Aktionärsgeldern

Eine der Schlüsselerfindungen waren Sonartechniken. Dabei sind mit der Erfindung des Echolots gleich drei Männer verbunden, die sich fast gleichzeitig und unabhängig voneinander ein einfaches Sonar patentieren ließen: der deutsche Physiker Alexander Behm, der kanadische Erfinder und Rundfunkpionier Reginald A. Fessenden und der britische Mathematiker Lewis Fry Richardson. 1912 waren die drei vom Untergang der *Titanic,* die 1513 Menschen mit in die Tiefe riss, schockiert gewesen. Sie wollten solche Unglücke verhindern, und zwar mit dem Echolot, das die Eisberge rechtzeitig orten sollte.

Alexander Behm (1880–1952) gehörte zu den Erfindern, die ein Eisberg-Ortungssystem entwickeln wollten. Dabei bewährte sich sein Echolot nicht, wohl aber bei der Vermessung des Meeresbodens.

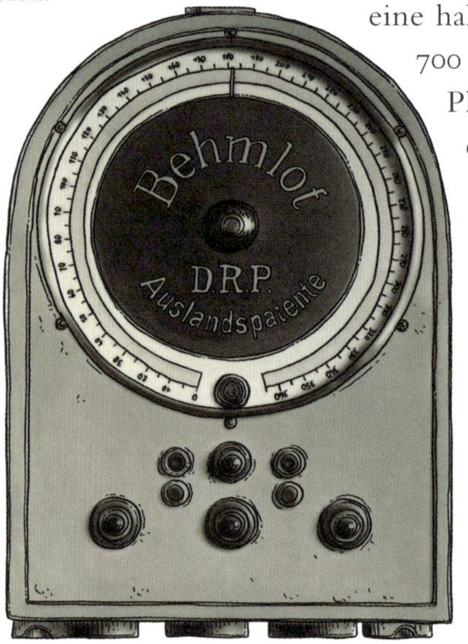

Im Prinzip ist die Sache mit dem Echolot ganz einfach. Man sendet einen Ton aus und misst die Zeit, die vergeht, ehe das Echo wieder einläuft. Die Schwierigkeit liegt in der exakten Zeitmessung: eine halbe Sekunde daneben, und der Fehler beträgt rund 700 Meter. Dieses Problem löste Harvey C. Hayes, Physiker bei der U.S. Navy. Er setzte dem Bediener einen Kopfhörer auf, mit dem er auf einem Ohr das ausgehende Signal hörte, auf dem anderen das einlaufende. Stellt man beide Töne so ein, dass sie genau übereinanderfallen, ist die Entfernung zum Meeresboden schlicht die Zeitdifferenz mal der Schallgeschwindigkeit im Wasser, also mal 1484 Meter pro Sekunde. Mit dieser Verbesserung ließ sich der Meeresboden problemlos vom fahrenden Schiff aus vermessen, wie Hayes 1922 beim ersten Einsatz seines Geräts an Bord der *USS Stewart* beweisen konnte. Zwischen Newport in Virginia und Gibraltar schaffte er innerhalb einer Woche 900 Tiefenmessungen – mehr als die hart schuftende Besatzung der *HMS Challenger* während ihrer dreieinhalbjährigen Reise.

In den kommenden Jahren und Jahrzehnten wurde die Sonartechnik stetig verbessert. Einer der Hauptantriebe war zunächst wohl der Wunsch, feindliche U-Boote aufzuspüren. Die Bedürfnisse der Wissenschaft kamen lange erst an zweiter Stelle. Inzwischen jedoch sind Sonare wahre Wunderwerke der Technik: Die Mannschaft der *Challenger* würde in Begeisterungsstürme ausbrechen, wenn sie ein modernes Fächersonar sehen könnte, das mit dem Satellitenortungssystem GPS kombiniert arbeitet – und erst recht beim Anblick der digitalen Karten und dreidimensionalen Modelle des Meeresbodens, die dabei herauskommen.

Die zweite Schlüsseltechnik war die Seeseismik, die den Meeresboden mit Schall regelrecht durchleuchtet. Diese Technik entwickelte der amerikanische Geophysiker Maurice Ewing, der spätere Begründer des Lamont-Doherty Earth Observatory in Palisades, New York, und zwar während der Weltwirtschaftskrise. 1930, als er gerade Dozent an der Lehigh University in Bethlehem, Pennsylvania, geworden war, nutzte Ewing jede Sprengung in den örtlichen Steinbrüchen, um mit den seismischen Wellen der Explosionen den Untergrund zu untersuchen – so wie es die Ölfirmen vormachten. Dann kam er für seine Forschungen an Dynamit heran, und nun hallte Wochenende um Wochenende der Knall von Sprengungen durch die Wälder und erschreckte wahrscheinlich etliche harmlose Pilz- oder Beerensammler zu Tode.

MEER UND MOND

Maurice Ewing erzählte seinem Biografen, William Wertenbaker, dass er in den 1930er-Jahren verzweifelt versuchte, seine Idee auszuprobieren: Er hätte dafür sogar Seismometer für den Mond gebaut, wenn das verlangt worden wäre. Damit wurde er damals zwar nicht beauftragt, aber in den 1960er-Jahren sollte er das doch tatsächlich machen: Ewing baute Seismometer für den Mond – und *Apollo*-Astronauten brachten sie dorthin. So half er nicht nur die Geheimnisse der Meere zu enthüllen, sondern auch die des Erdtrabanten.

Seine Versuche erregten die Neugier seiner Kollegen. Und weil sich das geologische Wissen Anfang der 1930er-Jahren im Grunde nur aufs Festland beschränkte und die Meere nicht viel mehr waren als leere blaue Flächen, forderten sie ihn auf, seismische Messungen für den Ozeanboden zu entwickeln. Das hatte Maurice Ewing schon mehreren Ölfirmen vorgeschlagen, aber die glaubten seinerzeit noch, die Ozeane seien keinen »Nickel Aktionärsgeld wert«. Dann hatte Ewing Glück und erhielt 1936 immerhin 2000 Dollar Forschungsgeld der Geological Society of America GSA. Begeistert machte er sich zusammen mit ein paar Studenten daran, die Seeseismik zu entwickeln, um mithilfe von Sprengungen Schallwellen zu erzeugen, die den Meeresgrund »durchleuchteten«.

Wer im Amerika der Depression forschte, brauchte vor allem Improvisationstalent. So funktionierten Maurice Ewing und seine Kollegen alles Mögliche für ihre sprengseismischen Geräte um: Konservendosen, Trinkgläser, Elektromotoren von Spielzeugzügen, Zündhütchen von Spielzeugpistolen ... Eine alte Artilleriegranate diente als Hochdruckkammer, um die Ausrüstung auf ihre Tiefseetauglichkeit zu testen. Das war wichtig, denn sie hatten des Sommers nur zwei Wochen Zeit für ihre Experimente an Bord der *Atlantis*, des Forschungsschiffs der Woods Hole Oceanographic Institution. Da mussten so viele Fehler wie möglich schon vorneweg beseitigt werden. Trotz dieser Vorarbei-

Der SOFAR-Kanal (SOund Fixing And Ranging) *ist eine besondere Schicht im Ozean, in der sich Schallwellen »fangen« und über weite Strecken ausbreiten können.*

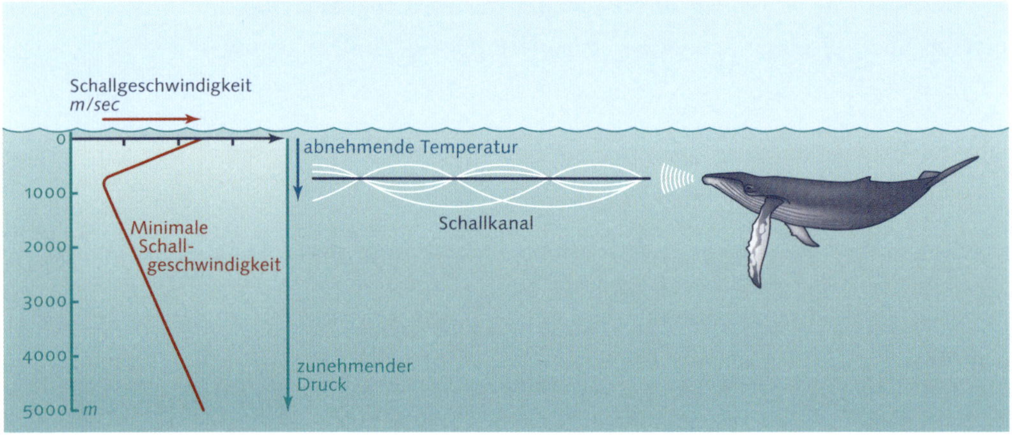

»Der Krieg ist der Vater aller Dinge«

Der Zweite Weltkrieg eröffnete einer Reihe von wissenschaftlichen Disziplinen neue Möglichkeiten – allen voran der Physik, der Kernphysik. Mit dem Manhatten-Projekt gelang unter der Leitung von Robert J. Oppenheimer die Entwicklung der Atombombe, deren Einsatz in Hiroshima und Nagasaki Hunderttausende Opfer forderte. Eine grauenhafte Massenvernichtungswaffe war der Höhepunkt von 300 Jahren physikalischer Forschung. Ein Pyrrhussieg, viel zu teuer erkauft, und Oppenheimer, der »Vater« der Atombombe, wusste das. Für ihn war der Gewissenskonflikt gewaltig.

Andere Forscher hatten das Glück, dass die Technik, die sie dem Zweiten Weltkrieg und der damals ausgerufenen Forschungsoffensive der USA verdankten, nicht so tödlich war. Die Entwicklung des Radars wurde vorangetrieben, die des Sonars oder der Seeseismik. Die Meeresgeologie profitierte immens davon. Plötzlich floss viel Geld in die technische Ausrüstung der Schiffe.

So wurde mit Beginn des Zweiten Weltkriegs die Forschung der Gruppe um Ewing plötzlich hochinteressant: Ihre Kenntnisse, wie sich Schallwellen im Meer ausbreiteten, waren sehr nützlich im U-Boot-Krieg. Sie fanden heraus, dass sich Schallwellen im Meer so ausbreiten, dass eine Schattenzone entsteht: In der können sich U-Boote verstecken, dem Sonar entgehen. Außerdem entdeckten sie, dass es weiter unten im Ozean eine Grenzfläche gibt, an der die Wassertemperatur scharf abfällt. Weil kälteres Wasser dichter ist als wärmeres, werden Schallwellen an diesem Dichtesprung abgelenkt. Es gibt noch eine zweite solche Sprungfläche, sodass zwischen beiden eine Art Kanal entsteht: In dem fangen sich die Schallwellen und reisen Tausende von Kilometern durch die Weltmeere (der SOund Fixing And Ranging Channel oder SOFAR-Kanal). Die Navy war begeistert: Mit diesem Kanal ließ sich ein akustisches Überwachungssystem der Meere aufbauen. Heute nutzen Wissenschaftler diesen »Abhörkanal«, um Wale zu verfolgen, submarine Vulkanausbrüche oder Erdbeben aufzuspüren – und um über die Veränderung der Schallgeschwindigkeit die Veränderungen in der globalen Meerestemperatur zu untersuchen.

ten dauerte es mehrere Sommer, bis das System endlich funktionierte. Nach dem Krieg, 1947, bekam Ewing die *Atlantis* für damals unglaubliche zwei Monate, um den Mittelatlantischen Rücken zu erkunden. Er konnte sein Glück kaum fassen, wollte seine Chance nutzen und so viele Daten wie irgend möglich sammeln. Neben dem Ultraschall-Echolot, das an Bord war, ließ er Unterwasserkameras verstauen, diverse Gerätschaften zur Probennahme am Meeresboden und Hydrofone für die Sprengseismik. Die wollte er bei den Messungen ins Schlepptau nehmen und die *Atlantis* weiterfahren lassen, während die Instrumente die Schallwellen der Explosionen aufzeichneten.

Ewing wollte die Landschaft unter dem Meer verstehen. Die Echolotmessungen zeigten, dass weite Bereiche des Meeresbodens tatsächlich

Marie Tharp (1920–2006) machte mit ihrer Arbeit als Kartografin die Weiten des Meeresbodens für eine breite Öffentlichkeit fassbar. Ihre Arbeit trug zum Durchbruch der Plattentektonik bei.

unglaublich flach waren – die abyssalen Ebenen. Dann, in der Nähe der Ozeanmitte, erhob sich dieses Gebirge aus dem Meeresboden, das unter anderem schon Matthew Maury und Wyville Thomson im 19. Jahrhundert aufgefallen war. Die Proben zeigten, dass dieses Gebirge – genau wie der Carlsbergrücken im Indischen Ozean, den die *Challenger*-Crew erkundet hatte – aus Basalt besteht: ein Vulkangebirge mitten im Meer. Ewings Sprengungen verrieten, dass die Erdkruste unter dem Ozean im Allgemeinen sehr viel dünner ist als die unter den Kontinenten. Was also verbarg sich dahinter? Die Expedition warf so viele Fragen auf, dass die Forschung regelrecht explodierte.

Und daran hatte nicht zuletzt ein Student teil, den Maurice Ewing für sein Projekt Mittelatlantischer Rücken hatte begeistern können und dem er sofort zentrale Aufgaben übertrug: Bruce Charles Heezen. Er war es, der zusammen mit Marie Tharp die ersten Karten des Mittelatlantischen Rückens zeichnete. In computerlosen Zeiten leistete Marie Tharp dabei eine wahre Sisyphusarbeit. Sie übertrug alle Informationen, die Ewing und seine Kollegen mit der *Atlantis* gewonnen hatten, in Profile, ergänzt um sämtliche verfügbaren Daten anderer Forschungsfahrten wie die der *Meteor.* So entstanden in mühsamer Detailarbeit sechs Profilschnitte durch den Atlantik.

Diese Arbeit wurde argwöhnisch überwacht. Damals steuerte der Kalte Krieg mal wieder auf einen Höhepunkt zu – und Karten vom Ozeanboden waren eine heikle Angelegenheit: Schließlich hätten sie nicht nur den eigenen Atom-U-Booten bei der Navigation helfen können, sondern auch den feindlichen der Sowjetunion. Alles, was den Meeresgrund betraf, galt als streng geheim, und die Marine war ein wichtiger Geldgeber für das Projekt. Eine schlichte Höhenlinienkarte zu veröffentlichen, wäre unmöglich gewesen. Um die Daten trotzdem für die Wissenschaft verfügbar zu machen, entwickelten Heezen und Tharp 1952 aus den Profilen räumlich gezeichnete Karten des Meeresbodens: aus einem schrägen Blickwinkel gesehen. Sie illustrierten zwar die Landschaft unter dem Wasser, waren aber viel zu ungenau, als dass ein U-Boot-Kapitän mit ihrer Hilfe hätte navigieren können. Damit waren Heezen und Tharp 25 Jahre lang beschäftigt. Zuerst im Nord-, dann im Südatlantik, später im Indischen Ozean und im Pazifik. 1967, als die Plattentektonik ihren Siegeszug antrat, sollten diese Karten – wunderschön koloriert – im *National Geographic* veröffentlicht werden.

Schon die ersten Karten, bei denen noch niemand ahnte, wie die Erde funktioniert und welche Rolle die Ozeane dabei spielen, stellten den Meeresboden in seinen wichtigsten Strukturen dar, wenn auch stark stilisiert und hoffnungslos überhöht, sodass die Landschaft darauf viel dramatischer wirkt, als sie es über weite Strecken ist. Alles beginnt mit einem (viel zu steil dargestellten) Abfall an der amerikanischen Küste, dann kamen die weiten Ebenen des Abyssals, aus denen sich einzelne Seeberge erhoben wie etwa die Bermudas. Allmählich ging die Tiefsee-Ebene dann in den Anstieg zum Mittelatlantischen Rücken über, Hunderte oder Tausende von Metern hohe Berge. Sie nahmen das mittlere Drittel des Profils ein. Nach Osten fiel der Rücken ab, die Schlammwelt des Abyssals begann erneut und dehnte sich bis zum Anstieg nach Europa und Afrika aus. Aber da war noch etwas, was Marie Tharp auffiel: eine Kerbe, die sich über den gesamten Gebirgskamm zu ziehen schien. War es ein Artefakt – oder steckte mehr dahinter?

Heezen hielt diese Kerbe für belanglos. Sie sah viel zu sehr nach Kontinentalverschiebung aus, glich verblüffend den Wegener'schen Rift-Strukturen, den Rissen in der Erdkruste, an denen die Kontinente zerbrechen sollten. Und Heezen lehnte Wegeners Ideen ab. Anders als in Großbritannien, wo mehr und mehr Geologen die Kontinentalverschiebung ernst nahmen, war es in den USA schädlich für die Karriere, sich damit zu beschäftigen. Aber schon bald sollte Heezen anders denken.

In der Zeit damals stand nach den Fossilfunden von menschlichen Ahnen der Ostafrikanische Graben im Zentrum des Forscherinteresses. Die Geologen waren sich einig, dass Afrika dort auseinanderbrach: Wegeners Theorie ließ sich also in der Landschaft beobachten. Marie Tharp verglich die Daten des Ostafrikanischen Grabens mit denen des Mittelatlantischen Rückens und fand erstaunliche Parallelen. Heezen begann nachzudenken. Dabei stieß er auf eine Karte, auf der die beiden berühmten Seismologen Charles Richter und Beno Gutenberg in den 1940er- und 1950er-Jahren die Epizentren von Meeresbeben eingezeichnet hatten. Sie lagen am Mittelatlantischen Rücken, genauer: in seinem Zentrum, in ebendieser Kerbe. Die Beben bewiesen, dass auch hier die Erdkruste auseinandergezogen wird, genau wie im Ostafrikanischen Graben. Weil Richter und Gutenberg auch den Indischen Ozean und den Pazifik analysiert hatten, bekamen die Ozeanografen viele wichtige Informationen von diesem Zweig der Wissenschaft. Es sprang sofort ins Auge: Auch in diesen beiden Meeren folgten die Beben Linien.

Heezens Fantasie machte einen Sprung: Die Erdbeben verrieten, dass sich nicht nur durch den Atlantik, sondern durch alle Weltmeere mittelozeanische Rücken ziehen, an denen sich die Erdkruste öffnet. Ewings Sprengseismik offenbarte, dass es in diesen Zonen so gut wie keine Sedimente gibt, nur nackten Fels. Vor Heezens innerem Auge spannte sich eine submarine Gebirgskette aus Basalt auf, aus Vulkangestein, durchzogen von einer Kerbe, die in Wirklichkeit eine Schlucht ist, die von den Gipfeln bis zum Grund des Rifts reicht, manchmal kilometertief. Eine Landschaft grandioser als der Grand Canyon. Es ist eine »Wunde, die niemals heilt«, so Heezen, und mit 75 000 Kilometern – alle Verzweigungen inbegriffen – die größte geologische Struktur überhaupt.

BASEBALL ERDE

Die mittelozeanischen Rücken verzieren die Erde wie die Nähte einen Baseball. Diese »nie heilende Wunde« nimmt irgendwo in Ostsibirien ihren Ausgang, läuft durch das Nordpolarmeer, dann längs durch den Atlantik, mit Island als Krönung, wo man über die Kluft in der Mitte des Rückens spazieren gehen kann. Im Südatlantik biegt der Rücken um das Kap der Guten Hoffnung. Ein Hauptast zieht sich in den Indischen Ozean hinein, über den Carlsbergrücken in den Golf von Aden, wo sich die Struktur erneut aufspaltet. Ein Abzweig geht nach Norden in das Rote Meer, der andere nach Süden in das Ostafrikanische Rift-System. Der zweite Hauptast läuft durch den Indischen Ozean südlich an Australien vorbei, dann quer durch den Südpazifik und zieht sich vor der Westküste von Süd- und Nordamerika hoch, um Alaska zu erreichen.

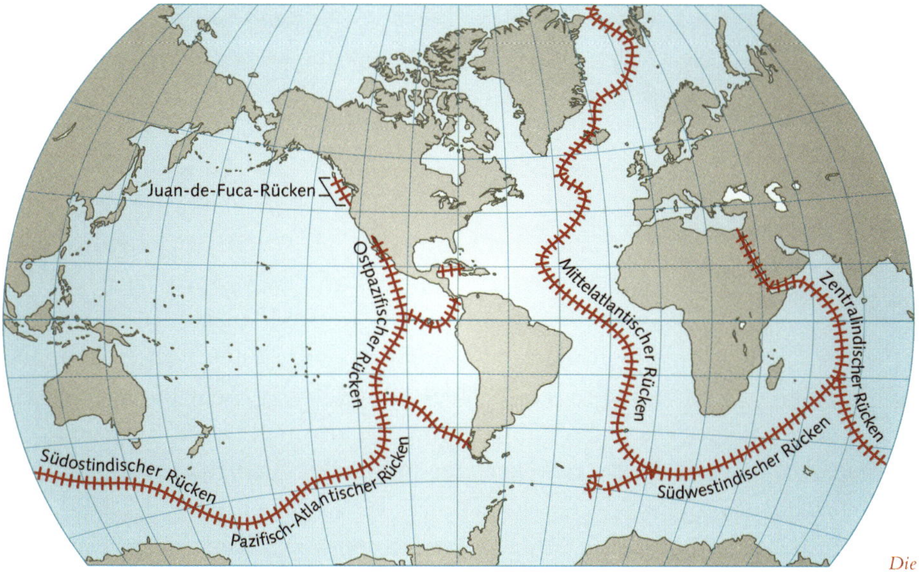

Die mittelozeanischen Rücken umspannen die Erde als weitgehend untermeerische Gebirgskette. Sie erheben sich dort, wo der Ozeanboden durch Kräfte im Erdinneren aufreißt und neuer Meeresboden entsteht.

Als Heezen Ende der 1950er-Jahre diese Idee von dem weltumspannenden Netz der mittelozeanischen Rücken vortrug, hatten Magnetfeldmessungen an Gesteinen der Kontinente das Tabu Kontinentalverschiebung gebrochen. Denn magnetische Minerale haben die Angewohnheit, sich nach dem gerade herrschenden Magnetfeld auszurichten, wenn Magma abkühlt oder sich Sedimente ablagern. Dadurch werden sie zu so etwas wie fossilen Kompassnadeln, und die verrieten nun, dass die Pole entweder extrem wanderfreudig sind, regelrecht über die Erde springen – oder dass sich die Kontinente ständig und langsam bewegen. Dabei pflügten sie nicht wie Eisberge durch die Erde, sondern die mittelozeanischen Rücken zeigten, dass sie sozusagen mitreisten, weil sich der Meeresboden öffnete und sie beiseiteschob.

Das Bild, das Heezen entwarf, war einfach: In grauer Vorzeit soll es kein Meer gegeben haben, sondern nur einen planetenweiten Kontinent, der die Erde wie eine Zwangsjacke umgab. Diese Zwangsjacke zerbrach, Meere öffneten sich, wuchsen an den mittelozeanischen Rücken, weil dort Lava aus dem Erdmantel quoll und zu neuer Meereskruste erstarrte – und mit ihnen wuchs auch die Erde. Hier lag Heezens

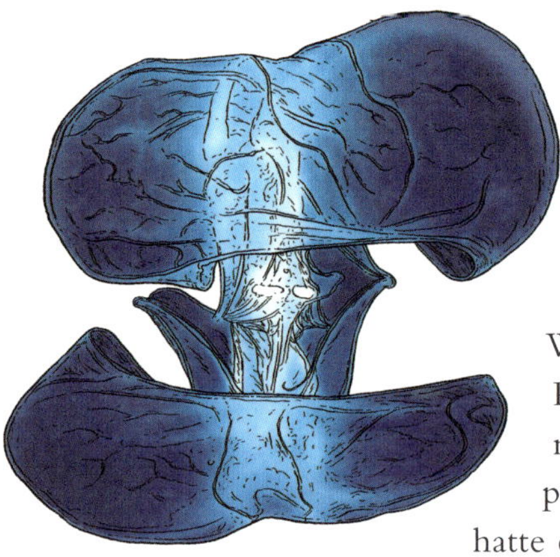

Intuition falsch – das bewiesen der Pazifik und Harry Hammond Hess, ein legendärer Geologieprofessor aus Princeton.

Auch dessen Geschichte begann im Zweiten Weltkrieg. Damals sagte Harry Hammond Hess Princeton für eine Weile Lebewohl und übernahm das Kommando über den Truppentransporter *USS Cape Johnson*. Das Versorgungsschiff hatte ein sehr gutes Sonar an Bord, das eigentlich bei den Landemanövern in flachen Küstengewässern helfen sollte. Hess war jedoch durch und durch Geologe, sodass er das Gerät unentwegt arbeiten ließ, selbst während der Kampfhandlungen. Es lief, während die *USS Cape Johnson* zwischen den Marianen-Inseln (auch Guam, dem Ausgangspunkt der *Trieste* auf ihrer Rekordtauchfahrt), den Philippinen und Iwo Jima – einer winzigen Vulkaninsel mitten im Nirgendwo des Pazifiks – von Schlacht zu Schlacht geschickt wurde. So vermaß Hess quasi nebenbei den Meeresgrund des Pazifiks – und fand Überraschendes. Wenn der Meeresboden wirklich so alt war, wie alle Welt glaubte, hätte er überall dick mit Sedimenten bepackt sein müssen. Nun verriet das Sonar, dass der Meeresboden keineswegs eine einförmige Schlickwelt ist, auf die ständig ein »Regen« aus abgestorbenem Plankton rieselt und die hin und wieder der Einschlag eines toten Wals erschüttert. Dort unten gab es eine Landschaft, und was für eine. Hess erkannte die Ebenen des Abyssals, aber auch Schluchten, Gräben und Felsspalten – und an manchen Stellen Berge mit flachen Spitzen, die aussahen, als habe die Erosion sie abgeschliffen.

Rippenqualle
Bolinopsis species
Größe: 15 cm
Diese Rippenqualle fängt Ruderfußkrebse und anderes Zooplankton mit zwei großen, schleimbedeckten »Lappen« ein, die sie wie offene Kiefer vor ihrer Mundspalte aufspannt: Die Beute wird mit Flimmerhärchen in den Verdauungstrakt befördert.

Nach dem Krieg kehrte Hess nach Princeton zurück und beschäftigte sich mit dem Geheimnis dieser Berge. Dann erfuhr er von den Ergebnissen der *Atlantis*. Am Ende des Vortrags über mittelozeanische Rücken gratulierte er Heezen: »Junger Mann, Sie haben die Grundfesten der Geologie erschüttert.« Die Zeit des Umbruchs war gekommen: Daten gab es inzwischen viele, darunter auch Belege dafür, dass der Meeresboden immer älter wird, je weiter er sich von den mittelozeanischen Rücken entfernt, oder dass aus diesen Gebirgsketten viel Hitze entweicht – und Hess fügte daraus das große Bild zusammen.

Er erinnerte sich an die Aussage von Arthur Holmes aus den 1930er-Jahren, dass der radioaktive Zerfall die Erde von innen aufheize. Um diese Hitze irgendwie loszuwerden, müssten wie in einem Kessel Konvektionsströmungen entstehen. Wo diese Strömungszellen auf die Oberfläche träfen, entstünden die mittelatlantischen Rücken. Hess bezog nun die Tiefseegräben mit ein, wie den vor den Marianen-Inseln, den schon die *Challenger* entdeckt und den er selbst bei seinen Fahrten vermessen hatte. Ebenfalls schon in den 1930er-Jahren hatten Schwerefeldmessungen ergeben, dass die Schwerkraft über solchen Tiefseegräben ungewöhnlich niedrig ist, dort musste also irgendwie leichtere Erdkruste eingearbeitet worden sein. Das war das Puzzleteil, das Heezen gefehlt hatte.

Ab 1959 stellte Harry Hammond Hess seine Theorie des Sea-floor spreading – der Meeresbodenspreizung – vor. Noch informell. Wie Wegener schlug auch ihm zunächst Widerstand entgegen. 1962 veröffentlichte er trotzdem einen Aufsatz mit dem Titel *Die Geschichte der Meeresbecken* – ein Meilenstein für die Entwicklung der Plattentektonik. Hess erklärte darin, dass an den mittelozeanischen Rücken Magma aus dem Erdinneren quillt, als neuer Meeresboden erstarrt, von neuem Magma verdrängt wird, so im Lauf von Jahrmillionen durch das Meeresbecken wandert, um dann irgendwann an einem Tiefseegraben wieder zurück ins Erdinnere zu sinken. Ein Kreislauf entsteht – und der Planet wird nicht aufgepumpt wie ein Kinderballon.

Eine wissenschaftliche Revolution kam ins Rollen. 1963 wurden die magnetischen Streifenmuster des Ozeanbodens richtig gedeutet: Wenn der Basalt erstarrt, richten sich auch die magnetischen Minerale in ihm nach dem herrschenden Magnetfeld aus. Und da die Erde ihr Magnetfeld immer wieder einmal umpolt und der Nord- zum Südpol wird und umgekehrt, entsteht am Meeresboden ein Streifenmuster – parallel zu den mittelozeanischen Rücken. Auf beiden Seiten des Rückens ist dieses Muster gleich. Das war der Beweis für die Existenz des Sea-floor spreading.

Periphyllopsis braueri
Größe: 6 cm
Tiefe: 600–1000 m
Wo Periphyllopsis braueri *lebt, dringt nur noch ein bläulicher Schimmer ins Meer ein. Ihre rote Farbe ist für sie deshalb die beste Tarnung: Dort unten wirkt sie wie schwarz.*

ZIEHEN ODER SCHIEBEN?

Nachdem ein Streifen neuen Meeresbodens am mittelozeanischen Rücken gefördert worden ist, wandert er im Lauf von Jahrmillionen immer weiter von seinem Ursprungsort weg. Der Streifen wird alt, kalt und schwer, und irgendwann kollidiert er mit einer anderen Krustenplatte. In der Knautschzone faltet sich ein Gebirge auf, während die Meereskruste zurück in den Erdmantel gezogen wird. Wenn sie hinabsinkt, zieht sie dabei nicht nur den ganzen Rest ihrer Ozeanplatte hinter sich her wie ein nasses Handtuch, das vom Badewannenrand gleitet. Das ist der Motor, wie man inzwischen weiß. Bei der Plattentektonik wird gezogen, nicht geschoben – und die mittelozeanischen Rücken füllen die Lücken, die durch den Zug entstehen.

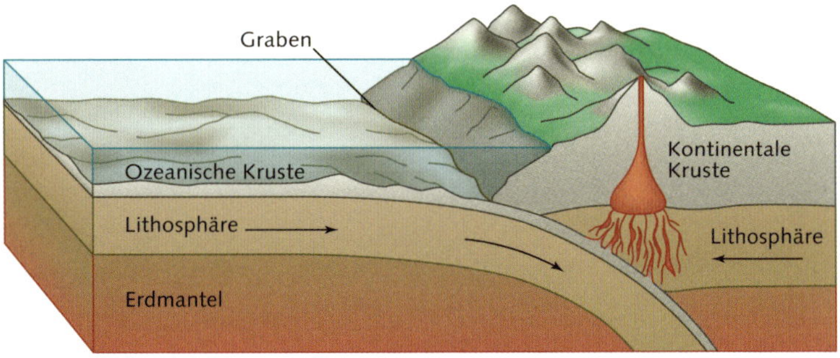

Doch noch fehlte ein Element. Und das brachte der Kalte Krieg. Für die Überwachung sowjetischer Atomtests hatten die USA ein Netzwerk von seismischen Stationen aufgebaut. Das fing sehr genaue Bilder der Beben entlang der mittelozeanischen Rücken auf. Es fiel auf, dass sich auch Beben entlang von Störungen am Meeresboden ereigneten, die senkrecht zum Rücken verliefen, ihn, wie mit dem Messer gezogen, durchschnitten. Diese ozeanischen Bruchzonen waren in den 1950er-Jahren mithilfe von Echoloten erkannt worden. Damals beschäftigten sich zwei Geophysiker unabhängig voneinander damit, was die Kugelform der Erde für das Entstehen und Vergehen der Meereskruste bedeutet. Über dieses Problem machten sich Princeton-Wissenschaftler W. Jason Morgan und Cambridge-Forscher Dan McKenzie Gedanken. Sie erkannten, dass diese Bruchzonen etwas damit zu tun haben müssten, dass es gewaltige, steile Störungen sind, die die mittelozeanischen Rücken in zahllose Segmente teilen.

Nun fehlte nur noch ein Geistesblitz – und den hatte der kanadische Geologe J. Tuzo Wilson. Er sah, dass es sich bei diesen seltsamen Bruchzonen um eine für den damaligen Kenntnisstand der Geologie neue Art von Verwerfungen handelte – um Transformstörungen: Sie zerschneiden den mittelozeanischen Rücken in Segmente. An ihnen wird die in diesem Abschnitt des mittelozeanischen Rückens entstandene Meereskruste manchmal um Hunderte von Kilometern gegen das nächste Segment versetzt. Die Bewegungen laufen dabei am Rücken ab, die Brüche, die sich dann durch das Abyssal ziehen, bis sie sich darin verlieren, sind nichts anderes als passive, fossile Zeugen.

W. Jason Morgan analysierte die unterschiedlichen Bewegungen – und das ganze Bild entstand: Die feste äußere Kruste der Erde ist in große Schollen zerbrochen, die jede für sich mit den Konvektionsströmungen im Erdmantel darunter gleiten. So bilden diese Schollen so etwas wie ein Mosaik, dessen Teile sich ständig gegeneinanderbewegen, und die Kontinente reiten auf diesen Krustenblöcken rund um die Welt. Allerdings besitzt nicht jede dieser Schollen einen Kontinent, die pazifische beispielsweise ist leer ausgegangen. 1967 stellte Morgan seine Idee erstmals auf einer Tagung der American Geophysical Union vor. Ein Jahr später veröffentlichte er sie in den *Geophysical Research*

Letters, wobei er die Erdkrustenblöcke »Platten« nannte – und aus der Kontinentalverschiebung wurde die »Plattentektonik«.

Die Geologen und Geophysiker sammelten weiterhin Daten über Daten. 1972 war es so weit. Auf einer Konferenz in Kalifornien erhielt die Plattentektonik den offiziellen Segen. Die Sitzungen zu diesem Thema waren voll besetzt, jeder interessierte sich dafür, alle waren begeistert. »Die Theorie ging ab wie eine Rakete«, beschreibt es Kent Condie, Geochemiker am New Mexico Institute of Mining and Technology in Soccorro, der die denkwürdige Konferenz als junger Wissenschaftler besucht hatte. Die Geologie mistete ihr Wörterbuch aus: Alte Fachbegriffe wurden umgewidmet oder über Bord geworfen, neue geprägt – und seit damals gehört die Plattentektonik zum wissenschaftlichen Standardwissen.

Die Suche nach dem Antrieb

In den 1970er-Jahren war es für die Geophysiker kein Problem mehr, dass sie den Motor der Plattentektonik noch nicht kannten – es sprachen einfach zu viele Daten für die Theorie. Die Maschine dahinter zu entdecken, das war die Aufgabe der nächsten Forschergeneration. Die Erde besitzt gleich zwei »Heizungen«: erstens – 2900 Kilometer unter unseren Füßen – den vielleicht 5000, 6000 Grad Celsius heißen Erdkern, zweitens den radioaktiven Zerfall im Erdmantel. Die Hitze, die sie erzeugen, ist enorm und muss abgeführt werden, damit der Planet nicht »überkocht«. Das funktioniert am besten über Strömungen: Im Erdmantel bilden sich Konvektionszellen, in denen warmes Material aufsteigt, kaltes absinkt. Dabei sind die Mantelgesteine zwar fest, stehen aber niemals still. Sie »brodeln«, denn durch den Druck und die Hitze im Erdinneren sind sie verformbar geworden, strömen wie ein äußerst zäher Brei in einem Kochtopf. Warmes Material tief aus dem Planeten gerät so bis nahe an die Oberfläche, wo es dann an der Unterseite der kühlen Erdkruste entlangwandert, sie dabei ein Stück weit mitzieht und dadurch abkühlt. Irgendwann stößt das Material auf eine benachbarte Konvektionszelle, wo es dann, deutlich kühler, in den Mantel hinein abtaucht, um sich im Erdinneren wieder aufzuheizen, um später am anderen Ende seiner Zelle erneut aufzusteigen. Wo Konvektionszellen »aufwallen«, erheben sich die mittelozeanischen Rücken, an denen neuer Meeresboden entsteht. Wo sie sich wieder nach unten richten, ziehen sie den inzwischen mit mächtigen Sedimentpaketen beladenen Meeresboden an Tiefseegräben mit hinein in den Erdmantel. Dieses Recyclingphänomen wurde Subduktionszone genannt. Und weil die subduzierte Erdkruste leichter ist als das Mantelgestein, bildet sich über den Tiefseegräben die negative Dichteanomalie, die schon seit Langem bekannt war. Die Plattentektonik ist der Grund dafür, dass es Meere gibt, Berge, Vulkane und Erdbeben.

Viele Monate nachdem sie die Azoren verlassen hatte, sollte die *Challenger* vor Nordaustralien ankern. Über die Torresstraße hinweg waren die fast 4000 Meter hohen Berge von Papua-Neuguinea zu erahnen. Diese Berge faszinierten Joe Matkin. Obwohl er mit seiner Arbeit im Lagerraum so viel zu tun hatte, dass er fast ausschließlich unter Deck war, wusste er doch aus den Erzählungen der Wissenschaftler, dass sie Teil einer Bergkette waren, die sich durch den gesamten Pazifik verfolgen lässt. Aber noch ahnte niemand, dass diese Berge nur deshalb existierten, weil Erdkrustenplatten miteinander kollidieren.

Chondrocladia lampadiglobus
Größe: 50 cm
Tiefe: 2500–3000 m
Anders als seine Plankton filternden Verwandten ist dieser Schwamm ein Raubtier. Häkchen auf seiner Oberfläche halten die Beute wie ein Klettverschluss fest. Dann wandern Zellen im Schwamm zur Mahlzeit und verdauen sie innerhalb weniger Tage.

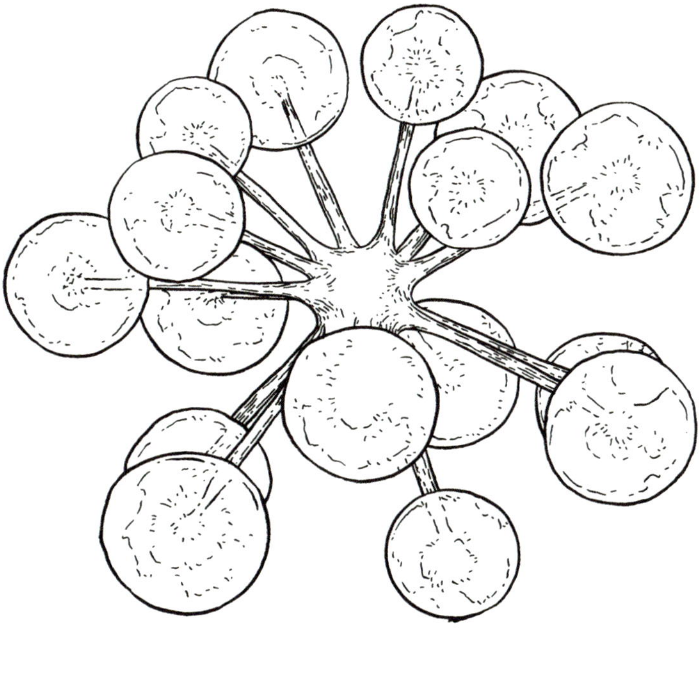

5

Licht in der Dunkelheit –

Von Jagd und Tarnung und einem toten Lehrer

Bis Joe Matkin im August 1874 über die Torresstraße schauen sollte, waren es noch ein weiter Weg und viele Monate voller Arbeit. Noch hatte die *Challenger* nicht einmal den Äquator überquert. Der nächste Stopp war Madeira, und die Passage von den Azoren dorthin dauerte eine Woche – wegen der üblichen Arbeiten. Die Mannschaft freute sich darauf, die Insel wiederzusehen, die sie schon zu Beginn ihrer Reise angelaufen hatten. Wie ein Paradiesgarten sollte sie jetzt im Sommer sein, davon hatten ihnen Anfang des Jahres britische Touristen erzählt. Eine Woche wollte man im Hafen von Funchal bleiben, Freunde aus dem Winter treffen, die inzwischen wohl aus der Stadt in ihre Landhäuser gezogen waren …

Aber sie sollten enttäuscht werden. Am Morgen des 16. Juli 1873 lief die *Challenger* ein. Kapitän Nares erhielt die Nachricht, dass auch hier gerade eine schwere Pockenepidemie gewütet hatte. Er entschied, so schnell wie möglich wieder Segel zu setzen: Nur zwei Offiziere hatten Ausgang, ansonsten wurde lediglich frischer Proviant an Bord geholt.

Abb. links: Arcturus-Juwelenkalmar Stigmatoteuthis arcturi *Größe: bis zu 20 cm Tiefe: 350–850 m Juwelenkalmare steigen nachts zum Fressen in Oberflächennähe. Besonders auffällig sind ihre Augen: Eines scheint aus dem Körper hervorzuquellen, das andere darin zu versinken.*

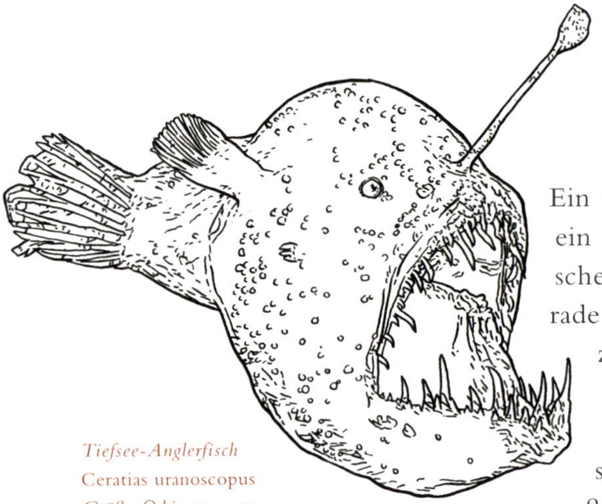

Tiefsee-Anglerfisch
Ceratias uranoscopus
Größe: ♀ bis zu 24 cm, ♂ frei lebend 12 mm, mit Weibchen verwachsen 9,8–140 mm
Tiefe: bis 2000 m
Die »Angel« über dem Maul des Anglerfischs hat sich wahrscheinlich aus einem der vordersten Stachel der Rückenflosse entwickelt und trägt an ihrer Spitze ein Leuchtorgan.

Ein paar Wissenschaftler besuchten wenigstens ein Dampfschiff, das zwischen dem afrikanischen Benin und Liverpool pendelte und gerade in Funchal Kohlen bunkerte. Vom Bug bis zum Heck war es vollgestopft mit zahllosen Käfigen, in denen Graupapageien hockten. Selbst in den Quartieren der Mannschaft standen sie herum. Affenkäfige gab es, eine große Wildkatze, die in einem Verschlag steckte, und ein paar große Pythons in einer Kiste, erzählte Henry Nottidge Moseley in seinem Reisebericht. Die Tiere sollten alle nach Liverpool transportiert und verkauft werden.

Für die Mannschaft gab es in Funchal diesmal nur einen Lichtblick: den Postsack mit Briefen und ein paar Zeitungen von daheim, der auf sie gewartet hatte. Die Zeit, Antworten zu schreiben, blieb jedoch nicht. Schon am nächsten Abend ging es weiter zu den Kapverdischen Inseln. Bereits die erste Dredsche auf dem Weg dorthin war recht erfolgreich, notiert Wyville Thomson: zwei unbekannte Seegurken. Dann näherte sich das Schiff dem Punkt, an dem sie vor fünf Monaten die erste mit Mangan überkrustete Koralle gefunden hatten. Die Wissenschaftler hofften, diesmal eine lebende hochzuholen. Vielleicht würde dann klarer, was da unten los sein könnte. Aber keine der Korallen lebte. Sie waren alle schon halb mineralisiert. Dafür hingen hübsche kleine Schlangensterne in ihren Ästen.

Am nächsten Tag fanden sie in 4389 Metern Tiefe einen 90 Zentimeter langen Anglerfisch, den der Meeresbiologe an Bord der *Challenger*, John Murray, *Ceratias uranoscopus* taufte: ein bizarres Tier, schwarz, die Haut dicht mit Dornen besetzt und mit winzigen Augen hoch oben auf dem Kopf. In den 1830er-Jahren hatte Oberstleutnant C. Holboell das erste Exemplar dieser schwarzen »Teufel« zu Gesicht bekommen – an einem Strand in Grönland. Behutsam hatte Holboell damals das groteske Tier aufgenommen, das riesige Maul betrachtet, die rasiermesserscharfen, nach innen gebogenen Zähne, den seltsamen Fortsatz, der aus seinem Kopf spross. Hässlich war der Fisch, mit warzigen Fäden und Ausstülpungen.

EIN LEBEN IN DER DRITTEN DIMENSION

Nicht anders als an Land sorgen auch im Meer die Pflanzen mithilfe des Sonnenlichts und der Fotosynthese für die primäre Biomasseproduktion, von der (fast) alle anderen abhängen. Außerdem produzieren die diversen Algen in den obersten Meeresschichten auch reichlich Sauerstoff. In der obersten Lage ist also gut leben. Allerdings spielt im Ozean die dritte Dimension eine gewichtige Rolle. Während an Land das Leben, wenn man von den Vögeln absieht, im Grunde zweidimensional abläuft, erstreckt sich im Meer der größte Lebensraum in den Hunderten von Metern zwischen Wasseroberfläche und Boden. Der Lebensraum der Tiefsee ist etwa elfmal größer als der an Land. Mehr als 90 Prozent liegen unterhalb von 200 Metern, also jenseits des Einflussbereichs der Sonne. Dieses Riesenreich ist überall besiedelt, und selbst wenn es »nur« Borstenwürmer sind. Es gibt allerdings eine Ausnahme: die sauerstofflosen Zonen. Dort fühlen sich nur bestimmte Mikroben wohl.

Ceratias uranoscopus war keinen Deut hübscher als Holboells Zufallsfund. Thomson beschrieb ihn minutiös, den Körper und die Angel, die ihm auf dem Kopf wuchs, mit dem »birnenförmigen Köder, der in einem transparenten weißlichen Fleck endete«. Es gebe keinen »vernünftigen Zweifel«, dass er und seine Verwandten am Boden lebten. Dort lägen sie verborgen im Schlamm, warteten auf Beute: »Es wird vermutet, dass sie dabei die Angel samt Anhang als Köder benutzen, aber es ist wahrscheinlicher, dass es sich dabei um ein Sinnesorgan handelt, das ihnen anzeigt, wenn sich etwas Fressbares nähert.«

Thomson wäre erstaunt gewesen, wenn er den Anglerfisch einmal auf der Jagd gesehen hätte. In den Angelruten leben in kleinen Hauttaschen Milliarden von Leuchtbakterien, die für Licht sorgen – denn in der Tiefsee bedeutet ein strahlendes Etwas oft eine Einladung zu Tisch: Dort unten gibt es leuchtende Würmer, und schimmernde Bakterien siedeln sich auf Fäkalien an oder auf sich zersetzenden Nahrungsresten, auf von Parasiten befallenen, schwachen Tieren oder Kadavern. Sie sind wie Leuchtsignale, die den Fischen zeigen, dass es hier etwas zu fressen gibt, schließlich bevorzugen diese Bakterien Fischmägen als Lebensraum und wollen auf dem schnellsten Weg dorthin. Ein Licht in der Dunkelheit bedeutet also eine willkommene Gelegenheit in einer frugalen Welt. Genau das macht sich der Anglerfisch zunutze. Wenn er jagt, bewegen sich nur seine Augen, und die Spitze der Angel glimmt. Er verharrt regungslos, während das fleischige, sich krümmende Anhängsel für ihn lockt. Kommt ein hungriger Fisch näher, ist das sein Tod. Wie der Blitz schießt der Anglerfisch vor, reißt sein riesiges Maul auf, schnappt den Kopf des Fischs. Der will fliehen, versucht zu entkommen – und treibt sich durch den eigenen Flossenschlag noch tiefer in den zahnbewehrten Schlund des Räubers hinein. Ein anderer Anglerfisch macht es sich noch etwas bequemer. Er muss noch nicht einmal mehr zuschnappen. *Thaumatichthys* trägt das Leuchtorgan direkt im Rachen. Wer so unvorsichtig ist, den leuchtenden Köder zu inspizieren, sitzt in der Falle: *Thaumatichthys* braucht sein Maul nur noch zu schließen.

Die Jagdmethoden der Anglerfische erscheinen zwar bizarr, aber die Räuber der Tiefsee müssen andere Strategien einsetzen als die der lichtdurchfluteten Meereszonen. Dort oben leben die großen Schwärme der Heringe, Makrelen oder Sardinen. Sie leben im Licht, orientieren sich optisch. Um zu überleben, setzen sie auf Geschwindigkeit, auf Gewandtheit, sie bilden Schulen: große Schwärme, in denen sich alle genau gleich bewegen, sodass von der Seite her nicht mehr der einzelne Fisch zu erkennen ist, sondern nur noch eine silbrige, flirrende Wand. Die Masse bietet Schutz. Ebenso seine Färbung. Von oben betrachtet verschmilzt ihr bläulich oder grünlich gefärbter Rücken ebenso mit der Farbe des Wassers wie ihr silberner Bauch von unten her gesehen mit dem hellen Sonnenlicht.

Gejagt werden die schnellen Fische von nicht minder schnellen starken Räubern wie Thunfischen, Haien, Delfinen, dem Kabeljau, aber auch Kalmaren. Die obersten 200 Meter des Meeres – die epipegalische Zone – sind wie die Savannen Afrikas: Statt der Gnuherden ziehen hier Heringsschulen, und die Rolle der Löwen und Hyänen übernehmen die Raubfische oder die Delfine, die auf Sicht jagen, ihre Opfer einkreisen oder hetzen.

In den dunklen Tiefen des Meeres funktioniert diese Strategie nicht mehr. Es zählt auch nicht, schnell und stark zu sein – man muss sich »listenreicher« durchs Leben schlagen und auf die Listen der anderen gefasst sein. Wie *Stigmatoteuthis arcturi* – der Arcturus-Juwelenkalmar. Er lebt tagsüber in 300 bis 800 Metern Tiefe und steigt nachts auf bis in 100 Meter Tiefe. Auf den ersten Blick könnte man ihn für deformiert halten, so weit stehen seine Augen auseinander, und sie sehen auch noch vollkommen unterschiedlich aus: das eine klein, in den Mantel eingesunken, das andere sehr groß, und es scheint regelrecht aus dem Körper hervorzuquellen. Mit diesem Auge hält der Kalmar ständig im Wasser über sich Ausschau nach Beute, während das kleine in die dunkle Tiefe starrt, um Feinde auszumachen.

Tiefsee-Anglerfisch
Thaumatichthys
(früher Galatheathauma)
Größe: 17–36 cm
Tiefe: 1000–3000 m
Thaumatichthys setzt bei der Jagd auf das Äquivalent einer käsebestückten Mausefalle: Der Köder leuchtet in seinem Maul – wer danach schnappt, sitzt in der Falle.

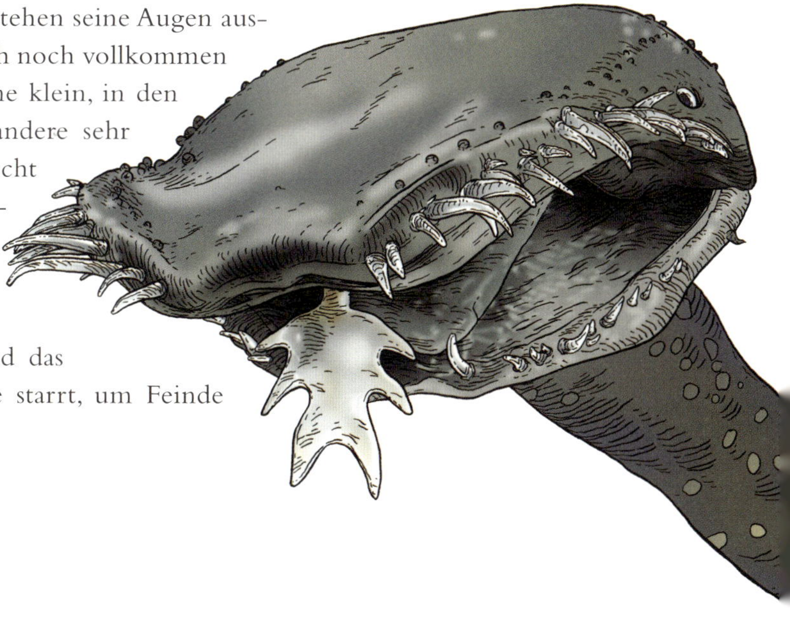

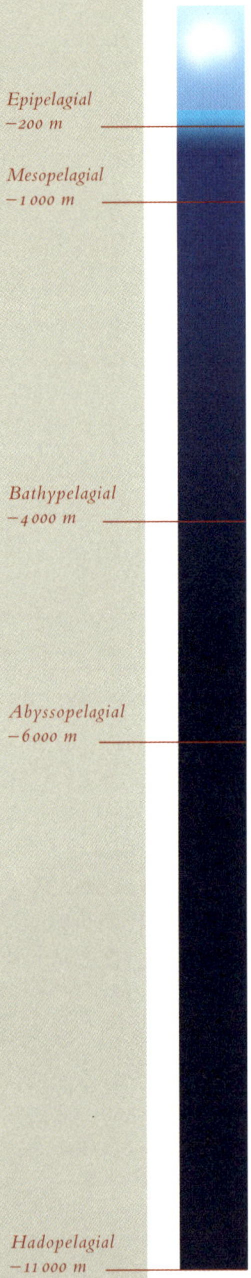

WASSERZONEN

Etwa 200 Meter tief dringt das Licht ins Meer ein – und so weit reicht denn auch das Epipelagial. Darunter folgt die Welt des Zwielichts, das Mesopelagial. Hier hinein dringt nur der blaue Anteil des Sonnenlichts, und auch dieser bläuliche Schimmer wird mit zunehmender Tiefe immer schwächer. Dann, zwischen 900 bis 1 000 Metern, verlischt er. Darunter beginnt die Zone der Finsternis, zunächst die bathypelagische bis in 4 000 Metern Tiefe, dann die abyssopelagische und unter 6 000 Metern das Hadopelagial, die Zone, die selbst noch die Challengertiefe im Marianengraben umfasst. In den lichtlosen Tiefen beginnt außerdem jeweils 100 Meter über dem Meeresboden das Reich der benthopelagischen Fauna, der Tiefsee-Bodenbewohner. Sie sind Bodenspezialisten, deren Welt vom Kontinentalabhang bis in die tiefsten Tiefen der Ebenen des Abyssals reicht. Jede dieser Zonen hat ihre eigene Tierwelt.

Augen in der Nacht

Selbst in der stockdunklen Düsternis jenseits der Eindringtiefe des Lichts benutzen viele Tiefseebewohner ihre Augen. In der Zwielichtzone sind sie sogar ganz besonders wichtig. Ihre Augen sind auf höchste Empfindlichkeit optimiert – denn die meisten Lichtreize dort unten sind nicht sehr hell. Selbst bei einem schwachen Schimmer können sie noch etwas Fressbares auftun oder miteinander in ihren locker organisierten Gruppen kommunizieren oder einen Partner finden, sogar wenn seine Lichtsignale mickrig sind.

Gespensterfisch
Winteria telescopa
Größe: 15 cm
Tiefe: 400–2500 m
Gespensterfische leben wahrscheinlich als Einzelgänger. Sie wandern nicht, sondern warten darauf, dass ihnen etwas Fressbares zu nahe kommt.

Allerdings sind Linsenaugen dann am empfindlichsten, wenn die Pupille möglichst weit geöffnet ist und möglichst viel Licht einlässt. Je größer die Augen selbst dabei sind, umso besser. Nun macht es einem Kolosskalmar nicht viel aus, wenn seine Linsenaugen Tellerformat annehmen. Aber für einen Fisch wäre das doch sehr störend, weil bei ihnen Augen im XXL-Format recht schnell nicht mehr in den Kopf hineinpassen würden. Daher besitzen viele Fische der Zwielichtzone Röhrenaugen, also zylindrische Augen, die im Grunde nichts anderes sind als der zentrale Teil eines normalen Linsenauges. Die stehen dann zwar etwas vor, aber ihr Vorteil ist, dass sie sehr lichtempfindlich sind und trotzdem handhabbar klein bleiben. Allerdings haben sie auch einen gravierenden Nachteil: Sie engen das Gesichtsfeld stark ein.

Die meist gerade einmal fingerlangen Gespensterfische, die in 400 bis 2500 Metern Tiefe leben, setzen auf große, oft nach oben gerichtete Röhrenaugen, die noch den schwächsten Lichtschimmer einfangen. Sie werden auch »Hochgucker« genannt, weil die Augen bei den meisten Arten ständig aufwärts gerichtet sind. Eine der Ausnahmen ist *Winteria telescopa*. Ihre Röhrenaugen sind nicht nur besonders groß, sodass sie wirken, als trügen sie riesige, sich fast berührende Scheinwerfer im Gesicht. Mit ihnen starrt *Winteria* nach vorne, aber dafür unterscheidet sie sogar zwischen dem Umgebungslicht und der Biolumineszenz ihrer Nachbarn. Das macht das harmlos wirkende Fischchen zu einem perfekten Jäger – und es entgeht den vielen Lichtfallen, die die Tiefseewesen einander stellen.

Gespensterfisch
Dolichopteryx longipes
Größe: 18 cm
Tiefe: 500–2500 m
Dolichopteryx longipes *frisst vor allem Ruderfuß-krebse (Copepoden) und andere kleine Krebstiere. In seinen Leuchtorganen sorgt das Bakterium* Photobacterium phosphoreum *für ein schwaches Licht.*

Um den Lichteinfall für ihre Röhrenaugen zusätzlich zu verbessern, setzen manche Gespensterfische auf Durchsichtigkeit, was ihr spukhaftes Aussehen noch unterstreicht. Dazu zählt *Macropinna microstoma*, ein fingerlanges Fischchen, das im Grenzbereich zur absoluten Dunkelheit lebt und seinen Kopf mit einem transparenten Schild überzogen hat. Der liegt über den Röhrenaugen, die sich unter diesem Schutz bewegen können: *Macropinna* kann seine Augen nach vorne drehen, wenn dort etwas Interessantes reizt. Entdeckt hat das Bruce H. Robinson vom Monterey Bay Aquarium Research Institute, als er in dem Tiefsee-Canyon direkt vor seinem Institut den kleinen Fisch mit einem ferngesteuerten Forschungs-U-Boot ausspionierte. Sobald das Scheinwerferlicht auf *Macropinna* traf, leuchteten die Augen unter dem flüssigkeitsgefüllten Schild grün auf.

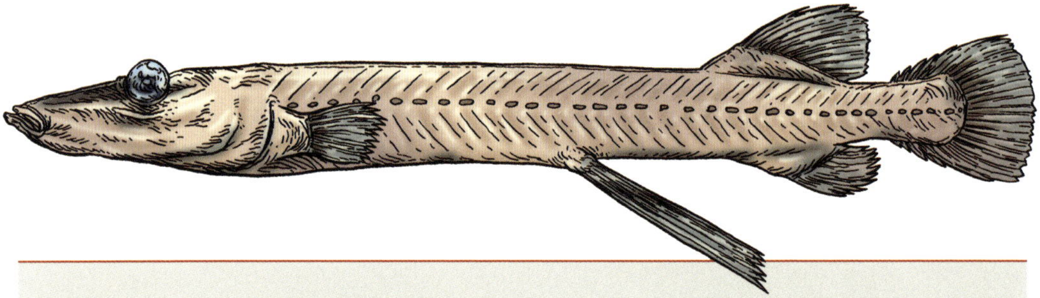

SEHEN MIT RÖHREN UND SPIEGELN

Ein Gespensterfisch hat sogar ganz einzigartige Augen, wie Hans-Joachim Wagner von der Universität Tübingen herausgefunden hat. Es ist der zarte, durchsichtige *Dolichopteryx longipes.* Seine Art hat im Lauf der Evolution einen ganz eigenen Augentyp entwickelt. Auf den ersten Blick sieht der *Dolichopteryx* so aus, als hätte er vier Augen. Aber das täuscht, in Wirklichkeit sind es zwei, aber die sind gespalten. Der eine Teil schaut nach oben, der andere nach unten – falls sich von dort ein Räuber nähert.

Das allein ist schon bemerkenswert, aber noch nicht das Erstaunlichste. Das nach oben gerichtete Auge ist das für die Gespensterfische klassische Röhrenauge – das nach unten sichernde Auge jedoch ein Wunder der Natur: Es hat der Linse abgeschworen und setzt stattdessen auf die »Spiegeloptik«. Diese »Nebenaugen« stecken in einer Art Säckchen, das sich von dem Röhrenauge abzweigt. Während die eine Seite des Säckchens mit »Spiegeln« aus sehr exakt angeordneten Guaninkristallen bedeckt ist, sitzt auf der gegenüberliegenden eine Netzhaut. Was immer an Licht auf die Spiegelfläche fällt, wird auf die Netzhaut projiziert. Weil das Nebenauge so positioniert ist, dass es das Licht von unten einfängt, erkennt *Dolichopteryx longipes* mit seiner Hilfe, wenn sich ein Räuber von dort anschleicht.

Die grünen Pigmente in den Augen filtern wahrscheinlich das restliche Sonnenlicht aus, sodass *Macropinna* sich ganz auf jedes noch so schwache Licht konzentrieren kann, das ein anderer Tiefseebewohner aussendet. Ihr außergewöhnlich kleines, zahnloses Maul und die für den Körper ungewöhnlich großen Flügelflossen verraten, dass das Fischchen eine besondere Überlebensstrategie ausgetüftelt hat. Normalerweise »hängt« *Macropinna microstoma* in 600 bis 800 Metern Tiefe bewegungslos im Wasser »herum«, hält nach oben hin Ausschau, und zwar nach kleinen Quallen, die sie einfach vertilgen kann, aber wohl auch nach riesigen Staatsquallen wie *Apolemia,* in deren zehn Meter langen Tentakeln sich kleine Ruderfußkrebse und andere Lebewesen verfangen, ein Schlaraffenland für *Macropinna,* solange sie vorsichtig genug ist, denn Bruce Robinson hat sie im Verdacht, mit ihrem »Mündchen« zwischen den Tentakeln der Staatsquallen auf Diebeszug zu gehen. Mit winzigen Flossenbewegungen steuert das Fischchen dann zwischen den tödlichen Tentakeln hindurch, wobei es die Augen nach vorne klappt, um genau zu sehen, wo ein Ruderfußkrebs zu erbeuten ist. Der transparente Schild schützt dabei die Augen vor dem Quallengift.

Die Welt der Lichter

Ob 200 Meter unter der Oberfläche oder elf Kilometer: Wenn man von den faszinierenden Nischen der geochemischen Lebenswelten absieht, hängt selbst Jacques Piccards Plattfisch am Grund des Marianengrabens von den Algen an der Meeresoberfläche ab. Weil Algen wie alle Pflanzen für ihr Wachstum Licht brauchen, um per Fotosynthese aus Kohlendioxid und Wasser energiereiche organische Kohlenstoffverbindungen aufzubauen, schwindet in größerer Wassertiefe mit dem schwächer werdenden Licht auch das Pflanzenleben. Schon bevor in 200 Metern Tiefe nur noch schwach ein blauer Anteil des Sonnenlichts das Wasser durchdringen kann, wächst keine Alge mehr – und deshalb wird von hier an abwärts Nahrung zunehmend Mangelware. Bis zum Tiefseeboden gelangt kaum etwas von dem, was direkt an der Ober-

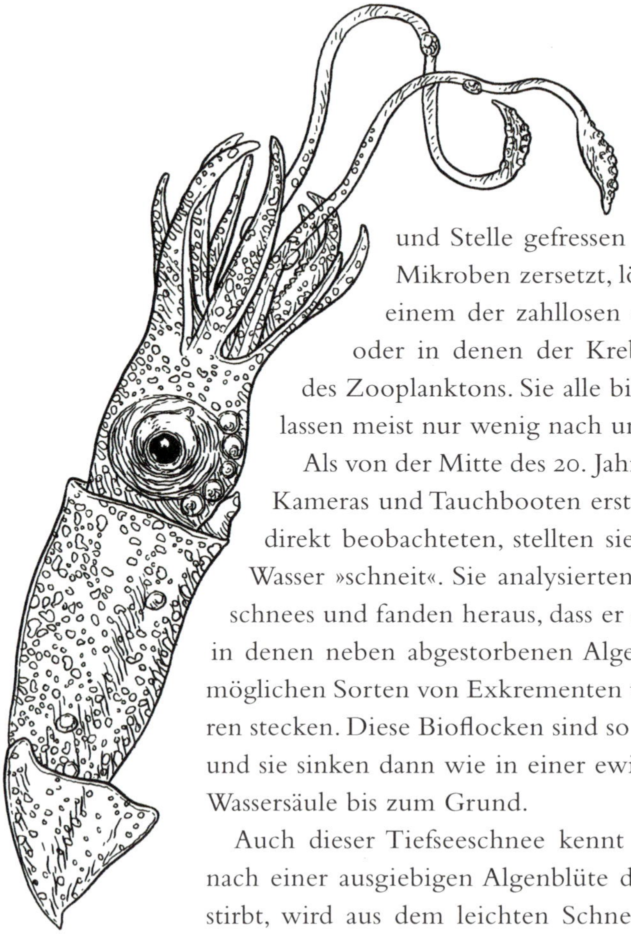

Wunderlampe
Lycoteuthis lorigera
Größe: 8 cm
Tiefe: bis 3000 m
Die Lichtspiele der Wunderlampe dienen der Tarnung: Die vielen Leuchtorgane an seinem Körper machen das Tier nahezu durchsichtig.

fläche an Plankton produziert wird: Was nicht oben an Ort und Stelle gefressen wird, sondern absinkt, wird von Mikroben zersetzt, löst sich einfach auf oder endet in einem der zahllosen »Mäuler« – in denen der Fische oder in denen der Krebstierchen, Salpen oder Quallen des Zooplanktons. Sie alle bilden ein feinmaschiges Netz und lassen meist nur wenig nach unten durch.

Als von der Mitte des 20. Jahrhunderts an Meeresbiologen mit Kameras und Tauchbooten erstmals das Leben in großen Tiefen direkt beobachteten, stellten sie jedoch erstaunt fest, dass es im Wasser »schneit«. Sie analysierten die Bestandteile dieses Meeresschnees und fanden heraus, dass er aus schleimigen Teilchen besteht, in denen neben abgestorbenen Algen und toten Planktontieren alle möglichen Sorten von Exkrementen und andere Reste von Meerestieren stecken. Diese Bioflocken sind so groß, dass sie sich nicht auflösen, und sie sinken dann wie in einer ewigen Winternacht sanft durch die Wassersäule bis zum Grund.

Auch dieser Tiefseeschnee kennt Jahreszeiten. Wenn im Sommer nach einer ausgiebigen Algenblüte das Plankton in riesigen Mengen stirbt, wird aus dem leichten Schneefall ein Sturm. Dann kann die tote Biomasse so schnell in die Tiefe fallen, dass sie nach vielen Tausend Metern frisch am Boden ankommt und den grauen Schlamm wie mit einem grünen Laken bedeckt. Dieser »Schnee« sammelt sich in den Furchen und Senken, die die Bodenbewohner gegraben haben, staut sich vor kleinen Hügeln. Hin und wieder wirbeln Strömungen die grünen Matten auf, formen sie zu Knäueln, die über den Boden kullern wie ein Busch von Steppenhexe im Wilden Westen. Dann ist Partyzeit am Meeresboden. Nach einem dieser sommerlichen Schneestürme explodiert die Tiefseefauna geradezu, und bald schon wühlen sich Abermillionen von Seegurken, Schlangensternen und Spritzwürmern durch das Manna von oben.

Aber wie im richtigen Leben gehören auch in der Tiefsee Partys nicht zum Alltag. Normalerweise geht es dort unten karg zu – und es ist gar nicht so einfach, in dieser dunklen Welt zurechtzukommen. In dieser Situation kann es eben ganz hilfreich sein, wenn man sich sein Licht selbst machen kann – so wie der Anglerfisch, der sich dabei der Hilfe von Leuchtbakterien bedient. Er ist beileibe nicht der Einzige, der Licht in die Finsternis bringt. Obwohl die Sonne weit weg ist, gibt es in der Tiefsee Myriaden von Lichtern: von Bakterien, Quallen, Ruderfußkrebsen, Tintenfischen und Fischen. In Meerestiefen unterhalb von 700 Metern verfügen 90 Prozent aller Lebewesen über ihr eigenes Licht. Damit locken sie Beute an, verwirren ihre Feinde, kommunizieren mit ihresgleichen oder suchen nach einem Partner. Sie setzen ihr Licht gezielt ein, kontrollieren es mit ihrem Nervensystem.

Anders als an Land, wo nur wenige Tiere wie die Glühwürmchen auf selbst produziertes Licht setzen, haben im Meer viele das Leuchten gelernt. Der Meister aller Klassen ist dabei eindeutig die »Wunderlampe«, in den Südozeanen bis in 3000 Metern Tiefe lebende Kalmare der Arten *Lycoteuthis springeri* und *Lycoteuthis lorigera*. Obwohl sie nur acht Zentimeter groß werden, sind sie anscheinend mit den geheimnisvollen Riesenkalmaren verwandt. Was sie an Größe vermissen lassen, machen sie an Auffälligkeit wett. Jeder Planer einer Bühnenshow erblasst vor Neid, wenn er ihre Möglichkeiten sieht: Das Tintenfischchen hat 22 Leuchtorgane von zehn verschiedenen Bautypen über seinen Körper verteilt und erzeugt mit ihnen Licht in vier Farben. Das Lichtwunder dient wohl einerseits der Partnersuche und andererseits der Tarnung, denn das Tierchen macht sich so unsichtbar: Vor allem seine für seine Körpergröße riesigen Linsenaugen verlieren ihre verräterisch scharfe Kontur.

Überhaupt: Die Biolumineszenz dient nur zum Teil dazu, wie beim Anglerfisch ahnungslose Beutetiere in eine Falle zu locken. Leuchtorgane am Bauch ersetzen in der Zwielichtzone die Bäume und Büsche, hinter denen sich die Tiere an Land verbergen: An den Bäuchen von Fischen oder Krabben und anderem Getier glimmen zur

Tiefsee-Beilfisch
Sternoptychidae
Größe: 2–14 cm
Tiefe: 200–3600 m, meist 200–600 m
Tiefsee-Beilfische, die am liebsten kleine Krebstiere verspeisen, besitzen eine perfekte Tarnbeleuchtung: Sie verschmelzen vollkommen mit der Umgebung.

Tarnung vor allem bläuliche und grünliche, aber auch gelbliche oder rötliche Leuchtorgane, hüllen ihre Träger in einen Lichtmantel. Die Jäger der Zwielichtzone, die mit ihren Augen im schwachen Lichtschimmer von oben die dunkle Silhouette einer unvorsichtigen Beute suchen, können sie so schwerer ausmachen.

Deshalb tragen die Laternenfische auf ihrem Bauch viele punktförmige Leuchtorgane, mit denen sie mit dem Restlicht verschmelzen – ebenso etliche Mitglieder der Borstenmäulerfamilie *(Gonostomatidae)*, die diese Tarnkappentechnologie noch perfektioniert haben. Es sind bizarre Tiere mit schwarzem, meist schuppenlosem Körper, Leuchtorganen unter Kopf oder Bauch und dichten Reihen von skurrilen, gleich großen Zähnen, die wie Borsten aussehen. Diese kleinen Fische, die nur ein paar Zentimeter groß werden, schnappen nach Planktonkrebsen oder seihen sie aus dem Wasser. Kaum jemand kennt sie, aber sie könnten durchaus das häufigste Wirbeltier auf der Erde sein.

DIE LICHTSPIELE IN DER TIEFSEE

Je nach Einsatzgebiet können die Leuchtorgane der Meeresbewohner – oder Photophoren – hoch entwickelte Strukturen sein. Sie bestehen aus einer Hauttasche, die mit einem Gewebe aus Lichtzellen gefüllt ist. Die Rückwand dieser Tasche ist mit Kristallen ausgekleidet, die wie der Reflektor in einem Autoscheinwerfer wirken, um so viel Licht wie möglich ins Wasser zu lenken. Vorne sitzt meist eine Sammel- oder Streulinse, aber auch Farbfilter kommen vor. Und es gibt »Ausschalter«, denn es kann durchaus ratsam sein, vor einem Feind in der Dunkelheit zu verschwinden: So können manche Fische ihr Licht mit einem schwarzen Hautdeckel »löschen« – damit lassen sich dann auch hervorragend Morsezeichen an die eigene Art abgeben –, oder man macht es wie ein Laternenfisch aus dem Indischen Ozean: Der versteckt seine Lampe, indem er sie um 180 Grad nach innen dreht. Produziert werden die Lichter der Tiefsee mit reiner Chemie. Sie basieren auf zwei Substanzen: Die eine stellt das Licht her und wird Luciferin genannt, die andere heißt Luciferase und ist ein biologischer Katalysator, der die Reaktion kontrolliert. Die genaue chemische Struktur der beiden Verbindungen variiert zwischen den Organismen, die das Leuchten gelernt haben, aber im Grunde arbeiten die Systeme ähnlich: Die Luciferase fügt ein Molekül Sauerstoff an das Luciferin, das dadurch dazu angeregt wird, Licht auszusenden.

Viele Tiefseetiere stellen Luciferin in speziellen Drüsen her. Aber nicht alle setzen auf die Eigenproduktion, etliche, wie der Anglerfisch, lassen leuchten. In ihren »Lampen« leben Leuchtbakterien, die ihrerseits mithilfe von Luciferin Licht produzieren. Ihr Wirt bezahlt sie dafür mit Nahrung und Sauerstoff – allerdings lässt er sie dabei nach seiner Pfeife tanzen: Indem er die Sauerstoffzufuhr für seine Gäste regelt, schaltet der Wirt die Leuchtorgane ein oder aus oder dimmt ihre Helligkeit.

Um immer perfekt getarnt zu bleiben, passen viele Bewohner der Zwielichtzone ihre Lichtspiele an jede Veränderung im Licht an, reagieren auf jede Wolke, die vor die Sonne zieht – und halten dabei selbst nach ihrem nächsten Dinner Ausschau. Der Tiefsee-Beilfisch *(Sternoptychidae)* gehört zu denen, die die Camouflage zur Perfektion gebracht haben und das gesamte Spektrum an Möglichkeiten einsetzen. Sein Namen beschreibt sein Aussehen schon sehr gut: Er wirkt wie ein kleines Hackebeil aus schimmerndem Silber. Seine riesigen Augen sind immer nach oben gerichtet – ebenso sein Maul, das ständig bereit ist zuzuschnappen, sobald etwas in seine Nähe kommt. Er selbst ist getarnt: Seine silbernen, sehr stark reflektierenden Flanken werfen das Umgebungslicht wie ein Spiegel zurück. Von oben betrachtet, verschwimmt sein braunschwarzer Rücken mit der Dunkelheit. Und von unten her gesehen machen ihn die schwach glühenden Leuchtorgane an seinem Bauch unsichtbar.

Laternenfisch
Myctophidae
Größe: 2–30 cm
Tiefe: 300–1500 m
Laternenfischschwärme sind auf Echolotbildern sehr gut zu erkennen und wurden früher oft mit dem Meeresboden verwechselt. Sie scheinen fast zwei Drittel der Biomasse aller Tiefseefische auszumachen.

Von Suchscheinwerfern und Morsezeichen

Diese besonders aufwendigen Lichtspiele zur Tarnung sind eine Spezialität der mesopelagischen Lebewesen. Fische, die tiefer leben, als das Licht eindringen kann, haben keine Verwendung mehr für Leuchtorgane an ihren Bäuchen und sparen sie sich deshalb: Sie müssen nicht mehr mit dem Restlicht verschmelzen. Leuchtorgane sind nicht nur praktisch als Köder oder zur Tarnung. Man kann sie auch als Suchscheinwerfer für das aktive Aufspüren von Fressbarem nutzen. Diese Scheinwerfer-Leuchtorgane sitzen wie Bohnen unter dem Augenrand und spenden ein intensives Biolicht. Krebse setzen sie ebenso ein wie der 12 bis 14 Meter lange *Mesonychoteuthis hamiltoni*, der Kolosskalmar, unter dessen tellergroßen Augen große, halbmondförmige Leuchtorgane sitzen. Die des 15 Zentimeter langen Laternenfischs *Diaphus effulgens* sind zwar wesentlich kleiner, aber nicht weniger effizient, wenn es

darum geht, mit ihnen nach Beute zu suchen. Meist ist das Licht der Scheinwerfer blaugrün und dringt weit ein. Aber es gibt sie auch in Rot. Das ist in der Tiefsee normalerweise eine Tarnfarbe, weil das rote Licht im blaugrünen Restlicht nicht weit scheint, sondern schnell verschluckt wird: Rot erscheint dann schwarz, macht die Tiere unsichtbar. Viele Tiefseefische begnügen sich, so die Meinung vieler Forscher, deshalb mit einem einzigen, blaugrün-empfindlichen Sehpigment in ihren Augen, dessen Signale sie dafür sehr verstärkt an ihr Gehirn weiterleiten. Untersuchungen haben gezeigt, dass eine Fischnetzhaut 15- bis 30-mal empfindlicher auf das blaugrüne Spektrum reagiert als die menschliche. So ausgestattet, sehen Fische zwar keine Farben, dafür können sie sehr genau selbst schwache, kurze Lichtsignale orten. Umso überraschter waren die Meeresbiologen, als sie in den vergangenen Jahren erkannten, dass Rotlicht und die Fähigkeit, es zu erkennen, in der Tiefsee anscheinend eine größere Rolle spielen als gedacht.

Barten-Drachenfisch
Idiacanthus atlanticus
Größe: ♀ 53 cm, ♂ 5 cm
Tiefe: bis 2000 m
Die Weibchen sind aalartig, mit Leuchtorganen und Fangzähnen. Die Männchen verkümmern, ihre Hoden nehmen die gesamte Leibeshöhle ein. Sie sterben nach wenigen Monaten, während die Weibchen mehrere Jahre alt werden.

So jagt der Schwarze Drachenfisch *(Malacosteus)* mit Rotlicht. Er setzt es ein wie Zwergenkönig Laurin seine Tarnkappe: Die anderen Meeresbewohner bemerken ihn nicht, aber er selbst kann sich unbemerkt anschleichen, um sie zu verspeisen – am liebsten rot gefärbte Tiefseekrebse. Dafür besitzt er unter den Augen spezielle Rotlichtscheinwerfer, in deren Licht seine Beute aufflammt.

Auch *Erenna* – oder besser gesagt, eine Art von *Erenna* – setzt auf Rotlicht. Kaum ein Mensch auf dieser Welt hat je etwas von ihr gehört. Sie ist eine Staatsqualle: eine Wohngemeinschaft von Hunderten oder Tausenden von hoch spezialisierten Nesseltieren, die im Grunde so etwas wie die Organe eines Organismus sind. Es gibt Fresspolypen, Tastpolypen, Wehrpolypen, Geschlechtspolypen, Deckpolypen, Schwimmbojen und Schwimmglocken. *Erenna* liebt große Beute: Mit ihren etwa 3000 Nesselzellen, die sie auf ihren vielen »Armen« untergebracht hat, geht sie auf Fischfang. Dabei lockt diese besondere

NACHRICHTEN AUS DEM ROTLICHT-MILIEU

Für sein Rotlicht muss der Schwarze Drachenfisch viele Tricks anwenden. Seine »Scheinwerfer« produzieren zunächst – ganz normal – blaugrünes Licht. Dann verwandelt es der Schwarze Drachenfisch mithilfe eines Farbstoffs in rotes Licht, das er dann auch noch mit farbigen Linsen »filtert«. Das Ergebnis ist ein rotes Licht, das ans Infrarot reichen kann und dann auch für Menschen kaum noch wahrnehmbar ist. Um das eigene Rotlicht überhaupt wahrnehmen zu können, braucht der Schwarze Drachenfisch zusätzliche Sehpigmente. Dazu soll er in seinen Augen eine Variante des grünen Chlorophylls, des Blattgrüns, speichern, das rotes Licht wirksam verschluckt und dessen Energie an den Blaugrün-Sensor der Fischnetzhaut weitergibt. Wie der Drachenfisch das genau macht und wie er an die Chlorophyll-Variante kommt, ist noch ein Rätsel. Vielleicht, vermuten einige Forscher, nimmt er es mit der Nahrung auf. Die Frage ist, wen oder was er dafür verspeist.

Art von *Erenna*, die im tiefen Monterey Canyon direkt vor der Küste Kaliforniens entdeckt worden ist, ihre Beute mit rotem Licht an. Sie produziert es in leuchtenden Anhängen, die die Form von Ruderfußkrebsen haben. Damit gaukelt sie Fischen eine fette Beute vor – und verdaut sie, sobald ihre potenziellen Opfer auf die Köder hereinfallen. Und das ist auch der Grund, warum die Meeresbiologen inzwischen über die Bedeutung der Farbe Rot nachdenken. Wenn *Erenna* mit rot leuchtenden Ködern arbeitet, dann muss ihre Beute diese Farbe wahrnehmen. Schließlich ist Rot unter den Tiefseekrebsen die beliebteste Tarnfarbe. Sie muss also von sehr viel mehr Tiefseebewohnern erkannt werden, als gedacht, nicht nur von Schwarzen Drachenfischen.

Ob nun *Erenna* oder Schwarzer Drachenfisch *Malacosteus*: Rotes Licht erhellt die Tiefsee nur auf kurze Distanz, reicht kaum meterweit. Obwohl *Erenna* weder Augen noch Gehirn besitzt, ist das für sie kein Problem. Für den Schwarzen Drachenfisch aber schon. Will der weiter hinaus ins Wasser spähen, muss auch er das blaugrüne Spektrum nutzen: Dann schaltet er das Fernlicht ein. Allerdings setzt er es aus Sicherheitsgründen nur kurz ein, um den Appetit seiner Feinde nicht anzuregen. Das ist auch der Grund, warum er für die Kommunikation

Kolosskalmar
Mesonychoteuthis hamiltoni
Größe: 12 bis 14 m
Tiefe: bis 2000 m
Kolosskalmare sind die Leibspeise der Pottwale – und anscheinend keine ganz leichte Beute. Viele Pottwale tragen Narben von Kämpfen mit dem wehrhaften Riesen.

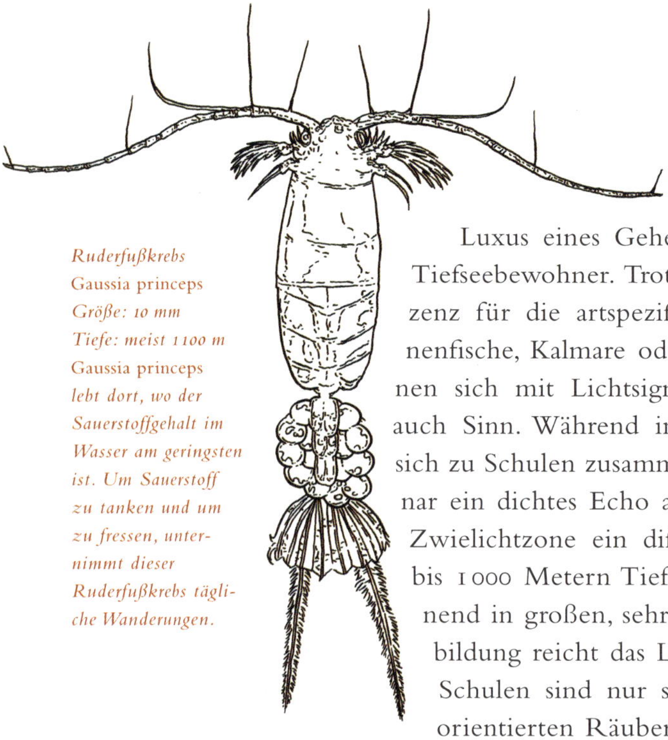

Ruderfußkrebs
Gaussia princeps
Größe: 10 mm
Tiefe: meist 1100 m
Gaussia princeps
lebt dort, wo der Sauerstoffgehalt im Wasser am geringsten ist. Um Sauerstoff zu tanken und um zu fressen, unternimmt dieser Ruderfußkrebs tägliche Wanderungen.

mit seinesgleichen auf auf das »abhörsichere« Rotlicht setzt. Den Luxus eines Geheimkanals haben wohl nur wenige Tiefseebewohner. Trotzdem benutzen viele Biolumineszenz für die artspezifische Kommunikation: Ob Laternenfische, Kalmare oder Tiefseegarnelen – sie alle scheinen sich mit Lichtsignalen zu verständigen. Das macht auch Sinn. Während im hellen Flachwasser viele Fische sich zu Schulen zusammenschließen, die dann auf dem Sonar ein dichtes Echo abgeben, zeichnet das Sonar in der Zwielichtzone ein diffuses Bild der Lebewesen: In 200 bis 1000 Metern Tiefe versammeln sich Fische anscheinend in großen, sehr lockeren Gruppen. Für Schwarmbildung reicht das Licht nicht aus. Außerdem – wozu? Schulen sind nur sinnvoll, wenn man einem optisch orientierten Räuber gegenübersteht. Der wäre so weit unten aber blind. Gegen eine lose Gemeinschaft von ansonsten individualistischen Einzelgängern ist allerdings nichts einzuwenden – vor allem, wenn es um die Partnersuche geht, die dort unten notorisch schwierig ist. Also halten Tiefwasserfische Verbindung, indem sie ihre Nachbarn mit ihrem Seitenlinienorgan orten, also mit sensorischen Zellen an den Flanken, die Bewegungen in der Nähe wahrnehmen – oder indem sie sich mithilfe der Biolumineszenz artspezifische Morsezeichen senden.

Verteidigung à la Tiefsee

Licht dient in der Tiefsee jedoch auch der Abschreckung. Der Ruderfußkrebs *Gaussia princeps* beispielsweise verwirrt seine Verfolger mit einem hell aufleuchtenden Blitz. Laternenfische nutzen ihr Licht nicht nur, um mit der Umgebung zu verschmelzen oder nach Beute zu suchen. Sie besitzen auf der Schwanzwurzel auch mehrere plättchenförmige Leuchtdrüsen, die hell aufleuchten, wenn sich das Tier bedroht fühlt.

Auf die Abschreckung mit Licht setzt auch eine entfernte Verwandte der Scampi: Die 35 Zentimeter lange Rote Riesengarnele *Gnathophausia ingens* stößt »glühende« Wolken aus, wenn sie sich gestört fühlt, und macht sich eilig hinter ihrem Lichtvorhang davon. An diesen Trick halten sich auch einige Tintenfische aus dem mesopelagischen Zwielichtreich, die die dunkle Tinte ihrer Flachwasserverwandten in leuchtende Tinte abgewandelt haben, ebenso einige Quallen, falls sie nicht lieber gleich leuchtende Tentakel auf der Flucht abwerfen – so wie die Eidechsen ihren Schwanz.

In dieser Kategorie gibt es ganz klar einen Meister: den ellenlangen, schwarz glänzenden Fisch namens *Sagamichthys abei*, der nicht nur an seinem Bauch Photophoren trägt, sondern auch seltsame fleischige Röhren auf seinen »Schultern«. Aus diesen nach hinten gerichteten Röhren schießt er im Notfall das Äquivalent eines Photonentorpedos auf seinen Verfolger: einen glühend leuchtenden Schleim – und *Sagamichthys abei* nutzt die Schrecksekunde des Räubers zur Flucht.

Bei Gefahr Leuchtbomben abzuwerfen, diese Methode wählen auch blinde, schwimmende Borstenwürmer, von denen einige Arten in 1 800 bis 3 700 Metern Tiefe vor der amerikanischen Westküste und im Westpazifik entdeckt worden sind. Diesem Verhalten verdankt eine der Arten bereits ihren Namen: *Swima bombiviridis* – Schwimmer mit grünen Bomben. Wird er gestört, wirft der Wurm kleine Blasen ab, die sich an seinem Vorderende befinden. Die leuchten dann ein paar Sekunden intensiv grün auf, bevor sie langsam wieder verblassen.

Sogar das Zooplankton der Tiefsee setzt auf Licht zur Abschreckung. In 400 bis 2 200 Metern Tiefe schweben Schwärme von *Tuscaridium cygneum*, Strahlentierchen (Radiolarien), die sich zu fingernagelgroßen Kolonien zusammengetan haben. Sie sehen aus wie Glaskugeln,

Sagamichthys abei
Größe: 33 cm
Tiefe: bis 1 700 m
Sagamichthys abei *»schießt« bei Gefahr leuchtenden Schleim aus zwei Röhren an seinen Schultern, der seine Fressfeinde ablenken soll.*

KOLLATERALSCHADEN LATERNENFISCH

Ein Schwarm von Laternenfischen soll im Golf von Akaba kurz nach dem Sechstagekrieg zwischen Israel und drei arabischen Staaten 1967 sogar ein »Scharmützel« ausgelöst haben. Eine Geschichte, die durchaus Münchhausens Erzählungen würdig wäre, erzählt, dass eine israelische Nachtpatrouille in den Küstengewässern ein schwaches grünliches Leuchten entdeckte, das der Mannschaft verdächtig vorkam. Sie vermutete feindliche Taucher dahinter, die man mit Handgranaten erledigen wollte.

Am Ende trieb ein Schwarm zerfetzter Laternenfische, der zum Fressen oder zur Paarung an die Oberfläche gekommen war, im Wasser – und sie leuchteten immer noch ...

auf denen ein paar weiße, in Stacheln endende Tröpfchen sitzen. Sie fressen, was an Phytoplankton heruntersinkt, verschmähen aber auch keinen Ruderfußkrebs und keine Qualle. Sobald sie sich selbst jedoch gestört fühlen, beginnen sie zu glühen – vielleicht verzieht sich der Angreifer ja.

Unklar ist, wie oft die Bewohner der Tiefsee ihr Licht einsetzen. Von Forschungs-U-Booten aus bekamen die Wissenschaftler den Eindruck, als gäbe es dort ein regelrechtes Wetterleuchten. Aber Versuche am Monterey Bay Aquarium Research Institute zeigen etwas anderes. Es könnte sein, dass die vielen Blitze einfach eine Reaktion auf die Störung durch das U-Boot sind. Denn als man einmal sehr langsam in den Monterey Canyon tauchte, blieb alles dunkel: Niemand war beunruhigt – und doch waren sie alle da, die Wesen der Finsternis.

Doch zurück zur *Challenger*. Zwei Tage nachdem John Murray den Tiefsee-Anglerfisch *Ceratias uranoscopus* getauft hatte, lief die *Challenger* auf der Kapverdischen Insel São Vicente ein und ankerte vor Porto Grande. »Die Insel ist im höchsten Maße uninteressant«, kommentierte Wyville Thomson: »nackte vulkanische Laven und Tuffe in rötlichen Farbtönen, von denen einige ganz pittoresk aussehen. Weite Täler, Wildnis mit ein paar Steinen dazwischen, die fast noch zu glühen scheinen. Es herrscht gerade die heißeste Jahreszeit, und alles ist ausgetrocknet und verdorrt.« Viele Quellen seien versiegt, und außerhalb der Stadt liege hier und da der Kadaver eines Ochsen oder eines Pferdes und stinke zum Himmel.

In São Vicente sollten zwei neue Crewmitglieder an Bord genommen werden: ein Unteroffizier und ein Lehrer für Billy, den Sohn des Kapitäns. Der Lehrer jedoch war verschwunden. Zwar hatte er zehn Tage zuvor mit demselben Boot wie der Unteroffizier São Vicente erreicht, »aber an dem Sonntag, bevor wir ankamen, hatte er sein Hotel für einen Spaziergang verlassen, und seitdem ist nichts mehr von ihm gehört worden«, schrieb Wyville Thomson.

Der Lehrer wurde als vermisst gemeldet, man suchte überall nach ihm, hielt nach Geiern Ausschau, die über seiner Leiche kreisen könnten. Nichts. Es schien, als sei er wegen der kleinen Geldsumme, die er bei dem Spaziergang bei sich hatte, und wegen einer recht wertvollen Uhr ermordet worden: »Man erzählte uns, dass, nicht weit von der Stadt entfernt, ein Mörder in einer Hütte lebte«, fährt Thomson in seinem Bericht fort, und dass der Lehrer dann wohl nicht sein erstes Opfer gewesen sei. Portugal nutzte die Insel als Verbannungsort für Schwerverbrecher.

Man gab die Suche auf und verließ São Vicente. Die Leiche des Lehrers – so berichtet der abenteuerlustige Naturforscher Henry Nottidge Moseley in seinen Reiseerinnerungen – wurde erst Monate später im Gebirge gefunden. Zurück wollte niemand nach São Vicente. Die Insel war der wohl »trostloseste Ort, den ich kenne«, schrieb Leutnant Lord George Campbell, »das einzig Positive, was ich darüber zu sagen weiß, ist, dass sie einen guten Hafen hat, in dem eine englische Firma schon vor langer Zeit eine Bekohlungsanlage eingerichtet hat, die das Monopol für alle Post- und Kriegsschiffe hält«.

Über die Insel São Tiago, wo man 5 000 Zitronen an Bord nahm, Orangen, Bananen und Kokosnüsse, und vier oder fünf spanische sowie sieben italienische Boote dabei beobachtete, wie sie ihre Laderäume mit wertvollen roten Korallen füllten, ging es dann weiter: Loten, Dredsche und Trawlen

Strahlentierchenkolonie
Tuscaridium cygneum
Größe: 1,5 cm
Tiefe: 400–2200 m
Diese einzelligen Strahlentierchen (Radiolarien) haben sich zu einer Kolonie zusammengetan, um besser jagen zu können. Zu ihrer Verteidigung besitzen diese Kolonien spitze Nadeln und leuchten bei Störungen auf.

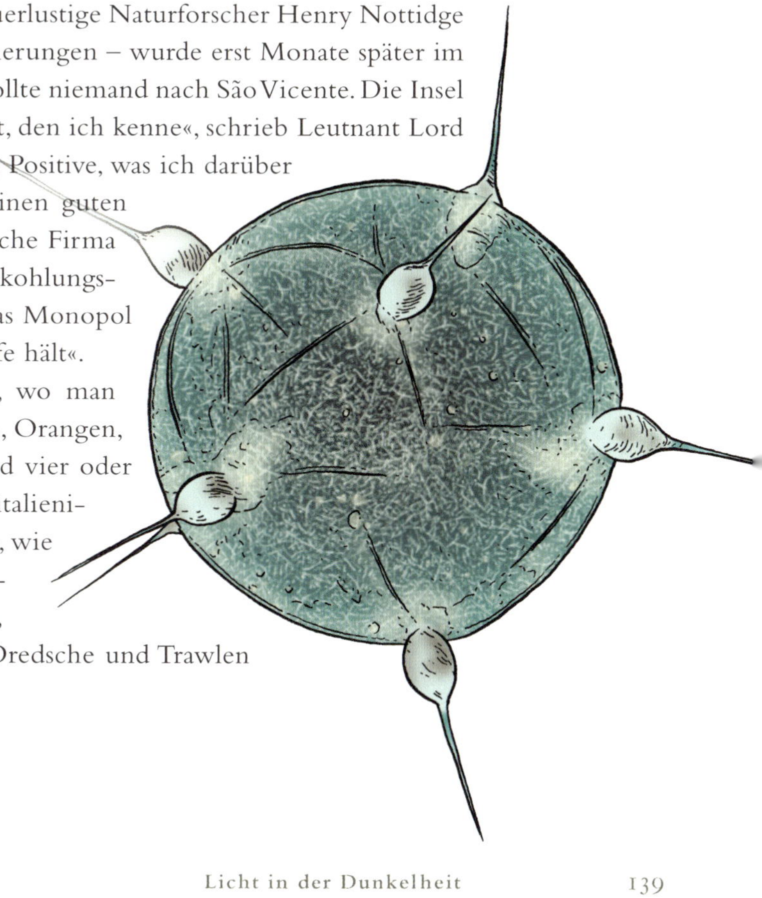

Seelilie
Hyocrinus bethellianus
Größe 15 cm
Tiefe: unterhalb von 2000 m
Hyocrinus *gilt als die urtümlichste aller heute lebenden Seelilien.*

wie gewohnt, diesmal – mit einigen Zwischenstopps – in Richtung Golf von Guinea. Ein ungeliebtes Ziel: Es prasselten zwar nicht ganz so viele tropische Wolkenbrüche auf das Schiff nieder wie befürchtet, aber die Luft war heiß und feucht, weder an Deck noch unter Deck war es auszuhalten.

Kapitän Nares war sorgfältig darauf bedacht, sich vom Land fernzuhalten: In Sierra Leone – dem Grab des Weißen Mannes – galten ausdrücklich die Versicherungspolicen nicht. Sobald die Messungen im Guineastrom beendet waren, verließ die *Challenger* die Gegend eilig. Durch die windstillen Zonen der Tropen ging es mit der Unterstützung der Dampfmaschine. Dann, in der Nacht zum 14. August 1873, ereignete sich etwas Wunderbares: Das Meer leuchtete so stark, wie sie es noch nie gesehen hatten. Wo der Kiel der *Challenger* durch das Wasser schnitt, war es blau und smaragdgrün, Myriaden von gelben Funken stiegen daraus auf: »Es war, als ob die Milchstraße, so, wie man sie durch ein Fernglas sieht, ins Meer gefallen wäre und wir da durchsegelten«, schreibt Lord Campbell ungewöhnlich lyrisch. Er war tief gerührt vom Phänomen der Biolumineszenz – dem Licht des Meeres. Auch wenn es nicht von Tiefseetieren stammte, sondern von Dinoflagellaten, einzelligen Algen, die an der Oberfläche trieben. Als das Schiff durch sie hindurchfuhr, verformte die Strömung die Algen ein wenig – und die reagierten darauf mit einem Feuerwerk. Das faszinierte Lord Campbell mehr als alle anderen Erlebnisse bisher.

Am 21. August 1873 erreichten sie die Zone der Passatwinde, die Luft wurde kühler, fühlte sich aber noch feuchter an als zuvor – doch wenigstens machten die Segel der Korvette Fahrt. Ziel waren die Sankt-Peter-und-Sankt-Pauls-Felsen. Auf der Passage dorthin kamen mit den Dredschen Kostbarkeiten nach oben. Darunter ein kleines Exemplar der *Umbellularia,* der Seelilie, die direkt nach dem Aufbruch aus Lissabon für so viel Aufregung gesorgt hatte. Außerdem entdeckte man noch zwei unbekannte Seelilien.

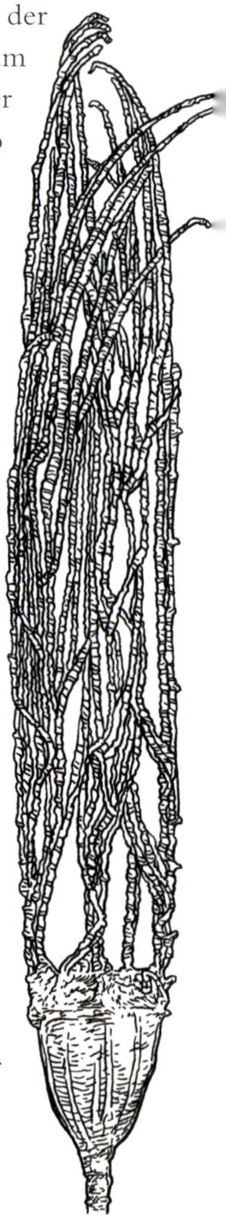

Wyville Thomson war begeistert und taufte die eine *Bathycrinus aldrichianus*: »Weil die Seelilien vielleicht die bemerkenswertesten aller Tiefseewesen sind – sowohl mit Blick auf ihre außerordentliche Seltenheit als auch wegen des besonderen Interesses, das sie wegen ihrer paläontologischen Beziehungen genießen –, möchte ich die Namen der Offiziere, die vor allem für die Lotungen, das Dredschen und das Trawlen zuständig sind, mit dieser neuen Entdeckung verbinden, denn sie gelang aufgrund ihrer Geduld und ihres Könnens.« So kam der Erste Offizier, Pelham Aldrich, zu der Ehre. Die zweite unbekannte Seelilie eignete Thomson Leutnant George R. Bethell zu: *Hyocrinus bethellianus*.

Für die Offiziere der *Challenger* hatten diese Funde aber noch eine andere, besonders erfreuliche Konsequenz: Wyville Thomson hatte nach dem ersten Seelilienfund gewettet, dass es nicht gelänge, bis zum Abendessen eine zweite Seelilie an Bord zu bringen – sonst würde er allen Champagner spendieren. Und er spendierte. Überhaupt: Die Trawls und die Dredschen waren immer eine exzellente Gelegenheit für »unschuldige Wetten«, schrieb Campbell: »Wir wetten um ein Glas Sherry oder ein Glas Bier, dass kein Seestern, kein Wurm oder keine Seegurke dabei sein würde.«

Und um 2 Uhr am Nachmittag des 27. August 1837 kamen die Sankt-Peter-und-Sankt-Pauls-Felsen in Sicht – ein paar kahle, einsame Felsen am Äquator, wo sich Hai und Schwertfisch Gute Nacht sagen.

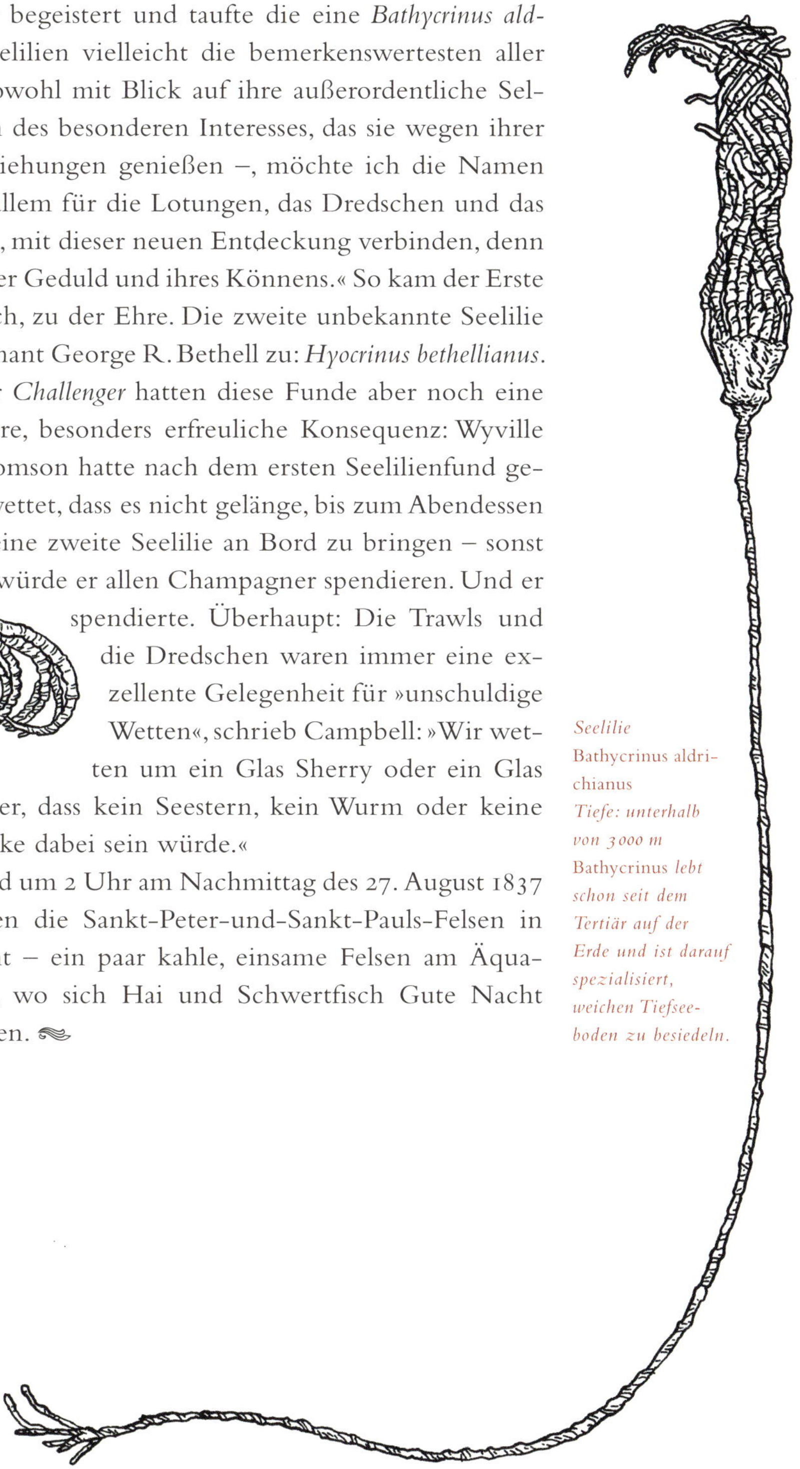

Seelilie
Bathycrinus aldrichianus
Tiefe: unterhalb von 3000 m
Bathycrinus *lebt schon seit dem Tertiär auf der Erde und ist darauf spezialisiert, weichen Tiefseeboden zu besiedeln.*

6

Die Kunst des Hungerns –

Von Wanderern in der Tiefsee und einer Gelbfieberepidemie

Die Sankt-Peter-und-Sankt-Pauls-Felsen: fünf zerklüftete Inselchen, die sich an ihrer höchsten Stelle noch nicht einmal 20 Meter über die Wellen erheben. »Mit Dampfkraft gingen wir leewärts – und weil es dort keinen Ankerplatz gibt, schickten wir Boote mit Seilen und Tauen zu den Felsen, schlangen das Seil mehrfach um einen von ihnen, befestigten daran das Tau und schwangen es dann mit einer Länge von 137 Metern in einer Wassertiefe von 190 Metern um unseren Bug. So lagen wir dort einen Tag und zwei Nächte lang recht komfortabel, festgemacht an einer Gesteinsspitze mitten im Atlantik – etwas, das noch kein anderes Schiff vor uns gemacht hat!«, schrieb Lord George Campbell in sein Tagebuch.

Abb. links: Flohkrebse (Amphipoden) *sind ein wichtiges Glied in der marinen Nahrungskette. Einige Arten machen sich als Aasfresser nützlich und fallen dann in Scharen über einen Kadaver her.*

Campbell war stolz auf die Leistung, zu Recht, denn die *Challenger* so nahe an die nackten, kahlen Felsblöcke zu manövrieren war harte Arbeit gewesen – und gefährlich. »Kapitän Nares und sein Navigationsleutnant Tizard kletterten in den Fockmast, dirigierten das Schiff von dort aus, wobei sie nach Felsen Ausschau hielten«, beschreibt

Henry Nottidge Moseley. Und er fährt fort: »Eigentlich war mir die Stärke der Meeresströmungen nie so recht bewusst, bis ich sah, wie der Äquatorialstrom an den Sankt-Peter-und-Sankt-Pauls-Felsen vorbeifließt. Normalerweise bemerkt man einen Meeresstrom auf hoher See gar nicht. Man nimmt seine Existenz nur wahr, wenn man mittags bei der Positionsbestimmung erfährt, dass das Schiff 20 Meilen näher oder weiter vom Hafen entfernt ist, als man aufgrund der Koppelnavigation vermuten sollte, und man entsprechend erfreut oder traurig ist. Aber die Sankt-Peter-und-Sankt-Pauls-Felsen sind ein winziger Fixpunkt mitten in einem mächtigen Meeresstrom, der an den Inseln vorbeirauscht wie in einem Mühlgraben.« Die Strömung war so stark, dass ein einziges Tau ausreichte, um die *Challenger* auf Position zu halten. Um es jedoch an den Felsen anzubringen, mussten die Männer im Beiboot mit aller Kraft gegen den Strom ankämpfen. Selbst in der geschützten Bucht konnten sie nicht einfach an Land springen, sondern mussten in dem Moment, als die Welle am höchsten stand, gegen eine Felsnase springen und sich am glitschigen Stein festklammern, bevor das Wasser wieder zwei Meter tief unter ihnen absackte.

Moseley gehörte zu den Ersten, die abends gegen 6 Uhr an Land hüpften. Auf der Insel gab es kaum einen freien Fleck: Überall saßen Brauntölpel und Noddiseeschwalben auf ihren Nestern und brüteten, oder sie fütterten ihre Küken. Kamen die Menschen näher, verschwanden Rote Klippenkrabben in den Felsspalten. Anders als die Vögel, die sich mit der Hand einfangen ließen, waren die Krabben sehr vorsichtig. Vielleicht weil sie ihr Überleben damit sicherten, dass sie bei den Vögeln räuberten. Moseley berichtet, dass die Krabben sich über die toten Vögel hermachten, ja, dass sie sogar ein unbewachtes Junges gefressen hätten. Lord Campbell widersprach, vielmehr habe er beobachtet, wie die Krabben mit ihren Stielaugen die Elternvögel genau beobachtet – und in einem günstigen Augenblick den für

Fangzahnfisch
Anoplogaster cornuta
Größe: 15 cm
Tiefe: 500–5000 m
Die Erwachsenen dieser Fangzahnfische ernähren sich von Fischen und Kalmaren, verschlingen Beute, die fast so groß ist wie sie selbst. Die Jungtiere hingegen fressen vor allem Zooplankton.

die Jungen hochgewürgten Fisch gestohlen hätten. Und er berichtet, wie eine alte Krabbe über eine einen halben Meter breite Spalte sprang. Die Tiere faszinierten ihn ganz offensichtlich.

Diese Faszination hatte niemand Geringeres als Charles Darwin geteilt, der 31 Jahre zuvor auf seiner Weltreise mit der *Beagle* hier vorbeigekommen war. Darwin hatte angenommen, dass die Sankt-Peter-und-Sankt-Pauls-Felsen die Bergspitzen einer gewaltigen, untermeerischen Landmasse seien, die vor Äonen im Atlantik versunken ist. Die Wissenschaftler der *Challenger* stimmten ihm zu und vermuteten, dass sie auf dem nächsten Abschnitt ihrer Reise über flaches Wasser fahren würden.

Am 29. August 1873 stach die *Challenger* wieder in See, ließ die Felsen hinter sich – und segelte zum Äquator. 144 Kilometer. Um 13 Uhr überquerten sie ihn: »Rasieren war nicht erlaubt«, schrieb Schiffssteward Joseph Matkin. Das sollte heißen, dass Nares die oft grausamen Spiele bei der Äquatortaufe nicht duldete: »Stattdessen gab es zu Ehren des Ereignisses Wein für alle.«

Die Lotungen ergaben Meerestiefen von mehr als 4000 Metern – und das Wasser war eiskalt, lag nur wenige Zehntel Grad über dem Nullpunkt. »Das sind die niedrigsten Temperaturen, die wir seit Beginn der Reise gemessen haben«, notiert Wyville Thomson, »so nah am Äquator ein auf den ersten Blick ungewöhnlicher Befund.« 1876, auf der Rückfahrt nach Hause, sollte dann klar sein, dass dort unten Wasser fließt, das aus der Antarktis stammt.

Am 1. September kam Fernando de Noronha in Sicht, eine Inselgruppe, die von Brasilien als Strafkolonie genutzt wurde: 200 Soldaten bewachten 1400 Gefangene. Die Wissenschaftler der *Challenger* wollten die Insel untersuchen, die ebenfalls auf Darwins Reiseroute gelegen hatte. Aber der Gouverneur war nicht besonders begeistert von dieser Idee – und so mussten sie unverrichteter Dinge wieder abziehen. Die Mannschaft war nicht unbedingt traurig, den unwirtlichen Ort schnell zu verlassen, »schließlich ist er trotz seines natürlichen Reichtums und seiner Schönheit einfach ein Gefängnis, die düstere Behausung von unverbesserlichen Kriminellen«, wie Campbell schrieb.

Sackmäuler (Schlinger)
Saccopharynx species
Größe: 200 cm
Tiefe: 1000–4500 m
Im Vergleich zu anderen Tiefseefischen sind Angehörige der Saccopharynx *sehr groß. Sie sind auffällig, mit riesigen Mäulern, dehnbaren Mägen und Kiefern voll gebogener Zähne, denen nichts entkommt.*

Jetzt ging es nach Bahia, Brasilien, und wieder hatten sie Glück und holten eine Seelilie herauf. Seit Beginn der Fahrt war ein Datenberg angewachsen, und Muster fielen auf, die die Wissenschaftler näher untersuchten. So gab es eindeutig sehr viele Lebewesen an der Oberfläche und – ebenso eindeutig – sehr viele am Boden, aber im freien Wasser dazwischen ließ sich kaum etwas finden. John Murray sammelte während der gesamten Reise Tiefwasserplankton, indem er ein feines Netz in 900 bis 1 800 Metern Tiefe abließ. Dann zog er es schnell so senkrecht wie möglich hoch und verglich die Arten darin mit denen, die er von der Oberfläche abfischte. Was oben fremd war, musste aus dem tiefen freien Wasser stammen – so seine Annahme. Aber die Ergebnisse waren mager. Auch wenn sie in großer Wassertiefe einen Trawl aus 800 oder 3 000 Metern hochholten, blieben die Netze seltsam leer, sodass Murray und Thomson am Ende der Reise ernsthaft überlegen sollten, ob im Zwischenwasser der Ozeane überhaupt Leben existiert: »Es gibt jeden Grund anzunehmen, dass die Fauna des tiefen Wassers sich in zwei Gürteln konzentriert: einmal in der Nähe der Oberfläche und dann am Meeresgrund. Die mittleren Tiefen hingegen sind eine Zone, in der größere Tiere – Wirbeltiere wie Wirbellose – fast ganz oder ganz fehlen.« So kehrte unvermutet die azoische Hypothese von

Die Valdivia-*Expedition (1898/99) war die erste große Tiefsee-Expedition Deutschlands. Erst 1940 erschien der letzte der insgesamt 24 Bände über die wissenschaftlichen Ergebnisse der Expedition.*

Edward Forbes in einem neuen Gewand zurück: verfochten ausgerechnet von vehementen Gegnern.

War der riesige Wasserkörper, der sich von 200 Meter unterhalb der Wasseroberfläche bis etwa 100 Meter über dem Meeresgrund erstreckt, wirklich leer? War der größte Lebensraum der Erde, dieses dreidimensionale flüssige Universum, eine Wüste? Eine Wüste mit einem unvorstellbaren Volumen von 1,37 Milliarden Kubikkilometern Wasser? Eine befriedigende Antwort auf diese Frage konnte erst der deutsche Meeresforscher Carl Chun geben. Das Problem war technischer Art, denn mit groben Netzen lassen sich die vielen feinen, zerbrechlichen Wesen der Zwielichtzone und der bathypelagischen Tiefen darunter kaum fangen. Chun hatte jedoch ein feines Spezialnetz entwickelt, das sich in verschiedenen Meerestiefen gezielt öffnen und schließen ließ. Bei einer Mittelmeer-Expedition 1886/87 probierte er es aus und war damit so erfolgreich, dass er die deutsche Antwort auf das britische *Challenger*-Unternehmen leiten durfte: die *Valdivia*-Expedition. Ins Leben gerufen durch »die Überzeugung, dass Deutschland sich der Ehrenpflicht, im Wettstreit mit anderen Kulturnationen an der Erforschung der Tiefsee sich zu beteiligen, nicht länger entziehen konnte«, wie Chun im Exkursionsbericht schrieb. Und weil sich – im Gegensatz zu »manchen früheren Expeditionen« – das deutsche Projekt »nicht lediglich an die engere Interessensphäre des heimischen und kolonialen Besitzes halten« sollte, wollten die Forscher den Atlantik erforschen, in weitem Bogen Afrika umkreisen, in die antarktischen Gewässer eintauchen und sich schließlich den Indischen Ozean vornehmen, den die »*Challenger*-Expedition im eigentlichen Sinne des Wortes links liegen gelassen« habe. »Seine Majestät« war angetan von dem Plan einer Deutschen Tiefsee-Expedition – und so wurde sie 1898 genehmigt.

Carl Friedrich Chun (1852–1914) organisierte die Valdivia-*Expedition. Sie war die Erfüllung seines Traums von einer weltumspannenden Erforschung der Tiefsee.*

Eilig baute man den Fracht- und Passagierdampfer *Valdivia* um, der zwischen Hamburg und den Westindischen Inseln verkehrt hatte. Das Schiff lief am 31. Juli 1898 in Hamburg aus. Bei dem Festakt waren nicht nur hohe preußische Beamte anwesend, sondern auch Sir John

Murray, eben der John Murray, der federführend den 50-bändigen Expeditionsbericht der *Challenger* zusammengestellt hatte und für seine Arbeit geadelt worden war. Neun Monate dauerte die Fahrt der *Valdivia*, auf der verschiedene Spezialnetze zum Einsatz kamen, eines davon ein Planktonnetz mit einem Glaseimer, in dem zerbrechliche Tiere die Reise ans Licht relativ unbeschadet überstanden. Das öffnete den Blick in eine neue Lebenswelt – die Tiefen des freien Wassers. Dort leben seltsame Wesen, die uns selbst heute noch auffallen, wo Hightech-Tauchboote und Kameras schon viel Ungewöhnliches vor unsere Augen gezerrt haben: Zu bizarr sehen diese Geschöpfe aus, absurd, so gar nicht geeignet für den Überlebenskampf, so als gälte Darwin für sie nicht. Aber das täuscht. In den Weiten der Meere herrschen nur andere Regeln.

Leben in einer Welt des Hungers

Dass die Wissenschaftler der *Challenger* – und nicht nur sie – den Eindruck hatten, das tiefe freie Wasser sei ziemlich unbelebt, liegt an den Spezialisierungen, die die besonderen Bedingungen im Wasseruniversum nach sich ziehen. Mit zunehmender Tiefe schwindet das Licht, und der Druck steigt: Ob Fisch, Qualle oder Tintenfisch, alle zehn Meter Wassertiefe wird ihnen sozusagen eine weitere Atmosphäre aufgebürdet – also jeweils ein Kilo pro Quadratzentimeter. Sie selbst spüren davon genauso wenig wie wir von der Luft, weil sich im Lauf der Evolution ihre Körper dahin entwickelt haben. Auch darauf, dass der Sauerstoffgehalt des Wassers abnimmt, die Temperaturen bis um den Gefrierpunkt sinken – und dass in den Weiten der Meere meistens Nahrungsmangel herrscht. Hier überleben nur Spezialisten, und am schwersten haben es vielleicht die, die irgendwo mittendrin in diesen schier endlosen Wasserwelten schwimmen, weitab von Oberfläche und Boden.

Viele Anpassungen an ein Leben in der Tiefsee sind dem Hunger geschuldet. In den lichtdurchfluteten Zonen der Meere können die Bewohner im Grunde darauf zählen, dass sie etwas zu fressen finden.

Meist gibt es reichlich Nahrung, die Tiere müssen weder die letzte Kalorie aus jedem Bissen herauspressen noch jede überflüssige Bewegung vermeiden, weil bis zur nächsten Mahlzeit Monate vergehen könnten. Man kann es sich leisten, schnell zu schwimmen, Muskeln aufzubauen, ein kräftiges Skelett. Man kann sogar Futter »verschwenden«: indem Pflanzenfresser einen Teil der Nahrung unverdaut ausscheiden oder Räuber den einen oder anderen Bissen herabsinken lassen oder sich nur die besten Stücke aus ihrer Beute reißen. Wenn die Nahrung knapp wird, etwa weil der Winter einbricht, zieht man weiter, dorthin, wo der Tisch reichlich gedeckt ist. Das Leben ist einfach – jedenfalls verglichen mit dem der Hungerkünstler der Tiefsee.

Unterhalb von 200 Metern ist es vorbei mit dem Überfluss. Niemand kann sich mehr Verschwendung leisten. Und das führt zu einigen besonders bizarren Anpassungen. Viele Fische haben riesige Mäuler und übergroße Nadelzähne entwickelt – etwa der Viperfisch *(Chauliodus)*. Seine Zähne sind zu lang, um ins Maul zu passen, und verleihen ihm das Aussehen eines Fleisch gewordenen Fangeisens. Der Sinn dieser martialisch wirkenden Ausstattung ist es, kein Dinner ungenutzt ziehen lassen zu müssen. Aus dem gleichen Grund besitzen die kleinen Fangzahnfische *(Anoplogaster)* ihre bizarren »Reißzähne«, die aus dem Unterkiefer ragen. Diese umgekehrten Dracula-Zähne sind so riesig, dass sie sie in spezielle Taschen beiderseits des Gehirns schieben müssen, wenn sie ihr Maul schließen möchten.

Pazifischer Viperfisch
Chauliodus macouni
Größe: 30 cm
Tiefe: 200–5 000 m
Viperfische sind Ansitzjäger: Regungslos senden sie ein Licht aus, suchen mit ihren großen Augen nach potenziellen Opfern. Wer darauf hereinfällt, wird zur Mahlzeit – denn der Viperfisch reißt einfach sein Maul auf.

Es geht nicht nur um Zähne und Kiefer. Wer in der Tiefsee leben will, muss Lebensstil und Körperbau darauf abstimmen. An der Oberfläche sind für Fische eine starke, gut durchblutete Muskulatur und ein hoher Stoffwechsel selbstverständlich, denn sie müssen ständig auf der Hut sein und vor den ebenfalls schnellen Räubern fliehen, falls sie nicht selbst diese Räuber sind und eine schnelle Beute erlegen müssen.

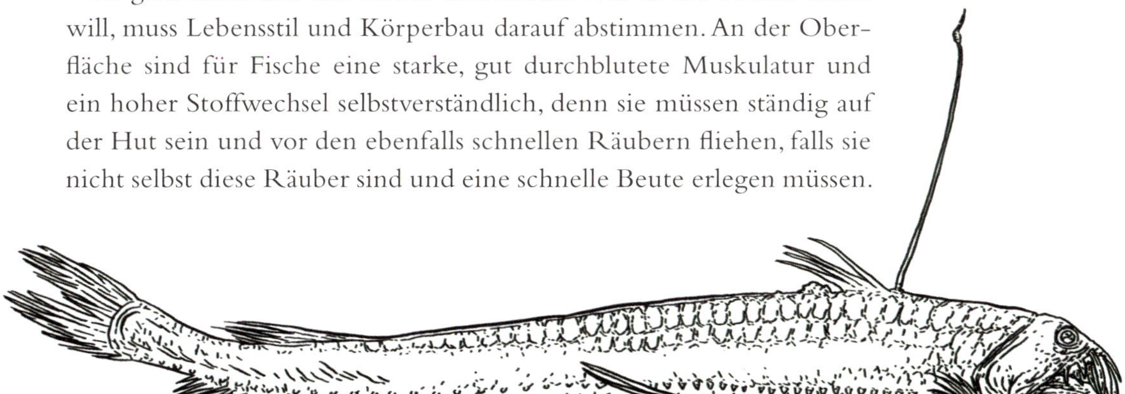

Weiter unten im Meer wird ständige Fluchtbereitschaft nicht verlangt. Das verhindert die Dunkelheit. Also kann man sich Körpermasse sparen, schließlich bedeutet biologische Fitness Effizienz: Fit ist, wer optimal in seiner Umwelt zurechtkommt. Und das bedeutet in diesem Fall vor allem Energieeffizienz. Deshalb bauen viele Tiefwasserbewohner ihre Skelette zarter, bepacken sie mit weniger und schwächeren Muskeln. In ihre Körpermasse lagern sie lieber viel Wasser ein als Proteine oder Lipide, also Eiweiße und Fette. Außerdem fressen sie meistens, was immer sie finden (oder was sie findet). Sie verdauen alles, bis nichts biologisch Verwertbares mehr darin steckt – und gehen mit der gewonnenen Energie so sparsam wie möglich um. Das sieht man sofort, wenn Drachen- oder Viperfische schwimmen. Während Makrele oder Thunfisch mit ihren torpedoförmigen Körpern ganz auf Tempo optimiert sind und dahinschießen, winden oder schlängeln sich die aalähnlich dürren Drachen- oder Viperfische viel gemächlicher durchs Wasser, suchen heimlich ihre Beute.

Völkerwanderungen der Tiefsee

Viperfische haben es vor allem auf die kleinen Borstenmäuler *(Gonostomatidae)* abgesehen. Diese Borstenmäuler gehören zu den Lebewesen, die in der Zwielichtzone nicht allein auf ihre Geduld setzen mögen und sich deshalb Nacht für Nacht aufmachen, um an oder nahe der Meeresoberfläche zu fressen. Im Schutz der Dunkelheit entgehen sie den schnellen Räubern der flachen Wasserzonen und können sich vergleichsweise gefahrlos den Bauch vollschlagen. Die Borstenmäuler machen sich nicht alleine auf die Wanderschaft: Mit ihnen begeben sich Myriaden von Laternenfischen *(Myctophidae)* auf den langen Treck, und Heerscharen von Garnelen, Quallen und Kleinkrebsen begleiten sie. Sobald die Sonne untergegangen ist, schwimmen sie alle hinauf. Laternenfische sind zweieinhalb bis sieben Zentimeter lang, und sie wandern täglich mehr als 500 Meter hinauf und wieder hinab. Auf den Menschen übertragen wäre das so, als würden wir täglich 15 bis 20 Kilometer schwimmen – jeweils hin und zurück.

Die Dimensionen dieser nächtlichen Wanderung in der Zwielichtzone sind gewaltig, werden auf eine Milliarde Tonne bewegte Biomasse geschätzt. Für all diese Lebewesen lohnt es sich, trotz der anstrengenden Wanderung ihr Futter in den flacheren Wasserzonen zu suchen. Zählt man die Individuen, sind die Ruderfußkrebse *(Copepoda)* die wanderfreudigsten. Allerdings brauchen die wenige Millimeter großen Tiere Stunden, um mit ihren Schwimmbeinen nach oben zu paddeln. Viel Zeit bleibt ihnen dann nicht zum Fressen: Noch vor der Dämmerung bricht die Karawane wieder auf, verschwindet in ihre tiefe Welt.

EIN LOBLIED AUF DIE NEUGIER

Dass es diese vertikale Migration gibt, soll der Meeresbiologe Richard Harbison von der Woods Hole Oceanographic Institution in den 1970er-Jahren entdeckt haben. Damals überredete er den Piloten des berühmten Tauchboots *Alvin*, doch einmal auf dem Weg zum Meeresgrund die Scheinwerfer anzulassen. Bis dahin war das nicht üblich – um Energie zu sparen. Harbison aber war neugierig, wollte endlich wissen, ob auf dem Weg nach unten wirklich keine Überraschung wartete. Und sie wartete. An den winzigen Fenstern von *Alvin* glitten fantastische Quallen vorbei – wunderschöne Wesen, die in den Netzen nur als matschiger Brei an die Oberfläche kamen. Und es gab unendlich viele von ihnen – sie waren Teil der großen Wanderung …

Diese Wanderung ist nicht nur ein Von-Tag-zu-Tag-Phänomen in der Tiefsee. Es gibt auch Wanderer, die sich an den Jahreszeiten orientieren, zum Beispiel den Ruderfußkrebs *Calanus simillimus.* Er lebt in antarktischen Gewässern, und ohne ihn würden weder die Bartenwale satt noch große Fischschwärme. Den Frühling und den Sommer verbringen die Krebse an der Meeresoberfläche und fressen so viel Algenplankton, wie nur in sie hineingeht. Wenn dessen Zeit zu Ende geht, ziehen sie sich für die dunkle Jahreszeit in 1000 Meter tiefe Gewässer zurück. Dort fahren sie ihre Körperfunktionen weit zurück und warten geduldig auf das nächste Frühjahr.

Während es *Calanus simillimus* im Grunde wie die Bären mit ihrem Winterschlaf halten, erscheint der tägliche Wandertrieb, dem viele Bewohner der Zwielichtzone frönen, auf den ersten Blick seltsam: Die meisten Wanderer sind nur wenige Millimeter bis Zentimeter groß. Für

sie muss es ungeheuer anstrengend sein, Hunderte von Metern hinaufzusteigen, um sich ein paar Stunden später wieder auf den Weg hinab zumachen.

Der Kragenhai ist ein lebendes Fossil, der wohl primitivste aller lebenden Haie – und das Tier mit der derzeit längsten bekannten Tragzeit. Sie soll bei dreieinhalb Jahren liegen, fast doppelt so lange wie bei Afrikanischen Elefanten.

Meeresbiologen haben den Energiehaushalt von Fischen, die in den flachen Wasserzonen leben, mit denen von wandernden und nicht wandernden Tiefwasserfischen verglichen. Als Maßstab diente der Sauerstoffverbrauch. Die Unterschiede im Lebensstil fallen sofort auf. Wer brav in 1000 Metern Tiefe hocken bleibt, kommt mit einem Prozent des Sauerstoffs aus, den sein schnell schwimmender Kollege an der Oberfläche einsetzt. Verglichen mit den wandernden Fischen der Zwielichtzone verlangt der »sesshafte« Lebensstil immerhin noch 73 Prozent weniger Energie. Warum also machen sich die anderen auf? Im Grunde sind die Wanderer zwischen den Meereswelten das Äquivalent zu den großen Herden der Serengeti. Dort ziehen 1,2 Millionen Gnus und Hunderttausende von Zebras ständig auf der Suche nach Gras und Wasser umher. Sie düngen ihren Lebensraum, regen das Wachstum an und sorgen gleichzeitig dafür, dass alle Nahrungsressourcen optimal genutzt werden. Blieben die Herden stationär, würden viel weniger Tiere satt. Das ist im Meer auch nicht anders. Ohne diese täglichen oder jahreszeitlichen Wanderungen wäre die Tiefsee so karg wie die trockensten Wüsten der Kontinente. Die Migration ist eine Art biologische Pumpe, die Biomasse gleich auf mehreren Wegen nach unten schafft. Einmal verdauen die Teilnehmer tagsüber in tieferen Wasserschichten und fügen ihre Fäkalien in die Nahrungskette ein. Und dann sind da die Raubfische, die die Stelle der Löwen, Leoparden und Hyänen in der Serengeti einnehmen. Sie lauern darauf, dass ihnen ein sattes, zufriedenes Borstenmaul zu nahe kommt ... Wenn der Treck – praktischerweise bei Tag, wenn ein wenig Restlicht für bessere Sicht sorgt – zurückkommt, sind die Tiefseeangler, Viperfische, Kalmare und die anderen hungrigen Mäuler da, von denen einige sogar für das große Fressen extra ein Stück aus bathypelagischen Tiefen aufsteigen. Und auch die Gespensterfische (*Opisthoproctidae,* auch »Hochgucker« genannt) sind da, die auf die Planktonkrebse warten.

Für die, die zu tief wohnen für die Wanderung, oder die, die ohnehin unten bleiben und lieber die fressen, die von oben zurückkommen, sind die Wanderer ein Glück. Schließlich geben sie lohnende Leckerbissen ab: Sowohl die Krustentiere als auch die Fische, die jeden Tag hinauf- und hinabschwimmen, gleichen in Skelettaufbau und Muskulatur eher ihren Verwandten aus dem Flachwasser als den anderen Tiefseewesen. Der Grund: Sie fressen regelmäßig, können sich »Fleisch auf den Gräten« leisten, und außerdem brauchen sie für die Wanderungen die entsprechende Muskulatur – obwohl auch sie so viel Wasser wie möglich einlagern. Trotzdem sind sie immer noch besser als die magere, sehr viel wasserreichere Kost, die ein reiner Tiefseebewohner seinem Fressfeind bietet. Also schnappen sich die Räuber, was sie erwischen können, und tauchen mit ihrer Beute in noch größere Tiefen ab. Dort werden sie dann entweder selbst erwischt oder fügen ihre Exkremente ins System ein: Und so »purzelt« die Nahrung Stufe um Stufe von der Oberfläche bis in den Marianengraben hinunter.

Die biologische Pumpe, die die nächtlichen Wanderer antreibt, funktioniert hervorragend: Fast die Hälfte dessen, was am Meeresboden als Futter zur Verfügung steht, stammt über eine mehr oder weniger lange Stafette direkt oder indirekt von den zahllosen Organismen, die nachts an der Oberfläche fressen und tagsüber in der Dunkelheit verdauen. Wie die Gnus in der Serengeti machen sie die Tiefsee fruchtbarer.

Ruderfußkrebs
Calanus simillimus
Ruderfußkrebse stehen am Anfang der Nahrungskette. Sie bilden die größte Biomasse der Welt – vielleicht, denn um diesen Titel konkurrieren sie mit dem Antarktischen Krill.

Über die Kunst, ein Vielfraß zu sein

Um zu überleben, sind die meisten Bewohner der meso- und bathypelagischen Zonen nicht wählerisch. Es sieht so aus, als ob ein Tiefsee-Beilfisch *(Sternoptychidae)* sich immer die Beute schnappt, die ihm am nächsten ist, ebenso die tief lebenden Laternen- und Großschuppenfische *(Melamphaidae)*. Allerdings beißen nicht alle Fische der tiefen Wasserzonen in jeden Happen. Manche Drachenfische scheinen sich ausschließlich für Ruderfußkrebse zu interessieren, andere nur für Kalmare, und wieder andere wählen nur Fische. Auch unter den Laternenfischen gibt es Arten, die sich keineswegs mit dem zufriedengeben, was gerade vor ihre Riechgruben schwimmt. Außerdem kann sich ihr Geschmack im Lauf des Lebens ändern: Der Nachwuchs mancher Tiere mag allein schon aus Gründen der Größe eher Flohkrebse, während seine Eltern Fischbeute bevorzugen.

Wer in der Tiefsee wohnt und nicht wandert, braucht jedoch vor allem Geduld, um satt zu werden. Er kann sich als »Ansitzjäger« versuchen: wie die Anglerfische, die warten, bis ihnen etwas vors Maul schwimmt. Auch Viperfische sind hoch spezialisierte Beutegreifer. Mit ihren großen Augen suchen sie beharrlich die Umgebung ab. Ein Viperfisch registriert noch das geringste Licht und die kleinste Bewegung. Mit einem Leuchtorgan vor seiner Rückenflosse will er Beute auf sich aufmerksam machen, die nicht ahnt, dass unter dem Licht ein hungriges Maul wartet. Wer sich neugierig nähert, um den ist es geschehen: Immerhin sorgen die Photophoren unter den Viperfischaugen für eine perfekte Ausleuchtung des Opfers, kurz bevor es zur Mahlzeit wird. Mit seinen Stilettozähnen im Oberkiefer erdolcht es der Viperfisch, hält es fest. Aber mit diesen Riesenzähnen ist es so eine Sache. Damit kann der Fisch weder kauen noch etwas abbeißen, also muss er die Mahlzeit als Ganzes hinunterbekommen. Dazu kann der Viperfisch – wenn nötig – seinen Unterkiefer aushängen.

Vielfraß zu sein will gelernt sein. Den Trick mit dem Kieferaushängen – oder wenigstens den, die Zähne nach hinten klappen zu können – beherrschen viele Tiefseefische, auch der Pelikanaal *(Eurypharynx pelecanoides)*, der in 500 bis 7 500 Metern Wassertiefe lebt und der wie

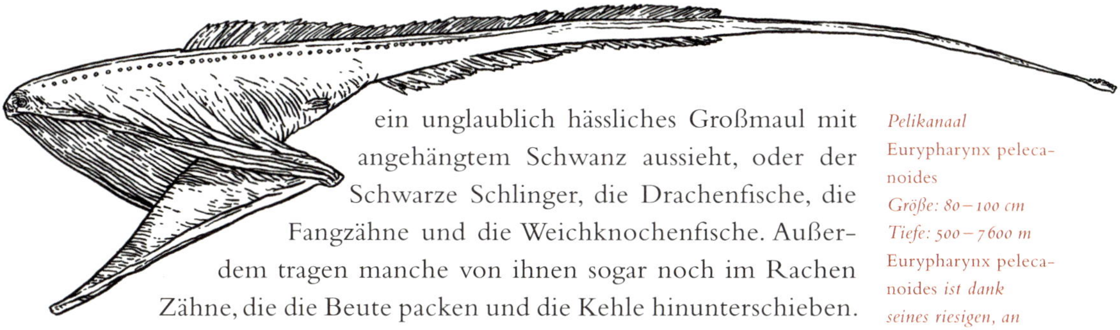

ein unglaublich hässliches Großmaul mit angehängtem Schwanz aussieht, oder der Schwarze Schlinger, die Drachenfische, die Fangzähne und die Weichknochenfische. Außerdem tragen manche von ihnen sogar noch im Rachen Zähne, die die Beute packen und die Kehle hinunterschieben. Dort kann es auch eine Art Netz geben, in dem sich winzige Nahrungsfetzen verfangen – damit auch nicht das kleinste bisschen verloren geht.

Pelikanaal
Eurypharynx pelecanoides
Größe: 80–100 cm
Tiefe: 500–7600 m
Eurypharynx pelecanoides *ist dank seines riesigen, an einen Pelikanschnabel erinnernden Mauls unverwechselbar. Damit verschlingt er vor allem Krebstiere, aber auch kleine Fische oder Kalmare.*

Verschwendung gibt es in der Tiefsee nicht. Allerdings hat zumindest die Fähigkeit, Riesenbeute zu verschlingen, auch ihre Schattenseiten. Für den Viperfisch bedeutet jedes Gelage ein gewisses Risiko: Wenn er die Beute mit ausgehängtem Kiefer herunterwürgt, kann er nicht atmen, und auch der Blutkreislauf stockt. Er muss sich beeilen, denn seine Fangeisenzähne können auch für ihn fatal werden: Sollte sich ein gieriger Viperfisch etwas packen, mit dem er definitiv nicht fertig wird, gilt der alte Satz »Mitgefangen, mitgehangen«: Er kann die Beute weder ausspucken noch herunterschlucken – und sie wird zur »Henkersmahlzeit«.

Um satt zu werden, gehen die Tiefseefische hohe Risiken ein. Es erscheint uns unglaublich, wonach diese Tiere schnappen. Viele verschlingen Opfer, die größer sind als sie selbst. Nahrung ist dort unten viel zu rar, als dass man sich eine Chance auf einen vollen Magen entgehen lassen könnte. Ist jedoch eine solche Riesenmahlzeit endlich hinabgewürgt, hören die Probleme nicht auf. Irgendwie muss der Brocken verdaut werden, wozu man einen extrem dehnbaren Magen

DEHNBARE GARNELEN

Während die Fische sich mit den Tricks, die man an Land von den Schlangen kennt, den Bauch vollschlagen, müssen die Garnelen mit dem vorliebnehmen, was durch ihre Mundwerkzeuge passt. Sie können ihre Mandibeln nicht einfach aus- und wieder einhängen. Dafür können manche Tiefseegarnelen – wie einige aasfressende Flohkrebse – ihren Panzer durch elastische Zwischenstücke an eine unverhoffte Futterquelle anpassen und Unmengen verschlingen: bis zu 70 Prozent ihres Körpergewichts.

braucht. Allerdings ist auch die Kapazität des dehnbarsten Magens begrenzt, wie die Meeresbiologen des norwegischen Forschungsschiffs *FF G. O. Sars* feststellen konnten. Ihnen gelang am Mittelatlantischen Rücken irgendwo zwischen Island und den Azoren ein erstaunlicher Fang. In einem Trawl steckte ein Schwarzer Schlinger, der einen zehnmal größeren Fisch verschluckt hatte. Seine Freude hatte jedoch nicht lange gewährt: Noch bevor er anfangen konnte, die überreichliche Mahlzeit zu verdauen, platzte der Räuber der Länge nach auf. Dieses Ende mag selbst für einen Tiefseebewohner ungewöhnlich sein (dann hätten allerdings die Forscher ein geradezu unglaubliches Glück gehabt), aber auch ein nicht ganz so gieriger Schwarzer Schlinger sieht nach einer guten Mahlzeit skurril aus: Der dünne, unterarmlange Fisch könnte glatt eine Bowlingkugel verschlungen haben. Sein voller Bauch hält jedoch sehr lange vor: Angesichts der kalten Wassertemperaturen, bei denen der Stoffwechsel nicht gerade auf Hochtouren läuft, reicht eine große Mahlzeit manchmal länger als ein Jahr.

Die Organismen in der Tiefsee – von der Zwielichtzone bis in den Meeresboden hinein – haben sich an die extrem niedrigen Nahrungsmengen angepasst, indem sie ihren Stoffwechsel enorm verlangsamt haben. Der Sauerstoffverbrauch des Tiefsee-Grenadierfischs *Coryphaenoides armatus* ist rund hundertmal geringer als der seiner Verwandten, die über dem Kontinentalschelf leben, dem flachen, küstennahen Meeresboden.

Abb. rechts: Alvin *taucht seit 1964 im Dienst der Wissenschaft. Es gehört der U.S. Navy und wird von der Woods Hole Oceanographic Institution in Massachusetts betrieben.*

Selbst die mikrobiologische Aktivität ist stark reduziert, wie ein unfreiwilliges Experiment an Bord des Forschungs-U-Bootes *Alvin* bewiesen hat. Im Oktober 1968 riss ein Kabel, als das U-Boot abgelassen wurde. Die Crew kam heraus und mit dem Schrecken davon, aber bei dem plötzlichen Ausstieg ließen sie die Luke offen, und so sank das U-Boot auf den Meeresgrund. Zehn Monate später wurde es geborgen, und zur Überraschung aller war das Mittagessen der Crew zwar nass, sah aber durchaus noch appetitlich aus – sowohl die sechs Mortadella-Sandwiches in Wachspapier als auch die Brühe in der Thermoskanne und die beiden Äpfel. Einige äußerst Mutige probierten alles: Es schmeckte salzig, war aber essbar. Erstaunt legten die Wissenschaftler Sandwiches und Äpfel in einen Kühlschrank mit Tiefseetemperaturen –

ALVIN

aber da war es vorbei mit der Haltbarkeit: Die Bakterien unserer Welt machten sich an die Arbeit, und binnen kurzer Zeit verdarb alles. In der Tiefsee leben selbst die Mikroorganismen auf Sparflamme, deshalb bleibt dort unten Nahrung ungewöhnlich lange frisch – für ihre Bewohner ist das äußerst wichtig.

Von gut gekühlten Lebensmitteln konnte die Mannschaft der *Challenger* nur träumen. Auf dem Schiff war es wieder einmal kaum auszuhalten. Dafür freuten sich alle auf Bahia: endlich wieder Leben, keine kahlen Felsen, die kaum aus dem Wasser schauen, kein Gefängnis. Doch zunächst musste die Passage von Fernando de Noronha nach Bahia bewältigt werden: eine schwierige Strecke, denn sie fuhren gegen den Passat. Sobald sich die *Challenger* von den Vulkaninseln entfernte, wurde das Meer schnell tiefer, und der Boden war wieder mit Schlamm bedeckt. In der Dredsche steckte ein neues Exemplar einer wunderschönen weißen, flachen Koralle, die Henry Nottidge Moseley *Ceratotrochus diadema* nannte. An den folgenden Tagen fanden sie gleich mehrere Seelilien – unter anderem *Pentacrinus maclearanus*, eine neue Art, die Wyville Thomson John Maclear widmete, dem Commander der *Challenger*, mit dem er eng zusammenarbeitete.

Unterwegs schrieb Joe Matkin: »Hoffentlich gibt es keine Gelbfieberepidemie.« Alle wollten an Land, unbedingt. Weil sie wegen des Südostpassats nicht schnell genug vorankamen, hatte Kapitän Nares

Schwarzer Schlinger
Chiasmodon niger
Größe: 25 cm
Tiefe: 700–2800 m
Chiasmodon niger *gehört zu den Tiefseefischen, die Beute verschlingen können, die größer ist als sie selbst.*

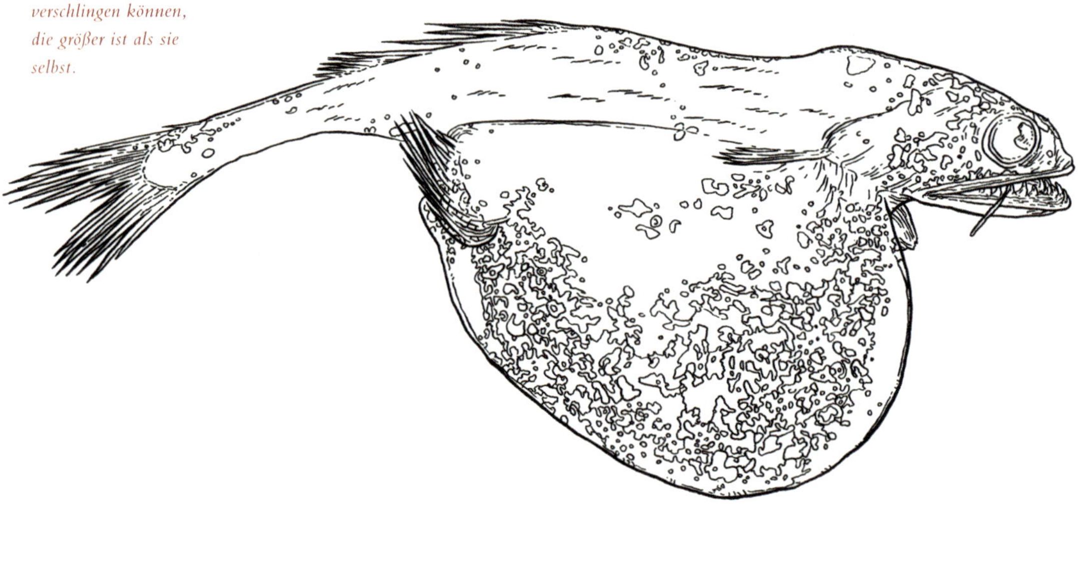

schon vor Tagen die Segel reffen lassen und stattdessen die Maschine unter Dampf gesetzt. Sie waren noch ein gutes Stück von Bahia entfernt, als William Spry aus dem Maschinenraum meldete, dass die Kohle ausginge. Das machte den letzten Teil der Passage knifflig. Sie mussten wieder segeln – und so kroch die *Challenger* am 14. August 1873 mit anderthalb Kilometern pro Stunde auf Bahia zu. Der letzte Rest Kohle reichte gerade noch für das Anlegemanöver. Während sie sich dem Ufer näherten, »eroberte« ein Schwarm Schmetterlinge das Schiff, drang sogar unter Deck ein. Plötzlich waren überall Schmetterlinge: Überall flatterten sie in der Luft, wie ein starkes Schneegestöber. Die Tropen begrüßten die *Challenger* mit all ihrer Fülle.

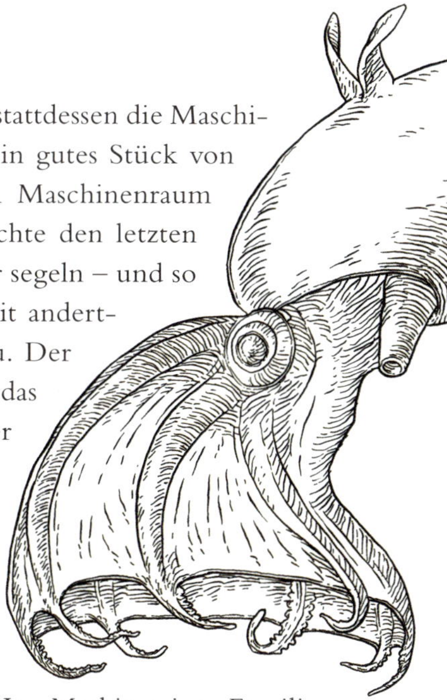

Der Körper des Vampirtintenfischs ist mit Leuchtorganen besetzt, von denen ein Paar durch spezielle Lider verschließbar ist. Aus ihnen stößt er eine Wolke aus Leuchtpartikeln aus, um Feinde zu verwirren.

»Bahia ist eine großartige Stadt«, schrieb Joe Matkin seiner Familie enthusiastisch – kein Wunder, nach so vielen Wochen auf See: »Es sieht Lissabon ähnlich und ist auch in etwa so groß. Die Bucht ist herrlich, und im Hafen liegen viele Schiffe, und die Orangen und Zigarren sind wunderschön und sehr billig.« Alle fanden die Stadt nett – vor allem von der Bucht aus betrachtet. Wenn man durch die Straßen lief, verlor sich die Begeisterung allerdings: »Bahia – um es zurückhaltend auszudrücken – stinkt«, fasste Campbell zusammen. Sogar der ansonsten sehr ausgeglichene und von seinem Unter-Deck-Labor nicht verwöhnte Henry Nottidge Moseley beschwerte sich: »Ich ging durch steile, schmale, stinkende Straßen, in denen ständig und ohne jede Warnung Schmutzwasser aus den Fenstern der oberen Stockwerke gekippt wurde.«

Also erkundete man während des zehntägigen Aufenthalts lieber das Hinterland. Die örtliche Bahngesellschaft, natürlich ein britisches Unternehmen, gab Freitickets an die Wissenschaftler und Offiziere aus – und so brach man mit Gewehren und Schmetterlingsnetzen auf. Während sich Moseley als begeisterter Naturforscher fortwährend Notizen machte, genossen die anderen die Annehmlichkeiten eines Erste-Klasse-Waggons und verspeisten Schinken und Eier. Schließlich erreichten sie ein Dorf, von dem aus es ins Dickicht ging: »Die Bäume waren immens hoch und wuchsen dicht und in großer Vielfalt. Der Wald war so dicht, dass es recht düster war. Als wir den Weg entlangliefen, hörten wir kein Geräusch und sahen kein Tier außer ein paar Schmetterlingen«, schrieb Moseley.

Später, während einer Pause, »massakrierte man die Unschuldigen«, wie Campbell schrieb: Man schoss Dutzende von Kolibris – »mit einem Gewehr, das wir mit Siebener-Schrot füllten – wir hatten nichts anderes zur Hand«. Einen Teil der Tiere sammelten sie ein, aber die meisten waren im Dickicht unauffindbar oder flatterten verletzt davon. »Schockierend – aber alles für die Wissenschaft«, fährt der Offizier trocken fort. Bei einem anderen Stopp waren dann Tukane das Ziel des Siebener-Schrots.

Abends kehrten sie ins Dorf zurück, wo die Bahngesellschaft für sie ein festliches Essen veranstaltete, inmitten des Urwalds. Ein Luxus, den alle genossen, auch Campbell: »Unser Diener brachte uns zusammen mit Kaffee, gebratenen Eiern und Brot die Flasche Wein, die wir mitgebracht hatten – und eine Wildpastete. Wir waren also nicht sehr zu bemitleiden – oder?« Und englisches Bier gab es auch, gegen das Heimweh.

Als sie wieder in Bahia waren, legte die amerikanische Korvette *Lancaster* an – und damit begann der Höhepunkt des gesellschaftlichen Lebens bei diesem Aufenthalt. Die Offiziere feierten miteinander, man spielte Cricket und wollte zu Ehren der inzwischen berühmten *Challenger*-Expedition drei Bälle veranstalten.

An einem der Tage, für die ein Ball angesetzt war, schlug jedoch das Unglück an Bord der *Challenger* erneut zu. Starke Regenfälle und brütender Sonnenschein hatten einander abgewechselt und damit ein ideales Klima für Krankheitserreger geschaffen: Einer der Matrosen brach mit Gelbfieber zusammen. Er kam sofort ins Krankenhaus, wo er ein paar Tage später starb.

Um die Gelbfieberquarantäne zu vermeiden, durch die sie hoffnungslos hinter ihren Zeitplan zurückgefallen wären, ließ Kapitän Nares die *Challenger* unverzüglich auslaufen. Am 25. September 1873 war man auf hoher See. Diesmal ging es mit dem Wind, und man segelte nach Süden, in die Kälte, wo sich die Krankheit nicht ausbreiten konnte. Jeder an Bord hoffte, dass man das schnell genug schaffen würde. Der nächste Mann schien zu erkranken, wurde sofort isoliert – und erholte sich wieder. Die *Challenger* war in Sicherheit und segelte Richtung Tristan da Cunha.

Atolla wyvillei
Größe: 15 cm
Tiefe: 600–5000 m
In großen Tiefen leben viele Atolla-*Quallen. Wird sie angegriffen, zieht* Atolla wyvillei *eine wahre Lichtshow ab: Sie erscheint dann als eine Scheibe aus rotierenden blauen Blitzen.*

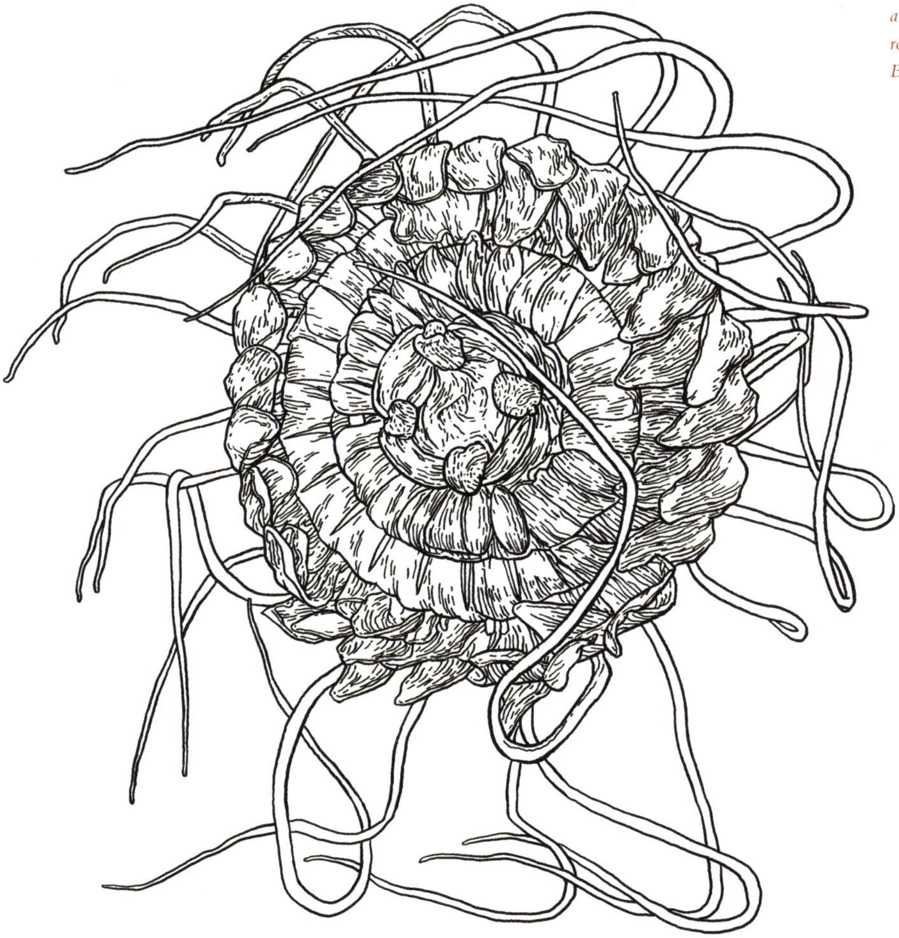

7

Wässriges Fleisch –

Von Riesenkraken und der Angst vor der Antarktis

Am 2. Oktober 1873 umkreisten die ersten Albatrosse die *Challenger.* Auf das Dredschen hatte man auf diesem Fahrtabschnitt fast ganz verzichtet, »aus Eile«, wie Leutnant Lord George Campbell in seinem Tagebuch vermerkte. Stattdessen ließen die Wissenschaftler trawlen. Der erste Trawl in rund 4000 Metern Tiefe schlug fehl, die Leinen rissen, und alles war verloren. Der nächste Versuch. Wieder war der Zug während des Trawls »unnatürlich groß«. Es schien unmöglich, das Netz zu bergen. Die Offiziere ließen es unendlich langsam nach oben ziehen. Als das Netz so weit oben war, dass man es gerade erkennen konnte – brach etwas! »Der Trawl versank – und mit ihm die großen Erwartungen und die saftigen Flüche, mit denen der arme Schiffsoffizier den ganzen Tag über sein Wohl gewacht hatte.« Einige Matrosen schworen, sie hätten die weiße Hand einer Meerjungfrau gesehen …

Abb. links:
Teufelsangler
Haplophryne mollis
Größe: ♀ 8 cm, ♂ 2 cm
Tiefe: 500–4000 m
Die Männchen beginnen nach dem Larvenstadium mit der Suche nach einem Weibchen, mit dem sie dann verwachsen. An diesem Tier hängen gleich zwei »Gatten«.

Der nächste Trawl ging auf 3900 Meter – und brachte nichts anderes nach oben als den Gehörknochen eines Wals, zwei Bröckchen Bims, die mit Kalkröhrenwürmern bedeckt waren, und ein paar rote Krabben. Alle waren enttäuscht. Auch der nächste Fischzug brachte nichts Denkwürdiges – »vielleicht zwei Fische, die noch unbekannt sind«, vermerkte Campbell.

Am 14. Oktober kam Tristan da Cunha in Sicht. Im Morgengrauen zeichnete sich die Inselgruppe im südlichen Atlantik als winziger Fleck ab. Dort erhoben sich zwei schneebedeckte Hauptgipfel 2000 Meter über dem Meer. Aber noch waren sie nicht mehr als ein Punkt. Den ganzen Tag wurde gelotet, die Wassertemperatur gemessen und gedredscht, allerdings ohne besonderes Ergebnis. Abends ließ Kapitän Nares wieder Kurs auf die Inseln setzen – und die Wissenschaftler machten sich bereit, sie zu erkunden. Die Landung war nicht einfach, denn die Klippen von Tristan da Cunha fallen Hunderte von Metern steil ab. Den besten Platz bot die flache Bucht vor Edinburgh of the Seven Seas, der einzigen Siedlung auf dem einzig bewohnbaren Fleck. Dort ankerte die *Challenger* am frühen Morgen des 15. Oktober 1873.

Wieder einmal war die Expedition mitten im Nirgendwo angekommen: Von hier aus waren es etwa 3200 Kilometer nach Cabo Frio in Brasilien und rund 2800 Kilometer bis zum Kap der Guten Hoffnung in Südafrika. Die Inselgruppe Tristan da Cunha ist nichts anderes als die Gipfel eines mächtigen Unterwasservulkans, der zum Mittelatlantischen Rücken gehört – also zu der Struktur, an der sich der Atlantik öffnet. Das Meer, das um die fünf Inseln tost, ist rau. Sie liegen in den Roaring Forties, den »Donnernden Vierzigern«, wie die Region zwischen dem 40. und dem 50. Grad südlicher Breite genannt wird.

1873 zählte Edinburgh of the Seven Seas 84 Bewohner – Menschen, die für ihre Hilfsbereitschaft Schiffsbrüchigen gegenüber berühmt waren. Kaum war die *Challenger* gelandet, kam ein Boot längsseits. Ein paar junge Männer waren an Bord, die einige Robbenfelle mitbrachten, ein paar Albatrosflügel und -brüste und etliche Vogeleier. Es war gerade Frühling geworden, sodass kein frisches Gemüse auf der Insel zu bekommen war. Nur ein paar Zwiebeln waren übrig. Der Sprecher der Gruppe war Peter Green, »ein alter Mann, aber sehr herzlich«, schrieb Wyville Thomson. Green versicherte, dass sie das Schiff mit Frischfleisch und Tomaten versorgen würden. Allerdings hinterließ die herzliche Begrüßung durch die Bewohner einen schalen Beigeschmack: Zu schnell und zu deutlich war klar, dass sie vor allem ein gutes Geschäft mit den Fremden machen wollten.

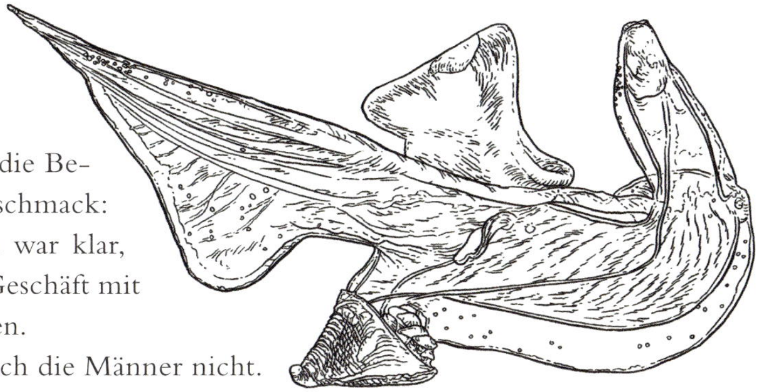

Carinaria japonica
Größe: 15 cm
Diese fast durchsichtige Schnecke verbringt ihr Leben schwimmend im Meer. Ihr Haus ist stark reduziert, nur noch ein kleiner Kegel, in den sie sich nicht mehr verkriechen könnte.

Besonders wohl fühlten sich die Männer nicht. »Das Aussehen dieses Ortes lässt einen erschauern«, urteilte Lord Campbell. Das Wetter sei schrecklich, so Moseley: »Neun Monate lang regnet und stürmt es ununterbrochen und fällt auch immer wieder Schnee. Nur während der drei Sommermonate ist es schön.« Die Stürme könnten so schnell aufziehen, dass den Bauern keine Zeit bliebe, ihr Vieh in die Unterstände zu treiben. Dann stürben die Tiere vor Erschöpfung. Erst im vergangenen Winter seien so 100 von ihnen eingegangen.

Im Oktober, als die *Challenger* ankam, begann das Wetter gerade erst wieder besser zu werden. Die Inselbewohner warnten die Besatzung: Man dürfe das Schiff nicht aus den Augen lassen, müsse immer darauf vorbereitet sein, von einem Moment auf den anderen wegen eines heraufziehenden Sturms aufzubrechen. Es war also alles andere als sicher, in der Bucht zu ankern. Deshalb kamen die Männer kaum vom Schiff weg: Sie durften nicht länger als eine halbe Stunde außer Sicht sein. Und so war Moseley gerade mitten im schönsten Botanisieren – auf der Insel gab es eine erstaunliche Vielfalt an Kräutern und Farnen –, als Böen einsetzten und auf der *Challenger* die Rückrufflagge gehisst wurde. Er musste alles stehen und liegen lassen – sehr zu seinem Bedauern.

Normalerweise traute sich hier nur ein einziger Dampfer her. Er kam aus Südafrika, und die Passagiere, die mit ihm eintrafen, konnten es meist nicht erwarten, dass das Schiff das nächste Mal kam, um wieder von hier zu verschwinden. Deshalb beschwor denn auch eine ältere Dame den Kapitän, sie doch mit nach Kapstadt zu nehmen: Sie hatte ihren Sohn in Edinburgh of the Seven Seas besucht und hielt es dort einfach nicht länger aus. Aber eine Frau an Bord – das ging nicht. Da ließ sich Nares nicht erweichen. So brach die *Challenger* schon am nächsten Tag ohne sie wieder auf.

Die Bewohner hatten der Besatzung jedoch erzählt, dass ein paar Jahre zuvor zwei Deutsche zur »unzugänglichen« Nachbarinsel Inaccessible Island übergesetzt hätten. Von ihnen habe man seit Langem nichts mehr gehört. Sie seien wohl krank oder tot. Kapitän George S. Nares ließ deshalb während der Erkundung der Inselgruppe gleich auch noch nach den Verschollenen Ausschau halten. Das Meer war flach, und auf allen Inseln regierten die Pinguine. Auch auf Inaccessible Island. Die *Challenger* kam abends an, verbrachte die Nacht im Schutz einer steilen Klippe, aber an Schlaf war kaum zu denken. Zu laut kreischten die Pinguine, die sich auch noch neugierig um das Schiff versammelten und eine Leuchtspur hinterließen, wenn sie durch das Wasser tauchten.

Am nächsten Morgen fand man die beiden Deutschen: »Sie standen am Strand und starrten auf das Schiff«, schrieb Moseley. »Der Kapitän ging an Land, und die Männer waren überglücklich, von der Insel fortzukommen. Wir spendierten ihnen ein Frühstück und hörten ihre Geschichte.« Danach waren die beiden Brüder Gustav und Friedrich Stoltenhoff 1871 hierhergekommen, um Seehunde und Pinguine zu jagen. Aber sie verloren ihr Boot. Anfangs machte ihnen das keine allzu großen Sorgen, weil die Bewohner von Tristan da Cunha noch hin und wieder vorbeischauten. Aber mit der Zeit verwandelte sich die Freundschaft in Feindseligkeit: Man machte ihnen das Leben so schwer wie möglich, sabotierte sie regelrecht. Nachdem den Männern der *Challenger* schon zuvor der Verdacht gekommen war, dass es mit der Gastfreundschaft der Menschen von Tristan da Cunha nicht weit her war, beschloss die Besatzung nun, sie nicht zu hoch zu bewerten. Nares entschied, die Brüder Stoltenhoff mit nach Kapstadt zu nehmen und dort abzusetzen, bevor sich die *Challenger* der Antarktis nähern sollte. So packten die beiden ihre Fallen und Felle zusammen, gruben die Kartoffeln und Zwiebeln aus, die sie gepflanzt hatten,

Stereomastis species, *Larve*
Größe: 10 cm
Tiefe: 0–5000 m
Unzählige Larven dieser blinden Tiefseekrebse treiben durchs Wasser, wo sie sich zum erwachsenen Tier entwickeln. Dann sinken sie zu Boden, um dort den Rest ihres Lebens zu verbringen.

und übergaben sie zusammen mit Hunderten von Pinguineiern und drei Schweinen der Kombüse. Sie brannten ihre Hütte ab, und nach einem kurzen Zwischenstopp auf Nightingale Island ging es los in Richtung Tafelberg.

Liliput trifft Gulliver

Der Alltag an Bord hatte sie wieder fest im Griff, eintönig wie immer. Nur noch Wyville Thomson und John Murray war wirklich bewusst, an welch großem Unterfangen sie teilhatten – allerdings auch nicht an jedem Tag, aber ihr Pflichtbewusstsein hielt sie davon ab, nachzulassen. Im 19. Jahrhundert forderte die Erforschung der Tiefsee sehr viel mehr Enthusiasmus als heute: Alles, was man sah, waren Netze oder Dredschen voll Schlamm samt mehr oder weniger zerdrückten Exemplaren von Tiefseewesen, von denen oft nichts anderes geblieben war als ein Häufchen Glibber. Es gab keine Unterwasserkameras, keine U-Boote, keine kamerabestückten und von Bord eines Schiffs ferngesteuerten Unterwasserfahrzeuge – nichts, was den Forschern einen persönlichen Eindruck hätte vermitteln können. Ohne die modernen technischen Hilfsmittel konnte niemand an Bord der *Challenger* auch nur irgendetwas von der »Wunderwelt« unter den Wellen mit all ihren auf uns bizarr wirkenden Überlebenstricks ahnen. Kein Wunder, dass sie über azoische Zonen im freien Wasser nachdachten.

Mangels Technik blieb ihnen die Existenz des Zwergenreichs der Meere fast vollkommen verborgen. Es liegt in der Zwielichtzone, im oberen und mittleren Bereich, wo die Tiere auf Wanderung gehen: Viel Energie ins Wachstum zu stecken, können sie sich nicht leisten. Die meisten bringen es nur auf wenige Zentimeter, höchstens ein paar Dezimeter: Klein zu bleiben ist ihre Methode, um bei ihrem für ein Tiefseewesen agilen Lebensstil mit der verfügbaren Energie effizient umzugehen. Sie müssen sich nämlich zwischen Größe und Muskeln entscheiden, und wenn man seinen Lebensunterhalt damit bestreitet, Tag für Tag beträchtliche Strecken zurückzulegen, sind Muskeln wichtiger.

Bei solchen »Berechnungen« bilanziert die Natur sehr genau. Bei den Laternenfischen zum Beispiel gibt es wandernde Arten und einige, die an Ort und Stelle bleiben. Letztere leben in tieferen Zonen, wo selbst das Restlicht fast verschwunden ist, und auch in der ewigen Düsternis der bathypelagischen Tiefe. Von dort unten lohnt sich der Körpereinsatz für eine Wanderung an die Oberfläche beim besten Willen nicht mehr. Und schon sieht das Ergebnis anders aus. Die Fische, die dort leben, pflegen einen ruhigen Lebensstil, verlegen sich auf das trickreiche Ansitzen oder getarnte Anschleichen, optimieren ihren Organismus auf ein Leben als Hungerkünstler. Wer in den bathypelagischen Tiefen dümpelt, muss den Nahrungsmangel kompensieren: Er reduziert so weit wie möglich jedes Gewebe, für dessen Aufbau oder Erhalt Energie notwendig ist. So verkleinert er Kiemen und Herz, verbraucht weniger Sauerstoff, stellt den Stoffwechsel auf Sparflamme. Auch Muskeln sind für die Jäger der Dunkelheit nicht so wichtig. Weil sie ohnehin kaum Kalorien für den Aufbau ihrer Körpermasse aufwenden können, lagern sie lieber viel Wasser in ihre Körper ein. Deshalb werden die tief lebenden Laternenfische doppelt so groß wie ihre migrierenden Cousins. Für sie ist das praktisch, weil Größe Schutz bietet, in der Tiefsee ist das nicht anders als in der Serengeti, wo ausgewachsene Nilpferde oder Giraffen auch nicht viel zu befürchten haben. Und man kann selbst auch größere Beute fressen.

Abb. rechts:
Rote Riesengarnele
Gnathophausia ingens
Größe: 10 cm, einzelne sogar 35 cm
Tiefe: 300 – 1000 m
Wird die Rote Riesengarnele bedroht, weiß sie sich zu wehren: Sie spuckt eine leuchtende Flüssigkeit aus, die den Angreifer verwirrt.

Die Fische dieser tiefen Zwielichtzone und darunter werden also größer als ihre wandernden Verwandten – aber im Vergleich zu den Wirbellosen, die in diesem Reich leben, bleiben sie immer noch klein. Die Wirbellosen des Zwischenwassers um die 1000 Meter setzen auf Riesenwuchs durch Wassereinlagerung, scheinen sogar regelrecht vom Gigantismus begeistert zu sein. Zu den Fans zählen die koloniebildenden Staatsquallen wie die 40 bis 50 Meter lange *Praya dubia* oder die 30 Meter lange *Apolemia*. Sie sind lebendige, aber sehr zerbrechliche Driftnetze, die allem den Tod bringen, was sie mit ihrem Licht anlocken. Im Monterey Canyon vor der Küste Kaliforniens sind sie die wichtigsten Räuber der mittleren Tiefen – und wohl nicht nur dort.

Manche der Riesenformen geben wichtige Nahrungsquellen für die Bewohner des Tiefseebodens ab. So sinken im indopazifischen Raum

Etwas tiefer, zwischen 1300 und 2950 Metern, wachsen die ansonsten bescheidenen Garnelen ins Jumboformat. Die Rote Riesengarnele *(Gnathophausia ingens)* bringt es mitunter auf 35 Zentimeter Größe, während ihre Verwandten aus den flacheren Wasserzonen mit wenigen Millimetern bis zu drei Zentimetern zufrieden sind.

Auf den ersten Blick scheint die Rote Riesengarnele ein recht wehrloses Tier zu sein – und bei ihrer Größe gibt sie bestimmt für einen hungrigen Fisch genau den richtigen Snack ab. Wer jedoch nach ihr schnappt, erlebt eine Überraschung: *Gnathophausia ingens* spuckt einen Schwall glühend-leuchtender Flüssigkeit aus. Dieser Blitz verwirrt den Angreifer meist so sehr, dass sich die Riesengarnele davonmachen kann.

Staatsqualle
Praya dubia
Größe: 40–50 m
Tiefe: 700–1 000 m
Praya dubia *gilt als das längste Tier der Welt: Sie ist ein »lebendes Treibnetz«, das aus Tausenden Polypen besteht.*

oder im Südatlantik aus 200 bis 2 000 Metern Wassertiefe Tag für Tag pro Quadratmeter vier Schleimgehäuse auf den Boden, die von einem Tier namens *Bathochordaeus charon* stammen. Es gehört zu den Geschwänzten Manteltieren, also planktonischen Lebewesen an der Basis der Chordatiere, der Linie, die zu den Wirbeltieren und damit auch zu den Menschen führt. Normalerweise sind Manteltiere nur ein paar Millimeter klein, *Bathochordaeus charon* jedoch ist fingerlang und sieht aus wie eine große, durchsichtige Kaulquappe.

Geschwänzte Manteltiere wie *Bathochordaeus* sondern zarte Schleimgespinste ab, mit denen sie Nahrungspartikel aus dem Wasser filtern. In diesen Gespinsten hocken sie, schlagen mit dem Schwanz und strudeln so Wasser durch eine siebartige Öffnung ins Innere. Dort leitet ein kompliziertes Reusensystem die Nahrung in den Mund, und an der anderen Seite strömt das Wasser wieder heraus. Außerdem gibt es einen Fluchtweg, weil sie schon bei der geringsten Gefahr ihr Haus verlassen und sich lieber ein neues bauen. Während die Schleimhäuser der kleinen Geschwänzten Manteltiere nur ein paar Zentimeter groß sind, baut sich *Bathochordaeus charon* einen fußballgroßen Palast. Flieht er daraus – und er ist sehr schreckhaft, sodass das praktisch jeden Tag passiert –, faltet die Strömung das abgeworfene Schleimgespinst zusammen und verdichtet es, sodass es mit 800 Metern pro Tag in die Tiefe sinkt. Es erreicht den Meeresgrund, bevor Mikroben es nennenswert zersetzt haben – und speist dort die Hungrigen.

Während die meisten Menschen weder etwas von *Bathochordaeus charon* noch von *Gnathophausia ingens* oder *Praya dubia* gehört haben, besitzt der Riesenkalmar *Architeuthis* Kultstatus. Er prägt das Bild von der Tiefsee als Schauplatz einer blutrünstigen Parade aus riesigen Monstern. Dabei sind trotz mancher Giganten die meisten Wesen dort unten eher klein. Wie dem auch sei: *Architeuthis* lebt wahrscheinlich in etwa 1 000 Metern Wassertiefe und kann samt seiner dünnen Tentakel um die 13 Meter lang werden. Nicht weniger beeindruckend ist *Mesonychoteuthis hamiltoni,* der Kolosskalmar, der in den Gewässern um die Antarktis noch einmal 1000 Meter tiefer taucht. Gerade er ist ein furchterregender Räuber: Jeder seiner acht Arme ist mit Saugnäpfen bestückt, die drehbare Haken in sich tragen, und dazu kommen noch zwei riesige Tentakel. Kolosskalmare haben die größten Augen im Tierreich, so groß wie Kinderköpfe. Und schnitte man aus ihm Calamarisringe, hätten sie den Durchmesser von Traktorreifen. Da er seltener an den Strand gespült wird, hat jedoch vor allem *Architeuthis* die Fantasie der Menschen angeregt.

Seit der Antike erzählen sich Seeleute Schauergeschichten über sie, dramatische Berichte von Kalmaren mit langen Fangarmen, die sich um ihre Boote klammerten und versuchten, sie mit allen lebendigen Seelen an Bord in die Tiefe zu reißen. So hat wohl auch im November 1873 ein *Architeuthis* vor Neufundland ein kleines Fischerboot angegriffen – allerdings in Selbstverteidigung. Ein Kampf auf Leben und Tod soll es gewesen sein, und wahrscheinlich hat der Kalmar ihn deshalb nicht überlebt, weil er wohl ohnehin sterbend an die Oberfläche gekommen war.

Damals hielten auch die Heringsfischer Daniel Squires und Theophilus Picot auf ein Stück Treibgut zu und wollten es mit einem Bootshaken heranziehen. Aber dieses Treibgut war keines, sondern ein Riesenkalmar, und der schlug prompt seinen Schnabel in das Holzboot und schlang einen Tentakel um das kleine Schiff. Geistesgegenwärtig packte Theophilus Picots zwölfjähriger Sohn Tom eine Axt und schlug den fast sechs Meter langen Fangarm ab. Als sie sich vom Schrecken erholt hatten, brachten sie den mit Hunderten von Saugnäpfen besetzten Tentakel zu Reverend Moses Harvey in St. John's, der wie viele seiner Berufskollegen damals Amateurforscher war. Für Harvey war das ein großer Moment: »Ich besaß nun die seltenste Kuriosität im ganzen Tierreich – den echten Tentakel des bisher mystischen Teufelsfischs, über dessen Existenz die Wissenschaftler seit Jahrhunderten gestritten hatten. Ich wusste, dass ich den Schlüssel des großen Geheimnisses in der Hand hielt und nun ein neues Kapitel im Buch der Naturgeschichte geschrieben werden würde.«

Geschwänzte Manteltiere
Bathochordaeus charon
Größe: 8 cm
Bathochordaeus charon *gehört zu den Appendikularien, den Geschwänzten Manteltieren. Sie sind eine wichtige Nahrungsquelle für die Tiefsee.*

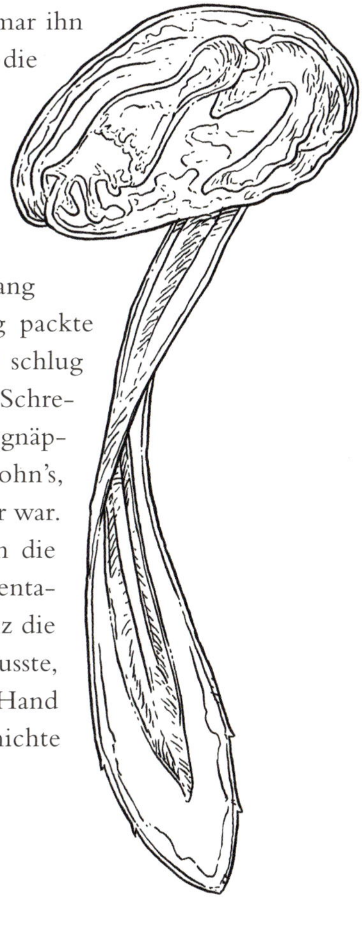

Weil der Reverend ein bescheidener Mann war, der seine Fähigkeiten nicht überschätzte, nahm er Kontakt zu Addison Emery Verrill auf, Professor für Zoologie an der Yale University in New Haven. Der war Experte für Mollusken und erkannte sofort, worum es sich handelte: um den Teil einer noch unbekannten Krakenart. Aber das sollte nicht alles bleiben. Schon einen Monat später verfing sich in Logy Bay, Neufundland, im Netz von vier Fischern neben Heringen auch ein Riesenkalmar. Die Fischer töteten das Tier mit ihren Messern und brachten es ebenfalls zu Reverend Harvey: »Ich erinnere mich bis heute, wie ich damals am Strand der Logy Bay stand und den toten Giganten anstarrte und mich in süßen Träumen erging, wie ich die Gelehrten, die Naturforscher und überhaupt alle Welt in Erstaunen versetzen würde. Doch dann kam ich zu dem Schluss, dass nur das Interesse der Wissenschaft zählt. Rasch schloss ich meinen Handel mit den Fischern ab, denen ich zu ihrer Verblüffung zehn Dollar versprach, wenn sie das Biest vorsichtig zu mir nach Hause beförderten.«

Abb. links: Riesenkalmar Architeuthis *Größe: 10 – 13 m Tiefe: unterhalb von 500 – 1 000 m Erzählungen zufolge soll* Architeuthis *Schiffe samt Besatzung ins Verderben ziehen und Wale verschlingen. In Wirklichkeit verspeist er Fische und andere Kalmare – auch die der eigenen Art.*

KALMAR-SAISON

Zwischen 1870 und 1890 muss im Meer vor Neufundland, aber auch vor Neuseeland etwas Ungewöhnliches vor sich gegangen sein: Ein Riesenkalmar nach dem anderen strandete. Es waren so viele, dass einige sogar an die Hunde verfüttert wurden – für Menschen ist ihr Fleisch ungenießbar. Es ist zäh und stinkt auch noch richtig scheußlich nach Ammoniak. Was hinter diesem Phänomen steckte und warum so viele Riesenkalmare ihre heimischen Tiefen zwischen 500 und 1 000 Metern verließen, ist unbekannt. Forscher vermuten, dass es etwas mit Fluktuationen in den Meeresströmungen zu tun hatte. Normalerweise folgen Kalmare kalten Strömungen, und wenn diese sich verlagern, ziehen sie mit.

Außerhalb einer solchen »Kalmar-Saison« tauchen Riesen- oder Kolosskalmare selten auf, so selten, dass es immer für Schlagzeilen sorgt. Aber dass sie sich rar machen, bedeutet keineswegs, dass sie es auch sind. Im Südozean machen sie drei Viertel des Speisezettels von Pottwalen aus, und im Nordpolarmeer gehören sie zur wichtigsten Beute der alles andere als kleinen Grönlandhaie.

Der Kadaver lockte Schaulustige aus der ganzen Gegend, und so drapierte Harvey das Tier in seiner Badewanne über einen Holzrahmen – den Schnabel bedrohlich nach außen gedreht. Professor Addison Emery Verrill war begeistert und taufte das Tier zu Ehren seines zuverlässigen Kalmarlieferanten *Architeuthis harveyi*.

Über die Schwierigkeit, seine Position zu halten

Wasser einzulagern ist nicht nur eine »sparsame« Methode, groß zu werden, ohne viele Kalorien dafür einzusetzen. Es hat noch andere Vorteile. So besteht eines der gewichtigen Probleme in der Tiefsee schlicht und einfach darin, seine Position zu halten: Je mehr man sich durch Wassereinlagerungen an die Dichte seiner Umgebung anpasst, umso weniger Energie muss man für den Auftrieb einplanen. Quallen sind darin Meister, ebenso wie Larven, aber auch viele der bathypelagischen Fische, die unterhalb von 1000 Metern leben und für die die Wanderungen zu mühsam sind.

Für die Riesenkalmare *Architeuthis* und *Mesonychoteuthis,* die durchaus eine halbe Tonne schwer werden können, reicht Wasser allein nicht, um nicht zu versinken und geschickt manövrieren zu können. Andererseits kommt es für sie nicht infrage, wie Makrelen aktiv zu schwimmen, um den Auftrieb selbst zu erzeugen: Für die Ungetüme wäre das von der Energiebilanz her viel zu verschwenderisch – übrigens auch für Krebstiere wie den Tiefseeshrimp *Notostomus.* So lagern diese Tiere also zusätzlich zum Wasser noch Ammoniumionen in ihr Gewebe ein. Dieses Ammonium entsteht beim Abbau von Proteinen als Stoffwechselnebenprodukt ohnehin – und weil es leichter ist als Wasser, sorgt es für weiteren Auftrieb. Wegen des eingelagerten Ammoniums werden die Riesenkalmare nach ihrem Tod relativ oft an den Strand gespült: Solange sie leben, schweben sie dank der Ammoniumionen, wohin sie möchten. Wenn sie sterben, treiben ihretwegen die Kadaver einfach auf.

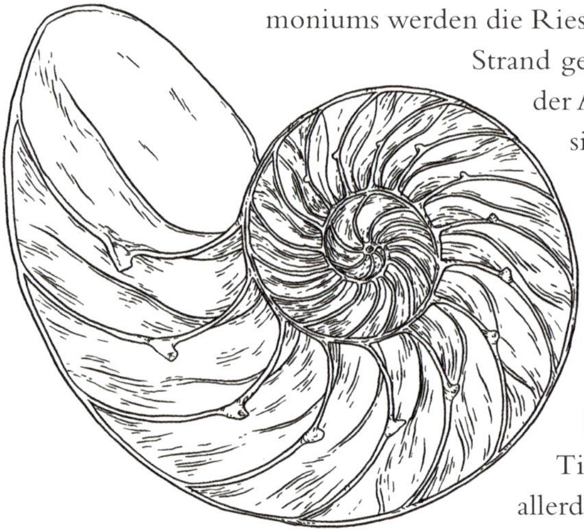

Eine andere Methode, seine Höhe zu regulieren, ist für die Bewohner der flachen Wasserzonen die mit Gas gefüllte Schwimmblase. Heringe setzen sie beispielsweise für ihren Auftrieb ein. Auch für bodenlebende Tiefseefische in 5000 Metern Tiefe ist dieser »Balloneffekt« recht nützlich – allerdings mit einer mit Fett und Guaninkristallen

ÖL- UND SCHLEIMAUFTRIEB

Auch Tiefseehaie setzen auf Fett – oder besser gesagt, auf Öl: Sie besitzen riesige Lebern, in denen sie große Mengen an leichten Ölen speichern. Ganz ähnlich halten es etliche Krebstiere der Tiefsee. Hingegen setzen die Viperfische – und einige Vertreter der Tiefseefische – mehr auf den Schleimauftrieb. Sie können deshalb bis zu einen Zentimeter dick mit Schleim überzogen sein.

ausgekleideten Schwimmblase, die den dort unten nur schwer nachzufüllenden Sauerstoff nicht entweichen lässt. Für viele Tiere der Zwielichtzone ist diese Idee jedoch nur bedingt sinnvoll. Der Grund: Gas dehnt sich bei Druckentlastung aus und wird bei Druckzunahme zusammengepresst. Das zeigt sich an Deck eines jeden Fischtrawlers, wenn der Fang aus den Netzen rollt: Bei vielen quillt die Schwimmblase, die sich durch den schnellen Aufstieg ausgedehnt hat, aus dem Maul. So etwas wäre beispielsweise für manche der täglich wandernden Laternenfische tödlich. Bei ihnen setzen oft nur die nicht wandernden Larven auf den Gasauftrieb einer Schwimmblase. Als Heranwachsende füllen einige Arten sie zunehmend mit Lipiden, mit Fetten oder Ölen also, denn auch die geben Auftrieb. Allerdings geht diese Methode auf Kosten der Größe – schließlich kann jede Kalorie nur einmal eingesetzt werden, und was für den Aufbau von Muskeln oder zum Einlagern von Lipiden in der Schwimmblase eingesetzt wird, muss man beim Wachstum einsparen.

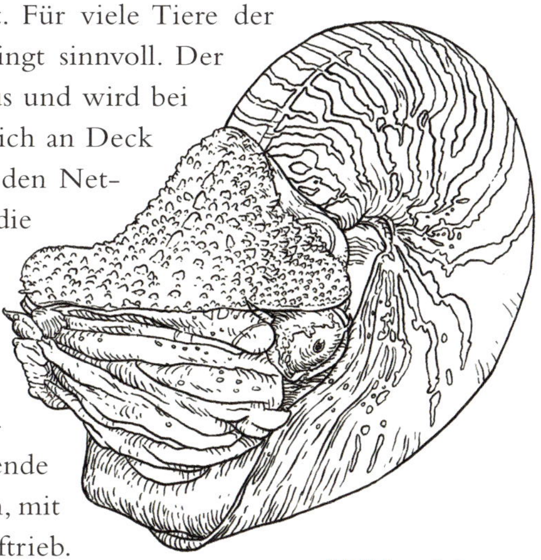

Abb. links und oben:
Perlboot, Nautilus
Größe: bis zu 27 cm
Tiefe: 400 – 650 m
Der Nautilus *gehört – wie beispielsweise die Kraken – zu den Kopffüßern, den Cephalopoden. Er ist ein lebendes Fossil, ein Relikt aus einer Zeit, als Ammoniten durch die Meere schwebten.*

Trotzdem hat der Gasauftrieb auch in der Tiefsee Anhänger, vor allem bei den Wirbellosen. Staatsquallen beispielsweise schwören darauf, und so übernehmen in ihrem Stock hoch spezialisierte Einzeltiere, die Pneumatophoren, diese Aufgabe. Sie bilden eine mit Kohlendioxid gefüllte Schwimmblase, die die Gemeinschaft dann als todbringenden Vorhang durch das Wasser schweben lässt. Auch *Nautilus,* das Perlboot, setzt ihn ein. Das mit Kalmaren und Kraken verwandte Tier lebt immer in der letzten Kammer seines wunderschönen, aufgerollten Gehäuses.

Alle anderen Kammern davor sind durch einen Sipho miteinander verbunden, der sie mit Gas versorgt, sodass *Nautilus* seinen Auftrieb gezielt regulieren kann. Das funktioniert, solange er nicht zu tief taucht. Bei 800 Metern Wassertiefe ist für ihn wohl Schluss.

Leben in einem Hochdruck-Kühlhaus

Ein Organismus, der für sich die Tiefsee als Lebenswelt erobern möchte, muss sich an die dort herrschenden Bedingungen anpassen: an Dunkelheit, Hochdruck und Kälte. Die Temperaturen um den Gefrierpunkt sind dabei wohl noch nicht einmal das größte Problem, wie ein Blick ins flache Wasser zeigt. Im flachen Wasser haben sowohl die arktischen wie auch die antarktischen Fische gelernt, aus Verdauungsenzymen einen biologischen Frostschutz zu entwickeln: Einmal geschah das vor 14 Millionen Jahren, als das Meer um die Antarktis abkühlte, das andere Mal vor etwa zweieinhalb Millionen Jahren in der Arktis. Die DNA der Fische verrät, dass beide Gruppen den Trick unabhängig voneinander gelernt haben und dass es keinen Austausch zwischen ihnen gegeben hat.

Die große Herausforderung für das Tiefseeleben scheint der Druck zu sein. Deshalb sind ans kalte Wasser gewöhnte Polarfische keineswegs prädestiniert, auch in die Tiefsee abzuwandern. Dafür braucht es mehr, denn der Druck dort unten ist immens: Befestigt man einen Kaffeebecher aus Styropor an einem U-Boot, kommt er als fingerhutgroßes Kügelchen wieder nach oben, weil alle Luft aus den Poren gepresst worden ist. Um sich an den Druck zu gewöhnen, muss sich der gesamte Körper umstellen, druckfest werden. Das Problem sind nicht die mit Wasser gefüllten Gewebe, die verändern sich bei hohem Druck praktisch nicht. Es geht vielmehr darum, die Biochemie druckfest zu machen, zum Beispiel die Zellmembranen. Normalerweise werden die Lipide – diesmal Fettsäuren – darin bei Kälte und Hochdruck hart wie Butter im Kühlschrank – und dann kommt nichts mehr in die Zellen hinein oder heraus. Die Kombination aus Druck und Kälte sorgt dafür, dass die Zellmembranen reagieren, als würde man sie bei

FROSTSCHUTZ À LA POL

An beiden Polen haben Fische Verdauungsenzyme zu biologischen Frostschutzmitteln weiterentwickelt, die sie in ihren Lebern produzieren. Mit ihrer Hilfe können Spezialisten wie der arktische Polardorsch *Boreogadus saida* oder der antarktische *Pagothenia borchgrevinki* selbst in -2,7 Grad Celsius kaltem Wasser verhindern, dass sie einfrieren. Dafür konnten es sich diese Eisfische auch leisten, die Produktion des roten Blutfarbstoffs Hämoglobin einzustellen, weil sich in kaltem Wasser besonders viel Sauerstoff löst. Ihnen reicht eine vergrößerte Kiemenoberfläche und ein hohes Herz- und Lungenvolumen, um selbst ohne Hämoglobin genügend Sauerstoff aufzunehmen.

Für Tiefseefische ist das keine Option – erstens, weil es in ihrem Wasser viel zu wenig Sauerstoff dafür gibt, und zweitens, weil es dort unten längst nicht so kalt ist wie im Lebensraum unter dem Eis, den *Boreogadus saida* und *Pagothenia borchgrevinki* gewählt haben.

–15 Grad schockgefrieren. Die Zellen eines Tiefseebewohners können nur funktionieren, weil sie ihren Membranen mehr ungesättigte Fettsäuren zufügen als die Lebewesen aus dem flachen Wasser – ein Trick, der übrigens auch bei der streichzarten Butter funktioniert.

Auch die Enzyme müssen druckfest gemacht werden. Enzyme sind Proteine, also Eiweiße, mit einer nicht zu unterschätzenden Bedeutung in der Biologie: Als Katalysatoren steuern und kontrollieren sie in den Zellen alle möglichen biochemischen Reaktionen – Verdauung, Atmung, die Herstellung von Proteinen und, und, und. Ohne sie läuft gar nichts, aber wenn sie unter Druck geraten, arbeiten sie langsamer und weniger präzise, können sogar reißen. Tiefseebewohner haben druckunempfindliche Enzyme, die vor allem ihre eigene Struktur schützen können. Dass sie langsamer arbeiten, scheint nicht so wichtig zu sein.

Wer immer dort unten lebt, hat die Anpassung an den normalerweise tödlichen Druck geschafft. Derzeit gehen die Forscher davon aus, dass die meisten Einwanderer in den Polregionen absteigen, dort, wo im Winter schweres, kaltes Oberflächenwasser hinabsinkt. So beobachten Meeresbiologen gerade in einem norwegischen Fjord, wie eine Seegurke die Tiefsee erobern möchte – oder besser gesagt: ihre Larven. Die vertragen nämlich höhere Drücke als die erwachsenen Tiere. Das kalte Winterwasser spült sie den Kontinentalhang hinab, sie kommen in Bereiche, wo der Druck höher ist. Irgendwann überleben ein paar

Larven, werden erwachsen, ertragen den Druck, pflanzen sich fort, und diese neuen Larven nehmen die nächste Etappe. Über Tausende von Jahren laufen zahllose kleine genetische Veränderungen ab – und schließlich ist die Einwanderung geschafft.

Während der Eiszeiten scheint in der Antarktis diese Einwanderung in immer tiefere Wasserzonen auf Hochtouren gelaufen zu sein. Es sieht deshalb so aus, als ob dort die Wiege für viele Tiefseearten stand.

Als die *Challenger* zehn Monate nach Fahrtbeginn das Kap der Guten Hoffnung erreichte, stand der Mannschaft die Fahrt in die für die Tiefsee vielleicht so wichtige Antarktis bald bevor. Inzwischen hatte die Crew an 147 Stationen große Erfahrung im Dredschen, Trawlen und Loten gewonnen. Jetzt kam der härteste und gefährlichste Teil der Reise. Am 28. Oktober 1873 kam morgens früh um 4 Uhr der Tafelberg in Sicht, und um 8 Uhr abends – nach den üblichen Arbeiten – legte die *Challenger* in Simon's Bay an, »dem sichersten Hafen in ganz Afrika«, wie Joe Matkin an seine Familie schrieb. Sechs Wochen wollte die Mannschaft in Simon's Town bleiben und das Schiff fit machen.

Aber zunächst einmal wurde die Besatzung wegen des Gelbfieberausbruchs in Bahia für 24 Stunden unter Quarantäne gestellt. Im Hafen

PARTNER GESUCHT

Eine andere Herausforderung in den dunklen Weiten der Tiefsee ist die Partnersuche. Bei vielen Tiefseewesen haben wir keine Ahnung, wie die Fortpflanzung funktioniert. Der Tiefsee-Anglerfisch zeigt allerdings eine ungewöhnliche Strategie: Wenn irgendwo ein Tiefsee-Angler seinen leuchtenden Köder auswirft, ist das ein Weibchen. Während sie groß sind, bleiben die Männchen geradezu lächerlich winzig: Schließlich besteht ihr Lebensziel darin, sich an ein Weibchen zu heften. Ist ihnen das gelungen, behalten die Männchen zwar noch ihre eigenen Kiemen, aber ihr Blutsystem wächst mit dem ihrer Partnerinnen zusammen: Von nun an wird er von ihr ernährt wie ein Fötus, ist nicht mehr als ein wurmartiger Fortsatz an ihrem Bauch. Seine einzige Aufgabe besteht darin, Spermien zu produzieren. Die Anglerfische haben nicht als Einzige diese Fortpflanzungsmethode entwickelt. Auch die Barten-Drachenfische *(Idiacanthus)* haben sich darauf verlegt, ebenso diverse Würmer, Weich- oder Schalentiere. Seegurken und Seeigel scheinen in der Tiefsee mehr auf Gruppensex zu setzen. Paul Tyler vom National Oceanography Centre in Southampton hat beobachtet, dass diese Tiere in Paaren oder »Herden« über den Meeresgrund wandern. Die Vermutung: Beginnt eines von ihnen zu laichen, könnte es sein, dass dieser Vorgang auch bei den anderen ausgelöst wird – und dann wäre es sehr viel sicherer, dass die ins Wasser entlassenen Eier auf Spermien treffen.

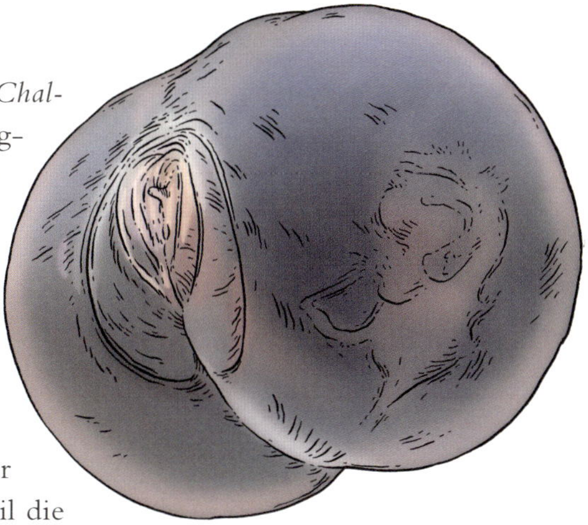

lag die *HMS Rattlesnake* direkt neben der *Challenger* und hatte Post und Zeitungen aus England an Bord. Sie war vor dem heutigen Ghana in ein Scharmützel zwischen dem Britischen Empire und dem Stamm der Ashanti verwickelt und ihr Kommandant, Commodore Commerell, dabei schwer verwundet worden. Er lag in einem Hospital an Land, während an Bord ein paar leichter Verletzte versorgt wurden. Dieser dritte Ashanti-Krieg war ausgebrochen, weil die Afrikaner unbedingt ihren letzten Handelsstützpunkt am Meer behalten wollten, das alte, von den Portugiesen erbaute Fort São Jorge da Mina. 30 000 Krieger hatten die Ashanti ausgesandt, um das Fort zurückzuerobern. Die Briten behielten zwar die Oberhand, konnten die Ashanti jedoch nicht sofort zurückschlagen.

Chaetopterus pugaporcinus
Größe: 2 cm
Tiefe: 900 – 1 000 m
Was lebt 1 000 Meter tief im Meer, ist so groß wie eine Murmel und sieht aus wie das Hinterteil eines Schweins? Chaetopterus pugaporcinus, *ein Wurm, der zu den Vielborstern gehört. Er lässt sich durch das Wasser treiben. An der kleinen Schleimwolke, die dabei aus seinem Mund quillt, bleibt seine Mahlzeit hängen.*

Das war die Lage, während die *Challenger* in Simon's Bay ankerte und auf die Reise ins Eis vorbereitet wurde. Obwohl sich die Wissenschaftler und Offiziere einen Urlaub gönnten, ging wohl niemandem aus dem Kopf, was dieser Fahrtabschnitt bedeutete. Seitdem der britische Seefahrer James Cook 100 Jahre zuvor die Antarktis entdeckt hatte, waren nur vier Expeditionen an die Grenze des Eises unternommen worden – und die *Challenger* war das erste dampfgetriebene Schiff, das sich dorthin wagte. So verwundert es nicht, dass etliche Matrosen wie in Halifax die Gelegenheit zum Desertieren nutzten – übrigens auch der Expeditionsfotograf, den die Polizei vergeblich suchte, wie Joe Matkin an seine Mutter schrieb. Das große Geld lockte. Ein paar Jahre zuvor hatten spielende Kinder in der Provinz Transvaal, in der Nähe von Zoutkloof, am Ufer des Orange River Diamanten entdeckt: Sie fanden einen großen Stein, der sich als Diamant mit 21 3/16 Karat entpuppte. Und obwohl zwischen der *Challenger* und Zoutkloof die berüchtigte Karoo-Wüste lag, lockte die Aussicht auf Reichtum. Wer das Schiff verließ, zog das Glücksspiel Diamantenrausch der zwar verdienstvollen, aber vielleicht tödlichen Forschungsfahrt mit endlos vielen Stationen fürs Dredschen und Loten vor.

Währenddessen wurde die *Challenger* neu aufgetakelt und frisch gestrichen, und alle Verbindungsteile wurden überprüft und erneuert. In der Zwischenzeit war Joe Matkin damit beschäftigt, den Proviant für die Antarktispassage zusammenzustellen, an der Umrüstung der *Challenger* mitzuarbeiten und die Antarktiskleidung zu besorgen. Bislang hatte er seinen ganzen Sold für seine Ausrüstung hergeben müssen, mal für die Tropen, mal für das Eis. Er hoffte, nach Neuseeland endlich Geld für seine Familie sparen zu können – dann müsste er ja endlich auf alles vorbereitet sein. Während Matkin Geburtstagsgrüße an seinen Cousin John Thomas Swann schrieb, wurde die *Rattlesnake* wieder in den Kampf gegen die Ashanti abkommandiert – ohne ihren Kommandanten, der nach den Lungen- und Beindurchschüssen immer noch zu krank war.

Den nächsten Brief sandte Joe Matkin an seine Mutter. Was darin stand, ging auch seinen Kameraden durch den Kopf. Er hatte sein Testament machen sollen, »aber ich hinterlasse nichts von Wert, nur das Federmesser, das mir Mr. Huntly vor drei Jahren geschenkt hat, und dabei habe ich eine der Klingen auf São Jago zerbrochen, als ich eine Kokosnuss öffnen wollte. Seitdem habe ich damit mein Essen zerkleinert und den Tabak und alle möglichen Früchte, und ich kann Dir garantieren, dass es ein wirklich gutes Messer ist«.

Bevor die *Challenger* sich in die Südozeane aufmachte, hatte Wyville Thomson noch etwas Wichtiges zu erledigen. Er schrieb einen Artikel für die *Philosophical Proceedings* der Royal Society, und darin gestand er offiziell seinen Irrtum ein. Es ging um den Meeresboden. Thomson gab Murray recht: Die Globigerinen grasten nicht den Meeresboden ab und kamen nur zufällig an die Oberfläche, sondern es war umgekehrt – sie lebten oben und sanken nach ihrem Tod hinunter. Der Grund der Ozeane war zwar belebt – aber nicht das weltumspannende Schlaraffenland aus nahrhaftem Schleim, für das Wyville Thomson ihn vor Beginn der Fahrt gehalten hatte. Am 1. Januar 1874 sollte der Aufsatz erscheinen, aber da arbeitete die *Challenger* schon ganz in der Nähe der Antarktis vor den Crozetinseln.

Am 17. Dezember 1873, um 6.30 Uhr, stach die *Challenger* in See. Die Korvette ächzte unter dem Proviant für sechs Monate. In jeder

Ecke des Schiffs standen Öfen. Joe Matkin war glücklich, dass einer dieser Öfen in der Nähe seiner Hängematte aufgestellt worden war. Und Campbell notierte: »ein schöner, ruhiger Morgen« – und daran sollten sie schon bald sehnsüchtig zurückdenken.

Seefeder
Umbellula magniflora
Größe: 100 cm
Tiefe: 600–6000 m
Diese Seefeder verankert sich mit ihrem Fuß im Tiefseeschlamm und streckt sich so hoch es geht über den Boden. Sie nutzt die dort stärkere Strömung aus, um sich Nahrung aus dem Wasser zu filtern.

8

Wer im Schlamm wühlt –

Von Dreistelzenfischen und Kerguelkohl

Am 19. Dezember 1873 fädelte sich die *Challenger* in den warmen Agulhasstrom aus dem Indischen Ozean ein. Die Wissenschaftler waren höchst gespannt darauf, ihn zu vermessen, schließlich glich er in vielem dem Golfstrom. Sie fanden heraus, dass das warme Wasser bis in etwa 700 Meter Tiefe reicht und der Strom 400 Kilometer breit ist. »Luft und Wasser sind 5 Grad Celsius wärmer als gestern«, so Leutnant Lord George Campbell. Zwei Fliegende Fische zeigten an, dass die Temperatur in der warmen Strömung über 22 Grad Celsius lag, und er fuhr fort: »Es ist seltsam: Seit dem Kap haben wir keine Vögel mehr gesehen, bis am Abend ein Albatros auftauchte.« Ein Vorbote dessen, was kommen würde.

Abb. links: Grenadier Hymenocephalus italicus *Größe: 25 cm Tiefe: 100–2000 m Grenadiere stellen immerhin 15 Prozent der Tiefseefische. Sie leben in allen Weltmeeren, meist nahe am Meeresgrund.*

Am 20. Dezember rollte die *Challenger* »wie verrückt« auf der Dünung: Manchmal schwankte sie mit bis zu 30 Grad von einer Seite zur anderen. Noch waren ein paar Fliegende Fische zu sehen, aber der Westwind brachte schon kältere Luft heran. In der Nacht zum 21. Dezember verließ die *Challenger* den Agulhasstrom und ging auf

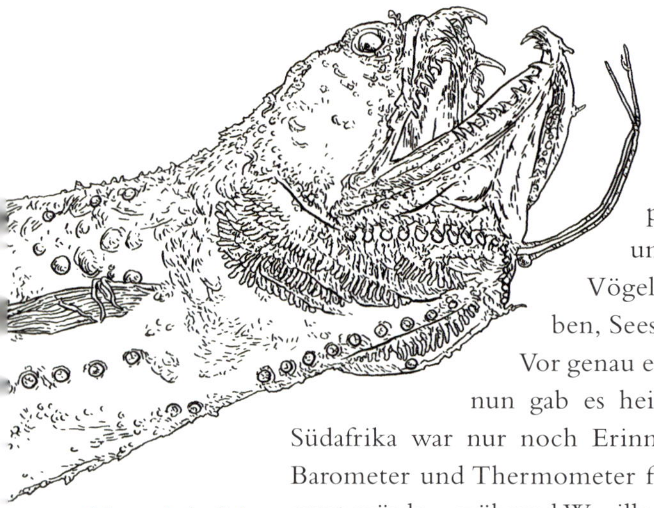

Südkurs – in Richtung Marion- und Prinz-Edward-Inseln. Die Wassertemperatur fiel innerhalb weniger Stunden um 11 Grad, und damit folgten plötzlich Vögel dem Schiff: Albatrosse, Sturmschwalben, Seeschwalben. Es gab Grund zum Feiern: Vor genau einem Jahr waren sie in See gestochen – nun gab es heißen Grog für alle. Das sommerliche Südafrika war nur noch Erinnerung: Das Wetter wurde schlechter, Barometer und Thermometer fielen. Jedem war bewusst, dass es nun ernst würde – während Wyville Thomson und John Murray im Laboratorium an einem Aufsatz über die wahre Natur der Tiefseesedimente arbeiteten. Zwischendurch ließen sie das erste Jahr Revue passieren: die Manganknollen, die sie gefunden hatten, die vielversprechenden Seelilien, den Golfstrom, den Dolphin-Rücken …

Schuppendrachenfisch
Stomias boa
Größe: 32 cm
Tiefe: 200–1500 m
Mit einem Leuchtorgan an seiner Kinnbartel lockt der Schuppendrachenfisch Beute an. Um besser zuschlagen zu können, trägt er in seinem Unterkiefer dolchförmig nach hinten gebogene Fangzähne.

Sie waren wieder in den Roaring Forties angekommen, wo Wassermassen aus allen Ozeanen ungehindert um den Planeten donnern. Die *Challenger* krängte, legte sich um fast 40 Grad zur Seite. An Lotungen war nicht zu denken, aber man kam gut voran. Böen jagten einander, Regen, starke Dünung. Die Luft wurde immer frostiger. Der Kapitän ließ an Matrosen und Bootsleute die Winterkleidung ausgeben: warme Winterjacken und Decken, Handschuhe, Pullover, dicke Unterwäsche und einen Südwester. Von nun an bekamen die Männer auf Nachtwache heißen Kakao serviert.

Am frühen Morgen des 23. Dezember zogen Schauer von Schneeregen über die *Challenger*, dann kam die Sonne heraus, und ein kalter, scharfer Wind fegte. Zum ersten Mal wurden die Öfen angezündet. Vor ihnen lagen nun Inseln, auf denen nur Pinguine und Walfänger lebten – und hinter den Inseln das ewige Eis der Antarktis.

Heiligabend, der zweite an Bord. Zum ersten Mal seit Tagen ließ der Seegang eine Lotung zu. Währenddessen vertrieb sich Campbell die Zeit damit, einen Albatros zu »angeln«. Er schleuderte achtern einen an einer Leine befestigten Fleischklumpen durch die Luft, hoffte, dass eines der Tiere herabschießen und sich den Brocken schnappen würde: »Der Trick besteht darin, die Leine trotz ihrer Länge im richtigen

Moment straff zu halten, damit sich der Haken richtig fest im Oberkiefer der Vögel verfängt, denn sobald er die Beute verschlucken kann, haut er mit seinem scharfen Schnabel das Seil durch. Es macht Spaß und ist sehr aufregend, vor allem, wenn sich mehrere Tiere gleichzeitig um den Köder balgen.« Diesmal hatte er kein Glück. Dafür tauchte ein Pinguin neben dem Schiff auf.

Weihnachten. Mittags kam die Marion-Insel in Sicht. Kalt und düster sah die Insel aus mit ihrem schneebedeckten, 1230 Meter hohen Vulkan, einem felsigen Strand und grünen Matten an den Flanken des Bergs. Um zwölf Uhr versammelte sich die Crew trotz des grässlichen Wetters an Deck, und die Schiffsband spielte *The Roast Beef of Old England* …

When mighty Roast Beef was the Englishman's food,
It ennobled our brains and enriched our blood.
Our soldiers were brave and our courtiers were good
Oh! the Roast Beef of old England,
And old English Roast Beef! …

»Es klang sehr schön, obwohl das Weihnachtsessen aus gesalzenem Schwein und Bohnensuppe bestand«, notierte Joe Matkin. Aber glücklicherweise hatten alle in Südafrika vorgesorgt, und so ging es der Mannschaft auch nicht schlechter als den Offizieren und Wissenschaftlern. Sie überlegten, wo sie wohl das nächste Weihnachten verbringen würden – irgendwo bei Hongkong, fanden sie heraus. Und während die Schiffsband Tanzmusik spielte, träumten sie von Asien und sprachen den Toast »Absent Friends« – den Freunden in der Fremde – mit besonderer Inbrunst.

Weihnachten 1873 war auf der Marion-Insel die Welt noch in Ordnung, wie auf den meisten anderen subantarktischen Inseln, die die *Challenger* in den kommenden Wochen besuchte – solange noch niemand Kaninchen darauf ausgesetzt hatte. Damals wuchs weder auf der Marion- noch auf der Heard-Insel oder den Kerguelen das Stachelnüsschen, das ab der Mitte des 20. Jahrhunderts einen der kargen Felsen nach dem anderen erobern würde. Der Grund: Die dann um mindestens anderthalb Grad wärmere Luft hilft dem Rosengewächs, alles andere zu überwuchern. Auch das hoch über dem Meer drohende Eisplateau, das die *Challenger*-Besatzung noch sah, ist inzwischen fast verschwunden. Der Klimawandel schlägt zu – und das hat nicht nur Folgen für die Inseln: Er verändert auch das Meer und damit die Nahrungskette bis hinab zum Tiefseeboden.

Zu Zeiten der *Challenger* (und auch noch 100 Jahre später) hätte niemand vermutet, dass der so entfernt scheinende Ozeangrund so eng mit der »Außenwelt« verbunden ist, waren die Wissenschaftler doch im Jahr zuvor mit der Hoffnung aufgebrochen, am Meeresboden ein erstarrtes Reich zu finden, in dem sich seit Äonen nichts verändert hat und lebende Fossilien von längst vergangenen Zeiten zeugten. Aber die Funde sprachen eine andere Sprache. Zwar gab es die altertümlich wirkenden Seelilien und Glasschwämme durchaus, aber die meisten Tiere kamen aus dem Hier und Jetzt.

DER STORREGA SLIDE

Nördlich von Trondheim in Norwegen ist der Tiefseeboden rau. Ungewöhnlich rau, denn hier liegen Blöcke von 60, 70 Metern Höhe wild durcheinander am Ozeangrund, als hätte ein wütendes Kind ein Haus aus Bauklötzen umgestoßen. Diese Blöcke sind die Narben des größten bekannten untermeerischen Erdrutsches, der Storegga Slide genannt wird.

Es geschah nach dem Ende der jüngsten Eiszeit. Auch in Skandinavien tauten die Gletscher. Das Land hob sich schnell, als die Last des Eises schwand, und dabei bebte immer wieder die Erde. Vor 8500 Jahren war es wieder so weit, nur dass diesmal vor der Küste Norwegens ein gigantischer Erdrutsch entstand: Ein Gebiet von der Größe Islands löste sich auf, schoss mit Tempo 100 durch die Tiefsee, schlitterte den halben Weg nach Grönland und rutschte dabei sogar über den Mittelatlantischen Rücken hinaus.

Die Auswirkungen blieben nicht auf die Tiefsee beschränkt. Die Verschiebungen in den Wassermassen lösten einen Tsunami aus: Zwei, drei Stunden lang wälzte sich eine Wasserwand aufs Land, überrannte die Küste Norwegens, Schottlands und Englands, staute sich in den Fjorden und Buchten. Wo das Land flach war, drang der Tsunami Hunderte von Kilometern tief ein. Als die erste Welle abgelaufen war, drängte die nächste heran. Drei-, viermal ging es so, wenn auch mit nachlassender Kraft; und jede dieser Wellen dauerte Stunden.

Die Steinzeitmenschen im dünn besiedelten Nordeuropa lebten am Meer – und der Tsunami ließ ihnen kaum eine Chance. Der Schrecken über die Katastrophe muss Jahrhunderte angehalten haben: Solange die Geschichten von Generation zu Generation weitergegeben wurden, siedelten die Nachfahren der Überlebenden in Schottland hoch über dem Meer. Auch in Norwegen verlieren die Archäologen vor 8200 Jahren die Spur der Steinzeitmenschen. Wahrscheinlich haben auch sie ihre Wohnorte verlegt.

Der Tiefseeboden ist nach dem freien Zwischenwasser der zweitgrößte Lebensraum der Erde. Wie groß er ist, macht vielleicht ein Bild deutlich: Würde alles Land über dem Meeresspiegel abgetragen und in die Ozeane gekippt, füllte es »nur« das Nordpolarmeer und das Mittelmeer auf: Alle anderen Meere blieben unangetastet. Der Tiefseeboden beginnt, wo in 200 Metern Wassertiefe der vergleichsweise steile und felsige Randbereich der Kontinente in den schlammbeladenen Kontinentalabhang übergeht, der wiederum von Riffen und Hügeln aus Kaltwasserkorallen gesprenkelt ist und langsam in die Tiefsee abfällt. Große Canyons durchschneiden diesen Abhang. Manche sind die untermeerische Fortsetzung von Flussbetten, andere erzählen von gigantischen Schlammlawinen, bei denen durch ein Erdbeben mit einem Schlag Millionen Tonnen von wasserdurchmischtem Sediment ins Rutschen kamen und tiefe Rinnen in den Stein rissen. Dann folgen die endlosen Weiten des Abyssals, Ebenen voll Schlamm und Schlick, die die Hälfte des Meeresbodens einnehmen. Sie werden durchbrochen von Tiefseegräben, Seebergen und den mittelozeanischen Rücken, vor denen Himalaja, Alpen, Rocky Mountains oder die Anden vor Neid erblassen. In den Tiefseegräben verschwände selbst der Mount Everest. Es ist eine gewaltige Landschaft – und ein herausfordernder Lebensraum.

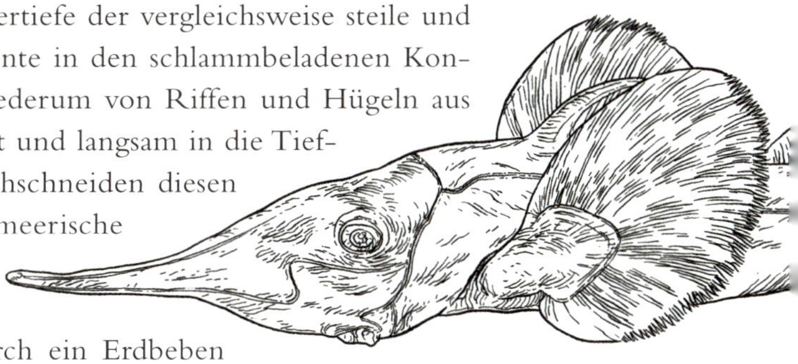

Langnasenchimäre
Harriotta haeckeli
Größe: 65 cm
Tiefe: 1400–2600 m
Die Langnasenchimäre stöbert mit ihrer langen Nase im Meeresboden nach ihrer Mahlzeit. Sie steht auf der Roten Liste der bedrohten Arten, denn sie landet als Beifang in den Grundnetzen der Tiefseefischer.

Hart im Nehmen

Wer den Alltag der Bewohner des Zwischenwassers für hart hält, kennt den am Tiefseeboden noch nicht. Drei Viertel des tiefen Ozeangrunds sind flach. Wie schon der kanadisch-schottische Naturwissenschaftler John Murray an Bord der *Challenger* herausgefunden hat, überzieht in Wassertiefen bis etwa 4000 oder 4500 Meter der weiche, kreideartige Schlick aus den Globigerinenskeletten, Kalkalgen oder, im flacheren Wasser, auch planktonischen Meeresschnecken den Boden. Unterhalb von rund 4000 Metern verschwindet aller Kalk – und mit ihm die

Globigerinen und wer sonst noch seine Kalkskelette der Tiefsee übergeben hat. Ton bleibt zurück, in dem die Reste kieseliger Einzeller wie Diatomeen oder Radiolarien stecken. Unter der Sargassosee und anderen Gebieten, wo das Wasser so klar und nährstoffarm ist, dass auch an der Oberfläche kaum jemand satt wird, kommen auf dem Tiefseeboden organische Reste kaum noch vor: Stattdessen überzieht ihn ein Tuch aus Wüstenstaub und feiner Vulkanasche.

Die Bodenzonen der abyssalen Ebenen bieten ihren Bewohnern eine ungeheuer karge Kost. Wenn es danach geht, was Sinkstofffallen im Atlantik und im Pazifik einfangen, gelangen zwar immerhin fünf Prozent der pflanzlichen Primärproduktion – also das, wofür die Algen sorgen – in Tiefen zwischen 200 bis 1 000 Metern. Bis zum Boden jedoch dringen nur noch ein bis drei Prozent durch. Es ist also nicht viel, was dort unten die Basis der Nahrungskette bildet: die Reste dessen, was von der Oberfläche herunterpurzelt, dann das abgestorbene Zooplankton des Zwischenwassers wie die Strahlentierchen-Kolonien von *Tuscaridium cygneum* und außerdem das, was zuvor schon einmal im Darm der anderen recycelt worden ist. Gelegentlich kommen die Glücksfälle hinzu, wenn die Kadaver eines Fischs oder sogar eines Wals auf den Meeresboden poltern.

Gespensterfisch Macropinna microstoma *Größe: 4–5 cm Tiefe: 16–1 050 m, meist 600–800 m Während Gespensterfische normalerweise nach oben schauen, sind die Augen von* Macropinna microstoma *beweglich und liegen unter einem durchsichtigen Kopfschild. Erkennt er Beute, richtet er seine Augen darauf und bringt den Körper in eine senkrechte Fressposition.*

Meeresbiologen haben berechnet, dass pro Jahr und Quadratmeter nur ein bis zehn Gramm organischen Kohlenstoffs dort unten landen. Weil das wenig greifbar ist, haben sie das Ganze auch direkt in Fischöltabletten umgerechnet. Auf den Quadratmeter bezogen, lebt das ganze Ökosystem ein Jahr lang von einer bis zehn dieser Tabletten. Und das bedeutet nicht, dass die Seegurken und Aalmuttern das alles für sich hätten, denn ein guter Teil des Fressbaren ist für sie als höhere Tiere erst zu nutzen, wenn es zuvor von Bakterien aufbereitet worden ist. Die zweigen natürlich ihren Anteil davon für sich ab – und sie verlangen nicht wenig: Er soll bei zwei Dritteln liegen.

Der Tiefseeboden ist also arm – vor allem in den Zentren der Ozeane, in denen nicht nur die Primärproduktion gering ist, sondern damit auch das, was durchs »Fress-Recycling« an Biomasse hinzukommt. Und trotzdem: Wohin man dort unten auch schaut, überall »kreucht und fleucht es«. Seeanemonen besiedeln den Boden, oder auch die bizarren Seefedern. Diese Seefedern halten auf der Planktonjagd ihre fedrigen Polypen so hoch wie möglich in die Strömung und verziehen sich bei Gefahr ganz in ihren wassergefüllten Fuß, mit dem sie sich im Schlamm festkrallen. Rote Garnelen nutzen jeden Ansitz – selbst einen Tiefseeschwamm, Schnecken ziehen über den Boden hinweg und manchmal ganze Herden von Seegurken. Bodenfische wie die Panzerknurrhähne warten allein und ruhig am Meeresgrund, dass die Zeit vergeht. Sie bewegen sich so wenig wie möglich, vertrauen zum Schutz auf ihren dicken, dornenbewehrten Knochenpanzer, trippeln höchstens auf den unteren Strahlen ihrer Brustflossen ein Stück weit vor, um ein paar Meter weiter im Schlick mithilfe der Barteln am Unterkiefer winzige Beute aufzuspüren, die sich der Knurrhahn dann ins zahnlose Maul stopft. Und dann die Würmer: allen voran die Vielborster. Wenn der berühmte theoretische Biologe, Genetiker und Exzentriker John Burdon Sanderson Haldane recht damit hat, dass der liebe Gott eine besondere Vorliebe für Käfer zeigt, dann gilt für die Tiefsee seine Gunst sicherlich den Vielborstern. Bislang sind mehr als 10 000 Arten von ihnen beschrieben worden – und es werden immer noch mehr. Durchs Wasser schlängeln sich die schmalen, bandförmigen Haarschwänze *(Trichiuridae),* immer auf der Suche nach einem guten Bissen, der ihnen in die große, mit Fangzähnen besetzte Mundspalte gerät. Um besser zupacken zu können, steht der Unterkiefer ihres spitzen Mauls vor. Über allem schwimmen die Kraken.

Ob Wurm oder Fisch, jeder Bodenbewohner versucht, seinen Teil aus dem Nahrungsniesel zu erwischen. Weil durch die Reibung mit dem Sediment die Strömung in Bodennähe immer langsamer wird und schließlich fast zum Erliegen kommt, strudeln sich Seelilien oder Seeanemonen mit selbst erzeugten Wasserbewegungen ihre Mahlzeit zusammen. Je höher man sich dabei über den Schlick aufrichten kann, umso besser, dann ist wenigstens noch etwas mehr Strömung übrig.

Geisterhaft weiße Korallen bauen Riffe, die sich meterhoch über den Boden erheben – und filtrierende Krebschen schweben darüber. Andere suchen ihr Futter kriechend auf oder im Boden, schlürfen das Sediment und ziehen an Verdaubarem heraus, was immer noch zu finden ist. Sie hinterlassen wirklich nur noch Schlamm. Diese Methode ist in der Tiefsee sehr erfolgreich: Schnecken ziehen deshalb ihre kurvenreichen Linien durch den Schlick, und vor allem die Seegurken, Würmer und Seeigel verlassen sich darauf. Auch Schlangensterne durchstöbern den Schlamm, fallen aber auch gerne über Aas her.

Überhaupt: Stachelhäuter wie Schlangen- und Seesterne, Seeigel, Seegurken oder Seelilien stellen die Masse des sichtbaren Bodenlebens. Allen voran die Seegurken: Wenn die Weidegründe gut sind, machen sie bis zu 90 Prozent der lebenden Organismen aus. Haben sie ein Gebiet »abgegrast«, lösen sie sich vom Boden und schwimmen mit schlagenden Bewegungen zu neuen Weiden – oder entkommen so ihren Fressfeinden.

Oft verraten sich die Tiere nur durch ihre Spuren: Viele Seeigelarten fräsen wie Maulwürfe durch den Boden, sodass an der Oberfläche nur ihre verschlungenen Rinnen wahrzunehmen sind. Dann sind da Löcher und Hügel, die den Tiefseegrund übersäen und ihn in eine Mondlandschaft verwandeln: Sie stammen von Würmern und anderem Getier, das unter der Oberfläche lebt. Manchmal kennen die Meeresbiologen diese Spuren schon lange, bevor sie ihren Produzenten – wenn überhaupt – zu Gesicht bekommen. So war es bei den seltsamen Spiralen, deren Bilder die Kameras der ROVs, der modernen ferngesteuerten Tauchfahrzeuge, immer wieder in die Kontrollräume auf den Schiffen sandten. Nur eine Schlammspirale am Meeresboden sah man darauf, sonst nichts. 2004 hatten Forscher an Bord der *FF G. O. Sars* endlich Glück: Sie filmten einen rosafarbenen Eichelwurm, ein Wesen, das vielleicht mit uns Wirbeltieren verwandt ist. Ganz klar ist das allerdings noch nicht. Dieser besondere Eichelwurm schiebt vorne das mehr oder weniger nahrhafte Sediment zwischen seinem stilvollen Kragen hindurch in die Mundöffnung und scheidet hinten die Reste als gleichmäßige Spirale wieder aus. Irgendwann scheint er sich vom Boden zu lösen, an den nächsten Platz zu schwimmen und eine neue Spirale zu beginnen. Wie dem auch sei, die Sedimentfresser der Tiefsee sind ungeheuer effizient: Es könnte sein, dass jedes Sedimentkorn zehnmal durch irgendeinen Magen wandert, ehe es endgültig abgelagert und zu Stein werden kann.

FLIEHENDE SEELILIEN

Seelilien wirken zart, hilflos – aber nicht alle sind es auch. Einige können nach Eidechsenart ihr Stängelende abwerfen und neu bilden. Sie greifen zu diesem Mittel, wenn ein hungriger Seeigel an ihnen zu knabbern beginnt. Dann brechen sie sich selbst ab, und während der Räuber den Stängel »kaut«, kriechen sie auf ihren fedrigen »Blütenköpfen« davon. Sie haben dann große Ähnlichkeit mit dem »Eiskalten Händchen« der Addams Family. Sollte der Seeigel ihnen folgen wollen, würde er das Rennen wohl verlieren: Seelilien haben eine Fluchtgeschwindigkeit von drei bis vier Zentimetern pro Sekunde – das reicht, um zu entkommen.

Das Königreich des Schlamms

Obwohl anscheinend nur die Reste der Reste unten ankommen, herrscht über, auf und im Tiefseeschlamm reges Leben, das sich selbst mit tropischen Regenwäldern und Riffen messen kann. Diese Erkenntnis stammt aus der zweiten Hälfte des 20. Jahrhunderts, denn die Vielfalt blieb lange unerkannt, weil sie unauffällig ist. Die meisten der Würmer, Krabben, Flohkrebse, Asseln und Scherenasseln, Schnecken und Muscheln entgingen zunächst dem menschlichen Interesse: Sie sind zu winzig, bringen es lediglich auf einige Millimeter oder wenige Zentimeter.

Die Protagonisten der Tiefseefauna sind damit oft kleiner als ihre Pendants in den flacheren Meereszonen. Als die ersten Forscher ihre grobmaschigen Netze nach ihnen auswarfen, schlüpften sie einfach unbemerkt hindurch. Auch auf frühen Fotografien blieben sie unentdeckt: Die Bilder zeigten nur hektarweise Modder, hier und da einen Seestern und ein paar Seegurken, die gemächlich durch die leere Landschaft krochen. Mehr nicht. Dann wurde 1966 – die NASA unternahm die ersten unbemannten Teststarts für den Flug zum Mond – an der Woods Hole Oceanographic Institution in Cape Cod, Massachusetts, ein kleiner, mit einem engmaschigen Planktonnetz bespannter Schlitten entwickelt, der über den Meeresboden gezogen wird. Während sich die Menschheit anschickte, die Erde zu verlassen, stieß dieser einfache Schlitten ein erstes Fenster in die unbekannten Tiefen unseres Planeten auf. Wenige Jahre später – die Gesteinsproben vom Mond wurden gerade untersucht – wurde der »Box corer« erfunden, ein stählerner Kastengreifer, der Happen vom Tiefseeboden herausbeißt und an Bord eines Schiffs holt.

Die Happen zeigen, dass das Leben in den Ebenen des Abyssals unglaublich vielfältig ist: Sie sind vor allem das Reich der Wirbellosen. In jeder Probe steckten Tausende oder Zehntausende von kleinen Organismen, die manchmal Hunderten von Arten angehörten, die Sediment schlürfen oder sich ihre Nahrung direkt aus dem Wasser angeln. Das Spektrum dieser Liliputfauna reicht von kleiner als einem Millimeter bis hin zu wenigen Zentimetern. Fadenwürmer sind häufig, die die Bakterien an den Sedimentkörnchen abgrasen. Dazu

DIE WELT DES METHUSALEM

Am Boden der Tiefsee wachsen die meisten Tiere langsam, dafür werden viele alt (sofern sie nicht gefressen werden), und sie pflanzen sich spät und meist auch selten fort – eine Folge des Hungers, der das gesamte Ökosystem prägt. Energie für die Fortpflanzung bringt man besser nicht zu oft auf. Am Tiefseeboden lebt eine Gesellschaft der Alten. Während die Tiere der oberen und mittleren Zwielichtzone meist ähnlich alt werden wie die an der Oberfläche, bringt es ein Granatbarsch hier auf mehr als 150 Jahre. Die noch nicht einmal fingernagelgroße Tiefseemuschel *Tindaria callistiformis*, die in Wassertiefen von mehr als 3800 Metern lebt, erreicht anscheinend ein Alter von rund 175 Jahren. Dabei wächst sie innerhalb von 100 Jahren nur auf acht Millimeter Größe heran, geschlechtsreif wird sie erst mit 50 oder 60. Allerdings trifft der Hang zum methusalemischen Alter anscheinend nicht für alle Bewohner der lichtlosen Tiefen zu. Beispiel: einer der häufigsten bodenlebenden Tiefseefische überhaupt, der weltweit verbreitete Grenadierfisch *Coryphaenoides armatus*. Um sein Alter zu bestimmen, haben Forscher der Universität Bergen kleine Knochen aus seinem Innenohr geholt. Diese kalkigen Strukturen werden Otolith genannt und zeigen Jahresringe, genau wie ein Baum. Zählt man sie, kommt man zu einem erstaunlichen Ergebnis: Anders als gedacht wird *Coryphaenoides armatus* höchstens 30 Jahre alt. Dabei ist er ein recht großes Tier. Er muss also schneller wachsen, als es für einen so tief lebenden Fisch für möglich gehalten wurde. Wie und was hinter diesem schnellen Wachstum steckt, das ist noch vollkommen offen, erklärt der Leiter dieser Arbeitsgruppe, Odd Aksel Bergstad vom norwegischen Meeresforschungsinstitut in Flødevigen.

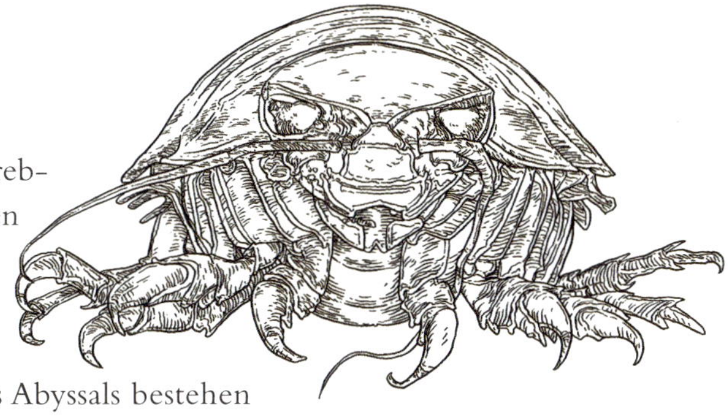

gibt es zahllose Arten von Ruderfußkrebsen mit langen Antennen, von winzigen Muschelkrebsen *(Ostracoda)*, von wurmartigen Hakenrüsslern *(Kinorhyncha)*, Bär- und Korsett-Tierchen *(Tardigrada* und *Loricifera)*. Viele der Lebewesen des Abyssals bestehen nur aus einer einzigen Zelle, wobei etliche ihre empfindlichen Körper durch Schalen schützen – so wie die bei Weitem häufigsten der mikroskopischen Tiefseewesen, die bodenlebenden, also benthischen Foraminiferen (nur eine Gruppe der Foraminiferen, die Globigerinen, lebt planktonisch und lässt sich von den Strömungen im Wasser treiben).

Riesenassel
Bathynomus kensleyi
Größe: 45 cm
Tiefe: 200 – 2 140 m
Riesenasseln geben sehr gute Beispiele für den Tiefseegigantismus ab. Im Gegensatz zu ihren Verwandten, die zwischen einem und fünf Zentimeter groß werden, sind sie wahre Monster.

Während viele Einzeller ihre Schalen selbst absondern, verkleben andere dafür Schlammpartikel mit organischem Leim. So hält es *Komokiacea*. Das Tier baut millimeterfeine, zarte, vielfach mit feinen Röhren verzweigte Gehäuse auf, die wie tropfen- oder kugelförmige Schlammbälle aussehen.

Anscheinend sind am Meeresboden die Räuber seltener als in den Wasserzonen darüber: Man gibt sich gerne mit Aas zufrieden und mit dem, was anderswo übrig bleibt. Zwar sind diese Nahrungsressourcen wohl spärlich, aber dafür vergleichsweise konstant. Hin und wieder gibt es sogar regelrechte Gelage, etwa wenn die Algenblüten an der Meeresoberfläche absterben und nach unten »plumpsen«.

Es ist eine ungewöhnliche Lebenswelt. In ihr scheinen manche Tiefseebewohner die Regel der Kleinwüchsigkeit zu brechen und sogar größer zu werden als ihre Kollegen in den lichten Wassertiefen. Und wieder tun sich vor allem die Wirbellosen mit einem Hang zum Gigantismus hervor. Etwa die Riesen-Asselspinnen *(Pycnogoniden)*, die trotz ihres Namens nur entfernt mit den Spinnen verwandt sind und die noch in 7 000 Metern Tiefe krabbeln. Sie bestehen fast nur aus Beinen und haben ihren Körper zu einem Stäbchen reduziert. Die größten Tiefsee-Exemplare bringen es auf Beinspannweiten von fast einem Meter.

Größe bei gleichzeitig niedrigem Stoffwechsel kann durchaus Vorteile haben: Nicht nur, dass man mehr in sich hineinstopfen kann – auch die Fruchtbarkeit wächst, die Weibchen produzieren mehr und

Weibliche Riesenasseln hüten befruchtete Eier in einem Brutbeutel, den sie aus den Brutplatten ihrer Schwimmbeine bilden. Darin wachsen die Jungen heran, bis sie fast voll entwickelte Miniaturausgaben der Erwachsenen sind.

größere Eier, aus denen sich mehr und größere Larven pellen, die wiederum mehr und Größeres fressen können. Außerdem leben große Organismen oft länger (der Riesenkalmar beispielsweise wird wahrscheinlich mindestens viermal älter als seine Kollegen an der Wasseroberfläche), und man ist mobiler, kann sich über größere Distanzen hin orientieren.

Weil Größe ein Vorteil am hart umkämpften Kadaverbuffet ist, setzen auch Aasfresser wie die Riesenflohkrebse *(Amphipoden)* darauf. *Eurythenes gryllus* etwa, der unterhalb von 1 000 Metern Wassertiefe lebt, wächst bis auf 15 Zentimeter heran. Riesenflohkrebse gehören zu den wichtigsten Aasfressern der Tiefsee – was nicht verhindert hat, dass die Wissenschaft lange nichts von ihrer wahren Bedeutung ahnte: Die Meeresbiologen entdeckten sie erst, als an Ködern versteckte Kameras beobachteten, wer alles zu Besuch kam. Noch aus vielen Kilometern Entfernung hat der Geruch des Todes sie angelockt.

Ebenso verlässt sich ein anderer Tischgenosse, dem selbst die beeindruckendsten Riesenflohkrebse bis in 2 000 Meter Wassertiefe seinen Platz am Wal- oder Krakenkadaver einräumen müssen, auf seine Größe: die Riesenassel *Bathynomus,* die bis zu 45 Zentimeter groß und mehr als anderthalb Kilo schwer wird. *Bathynomus* scheint jedoch nicht nur Aas zu fressen, sein Gigantismus erlaubt ihm wahrscheinlich mehr. Wenn er in die Grundschleppnetze der modernen Fischereiindustrie gelangt, greift er gerne auch Seegurken, Schwämme, Strahlentierchen *(Radiolarien)* oder Fadenwürmer an, die mit ihm darin gefangen sind. Für Tiefseewesen typisch, kommen auch Riesenasseln wochenlang ohne eine Mahlzeit aus, aber wenn es das Schicksal gut mit ihnen meint, fressen sie so viel, dass sie sich kaum noch bewegen können. Sie sehen durchaus gruselig aus: Mit ihren Antennen am Kopf und riesigen Facettenaugen scheinen sie direkt aus einem Science-Fiction-Roman entsprungen zu sein – eine schwer gepanzerte Alien-Invasionsmacht. Vielleicht war es gut, dass der französische Zoologe Alphonse Milne-Edwards die einschlägigen Filme nicht kannte, als er 1879 im Golf von Mexiko erstmals auf das Tier stieß …

Die blinden Augen der Tiefsee

Die Fische des Tiefseebodens versammeln sich vor allem an den Kontinentalabhängen, wo es mehr zu fressen gibt als weiter draußen auf dem Meer, oder an den Canyons und Seebergen, wo die Strömungen stärker sind und ebenfalls mehr Nahrung vorbeitragen. Sie bevorzugen auch die Wasserzonen, in die sich die Wanderer tagsüber zurückziehen – die geben einfach eine zu verlockende Beute ab.

Wie die anderen Tiefseebewohner besitzen auch die benthischen Fische empfindliche Sinne. Ihr Seitenlinienorgan dient ihnen dazu, feinste Bewegungen wahrzunehmen. Es taugt auch als Schalldetektor, denn viele Tiefseefische wie der Panzerknurrhahn senden tiefe Töne zur Verständigung mit den Artgenossen aus. Außerdem ist ihr Geruchssinn geschärft, vor allem damit sie über Meilen hinweg den nächsten Kadaver aufspüren können. Dafür fiel die Entscheidung, ob Augen denn nun nützlich sind oder nicht, bei den Fischen sehr unterschiedlich aus. Manche Tiefseebewohner leisten sich immer noch gut entwickelte Augen, während andere fast blind oder blind sind. Schließlich können alle Lebewesen, die nicht gerade auf Biolumineszenz bei der Partnerwahl oder Beutesuche setzen oder das tiefdunkelrote Licht der heißen Vulkanquellen wahrnehmen wollen, nicht mehr unbedingt etwas mit dem Sehsinn anfangen.

In der bodennahen Wasserzone haben sich viele Fische eingerichtet: Seehasen, Grubenaale, Dornrückenaale, Aalmuttern, Grenadierfische, Schlangenfische, Schleimaale, Grünaugen, Halosauridae … Sie stammen zwar aus unterschiedlichsten Gruppen, aber die meisten sehen sich recht ähnlich: Ihre Körper sind lang gezogen mit peitschenförmigem Schwanz, und ihre Zähne sind eher klein, keine furchterregenden, bizarren Hauer mehr. Ihre Rücken- und Afterflossen laufen oft wie ein Saum fast über die gesamte Körperlänge – ein Bauplan, der optimal ist für ruhige, schlängelnde Schwimmbewegungen in den langsamen Strömungen über dem Boden. Mit Schwimmblasen oder Wasser- oder Öleinlagerungen sorgen sie für den nötigen Auftrieb.

Großschuppenfisch
Scopelogadus beanii
Größe: 12 cm
Tiefe: 800–4000 m
Die Eier und Larven von Scopelogadus beanii *treiben nahe an der Meeresoberfläche. Sobald sie sich in einen erwachsenen Fisch verwandeln, ziehen sich die Tiere ins tiefe Wasser zurück, wo ihre Eltern leben.*

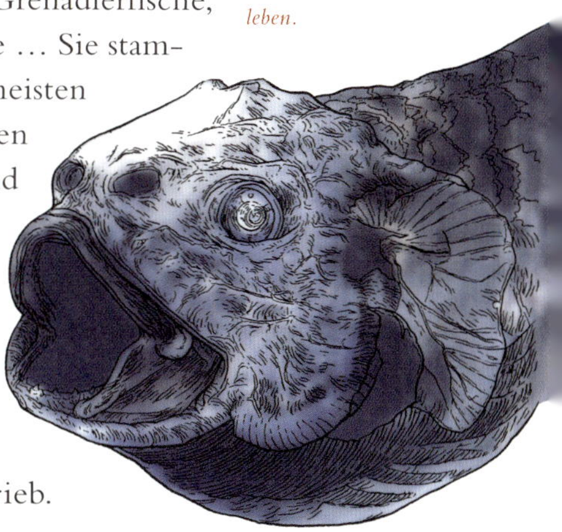

UND DEN TIEFENREKORD HÄLT …

Seit 1970 hält *Abyssobrotula galatheae*, ein Schlangenfisch, den Tiefenrekord. Damals wurde er von Wissenschaftlern an Bord des dänischen Forschungsschiffs *Galathea* aus 8 370 Metern Tiefe aus dem Puerto-Rico-Graben heraufgeholt.

Abyssobrotula galatheae ist zwar selten, aber sie scheint überall in den Tropen und Subtropen zu leben, und zwar am Meeresboden unterhalb von 3 110 Metern. Sie hat einen kurzen, nach unten gerichteten Kopf mit einer geschwollenen Schnauze voll kleiner Zähne. Damit stöbert sie nach Vielborstern, einer Wurmgruppe, aber auch nach Asseln oder Flohkrebsen. Ihr schlangenförmiger Körper ist weich und von einer durchsichtigen Haut überzogen, die wie ein paar Nummern zu groß gewählt wirkt. Ihre winzigen, tief liegenden Augen sind anscheinend zurückgebildet, aber dafür hat *Abyssobrotula* Sinneszellen am Kopf, die ihr alle wichtigen Informationen über die Umwelt liefern.

Wer des Öfteren schwimmen muss, um an sein Fressen zu kommen, dessen Muskulatur ist stärker ausgebildet und weniger wässrig als bei den schwebenden Wesen des Zwischenwassers und gleicht eher denen, die täglich zu ihrem Fressen wandern.

Dornrückenaale drücken sich auf dem Boden herum, schlecken dort Borstenwürmer und kleine Krebstiere auf. Die Grenadierfische, die wegen ihres schlanken, spitzen Schwanzes und des großen Kopfes auch Rattenschwänze genannt werden, suchen emsig mit ihrem spatenförmigen »Schnabel« im Boden nach Lebewesen und sind auch Aas durchaus nicht abgeneigt, ebenso wenig wie einem Laternenfisch oder einem Krebschen.

Bathypterois, der Dreistelzenfisch, hingegen hält von Bewegung nicht viel. Er setzt auf die Ansitzjagd am Meeresboden. Die Bauch- und Schwanzflossen bilden verlängerte Strahlen. Auf ihnen sitzt er wie auf einem Dreibein über dem Boden und hält den Kopf in die schwache Strömung. Seine Augen sind verkümmert, aber dafür stülpt er die verlängerten Strahlen der Brustflossen nach vorne und setzt sie als Antennen ein, um Beute wahrzunehmen.

Doch zurück zur *Challenger.* Den zweiten Weihnachtstag verbrachte die Besatzung auf der Marion-Insel. Für die Männer war es ein Fest: Es bereitete ihnen Freude, so viele Tiere wie möglich innerhalb kürzester Zeit zu töten – viel mehr, als für die zoologischen Forschungen oder den Kochtopf notwendig gewesen wären. Schon wenige Minuten nachdem sie an Land gegangen waren, hatte der Schiffsarzt einen See-Elefanten abgeschlachtet – aus Spaß. Auch unter den Albatrossen richteten sie ein wahres Massaker an. Angesichts des Blutvergießens wurde Campbell nachdenklich – aber nur kurz: »Ist es nicht eine Schande, alle diese wunderbaren Tiere nur wegen ihrer Flügel und Füße zu töten? Aus den ersten machen wir Pfeifenrohre, aus den letzteren Tabakbeutel.« Und weil es nicht einfach sei, einen Albatrossfuß zu enthäuten, stürben die meisten ganz umsonst, denn die Männer ruinierten die Häute. Die nachdenkliche Phase war schnell vorüber, und Campbell machte wieder weiter mit.

Zum Glück verließen sie die Marion-Insel am nächsten Morgen, und die Tiere auf der benachbarten Prinz-Edward-Insel blieben gleich ganz verschont: Nebel zog auf, und man beschloss, direkt zu den Crozetinseln zu segeln – nicht ohne vorher vom Kerguelkohl versucht zu haben, der in Mengen auf der Insel wuchs. Seit Captain Cook war bekannt, dass er ganz gut schmeckt, und man war sich einig, dass er etwas von Spinat hatte, nur sehr viel bitterer.

Seeanemone
Actinostola callosa
Größe: bis zu 30 cm
Tiefe: 10–1480 m
Diese Seeanemone lebt massenhaft im Lurefjord bei Bergen. Den hat die Tiefseequalle Periphylla periphylla *erobert. Obwohl die Seeanemonen verzehren, was immer sie mit ihren Nesselfäden erhaschen – Hunderter von Millionen* Periphylla *werden sie nicht Herr.*

9

Der Weg zur Vielfalt –

Von Walbuffet und Jagdfieber

Es war noch nicht einmal 3 Uhr in der Früh, als die *Challenger* am Silvestertag 1873 die Crozetinseln sichtete. Die Trawls der vergangenen Tage hatten ein ungewöhnlich vielfältiges Spektrum an Lebewesen ans Tageslicht gebracht: »Was soll ich sagen – es war alles darin: 19 Fische, einige davon neue Arten! Wunderschöne Schwämme, darunter Gießkannenschwämme. Seesterne, so viel wie man möchte, auch unter ihnen waren vier neue Arten, eine riesige Spinnenkrabbe, mit einem Körper, so groß wie ein Schilling, aber mit 20 Zentimeter langen Beinen! Viele Seelilien und ein großer Tintenfisch.« Leutnant Lord George Campbell war begeistert. In den unwirtlichsten Breiten, die man sich auf hoher See vorstellen kann, erstaunte die Vielfalt am Meeresgrund: »Hier scheint die Kinderstube für fast alle Meerestiere zu sein«, fügte er gut gelaunt an. Dass er während des Trawlens einen Albatros »geangelt« hatte, wird seine Stimmung noch verbessert haben. Bei so viel Erfolg machte selbst der dicke Nebel niemandem etwas aus.

Abb. links: Kaiserbarsch (Granatbarsch, Orange Roughy)
Hoplostethus atlanticus
Größe: bis zu 75 cm
Tiefe: 180–1800 m
Der Orange Roughy wird rund 150 Jahre alt und pflanzt sich mit 35 Jahren zum ersten Mal fort.

Am 2. Januar 1874 näherte sich die *Challenger* Possession Island und East Island, die zu den Crozetinseln gehören. Es war ein »schöner Abend«, schrieb Campbell weiter: »Zum Horizont hin färbte sich der Himmel blau-golden, und die Sonne funkelte über einer schweren Bank aus gelbem Nebel, aus dem wir gesegelt sind.« Possession Island selbst wirkte abweisend: dunkelgrüne Hänge und schwarze, raue Felsterrassen, die sich im Nebel verloren. Um die Klippen kreisten Schwärme von Seevögeln. In einer der Buchten stand eine Hütte, ein Boot lag dort, einige Ölfässer. Kapitän Nares befahl, einen Schuss abzufeuern – aber niemand reagierte. Kein Lebenszeichen. Die Insel war verlassen. Der Wellengang war so hoch, dass es riskant gewesen wäre, in der Bucht zu ankern – also fuhr man weiter.

Im Lauf der Nacht kam zunächst ein Sturm auf. Kaum hatte sich der Wind beruhigt, verschloss der Nebel alles wieder wie mit einem Vorhang. Also brach man direkt zu den Kerguelen auf. 1000 Kilometer in drei Tagen, bei Regen und Nebel und ein oder zwei Schneeschauern. Am Morgen des 7. Januar 1874 kamen sie an, gingen um 8.30 Uhr in Christmas Harbour vor Anker. Kein Wunder, dass Entdecker James Cook das Land bei seinem Besuch 1776 sofort in »Inseln der Trostlosigkeit« umbenannt hatte: »Die Kerguelen schauen finster aus, gesäumt von steilen, schwarzen Kliffs, mit Schneeflecken in den höheren Lagen der dunklen Berge, umgeben von einem grauen Meer, das von weißen Gischt-Pferden gesprenkelt ist«, beschrieb Campbell das Archipel. Wie schon Cook wusste auch er über die Insel nicht viel Positives zu sagen: Man konnte dort gut vor Anker gehen – »der beste Ankerplatz in den ganzen Südozeanen«. Aber sonst …

Man hielt sich an der Tierwelt der Inseln gütlich. Für sie war das Ankern der *Challenger* ein Desaster. Anders als die auf der Marion-Insel hatte sie das Pech, dass die Besatzung bis Anfang Februar wüten durfte. Gleich am ersten Tag frönten die Männer in mehreren Gruppen dem sinnlosen Abschlachten: Die Königspinguine »sehen aus wie russische Wachposten auf der Krim, weil sie mit ihren gerade abgestreckten Flügeln so steif und unbeweglich wie Soldaten dastehen. Sie sind weiß und rötlich schwarz mit gelben Füßen, absolut harmlos und schauen hilflos aus, wenn sie getötet werden«, bemerkte Schiffssteward

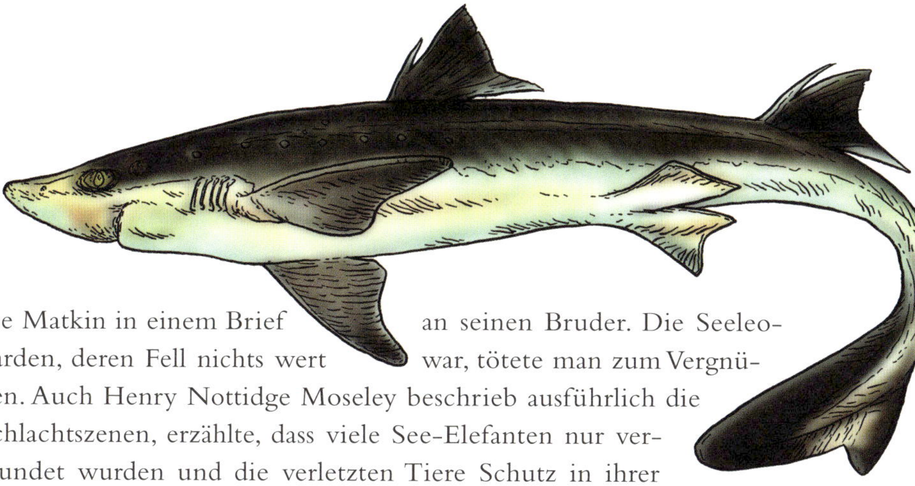

Joe Matkin in einem Brief an seinen Bruder. Die Seeleoparden, deren Fell nichts wert war, tötete man zum Vergnügen. Auch Henry Nottidge Moseley beschrieb ausführlich die Schlachtszenen, erzählte, dass viele See-Elefanten nur verwundet wurden und die verletzten Tiere Schutz in ihrer Herde suchten. Der Biologe fand es erstaunlich, welch »enorme Menge Blut« in einem See-Elefanten stecke, dass es das Wasser in einer ganzen Bucht rot färbe.

Dornhai
Squalus acanthias
Größe: 100 cm
Tiefe: 0–900 m, meist bis 200 m
Der Dornhai steht wegen Überfischung auf der Roten Liste. Weil die Tiere sehr langlebig sind, spät geschlechtsreif werden, 18 bis 22 Monate tragen und eine Generationenfolge von 25 bis 40 Jahren haben, gehören sie zu den gefährdetsten aller Haiarten.

Während einer Entenjagd traf man zufällig die Besatzungen von drei US-amerikanischen Walschonern. Deren Kapitäne – »echte Yankees«, so Campbell – aßen von da an fast jeden Abend mit den Offizieren der *Challenger* und erzählten wilde Geschichten davon, wie sie Wale mit einer Art Bombe erlegten …

Kleine Welten im Wasseruniversum

Während der gesamten *Challenger*-Expedition machten sich der Zoologe Charles Wyville Thomson und der Naturwissenschaftler John Murray immer wieder Gedanken darüber, dass sich überall auf der Welt die Bodenlebewesen der Tiefsee zu gleichen schienen. Das war »langweilig«, aber irgendwie auch verständlich: Die Meere waren miteinander verbunden, überall war es finster, überall herrschten Temperaturen knapp über dem Gefrierpunkt, und auch der Druck war immer so, wie es die Gesetze der Physik für diese Tiefe verlangten. Der Salzgehalt schwankte kaum, ebenso wenig die Zusammensetzung des Sediments, die über viele Kilometer gleich blieb. Es gab kaum etwas Monotoneres als den Tiefseeboden – diese Überzeugung bildete sich jedenfalls an Bord der *Challenger* heraus. Weil sich die Wassermassen rund um die Welt am Meeresboden ausbreiten und ebenso in den mittleren Tiefen, ohne dass es Barrieren zu geben schien – warum sollte es also nicht überall am Meeresboden dieselben Arten geben? John Murray jedoch gefiel die Idee von Anfang an nicht. Aber es dauerte Jahre, ehe er nach der Auswertung der wissenschaftlichen Resultate belegen konnte, dass die Welt unter den Wellen nicht vollkommen grenzenlos ist und nicht überall ein- und dieselben Arten vorkommen.

Allerdings hatte er noch nicht einmal die leiseste Ahnung, welche Vielfalt sich am Tiefseeboden verbarg. Anfang des 21. Jahrhunderts ist jedoch klar, dass sie riesig ist, genau wie die im tropischen Regenwald – und hier wie dort weiß niemand, ob sich nun eine Million Arten zusammengefunden haben oder 100 Millionen. Die Frage ist jedoch, wie diese unglaubliche Vielfalt in einer scheinbar so eintönigen Welt zustande gekommen ist. Eigentlich sollten solche Bedingungen eher dazu angetan sein, Arten verschwinden zu lassen – aber das Gegenteil passiert: Die Vielfalt explodiert. Warum das so ist, das haben die Meeresbiologen bislang noch nicht ganz enträtselt. Sie kennen jedoch Teile der Antwort.

So profitiert der eine schon von der bloßen Existenz des anderen. Ein Schwamm bietet der kleinen roten Tiefseegarnele, die auf ihm sitzt, eine leicht erhöhte Position, und die hilft ihr beim Angeln nach Fressbarem, weil sie ein bisschen über das fast stagnierende Bodenwasser hinausreicht. Oder *Xenophyophoria,* ein riesiger Einzeller, den der Biologe Ernst Haeckel zunächst für einen Schwamm gehalten hatte. *Xenophyophoren* bauen sich aus winzigen Sandkörnern und Exkrementen eine zarte, reich verzierte Hülle. Bakterien besiedeln den Kot und verwandeln ihn in Nahrung für ihren Wirt. Der kann sich mithilfe von Ausstülpungen aus seiner Zelle – von Scheinfüßchen – auch frisches Futter aus dem Wasser holen. Ansonsten rühren sich *Xenophyophoren* nicht. Dafür sind sie so etwas wie handgroße Mehrfamilienhäuser, die kleinen Tieren als Unterschlupf dienen: Würmern etwa, Vielborstern, Ruderfußkrebsen oder Asseln und selbst Schlangensternen. So ein Rieseneinzeller bedeutet für sie Schutz, Nahrung und einen Sammelpunkt zur Fortpflanzung. Jedenfalls nutzen ihn die Tiefseeasseln so: Sie ziehen in *Xenophyophoria* ihre Jungen groß. Wo es *Xenophyophoren* gibt, leben am Boden drei- oder viermal mehr Krebstiere, Stachelhäuter oder Weichtiere als anderswo.

Ein anderes Mosaiksteinchen zur Erklärung der Vielfalt ist der Nahrungsmangel: Nährstoffarme Ökosysteme sind oft besonders artenreich, wie die Riffe um Hawaii oder Tahiti beweisen, der klare Baikalsee oder der Amazonas-Regenwald. Der Grund: In einer solchen Umgebung kann kein einzelner Organismus dominant werden und die anderen verdrängen. Jeder schaut, wie er überlebt. Und noch etwas haben diese Lebensräume gemeinsam: Sie sind sehr, sehr alt und für Ökosysteme recht stabil – aber nicht erstarrt. So wie es im Amazonas feuchtere und trockenere Perioden gibt, gibt es auch in der Tiefsee veränderliches »Meereswetter«, um nur ein Beispiel zu nennen.

Am wichtigsten ist jedoch das Beziehungsgeflecht der Tiere: Wie im Amazonas-Regenwald gliedern auch am Meeresboden winzige Veränderungen den Lebensraum. In der Tiefsee werden selbst kleine Störungen zur Chance – etwa die Wurmhügel, die den Meeresboden geradezu übersäen können. Im Santa-Catalina-Becken vor Südkalifornien beispielsweise baut sie der Igelwurm *(Echuria)*, ein kurzes, dickes Tier, das u-förmige Gänge in den Schlick gräbt. Aus einem Ende seiner Wohnröhre streckt er seinen sehr langen Rüssel, der wie eine Zunge funktioniert, und saugt das Sediment rings um seinen Fresseingang

GROSSE WUNDEN HEILEN LANGSAM

Es gibt auch Störungen im Meeresboden, die die Artenvielfalt für längere Zeit beeinträchtigen: die Tiefseestürme etwa, die an den Kontinentalhängen gigantische Sedimentwolken aufwühlen können. Wo sie hochwirbeln, haben kleine Tiere keine Chance zu überleben, oder sie werden zumindest vertrieben. Schwierig ist es auch dort, wo sich der Schlamm dieser Stürme nach einiger Zeit wie eine Decke niederlegt und alles erstickt. In beiden Zonen dauert es, bis alles wieder normal ist.

Eine Spur der Verwüstung lassen auch Rutschungen zurück, wenn Sedimentmassen an Kontinentalhängen, mittelozeanischen Rücken, Seebergen oder Tiefseegräben nach unten rauschen. Ereignen sich solche Hangrutschungen nicht zu häufig, erobern die Tiere das Gebiet erneut. Zu den Pionieren in diesen Gebieten gehören dann Würmer, Muscheln und Asseln ... Allerdings ist die Zahl der Lebewesen zunächst viel geringer als vorher, und auch die Vielfalt lässt eine Weile zu wünschen übrig.

Zonen, in denen solche Rutschungen öfters niedergehen, sind für Bodenbewohner verständlicherweise nicht sonderlich attraktiv. Allerdings haben die Meeresbiologen diese Gebiete bislang kaum unter die Lupe genommen. Es ist durchaus wahrscheinlich, dass es auch für diese Ökosysteme Spezialisten gibt, die sich gerade dort besonders wohl fühlen.

herum ein. Mit der Zeit entsteht so ein Trichter von fast einem Meter Durchmesser. Am anderen Röhrenende deponiert er seine Verdauungsprodukte, damit er sich nicht an ihnen vergiftet. Dort baut er innerhalb weniger Monate einen Hügel aus Kotkügelchen auf, der wiederum andere Tiere wie etwa Borstenwürmer unwiderstehlich anzieht. Die siedeln dann in großer Zahl auf diesem einige Dezimeter hohen und einen halben Meter breiten Hügel.

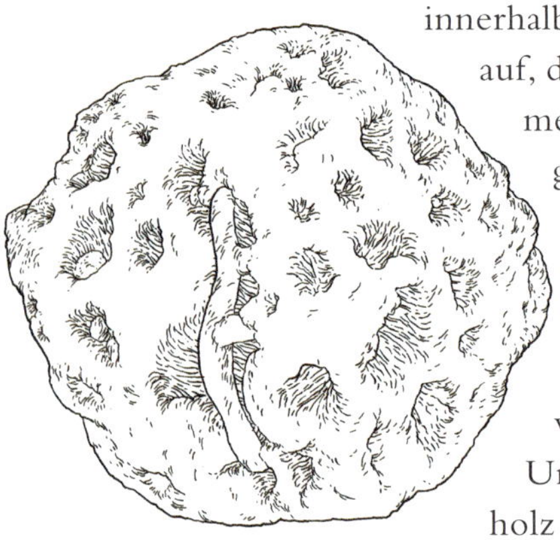

Diese kleinen, vorteilhaften Beziehungen sind es, auf denen die Vielfalt in der Tiefsee offenbar beruht: Die Bewohner der monotonen Schlammwelt scheinen sich ihre Nischen selbst zu schaffen. Und dann gibt es ja auch noch herabsinkendes Treibholz oder den Kadaver eines toten Fischs oder gar eines Wals. Das alles kann bewohnbare Inseln schaffen, weil es die Monotonie kleinräumig stört und unterschiedliche Lebensbedingungen schafft – so wie ein umgefallener Baumriese im Regenwald nicht nur Licht auf den Boden dringen lässt, sodass fast schon vergessene Samen keimen können, sondern durch seine Verrottung auch noch die Nährstoffe liefert, die die Neuen zum Wachstum brauchen.

Xenophyophoria
Größe: wenige mm bis 25 cm
Tiefe: 850 bis mindestens 7 700 m
Diese riesenhaften Einzeller bilden am Grund von Tiefseegräben dichte Ansammlungen von mehr als 2 000 Exemplaren pro 100 Quadratmeter. Dann bedeckt der Schleim, den sie absondern, den ganzen Boden.

Schlaraffenland

Der Bedeutung des Aases bei der Nischenbildung kamen die Meeresbiologen seit den 1970er-Jahren auf die Spur, nachdem der Meeresbiologe John Isaac von der Scripps Institution of Oceanography in Kalifornien am Meeresboden köderbestückte Zeitrafferkameras aufstellen ließ. Sie enthüllten eine regelrechte Prozession: Unter anderem kam gleich beim ersten Einsatz der Kamera ein riesiger Hai vorbei, der mit seinem anderthalb Meter breiten Kopf das ganze Bild ausfüllte. Die Tiere kämpften so lange um ihren Platz am Kadaver, bis kein Bissen mehr zu holen war. Dann verschwanden sie – wobei sie mit dem durcheinandergewirbelten Sediment ein Schlachtfeld hinterließen. Die »einheimischen« Bodenbewohner werden gestört, getötet oder vertrieben – und dann übernehmen andere Arten, denen der aufgewühlte Schlamm nichts ausmacht und die sonst gegen die Platzhirsche des »ordentlichen« Sediments keine Chance haben, bis sich die Lage wieder normalisiert hat.

Vor allem aber verwandelt ein toter Fisch und erst recht ein toter Wal den Meeresboden in ein Schlaraffenland für alle, die in großen Arealen auf der Suche nach solchen unerwarteten Nahrungsquellen umherstreifen. Verrottendes Aas verbreitet den »unwiderstehlichen Duft« des Todes, lockt sie von weit her an. Tiefseebewohner haben einen feinen Geruchssinn, dem sie gegen die Strömung folgen. Dabei ist es bemerkenswert, wie schnell sie beispielsweise einen toten Wal – die wohl ergiebigste Nahrungsquelle dieser Art – aufspüren. Schon nach ein paar Minuten nähern sich die ersten Flohkrebse *(Amphipoda),* stürmen mit einer Geschwindigkeit von fünf Körperlängen pro Sekunde voran: rasant für ein zweieinhalb Zentimeter großes Tier. Haben sie ihr Ziel erreicht, machen sie sich wie wild über den Kadaver her.

Dabei lassen sie sich weder von den Grenadierfischen noch von den dünnen Schleimaalen abhalten, die zu Hunderten einfallen und wuselnd und wimmelnd die Fleischmasse bedecken. Die Schleimaale – die übrigens keine Aale sind, sondern zu den Kieferlosen gehören und mit den Neunaugen verwandt sind – verknoten ihre Körper, um größere Happen herausreißen zu können. Unablässig sondern sie dabei Schleim ab, um ihren Platz gegen die Konkurrenten zu verteidigen. Die Flohkrebse zumindest stört das nicht, sie fressen den Schleim gleich mit. Sind die Schleimaale fürs Erste satt, liegen sie mit dick geschwollenem Bauch neben dem Kadaver und verdauen erst einmal, bevor sie sich wieder ins Getümmel stürzen.

Die heiße Schlacht am Walbuffet ist in vollem Gang, wenn Schläferhaie vorbeischauen und sich ihren Anteil holen. Nach einer Weile beginnt sich der tote Wal zu regen: Dann haben es sich große Flohkrebse in ihm gemütlich gemacht. Mit ihren messerscharfen Mundwerkzeugen (Mandibeln) säbeln die Hyänen der Tiefsee selbst den größten Wal in Rekordzeit auseinander. Wird das Fleisch knapp, wird es ungemütlich. Man kämpft bis zum letzten Bissen, ehe die Suche nach einem neuen Schlaraffenland beginnt.

Allerdings nicht für alle. Denn sobald nach wenigen Wochen die ersten Walknochen frei liegen, schlägt die Stunde der Spezialisten: der Tiere, die ausschließlich auf Walknochen leben. Diese Knochen werden jetzt zu einem ganz besonderen Ökosystem im Miniaturformat, zu einem Ökosystem, das auf chemischer Energie beruht – dem Fett in den Knochen. Nach einem Jahr wohnt auf ihnen eine bunte Gemeinschaft aus Muscheln, Ringelwürmern und Krebsen. Inzwischen sind Dutzende von Arten bekannt, die ausschließlich dort vorkommen. Kleine Ringelwürmer bilden einen roten Teppich auf den Knochen. Der Herrscher dieses Ökosystems ist jedoch *Osedax,* der »Knochenfresser«. Dieser Röhrenwurm wird zwei bis sieben Zentimeter lang, sieht aus wie eine Miniaturpalme mit roten Wedeln – den Tentakeln – und mit grünen »Wurzeln«, die in den Knochen hineinwachsen. *Osedax*-Würmer arbeiten spezialisiert und folgen aufeinander wie Pflanzen, die einen neuen Lebensraum besiedeln: Es gibt Arten mit flachen Wurzeln, die das ganze Skelett überziehen. Sie sind die Ersten. Später kommen andere, die sich tiefer in die Knochen hineinbohren und ihre Vorgänger ersetzen. Es gibt sogar Spezialisten, die aussehen wie ein Schweineschwänzchen und die ihre Wurzeln in die Knochen versenken, die in dem sauerstofflosen Schlamm unter dem sich zersetzenden Körper liegen. Sie alle verlassen sich bei ihrer Ernährung ganz auf Bakterien, die in diesen Wurzeln leben und die Proteine und Lipide in den Knochen verdauen. Mit den Wedeln verschafft sich *Osedax* den nötigen Sauerstoff aus dem Meerwasser.

DIE FOLGEN DES WALFANGS

Weil der Mensch Jagd auf Wale macht, lebt in den Weltmeeren heute nur noch ein Bruchteil der Wale, die noch vor 300 Jahren existierten. Bei den großen Arten wie den Blau- oder Finnwalen sind aus einst Hunderttausenden Tieren ein paar Tausend geworden – weltweit. Allerdings beherbergt der Lebensraum Walkadaver ein breites Spektrum von Organismen, die sich ganz auf dieses Ökosystem spezialisiert haben. Ihnen droht durch den Walfang der Lebensraum verloren zu gehen: Wir rotten diese Tiere aus, vernichten Arten, von denen wir uns nie hätten träumen lassen, dass sie existieren – und das könnte Folgen für ganz andere Ökosysteme haben, nämlich die berühmten Black Smoker, die »Schwarzen Raucher«.

Dabei bestehen diese »Palmen« ausschließlich aus weiblichen *Osedax*-Würmern, die Männchen sind mikroskopisch klein und leben zu Hunderten in den Röhren der Weibchen. Für die Befruchtung der Eier werden die Männchen mit Nährstoffen versorgt, ansonsten haben sie in der Wurmgesellschaft nichts zu sagen. Aber das ist nicht ungewöhnlich in der Tiefsee, wo parasitär lebende Männchen häufig vorkommen. Interessant ist allerdings, wie sich das Geschlecht entscheidet. Das haben Wissenschaftler vom Monterey Bay Aquarium Research Institute herausgefunden. Ein *Osedax* kommt als Larve zum Knochen – mit den Meeresströmungen oder indem er sich ein »Taxi« nimmt und sich an andere Aasfresser heftet. Die ersten *Osedax*-Larven, die den Kadaver erreichen, lassen sich auf den Knochen nieder und verwandeln sich in Weibchen. Wer später kommt, fällt in diese Weibchen hinein und verbringt den Rest seines Lebens als eingesperrtes Männchen.

Spätestens nach 100 Jahren ist selbst der größte Wal verspeist. Dann stirbt das Ökosystem. Die Knochenspezialisten haben nur über ihre Larven eine Chance, als Art fortzubestehen. Deshalb produzieren Tiere, die sich auf Walkadaver spezialisiert haben, viele Larven. Die driften dann durch das Wasser und »hoffen«, dass sie mit ihren Sensoren einen neuen Wal finden, auf dem sie sich niederlassen und aufwachsen können. Weil das Habitat sehr energiereich ist, entstehen schnell neue Kolonien, die wieder viele neue Larven produzieren – bis auch das verspeist ist …

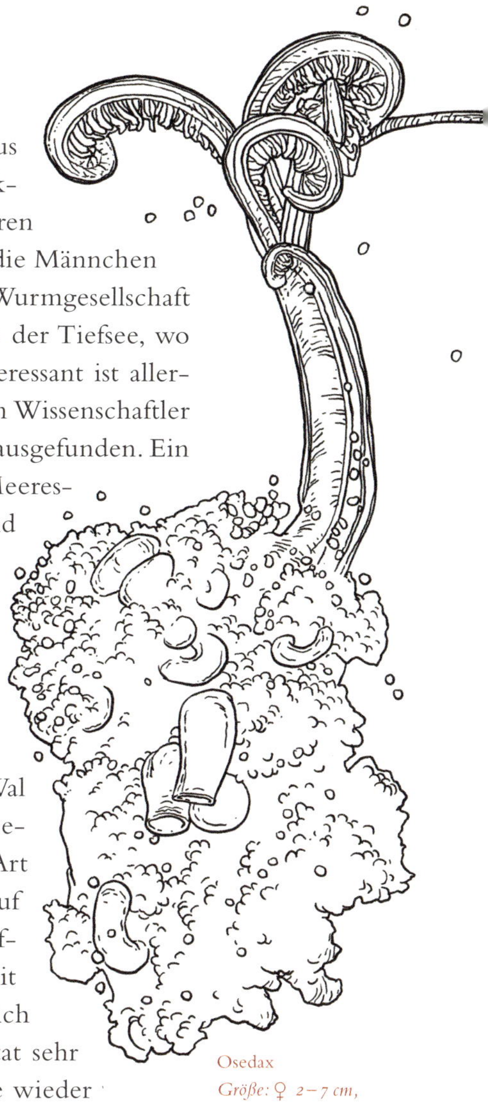

Osedax
Größe: ♀ 2–7 cm, ♂ ungefähr 200 µm
In jedem weiblichen Osedax-*Wurm leben rund 100 Männchen, die im Larvenstadium verharren. Sie sollen nur Spermien produzieren.*

Ganz von dieser Welt

Wyville Thomson und selbst Lord Campbell waren über die Vielfalt an Tieren erstaunt, die den antarktischen Meeresboden besiedelten. Sie ahnten, dass das Eis dabei eine wichtige Rolle spielt. Genaueres zu erfahren blieb jedoch den Wissenschaftlern des 20. und 21. Jahrhunderts vorbehalten. Die Antarktis liegt zwar selbst für geologische Verhältnisse schon eine Ewigkeit über dem Pol, aber lange Zeit war es dort warm, manchmal sogar subtropisch. Die ersten Gletscher wuchsen vor etwas mehr als 43 Millionen Jahren, zunächst in den neuen Gebirgen, die sich auftürmten. Dann schoben sie sich mehr und mehr zu Tal. Sie eroberten den Kontinent, begannen auch das Meer zu beeinflussen – bis in die Tiefsee hinein. Die Last der kilometerdicken Eismassen drückt die Antarktis und damit auch ihren Kontinentalrand tief hinab, viel tiefer als anderswo: Statt der üblichen 200 Meter liegt er in 600 bis 800 Metern Wassertiefe. Dabei ist der Panzer derzeit längst nicht so mächtig wie zu Kaltzeiten. Dann drückt er den Kontinent noch viel tiefer hinab, und gleichzeitig quillt das Eis regelrecht über: Die Gletscher verdrängen das Meer, liegen noch in 600 Metern Wassertiefe fest auf dem Grund und hobeln ihn ab. Wer dort lebt, hat nur eine Chance, erklärt Michael Klages vom Alfred-Wegener-Institut in Bremerhaven: »Er muss sich in noch tiefere Gefilde zurückziehen. Die Kaltzeiten werfen eine regelrechte ›Diversitätspumpe‹ an: Wer den Sprung in die Tiefe schafft, bereichert dort die Ökosysteme, neue Arten entstehen und breiten sich weiter aus.« Diese Pumpe lief nicht nur einmal an, sondern bei jedem Wechsel der Warm- und Kaltzeiten. Das üppige Resultat bewunderten die Forscher der *Challenger* dann in ihren Dredschen.

Abb. rechts:

1 Spezialschiff für Tiefseebohrungen

2 Bohrgestänge für Tiefseebohrungen

3 U-Boot aus dem Zweiten Weltkrieg

4 Tauchkugel Bathysphere

5 Atombetriebenes U-Boot

6 Alvin

7 Shinkai, bemanntes Forschungs-U-Boot

8 Trieste

Aber auch heute, in einer Warmzeit, spielt das Eis an den Polen für die Tiefsee eine ganz entscheidende Rolle. Wenn es durch den menschengemachten Treibhauseffekt verschwindet, verändern sich die thermohalinen Strömungen – und das wird Auswirkungen auf die gesamte Tiefsee haben, schließlich entstehen ja in den Polregionen große Mengen an kaltem, sauerstoffreichem Tiefenwasser, die die Ozeanbecken füllen. Ist das Eis erst einmal Geschichte, könnte dieses »Beatmungsgerät« schwächeln oder ganz aussetzen. Das Gleichgewicht des größten Lebensraums der Erde droht aus den Fugen zu geraten – mit ungeahnten Folgen.

Wir leben in einer Ausnahmezeit, der »Normalzustand« der Erde ist ein anderer: Während des überwiegenden Teils ihrer Geschichte war sie eisfrei – und damit gab es dieses kalte, sauerstoffreiche Tiefenwasser

Meter
0
30
100
250
500
750
1000
1500
2000
3000
4000
5000
6000
7000
8000
9000
10000
11000
1
2
3
4
5
6
7
8

DIE NORDATLANTISCHE OSZILLATION

Die Nordatlantische Oszillation (NAO) ist ein Luftdruckphänomen zwischen den Azoren und Island, das vor allem für das Winterklima auf der Nordhalbkugel wichtig ist. Anscheinend reagiert die NAO auf Temperaturveränderungen im Verhältnis zwischen Atmosphäre und Ozean. Sind die Druckunterschiede zwischen den Azoren und Island groß, werden die Winterstürme stärker, und über der Labradorsee kühlt das Meer aus. Deshalb entsteht dort mehr Tiefenwasser. Allerdings bleibt dafür die Grönlandsee zu warm, sodass dort weniger Tiefenwasser absinkt. Ist der Druckunterschied zwischen den Azoren und Island gering, schwächt das die Winterstürme ab. In solchen Jahren wird es über Nordeuropa sehr kalt, Nordwinde ziehen vom Pol über die Grönlandsee, sodass sich dann dort verstärkt neues Tiefenwasser bildet.

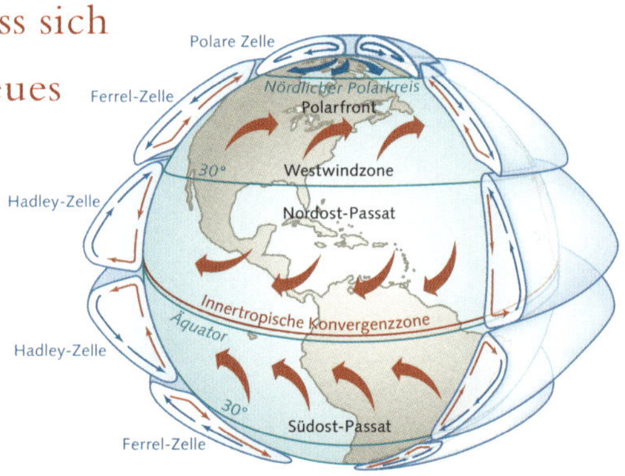

einfach nicht. Was die Meeresbecken damals füllte, entstand vor allem in den Tropen und Subtropen, wo warmes, sehr salzreiches, aber vergleichsweise sauerstoffarmes Wasser absank. Unter solchen Bedingungen kann die Tiefsee durch weitere Klimaveränderungen leicht ersticken, was im Lauf der Erdgeschichte auch mehrfach passiert ist: einmal beispielsweise vor 55 Millionen Jahren, als das Klima ohne menschliche Mithilfe aus den Fugen geriet, die Temperaturen nach oben schnellten – und der Klimawandel bis auf den Meeresboden durchschlug. Das Resultat war ein Massenaussterben. Durch solche Ereignisse hat sich die Tiefsee immer wieder entvölkert – bis auf ein paar Ausnahmen wie die Seelilien oder Glasschwämme, über die Wyville Thomson und seine Kollegen an Bord der *Challenger* immer so glücklich waren, oder den Vampirtintenfisch. Der Vampirtintenfisch entstand, bevor die Evolution Oktopusse und Kalmare voneinander trennte, und er scheint sich seit Hunderten Millionen von Jahren kaum verändert zu haben. Dass es ihn heute noch in der Tiefsee gibt, hat er wohl der Tatsache zu verdanken, dass er mit sehr wenig Sauerstoff auskommen kann. Für schlechte Zeiten mit warmen Meeren ist der Vampirtintenfisch also hervorragend gerüstet.

Vampirtintenfische und Seelilien sind jedoch nicht mehr als Schatten einer fernen Vergangenheit. Denn was immer Tag für Tag an der Oberfläche passiert, es wird nach unten weitergegeben, wenn auch ein wenig abgepuffert: Obwohl mehrere Kilometer Wasser zwischen dem Tiefseeboden und uns liegen, schlagen sogar die Jahreszeiten durch. Das fanden Meeresbiologen heraus, als sie jahrelang Kammern über ein Stück Tiefseeboden stülpten und den Sauerstoffverbrauch der darin gefangenen Tiere maßen. Sie stellten erstaunt fest, dass der Stoffwechsel der Tiefseebodenfauna im Sommer tatsächlich höher ist als im Winter.

Im Nachhinein scheint das einleuchtend. Schließlich fällt während der Vegetationsperiode unter anderem der Tiefseeschnee dichter. So verwandelt in jedem Frühsommer die Algenblüte die Porcupine-Tiefsee-Ebene am Fuß des irischen Kontinentalabhangs in ein Seegurkenparadies. Obwohl das Zooplankton an der Wasseroberfläche frisst, was immer es kann, sinkt das Gros der Algen nach dem Absterben so

Abb. links: Die planetarische Zirkulation ist ein System aus Hoch- und Tiefdruckgürteln, das vor allem von der Sonnenenergie angetrieben wird. Sehr stark vereinfacht steigt in den Tropen warme Luft auf und fließt in Richtung Pole ab, während am Boden kühlere Luft zurückfließt. Die Erddrehung (Corioliskraft) lenkt die Luftmassen ab, wodurch auf jeder Halbkugel drei große Strömungszellen entstehen.

schnell hinunter, dass es noch frisch und grün unten ankommt. Dann herrscht am Meeresboden plötzlich Überfluss: Würmer kriechen aus ihren Löchern, Seegurken schlagen sich den Magen voll, Seeigel fressen sich rund und glücklich. Zwei, drei, vier Monate dauert es, dann ist der segensreiche Teppich wieder verschwunden, und das Darben beginnt erneut. Wo Algenblüten Jahr für Jahr für eine Zeit der Fülle sorgen, haben viele Tiefseetiere ihre Fortpflanzung darauf abgestimmt: Ob Seegurken oder Schlangenstern, sie nutzen diese Zeit und halten es damit im Grunde nicht anders als die Tiere der Savannen mit der Regenzeit.

Allerdings ist das Schlaraffenland am Meeresboden empfindlich. So beobachteten Meeresbiologen in der Porcupine-Tiefsee-Ebene Jahr für Jahr sieben Arten von Seegurken, die den Meeresschlick nach Fressbarem durchwühlten. Bis 1996 war dort eine dieser sieben Arten sehr selten: *Amperima rosea*, eine fingerlange, durchsichtige Tiefseegurke, deren Darm rosa durchschimmert. Pro Hektar gab es nur ein oder zwei Tiere. Doch 1996 explodierte ihr Bestand auf 6000 Exemplare pro Hektar: Der Boden war regelrecht mit ihnen übersät, sie lagen dicht an dicht.

Um den Grund herauszufinden, wurden zahllose Seegurken seziert, und ihr Verdauungstrakt wurde analysiert. Das Ergebnis: Sie krochen zwar alle über ein und denselben Schlamm, aber jede einzelne Art fraß eine andere Algen- oder Bakterienart. *Amperima* bevorzugte Cyanobakterien, der vielen Karotinoide wegen, die darin stecken und die das Tiefseegürkchen braucht, um Eier zu bilden. 1996 hatten sich die Cyanobakterien stark vermehrt – und *Amperima* wurde fruchtbarer. Ihr Bestand explodierte, und das Ökosystem veränderte sich: Statt ein paar Monate als Vorrat zu reichen, verschwand der zentimeterdicke Algenteppich nun innerhalb weniger Wochen in den hungrigen *Amperimas*. Die anderen hatten das Nachsehen.

Generell treiben Veränderungen in dem Plankton, das von der Meeresoberfläche rieselt, große Umschwünge am Meeresboden an. Als Ursache für die Schwankungen in der Porcupine-Tiefsee-Ebene haben Forscher die Nordatlantische Oszillation im Verdacht, ein Klimaphänomen, das ebenso wie das berühmt-berüchtigte Phänomen

El Niño im Pazifik bis zum Meeresboden durchschlägt, und zwar durch Unterschiede in der Planktonproduktion in den Oberflächenwassern. Die lassen sich selbst aus dem Weltall mit Satelliten ausmachen – und sie werden zeitversetzt in die Tiefsee weitergegeben. Bei Seegurken, aber auch Seeanemonen, Seespinnen, Tiefsee-Einzellern – bei ihnen allen haben Meeresbiologen bereits Explosionen von sehr seltenen Gruppen durch Klimaschwankungen beobachtet. Das lässt fürchten, dass auch der menschengemachte Klimawandel über Veränderungen im Plankton beispielsweise oder bei den Meeresströmungen bis auf den Meeresboden durchschlagen wird. Kommt es so, wird er die Artenvielfalt im entlegensten Winkel der Erde verändern, in der Tiefsee, dem Reich der Seegurken.

Leben, selbst unter der Erde

Die Biosphäre der Erde hört nicht mit dem festen Boden auf, sondern reicht auch in der Tiefsee weit in das Sediment hinein. Seit 1987 werden immer mehr »Keller«-Ökosysteme bekannt. Hunderte von Metern unter der Oberfläche werden Mikroorganismen gefunden, die niemals Tageslicht »gesehen« haben. Selbst Jules Verne hätte sich die Biosphäre im »Planeteninneren« nicht besser ausdenken können: In Bohrkernen von 40 Millionen Jahre alten Sedimenten, die aus 800 Metern Tiefe unter dem Meeresboden gezogen wurden, stecken Mikroben. Und sie sind tatsächlich lebendig, wie Bo Barker Jørgensen vom Max-Planck-Institut für Marine Mikrobiologie in Bremen und seine Kollegen inzwischen mithilfe von radioaktiv markierten Nährstoffen nachweisen konnten: Ihr Stoffwechsel funktioniert. Und auch sie leben nicht irgendwo, sondern angepasst in ihren Ökosystemen: Wo immer sich chemische Parameter oder das Sediment ändern, ändert sich auch die Lebensgemeinschaft.

Die meisten von ihnen hängen – wenn auch sehr indirekt – von der Fotosynthese ab: Obwohl bereits Jahrmillionen vergangen sind, schlürfen sie immer noch die Reste von Kieselalgen (Diatomeen), die damals nach ihrem Absterben auf den Meeresgrund rieselten und dann

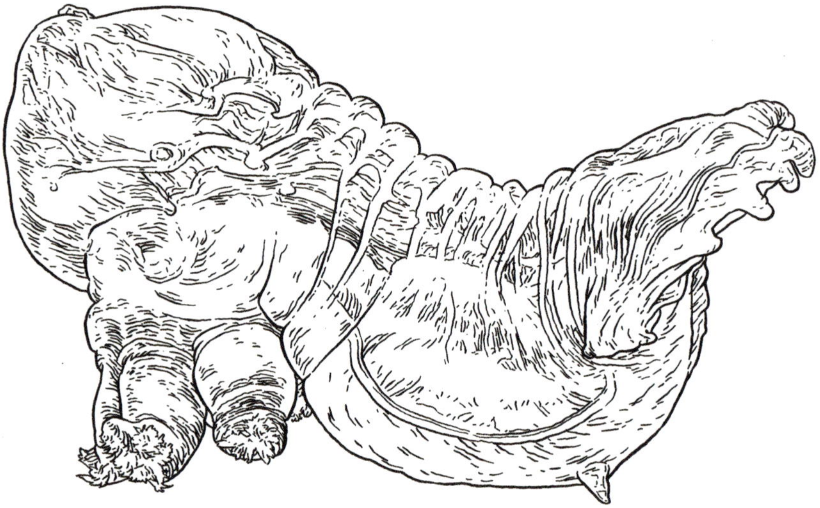

Seegurke
Peniagone gracilis
Größe: 8,5 cm
Tiefe: 200–2500 m
Diese Seegurke schwimmt zu neuen Futtergründen, indem ihr Körper durchaus graziöse Wellen schlägt.

mit Schlamm zugedeckt wurden. Vielleicht, so die Vermutung, verhindern die kieseligen Außenskelette der Diatomeen ihre Zersetzung so weit, dass sie nahrhaft bleiben. Aber da sind auch andere Mitglieder dieser ungewöhnlichen Lebensgemeinschaft, und die ernähren sich von chemischen Reaktionen, nutzen die Stoffwechselprodukte anderer Mikroorganismen wie etwa Methan, wieder andere bevorzugen Schwefelverbindungen. Dort unten leben viele Spezialisten, die es nur dort gibt. Aber daneben »sitzen« auch Mikroben, die den Biologen aus einer weniger extremen Umwelt bekannt sind. Das Ökosystem tief unten im Meeresboden ist also recht komplex zusammengesetzt, und anscheinend herrscht bei den Mikroorganismen 90 Meter unter dem Meeresboden ein fast noch bunteres Treiben als an seiner Oberfläche.

Acht Meter tief im Meeresboden haben Forscher in 70 Millionen Jahre alten Sedimenten sogar ein sehr bizarres Reich entdeckt. Es verbirgt sich im Südpazifik, zwischen Australien und Südamerika, in einer Region, die eine ozeanische Wüste ist. Sie liegt im Zentrum des Südpazifischen Wirbels, eines Meeresgebiets, das doppelt so groß ist wie Nordamerika und das sich mit Superlativen schmücken kann: Nirgends sonst gibt es so wenig Nährstoffe im Meerwasser wie dort, und nirgends sonst liegt auf und im Meeresboden so wenig organische Substanz. Als die Mikrobiologen Bohrkerne untersuchten, fiel ihnen zunächst auf, dass der Sauerstoff im Tiefseeton nicht – wie sonst – nach wenigen Millimetern verschwunden war, sondern dass sein Gehalt hoch blieb. Als sie sich die Mikroorganismen näher ansahen, entdeckten sie eine Welt, die anscheinend von der natürlichen Radioaktivität lebt. Der radioaktive Zerfall im Untergrund spaltet für die Mikroben Wasser in Sauerstoff und Wasserstoff. Letzteren nutzen sie als Energiequelle fürs Überleben, während sich der Sauerstoff im Sediment ansammelt.

Als die *Challenger* am 2. Februar 1874 wieder von den Kerguelen ablegte, war noch nicht einmal die Radioaktivität entdeckt, geschweige denn Organismen, die damit ihren Lebensunterhalt decken. Das Wetter war schlecht. Wieder hüllte der dichte Nebel sie ein. Tagelang. Jeder an Bord fühlte sich unbehaglich. Am 6. Februar erreichten sie die Heard-Insel, über der damals noch ein mächtiger Gletscher wachte: »Die Insel sieht wie ein gigantischer Eisberg aus«, schrieb Joe Matkin. Er wäre wohl sehr erstaunt, sie heute wiederzusehen, denn dank der Kohlendioxidemissionen der Menschheit ist der Gletscher arg geschrumpft, nur noch ein Schatten seiner selbst. Aber auch die Robbenjäger sind nicht mehr da. Damals lebten sie dort in der Whisky-Bucht in ein paar Hütten, »die zum Schutz gegen den eisigen Wind halb eingegraben waren«, schrieb Lord Campbell. »Ihr Beruf ist es, die See-Elefanten der Insel zu töten und das Öl aus ihnen herauszukochen. Sie werden von den Waljägern abgesetzt und bleiben dann ein Jahr. Die Bucht ist übersät mit den Skeletten der See-Elefanten.«

In der Nacht schneite es heftig, und die *Challenger* brach am nächsten Morgen eilig wieder auf und ließ die Jäger zurück, die weiter ihrem blutigen Handwerk nachgingen. In der kommenden Nacht geriet das Schiff in den bislang schlimmsten Sturm seiner Fahrt. Die Korvette wurde hin und her geworfen wie ein Spielball. Der Treibanker schlug in die Bootshaut über der Krankenstation ein. Die Reparatur dauerte die ganze Nacht.

Das Wetter blieb schlecht – bis sie am 10. Februar 1874 den 60. Breitengrad erreichten. Der Wind legte sich – und da lag er vor ihnen: der erste Eisberg. Seitenlang schreibt Henry Nottidge Moseley über ihn. Er ist vollkommen begeistert. In der einen Stunde, in der es nachts dunkel war, trieben Polarlichter über den Himmel, schossen wie Blitze dahin, während die Eisschollen donnernd gegen den Schiffsrumpf krachten. Kaum jemand schlief. Die Stimmung war unwirklich. Eigentlich hatten sich die Wissenschaftler vorgenommen, jeden einzelnen Eisberg zu verzeichnen und seine Größe zu berechnen. Aber diesen Plan gaben sie schnell wieder auf, denn meist waren 30, 40 gleichzeitig in Sicht. Dafür bargen die Messungen der Wassertemperatur Überraschungen, denn es schien alles drunter und drüber zu gehen: Zwischen 100 und 500 Metern fanden sie eine Lage, die wärmer war als das Wasser darunter und darüber. Das war ein Gruß aus den fernen Tropen, der zwischen den kalten Wassermassen eingeschlossen war.

Am 16. Februar erreichte die *Challenger* den südlichsten Punkt ihrer Fahrt: 66° 39' S, 78° O, den Rand der Großen Eisbarriere, rund 2000 Kilometer vom Südpol entfernt. Nachts wurde es nicht mehr dunkel, und um Mitternacht schimmerten die Eisberge sanft im scharlachroten Licht der tief stehenden Sonne. Sie schwammen nun überall, umzingelten das Schiff regelrecht. Kapitän Nares wäre zu gern mit der *Challenger* weiter vorgedrungen, aber er hatte von der Admiralität den strikten Befehl, sich von der Eisbarriere fernzuhalten: Schließlich war sein Schiff nicht für eine Fahrt im Eis ausgerüstet. Man hatte noch für drei Monate Vorräte an Bord und nur noch 80 Tonnen Kohle. Das Risiko, im Eis eingeschlossen zu werden, war immens – und das hätte den sicheren Tod bedeutet. »Ich hoffe, dass wir noch 70° S erreichen«, schrieb Joe Matkin. Fast alle an Bord wünschten sich eine Lücke herbei, schon umkehren wollte kaum jemand. Man suchte eine Öffnung. Dann geriet man in ein Feld mit Eisschollen, durch die sich die *Challenger* ihren Weg bahnen musste und die mit großer Wucht gegen den Schiffsrumpf krachten: Das Schiff »leckt an mehreren Stellen und wird in Sydney auf die Werft müssen«, hielt Matkin fest.

So siegte die Vernunft. Wyville Thomson bemerkte: »Als das Wasser schlammig auszusehen begann und wir wussten, dass es sich innerhalb weniger Stunden in eine kaum zu überwindende Eisbarriere verwandeln würde, entschied Kapitän Nares, dem Rand des Eises nach Nordosten zu folgen, in Richtung auf Wilkes' ›Termination-Land‹.« Das wollte Kapitän Charles Wilkes von der U.S. Navy am 19. Januar 1840 während seiner Antarktiserkundung entdeckt haben – und zwar bei 64° 31' S, 93° O. Die Existenz dieses Landes nachzuweisen oder zu widerlegen, gehörte zu den Expeditionszielen. Die Idee von einem un-

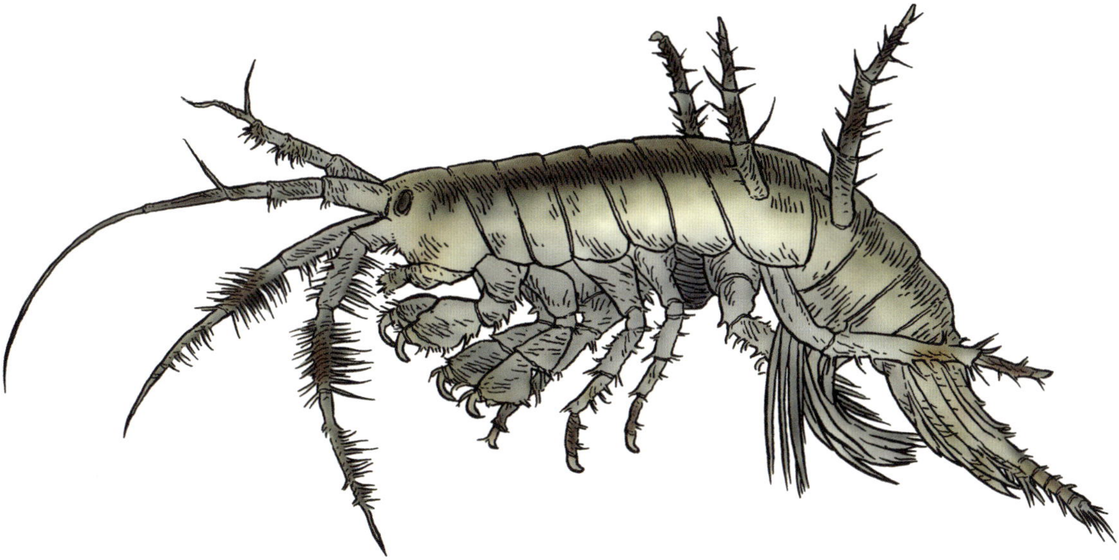

bekannten Kontinent gab es bereits in der Antike: Schon Aristoteles (384 – 322 v. Chr.) hatte darüber nachgedacht, später dann Claudius Ptolemäus (etwa 90 – 170 n. Chr.). Sie sagten voraus, dass es im Süden einen unbekannten Kontinent geben müsse. Seit dem 15. Jahrhundert war er auf den Karten eingezeichnet als »Terra Australis« oder »Terra Australis incognita«, als unbekanntes Südland. Beweise für seine Existenz gab es nicht, nur das Gefühl der Geografen, dass man einen Kontinent im Süden brauche, um das Gewicht der Landmassen im Norden auszugleichen.

Flohkrebs
Amphipoda
Größe: 1 – 140 mm
Amphipoden leben in allen Meeren in großer Zahl. Viele Arten schwimmen als Teil des Planktons in der Wassersäule, während andere sich in Bodennähe aufhalten.

Am 23. Februar 1874 meldete der Mann im Vorschiff der *Challenger* »Land steuerbord«. Eine hohe, dunkle Bergkette mit scharfen Graten. Aber bei näherem Hinsehen schien sie fast ständig ihre Form zu ändern: »Wir auf der Brücke hatten von Anfang an gewusst, dass es sich dabei um eine Wolke handelt«, bemerkt Campbell. Man suchte weiter. Joe Matkin schrieb: »Mehrfach wurde vom Vorschiff Land gemeldet, und wenn wir nicht mithilfe der Dampfmaschine dorthin gefahren wären, hätten wir es vielleicht als neues Land in unsere Karten eingetragen. Obwohl wir in einem Fall geschworen hätten, dass wir Land gesehen haben, fanden wir nur seltsame und bemerkenswert genau begrenzte Wolken.« Die *Challenger* bahnte sich ihren Weg durch das Packeis, an dessen Rand sich die Wale versammelten. Man fand zahllose Eisberge, aber kein Zeichen von Land.

Am 24., morgens um 4 Uhr, setzte man eine Dredsche aus. Aber das Wetter änderte sich. Schnell wurde aus dem Wind Sturm. Der Himmel war dunkel, bedrohlich, Schneeschauer jagten über das Schiff. Eilig musste die Dredsche eingeholt werden, und die *Challenger* suchte Schutz im Lee eines Eisbergs. Dann ergriff ein Wirbel die Korvette und trug sie zu nah an den Giganten heran: »Bumm! Bumm! Krach, schlag – das Schiff hob sich und sank mit der Dünung, bohrte sich mit dem Bugspriet ins Eis«, beschrieb es Lord Campbell. Holz splitterte, die Schäden waren groß – aber glücklicherweise war man nicht sehr schnell gewesen. So zügig wie möglich gewann die *Challenger* mit Maschinenkraft Abstand, geriet dabei allerdings wieder in den Sturm. Die Schiffszimmerleute machten sich sofort an die Arbeit.

Die *Challenger* driftete, und die Reparaturarbeiten gestalteten sich äußerst schwierig in dem eisigen Sturm, der die Hände gefrieren ließ und Eis und Schnee in die Augen der Männer trieb. Um 3 Uhr nachmittags tobte der Sturm entsetzlich: »Eisberg vor dem Lee-Bug!« – »Volle Kraft zurück!« Wie knapp es gewesen sein muss, zeigt der Bericht von Lord Campbell: »Knatter, knatter drehte sich die Schiffsschraube mit 60 Umdrehungen pro Minute; ›Macht das Unterdeck klar, Segel setzen‹, brüllte der Bootsmannsmaat. Jeder an Deck fliegt; ›Vorderschiff, holt das Trysegel ein!‹ Der Kapitän und der Kommandeur brüllen von der Brücke Kommandos herunter, die durch das Heulen des Sturms kaum zu verstehen sind. Offiziere wiederholen das Geschrei.« Befehl folgte auf Befehl: Endlich fuhr die *Challenger* rückwärts, schaffte es, vorbeizukommen. Es war knapp. So knapp, dass Campbells Bericht das Ereignis wohl etwas beschönigte, wie aus den Zeilen von Joe Matkin deutlich wird: »Die Verwirrung war erschreckend. Fast jeder war an Deck, es schneite, und der Wind blies hart. Der eine Offizier brüllte den einen Befehl, der nächste etwas vollkommen anderes. Die Maschine lief volle Kraft zurück, und als wir die Marssegel hissten, schoss die *Challenger* zurück in Sicherheit. Dabei fiel ein Mann vom Trysegel und verletzte sich schwer.«

Der Sturm tobte die ganze Nacht weiter, und drei Wachposten wurden aufgestellt. Neun Mal musste die *Challenger* in letzter Sekunde Ausweichmanöver durchführen, schaffte es aber immer um Haaresbreite. Am Morgen des 25. Februar war sie mit einer dicken Schicht aus Schnee und Eis bedeckt. Beim Reffen der Segel fiel ein Mann über

Bord, verfing sich zu seinem Glück in einem Seil und konnte schnell wieder an Bord geholt werden.

Trotz des schlechten Wetters arbeiteten die Schiffszimmerleute Tag und Nacht. Dann kam die Nacht zum 26. Februar: Sturm, Nebel, Eisberge. »Das war wohl die schlimmste und gefährlichste Nacht, die wir erlebt haben. Kapitän Nares blieb die ganze Zeit an Deck. Fast das gesamte Geschirr zerbrach. Obwohl wir es kaum hatten erwarten können, die Eisberge zu sehen, wollen wir jetzt so schnell wie möglich wieder weg, um nicht mehr mit solchen Vernichtungsmassen rund herum durch eine neblige Nacht zu segeln«, schrieb Joe Matkin.

Von Wilkes' »Termination-Land« gab es keine Spur, und so ließ Kapitän Nares mittags den Kurs ändern. Sobald die Korvette freies Wasser erreichte, wurden die Segel in Richtung Australien gesetzt.

Scrippsia pacifica
Größe: 10 cm
Quallen wie Scrippsia pacifica *spielen in den Ökosystemen der Tiefsee eine wichtige Rolle.*

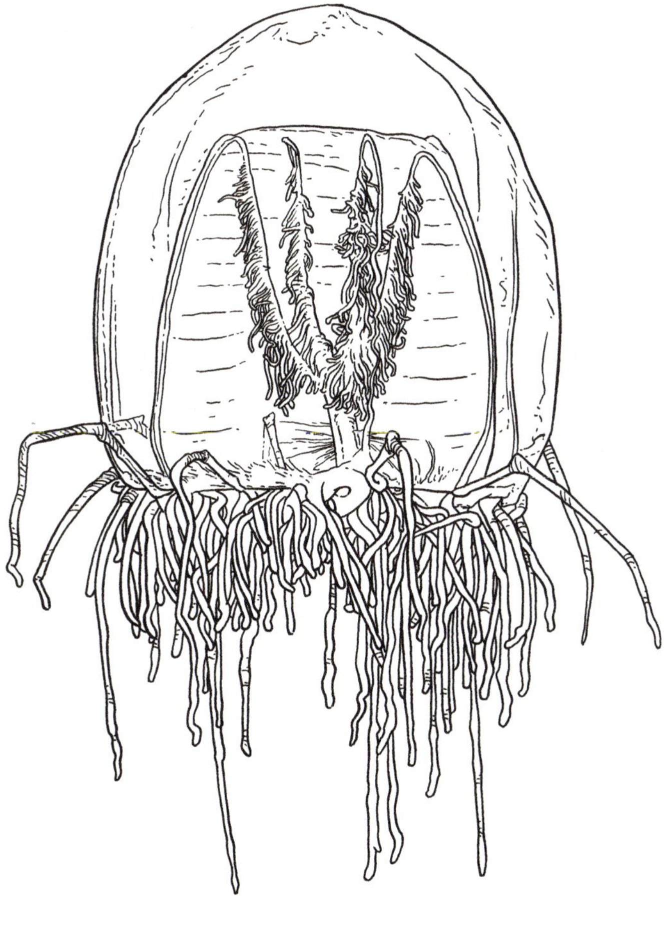

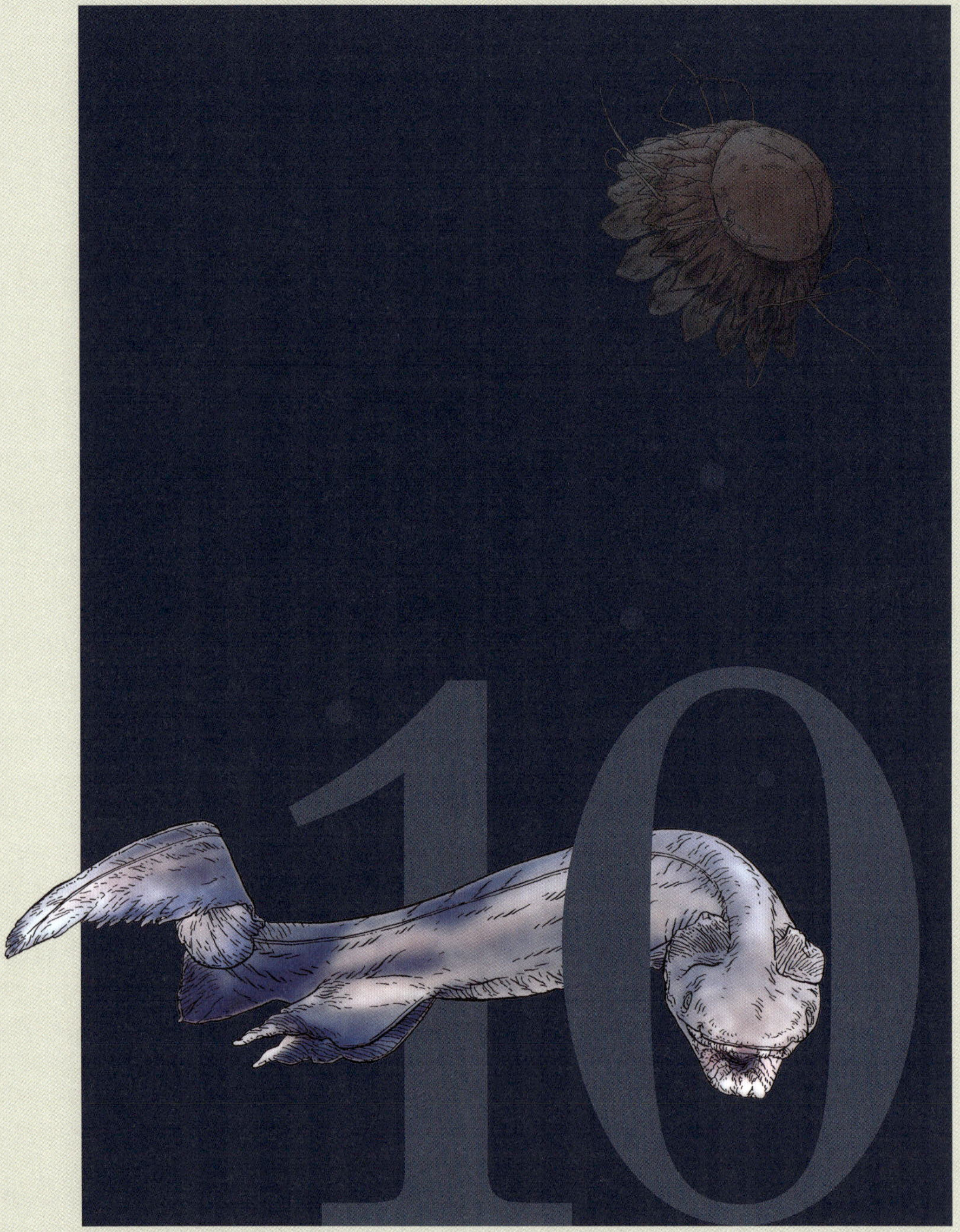
10

Leben auf dem Vulkan –

Von Black Smokern und der Begegnung mit dem Schnabeltier

Kapitän Nares befahl, Kurs auf Melbourne zu setzen. 16 Tage sollte die Passage dauern. Um so schnell wie möglich vorwärtszukommen, wurden die Segel nicht mehr gerefft, sobald die Eisberge seltener geworden waren. Doch in der Nacht zum 2. März 1874 war es wieder neblig – und wieder tauchte direkt vor der *Challenger* ein riesiger Eisberg auf. Der wachhabende Offizier brüllte – das Ruder wurde hart herumgeworfen: Knapp kam die *Challenger* an ihm vorbei, so knapp, dass die Segel ins Lee des Eisbergs schlugen und man »einen Keks auf ihn hätte werfen können«, notierte Schiffssteward Joe Matkin. »Hätten wir den Eisberg gerammt, wären wir mit dem Heck zuerst untergegangen.« Die Korvette wäre wie ein Stein in die Tiefe gesaust. Die Eisberge schüchterten die Mannschaft ein. Man hatte sich in Sicherheit geglaubt – und nun das! Wäre der Wachhabende nicht so aufmerksam gewesen, nur ein Moment der Nachlässigkeit ... Joe Matkin berichtet: »Während der nächsten Nächte verbrachten einige Matrosen die ganze Zeit an Deck, um mit Ausschau zu halten ...«

Abb. links:
Krausenhai (Kragenhai)
Chlamydoselachus anguineus
Größe: ♀ 200 cm, ♂ 150 cm
Tiefe: 120 – 1300 m
Der Krausenhai scheint sich besonders gern am Meeresboden von Kontinental- und Inselhängen aufzuhalten, weil er dort leichter Nahrung findet. Er frisst Tintenfische, aber auch Tiefseefische.

Zwei Tage später begegnete die *Challenger* endlich ihrem letzten Eisberg, und irgendwann waren sich die Männer dessen auch sicher. Erleichterung machte sich breit. Aber dafür wurden die Lebensmittel knapp. Nur noch eines der 40 Schafe, die man in Südafrika geladen hatte, war übrig – und würde wohl auch bald in der Kombüse landen. Auch die Kohle war fast aufgebraucht: Bei der Ankunft in Melbourne sollten nur noch zehn der 280 in Kapstadt gebunkerten Tonnen übrig sein. Man beeilte sich, nach den langen Monaten auf See wieder in einen Hafen einzulaufen.

Die wissenschaftlichen Arbeiten gingen weiter und hielten immer noch auf, aber inzwischen hatte sich jeder an Bord daran gewöhnt. Während die Dredschen in den Gewässern um die Antarktis immer wieder Dropstones nach oben befördert hatten – Steinbrocken, die aus den schmelzenden Eisbergen heraus in die Tiefsee gefallen waren –, holten sie nun roten Tiefseeton mit reichlich Manganknollen herauf. An Bord gab es alle Hände voll zu tun. Neben der wissenschaftlichen Arbeit wurde die *Challenger* für Melbourne herausgeputzt: Sie wurde gestrichen und, so gut es auf hoher See ging, auf Vordermann gebracht.

Niemand war traurig, dass man den geplanten Aufenthalt auf Tasmanien ausließ – und am 17. März 1874 ging die *Challenger* in Sandridge vor Anker: zurück in der Zivilisation und herzlich begrüßt von den Bürgern Melbournes. Während die ersten Reparaturen an dem arg mitgenommenen Schiff vorgenommen wurden, machte die Mannschaft Landurlaub (wobei sie das übliche Gemetzel unter der heimischen Tierwelt anrichtete). Im April 1874 segelte die Korvette weiter nach Sydney, wo sie am Ostermontag, den 7. April, eintraf und ins Trockendock fuhr. Wie Kapitän Nares befürchtet hatte, gab es etliche Desertionen. Wer erwischt wurde, landete im Gefängnis. Zwei ereilte das Schicksal sofort, sie wurden zu zwölf Monaten Haft verurteilt. Die anderen kamen vorerst davon und begannen ein neues Leben auf dem Fünften Kontinent. Obwohl Nares acht Mann neu rekrutierte, fehlten immer noch 25 zur vollen Besatzung, als die *Challenger* am 8. Juni wieder auslief. Nach einem kurzen Zwischenstopp im Norden des Kontinents ging es am 12. Juni 1874 in Richtung Neuseeland – allerdings

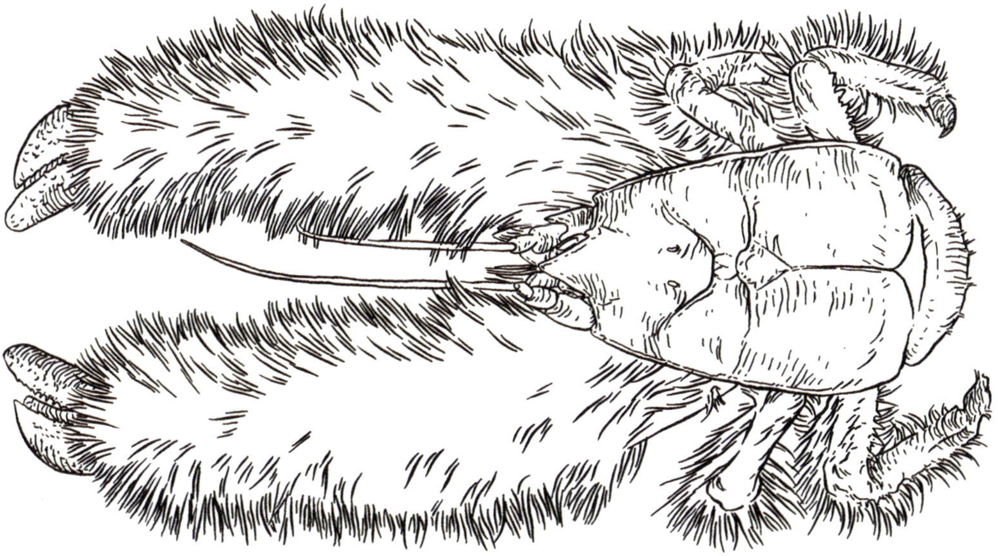

erst beim zweiten Versuch: Den ersten hatte man nach einem herzerwärmenden Lebewohl von der Bevölkerung wegen schlechten Wetters abbrechen müssen – eine Schmach für Schiff und Mannschaft.

Der Abschied von Australien fiel den Wissenschaftlern besonders schwer, weil sie der Suche nach fehlenden Gliedern in der Evolutionskette nachgegangen waren und mit Lungenfisch und Schnabeltier höchst interessanten Forschungsobjekten begegnet waren. Beide sind lebende Fossilien, Zeugen längst vergangener Zeiten, Übriggebliebene verschwundener Welten: Das machte sie perfekt für die Beweisführung zugunsten von Darwin. Es war eine Laune der Plattentektonik, die Australien früh von den anderen Kontinenten isoliert hatte. Die Evolution konnte lange eigene Wege gehen. Unter anderem erhielt sich an australischen Flüssen und Seen mit dem Schnabeltier ein Eierlegender Säuger, der sich mit dem Titel »entferntester lebender Cousin des Menschen« schmücken darf. Vor 166 Millionen Jahren hat sich das Schnabeltier von primitiven Vorfahren abgespalten. Mit seinem Eierlegen erinnert es immer noch an die Zeit, als Saurier und Säugetiere aus (allerdings unterschiedlichen) Reptilienahnen entstanden. Auch wenn Thomson, Murray und Moseley das noch nicht genau wussten, sie erkannten, dass das Schnabeltier der Zeuge eines wichtigen Übergangs war.

Yeti-Krabbe
Kiwa hirsuta
Größe: 20 cm
Tiefe: 2 300 m
2005 haben Wissenschaftler die Yeti-Krabbe an einem Black-Smoker-Feld nahe der Osterinsel entdeckt. Ihr silberblonder »Pelz« besteht aus flexiblen Borsten, auf denen Bakterien siedeln. Vielleicht entgiften sie für die Yeti-Krabbe die Sulfidminerale um sie herum, vielleicht helfen sie der Krabbe bei der Ernährung. Wahrscheinlicher ist jedoch, dass Kiwa hirsuta *räuberisch lebt.*

Noch monatelang hätten sie durch den Kontinent ziehen und die Tierwelt untersuchen mögen – aber sie mussten weiter, und die ewig gleiche Arbeit auf See begann wieder. Diesmal hatte man jedoch neben dem wissenschaftlichen auch noch einen praktischen, wirtschaftlich wichtigen Auftrag: Die *Challenger* sollte die beste Route für das Telegrafenkabel zwischen Sydney und Wellington finden. Und das gelang – trotz des miserablen Wetters, das umso schlimmer wurde, je näher man Neuseeland kam. Sogar die ansonsten üblichen Sonntagsmessen an Bord fielen dem Sturm zum Opfer und wurden abgesagt.

Die Vermessungsarbeit fraß geradezu die Kohle: Für die 14 Tage bis Wellington ließ Schiffsingenieur Spry fast zwei Drittel der Kohlenmenge verfeuern, die er für den ganzen dreimonatigen Antarktistrip gebraucht hatte. Es war kalt, der Wind schneidend, jeder trug seine Winterausrüstung. Als sie Cape Farewell – den nördlichsten Punkt der Südinsel Neuseelands – sichteten, musste die *Challenger* Schutz vor dem Sturm suchen. Auch am nächsten Tag kamen sie nicht weit. Die Cookstraße überwanden sie erst am vierten Tag, und das Schiff ächzte und stöhnte in den hohen Wellen. Endlich kam die Bergkette der Rimutaka Range in Sicht. Der Kapitän befahl Volldampf.

Abb. rechts: Black Smoker sind hydrothermale Quellen am Meeresgrund. An ihren beeindruckenden Schloten siedelt eine ungewöhnliche Gemeinschaft, die von der chemischen Energie der Erde lebt.

Zehn Meilen vor dem Hafen passierte es. Es stürmte, und der Seegang war so furchterregend, dass der Sonntagsgottesdienst wieder einmal ausfiel. Nach der Antarktis war man einiges gewöhnt, also erhielt der 25-jährige Matrose Edward Winton den Auftrag zu loten. Als um 12 Uhr zum Essen gepfiffen wurde, blieb lediglich eine Handvoll Leute an Deck zurück. Winton arbeitete auf seiner Außenplattform weiter. Da verfing sich die Lotschnur am Anker. Einer der Wachhabenden sah Winton noch auf die Ankerkette klettern, achtete aber nicht weiter auf ihn. In diesem Moment krachte eine schwere Welle über das Schiff, schüttelte es durch. Auf dem Messedeck warf es die Teller und Schüsseln durcheinander, jemand rief: »Hey, wer klopft da an die Tür?«, ein anderer: »Komm rein!« Alles lachte: »Und auf dem Oberdeck war die See hereingekommen und wieder fortgegangen – und hatte den armen Winton mitgenommen«, schrieb Matkin.

Erst zehn Minuten später bemerkte ein Matrose, dass Wintons Platz leer war. Kapitän Nares ließ sofort wenden. Die Suche war vergebens:

Winton hatte seine schwere Polarausrüstung getragen und war wie ein Stein untergegangen. Er hinterließ eine junge Frau, die er erst kurz vor dem Auslaufen aus Portsmouth geheiratet hatte. An Bord herrschte blankes Entsetzen, als man bei Sonnenuntergang Port Nicholson erreichte. Joe Matkin schrieb: »Die Passage ist endlich vorüber, und für einen von uns ist auch die lange Reise vorüber. Er ertrank bei seiner Arbeit am helllichten Tage – und keiner von uns hat gesehen, wie er unterging, oder ihm einen Rettungsring zugeworfen. Das Schiff fährt weiter nach Wellington, und er zu seiner letzten Heimat.«

Im Hafen sammelten Mannschaft und Offiziere 50 Pfund für die Witwe – und nach knapp einer Woche brach die *Challenger* in den Pazifik auf. Der geplante Trip nach Auckland entfiel – das Wetter war zu schlecht, und außerdem fanden alle an Bord Neuseeland »deprimierend«: »Dort gibt es nichts, was sehenswert wäre, und noch weniger gibt es, was es wert ist, getan zu werden«, so das Resümee von Leutnant Lord George Campbell. Das einzig Bemerkenswerte sei die Bauweise der Holzhäuser, die an die zahlreichen Erdbeben angepasst waren – denn die Insel ist Teil des Pazifischen Feuerrings, eines tektonisch aktiven Gebiets, das seinen Namen den vielen Vulkanen verdankt, die ihn umgeben. Welche ungewöhnliche Lebenswelt der Vulkanismus am Meeresboden ermöglicht, dieses Geheimnis behielt der Ozean jedoch noch für sich. Allerdings fiel Murray schon damals auf, dass es in der Nähe dieser seltsamen submarinen Gebirgskette im Atlantik metallreiche Ablagerungen gebe, die etwas mit hydrothermalen Quellen zu tun haben könnten. Bis zur Entdeckung der Black Smoker sollten aber noch 103 Jahre vergehen.

Die Macht des Zufalls

Das geschah im Februar 1977. Das US-Forschungsschiff *Knarr* kreuzte vor den Galapagosinseln, die Teil des weltumspannenden Systems von mittelozeanischen Rücken sind. Wieder einmal zog die *Knarr* ein sensorbestücktes Kamerasystem hinter sich her. Man hatte ein Gebiet im Visier, in dem fünf Jahre zuvor Sonobojen das Grollen von Erdbeben aufgezeichnet hatten und in dem danach tote Fische an der Oberfläche getrieben waren. Damals hatten die Forscher festgestellt, dass das Wasser in der Tiefe viel zu warm war, und auch seine chemische Zusammensetzung war ungewöhnlich. Außerdem waren eigenartige weiße Muscheln am Meeresboden fotografiert worden, aber die interessierten die Geologen an Bord der *Knarr* nicht. Sie waren vielmehr darauf aus, ein plattentektonisches Phänomen zu finden, das der britische Geologe J. W. Elder von der University of Manchester 1965 vorhergesagt hatte: An den mittelozeanischen Rücken sollte es heiße vulkanische Quellen geben. Elder stellte sie sich als eine Art Tiefseegeysire vor: dass eiskaltes Seewasser in die vielen Risse, Spalten und Poren im frisch geförderten Basalt des Meeresbodens eindringe, dass es immer tiefer sickere, bis es in die Nähe der Magmenkammer komme. Dort heize es sich auf, beginne wieder aufzusteigen und trete am Ozeanboden aus – als heiße Quelle.

EIN WARMER POOL IM ROTEN MEER

Die ersten Hinweise auf solche Systeme hatten Forscher schon in den 1880er-Jahren ausgemacht, als sie mit dem russischen Forschungsschiff *Vityaz* am Grund des Roten Meeres in 2000 Metern Tiefe einen Pool aus heißer, metallreicher Lauge entdeckt hatten: 64 Grad betrug die Temperatur dieser Lauge, und sie war fast zehnmal so salzreich wie normales Meerwasser. Die Erklärung damals lautete, Oberflächenwasser dampfe durch die starke Sonneneinstrahlung extrem ein und sinke ab. Mit der Plattentektonik im Rücken änderte sich die Interpretation dieses Funds natürlich gewaltig – es konnten die gesuchten heißen Quellen sein.

Aber gab es vor den Galapagosinseln eine solche hydrothermale Quelle in der Tiefsee? Berechnungen von Geochemikern legten nahe, dass diese Systeme immens wichtig sein müssten und den Schlüssel zur Lösung gleich mehrerer Rätsel liefern sollten: etwa, woher das ganze Mangan für die Manganknollen in den tiefen Meeresbecken eigentlich stammt. Schließlich gibt es im Meerwasser selbst so gut wie nichts davon, und auch Flüsse schaffen nicht gerade Manganmassen heran. Oder die Frage, warum das Meer nicht salziger ist, wo es doch seit Jahrmilliarden die Verwitterungsfracht der Kontinente aufnimmt. Irgendwo mussten Salze entfernt werden, und vielleicht filterten diese vorhergesagten Tiefseegeysire sie heraus. Außerdem hatten Geologen für ihre neue Theorie von der Plattentektonik eine Hitzebilanz aufgestellt und berechnet, wie viel Erdwärme an einem mittelozeanischen Rücken bei der Abkühlung der neuen Meereskruste entweicht. Dann hatten sie den jungen Meeresboden instrumentiert, um das Ganze zu messen. Aber seltsamerweise war der Wärmefluss viel kleiner als erwartet. Die »vermisste« Hitze musste anderswo entweichen – und auch in dieser Frage schienen heiße Quellen die besten Kandidaten zu sein. Die Suche war also hochspannend, und jeder an Bord der *Knarr* war motiviert.

Also hatten die Geologen und Geophysiker im Februar 1977 wieder einmal ihr Kamerasystem herabgelassen und fotografierten den Meeresboden. Gegen Mitternacht verzeichneten die Sensoren etwa drei Minuten lang einen Anstieg der Temperatur. Die Wissenschaftler notierten den genauen Zeitpunkt der Anomalie, ließen das System jedoch weiterarbeiten, denn die Bilder wurden nicht direkt übertragen: Sie hatten nur ihre Messwerte.

Die R/V Knorr *ist ein Forschungsschiff, das von der Woods Hole Oceanographic Institution betrieben wird. Es war an der Entdeckung der Black Smoker und dem Auffinden der* RMS Titanic *beteiligt.*

Wie geplant kam die Kamera nach zwölf Stunden wieder an Bord. Dann mussten die Filme in der Dunkelkammer entwickelt werden:

3000 Farbbilder waren die Ausbeute des Tauchgangs. Auf den meisten war nur nackter Fels zu sehen, eine Unterwasserwüste. Plötzlich aber wirkten die Felsen wie zerfetzt, schmale Canyons schnitten sich ein, und die Wände ragten steil auf. Schließlich kamen die Bilder an die Reihe, die während des Temperaturanstiegs aufgenommen worden waren. Auf der ersten Aufnahme war Lava zu sehen, die sehr frisch wirkte – und dann folgten 13 Fotos, auf denen Hunderte von weißen Muscheln zu sehen waren und dazu unzählige braune Schalen. Die Geologen waren wie elektrisiert. In der Tiefsee hatte noch niemand zuvor eine so dichte Anhäufung von Lebewesen und eine so fremdartige Umgebung erblickt.

Wenige Stunden später traf ein zweites Forschungsschiff ein, die *Lulu*, mit *Alvin* an Bord. Die Techniker bereiteten das U-Boot für den Tauchgang vor. Bei Sonnenaufgang ging es los. Tauchtiefe: 2500 Meter. Jack Corliss war einer der beiden Wissenschaftler, die hinunter durften: »Wir tauchten mit *Alvin* auf rund 2400 Meter Tiefe ab und wandten uns nach Norden. Plötzlich entdeckten wir draußen vor dem Fenster eine Krabbe. Der Pilot sagte: ›He, da sind noch mehr.‹« Corliss fährt begeistert fort: »Dann wurde das Wasser milchig, und meine Temperaturanzeige begann zu piepen. Sie gab Alarm, als es wärmer wurde. Nach einer Stunde Tauchgang hatten wir die erste heiße Quelle am Meeresgrund gefunden.«

Alvin schob sich langsam durch milchige Wolken aus Mikroorganismen – Milliarden und Abermilliarden von ihnen schwebten im Wasser. Braune Matten aus Bakterien wucherten über den Boden. Zwischen den runden Basaltblöcken lagen Muscheln, 20, 30, 40 Zentimeter groß. Daneben gab es Rasen von Röhrenwürmern, die wie Plastikschläuche aussahen und feuerrote »Federn« an ihrem Kopf hatten. Blinde, porzellanweiße Krebse huschten über die Muscheln. Plötzlich tauchte im Scheinwerferlicht des U-Boots ein hoher, dunkler Schlot auf, aus dem schwarzer Rauch zu quellen schien. Weiter hinten war schemenhaft ein weiterer Kamin zu erkennen. Die Forscher hatten durch Zufall die Lebenswelt der Black Smoker, der »Schwarzen Raucher«, entdeckt, in der sehr heiße Thermalquellen aus dem Meeresboden sprudeln und eine bizarre Landschaft formen.

Weil die Thermometer an Bord so hohe Wassertemperaturen nicht messen konnten, wurden vor dem nächsten Tauchgang bessere montiert. Mehr als 350 Grad Celsius war das Wasser heiß, das aus den Kaminen quoll – damit hatte niemand gerechnet. Mit *Alvins* Greifarmen brachen die Wissenschaftler ein paar Stücke aus den Kaminen, bugsierten sie in die Probenbehälter außen und transportierten sie nach oben. Die Steine bestanden aus schwarzen Schwefelmineralen: Sulfide von Eisen, von Mangan, Kupfer und Zink, Metallverbindungen, die die Türme wachsen lassen.

Das Meerwasser, das an diesen Hydrothermalsystemen durch die Risse und Spalten und Poren des Meeresbodens dringt, findet seinen Weg hinunter zur Magmenkammer, wo es auf rund 300, 400 Grad Celsius aufgeheizt wird. Dabei reagiert es mit dem Basalt seiner Umgebung, verliert Sauerstoff und gelöste Salze. Dafür verwandelt es sich in eine heiße Säure, die die Minerale des Gesteins angreift, um schließlich, mit Metallen und Schwefelwasserstoff beladen, an den vulkanischen Quellen am Ozeangrund hervorzusprudeln. Nur der ungeheure Druck am Boden der Tiefsee sorgt dafür, dass dieses Wasser flüssig bleibt. Beim

DIE MEERESMACHER

Hydrothermale Reaktionen laufen an vielen Stellen im Meeresboden ab: an den mittelozeanischen Rücken, an Meeresvulkanen oder an Subduktionszonen. Dabei schaffen die Schlote nicht nur einen kleinen, exotischen Lebensraum, sondern beeinflussen ganze Ozeane und letztlich die gesamte Erde: Was da jährlich durch die Risse in den Untergrund sickert, aufgeheizt, chemisch verändert und wieder »ausgespuckt« wird, entspricht der Wassermenge, die Jahr für Jahr den Amazonas hinabfließt. Diese Hydrothermalsysteme in der Tiefsee fördern also gewaltige Mengen an Wärme und Chemikalien aus dem Inneren der Erde ins Meer. Sie beeinflussen das chemische Gleichgewicht der Ozeane, schließlich wird – statistisch gesehen – alle sechs bis acht Millionen Jahre das gesamte Meerwasser einmal durch die hydrothermale Zirkulation gewälzt. Damit sind diese Systeme für die Chemie der Meere mindestens ebenso wichtig wie die Verwitterung an Land und das, was sie an gelösten Stoffen im Regen, an Meeresküsten und in Flüssen in den Ozean schafft.

Das heiße Wasser löst auch Kalzium aus dem Basalt, und deshalb spielen die Schlotfelder sogar beim Treibhauseffekt eine Rolle: Wie viel Kohlendioxid in Ozeanen und der Atmosphäre ist, hängt auf langen Zeitskalen davon ab, wie viel Kalzium aus der Ozeankruste freigesetzt wird. Schließlich zieht dieses Kalzium das im Wasser gelöste Kohlendioxid aus dem Verkehr und schafft es als Karbonatkristall – also als Kalk – in ein »Endlager«.

Kontakt mit dem kalten Meerwasser flocken sofort Schwefelminerale aus, Katzengold etwa oder Kupfersulfid. Wie schwarzer Rauch quellen sie heraus. Ein Teil davon lässt Schlote wachsen, die sich meterhoch auftürmen. Der Rest wirbelt wie Dampf aus einem Kamin. Die Schlote wachsen schnell: Godzilla, der bislang größte, der bis 1993 vor der Küste Oregons wuchs, legte innerhalb eines Jahres um sechs Meter zu, ehe er – so hoch wie ein 15-stöckiges Gebäude – einstürzte.

Leben im Hexenkessel

Die Wissenschaftler der *Knarr* staunten: Überall an diesen Kaminen war Leben, die biologische Produktivität ungeheuer groß. Aber – wovon ernährten sich diese Wesen in der ewigen Finsternis der Tiefsee? Schon die ersten Wasserproben gaben den entscheidenden Hinweis. Als die Chemiker an Bord die Behälter öffneten, roch es so penetrant nach faulen Eiern, dass die Crew an die Luken stürzte, um sie zu öffnen: Das erbärmlich stinkende Wasser war voll von Schwefelwasserstoff. Also vermischt sich anscheinend dort unten das normale Meerwasser mit vulkanischen Lösungen, und es gibt Mikroorganismen, die solche Schwefelverbindungen liebend gern »verdauen«.

Weil es eine Fahrt mit geologischer Zielsetzung war, war kein Biologe an Bord, und auch die Ausrüstung fehlte natürlich. Also mussten die Wissenschaftler improvisieren: Was an Lebewesen geborgen werden konnte, wurde mit Tequila oder Rum konserviert, der gerade zur Hand war. Das war Glück für John Baross, einem jungen Mikrobiologen von der University of Washington. Er durfte die Proben analysieren und konnte so seine wissenschaftliche Karriere auf den Black Smokern gründen: Als er die Organismen analysierte, duftete es in seinem Labor nicht nach faulen Eiern, »sondern wunderbar nach Mexiko« – wie Baross erzählt. Und dann führt er weiter aus, dass nur in unseren Augen Black Smoker ein Inferno sind aus einer brodelnden Giftbrühe mit Temperaturen nahe dem in dieser Tiefe herrschenden Siedepunkt und mit Schwermetall- und Schwefelkonzentrationen, die jeden normalen Organismus tot umfallen lassen würden. Trotzdem wimmelt es geradezu von Leben: Unmittelbar an den Kaminen und vor allem um die Schlote herum, wo es etwas kühler wird, tummeln sich Myriaden von Mikroorganismen.

Sie haben die Rolle der Pflanzen unserer Welt als Basis der Nahrungspyramide übernommen, indem sie Metallsulfide zu Biomasse verarbeiten. Von ihnen ernähren sich höher entwickelte Tiere. Da sind beispielsweise die blinden Schlotgarnelen, die diese Mikroben fressen. Auch Ruderfußkrebse wie *Isaacsicalanus paucisetus* schwärmen über zusammengebrochenen Schloten und scheinen dort zu grasen.

Allerdings hält sich die Mehrzahl der Schlotbewohner die Schwefelbakterien sozusagen als Nutzvieh – und praktiziert Symbiose, ein Zusammenleben, von dem beide Partner profitieren, der Wirt und sein Symbiont. Röhrenwürmer, Muscheln, Riesenbartwürmer, sie alle bieten den Bakterien eine sichere Behausung im Inneren ihrer Schalen oder Körper und versorgen sie mit schwefelwasserstoffhaltigem Wasser, Sauerstoff und Kohlendioxid, und im Gegenzug liefern ihnen ihre Untermieter Zucker und andere energiereiche Verbindungen für den Lebensunterhalt.

HEISSE PARASITEN

Die Ökosysteme an den Schloten haben zwar durchaus etwas von einem Schlaraffenland, allerdings von einem mit Plagegeistern: Parasiten. Kleine Vielborster wie *Branchipolynoe symmytilida* sollen sich in den Schalen der *Bathymodiolus*-Muscheln niederlassen, um ohne Gegengabe von ihnen zu profitieren.

Die riesige Muschel *Calyptogena magnifica* hat dafür ihre Kiemen mit Schwefelbakterien besetzt, ebenso die Muschel *Bathymodiolus thermophilus.* Um ihre Symbionten mit den nötigen Chemikalien aus den hydrothermalen Lösungen zu versorgen, senken sie ihren mit vielen Blutgefäßen versehenen Muschelfuß in die Risse und Spalten der Black-Smoker-Felder. Sauerstoff und Kohlendioxid für den Aufbau von Biomasse schaffen sie über die Kiemen heran. Allerdings verlässt sich *Bathymodiolus* nicht vollkommen auf seinen »Mikrobengarten«, denn er kann durchaus noch organische Materie aus dem vorbeiströmenden Wasser filtern. Außerdem ist er schon dabei beobachtet worden, wie er mithilfe seines Fußes, mit dem er sich normalerweise an den Boden klammert, den Wohnort wechselt, falls ihm der Platz einmal nicht mehr behagt. An den Schwarzen Rauchern werden also selbst die Muscheln mobil.

Die Muscheln fühlen sich in den kühleren Bereichen ihres Ökosystems wohl, leben dort meist so dicht gepackt an den heißen Quellen, dass es aussieht, als feierten sie eine Party. In dichtem Rasen wächst auch der Riesenbartwurm *Riftia pachyptila,* ein röhrenbauender Bartwurm, der auf den Black-Smoker-Feldern im Pazifik die Ökosysteme dominiert. Schon von Weitem sind die leuchtend roten Federbüschel zu erkennen, die aus den hellen Schutzröhren ins Wasser ragen. Bis zu zweieinhalb Meter lang können diese Tiere werden. Sie sind wahrscheinlich die am schnellsten wachsenden Meerestiere überhaupt: Pro Tag legen sie ein bis zwei Millimeter zu. Sie wachsen allen anderen davon – aber dafür haben sie so einiges geopfert. Sie besitzen zwar noch Kopf und Rumpf sowie einen Fuß, mit dem sie sich am Untergrund festkrallen, aber sie sparen sich Mund, Darm und After, weil sie sich ganz auf ihre Schwefelbakterien verlassen und sich Bakterienkolonien in einem besonderen Organ, dem Trophosom, halten.

Zu den extremsten Lebewesen überhaupt zählt jedoch *Alvinella pompejana,* der Pompejiwurm. Er fühlt sich in den heißesten und schwefligsten Bereichen der hydrothermalen Quellen besonders wohl, liebt es, seine weißlichen, papierdünnen Wohnröhren nur Zentimeter vom Austrittsort der brühend heißen Säure entfernt zu bauen, dort, wo pausenlos hochgiftige Mineralien und Schwermetalle auf ihn rieseln. Allerdings kann er diesen konkurrenzlosen Standort nur mithilfe eines Schutzpanzers besiedeln: Er überzieht seinen Körper mit mehr als 30 verschiedenen Arten von Mikroorganismen, die ihn als lebendiger Pelz umgeben.

Bathymodiolus thermophilus
Größe: bis zu 25 cm
Tiefe: ab 1600 m
Diese Tiefseemuscheln können enorm dicht zusammenleben: Manchmal hocken pro Quadratmeter 300 von ihnen aufeinander. Überhaupt kann die Biomasse an einem Black-Smoker-Feld 10 bis 10000-mal größer sein als auf und in den Schlammebenen des Abyssals.

Bartwurm
Riftia pachyptila
Größe: bis zu 2,4 m
Tiefe: ab 1600 m
Die rote Farbe der Kopflappen verdanken diese Röhrenwürmer dem besonderen Hämoglobin ihres Blutes: Es bindet an verschiedenen Stellen Sauerstoff für die Atmung des Wurms und Schwefelwasserstoff für seine Bakteriensymbionten.

Seine Symbionten arbeiten wahrscheinlich als eine Art Kläranlage zusammen und halten die Giftstoffe vom Wurm fern. Außerdem könnten sie dem zehn Zentimeter langen Pompejiwurm dabei helfen, nicht zum Solei zu werden: Das Tier streckt zwar seinen Kopf in angenehmes, 20 Grad Celsius warmes Wasser, sein anderes Körperende muss jedoch mit mehr als 80 Grad Celsius fertig werden. Eigentlich müssten sich Körpereiweiße bei diesen Temperaturen zersetzen. Aber der Pompejiwurm kommt ganz offensichtlich damit zurecht, vermutlich weil seine Untermieter ihn mit hitzeresistenten Enzymen versorgen, denn manche Mikroorganismen können so etwas produzieren.

Inzwischen wissen die Meeresbiologen, dass die Bewohner der hydrothermalen Tiefseefelder nicht überall die gleichen sind: So leben die Riesenbartwürmer oder die Riesenmuscheln *Calyptogena* nur in den Schlotfeldern des Pazifiks, während Tiefseegarnelen im Atlantik dominieren, wo die durchsichtigen *Rimicaris exoculata* über die Kamine wuseln. Und nicht nur das: Im Ostpazifik leben andere Arten an den Schwarzen Rauchern als im Nordpazifik und an mittelozeanischen Rücken andere Tiere als an den vulkanischen Quellen über Subduktionszonen.

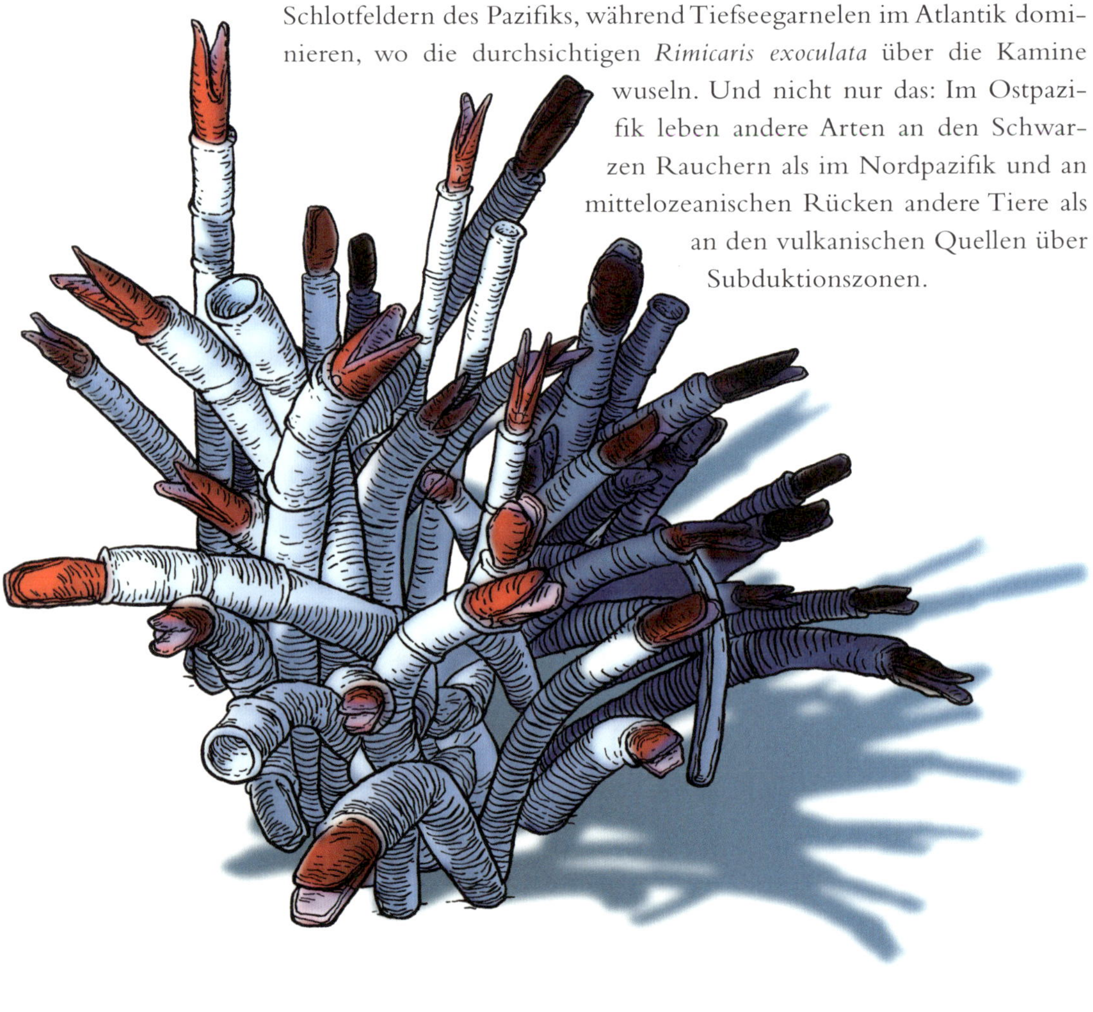

KUPFERGRÜSSE AUS DER TIEFSEE

Die Industriegesellschaft – und nicht nur sie – verdankt den Schwarzen Rauchern viel, jedenfalls wenn sie durch die Kräfte der Plattentektonik dem Festland zugeschlagen worden sind. Auf Zypern etwa haben Bergleute schon vor 5000 Jahren Kupfer aus solchen hydrothermalen Lagerstätten ausgebeutet. Das lateinische Wort für Kupfer – cuprum – leitet sich vom Namen der Insel ab, Cyprium. Die größte Lagerstätte dieser Art liegt allerdings in Kanada und heißt Kidds Mine. Dort erstreckte sich vor 2,4 Milliarden Jahren ein Meer mit einer ungewöhnlich starken hydrothermalen Aktivität. Die Menge an Schwefelerzen, die es hinterließ, ermöglicht es der Bergbaufirma heute, dort den größten und tiefsten Kupfer- und Zinktagebau der Welt zu betreiben.

Ihr Schwermetallgehalt macht Black Smoker zu Giftschleudern. Einige aktive Schlote vor Neuseeland weisen derzeit sogar extrem hohe Quecksilbergehalte auf. Bis zu einem Kilogramm setzt jeder einzelne von ihnen pro Jahr frei. Die Bakterien bauen das Metall in eine organische Verbindung ein, die leicht von Fischen aufgenommen wird. Vielleicht ist das der geheimnisvolle Grund dafür, dass japanische Fischer in den 1970er-Jahren die Thunfischjagd in dieser Region aufgeben mussten: Ihre Fänge wiesen immer wieder unerklärlich hohe Quecksilbergehalte auf.

Aber egal, wer dort unten siedelt: Die Lebensgemeinschaften haben sich an ganz besondere Bedingungen anpassen müssen. Das ist nicht einfach, und zwar nicht nur wegen der Temperaturverhältnisse. Vielmehr verlangt ein Black Smoker von seinen Bewohnern im Grunde genau die entgegengesetzte Überlebensstrategie zur Tiefsee sonst: Man muss schnell groß werden und schnell Nachwuchs zeugen. Und obwohl sich die Lebewesen an den Quellen dicht an dicht drängeln, ist ihre Vielfalt vergleichsweise gering. Ein bis zwei Arten scheinen ein System zu dominieren, ansonsten kommen nur wenige andere vor. Das ist ein typisches Phänomen, das die Smoker mit anderen sehr produktiven, aber instabilen Systemen wie Flussdelten gemeinsam haben. An den Hydrothermalquellen ist also alles anders. Kein Wunder also, dass anscheinend nur ein winziger Bruchteil der im Inferno lebenden Arten auch in den kalten Schlammweiten des Abyssals vorkommt.

Aber wenn nicht aus dem Abyssal, woher kommen die Ahnen der Bewohner heißer Tiefseegeysire dann? Die Antwort könnte ein drei Millionen Jahre altes Walfossil liefern, das in den sanften Hügeln der Toskana gefunden worden ist. Auf einem Acker bei Orciano Pisano steckte das komplette Skelett eines zehn Meter langen Wals im Boden –

HEISSER ALS HEISS

Im Südatlantik, in 3000 Metern Wassertiefe, entdeckten 2006 Geologen der Jacobs University Bremen am mittelozeanischen Rücken ein Schlotfeld, aus dem aus zwei Schwarzen Rauchern namens Two Boats und Sister Peak mehr als 407 Grad Celsius heißes Wasser quillt. Diese Temperatur überschreitet eine kritische Grenze: Druck und Temperatur sind hoch genug für den superkritischen Zustand, einen Zustand zwischen gasförmig und flüssig. Dann bekommt Wasser interessante Eigenschaften: Es kann dann mit Leichtigkeit Gold, Kupfer und Eisen aus dem Basalt lösen und ins Meer schaffen.

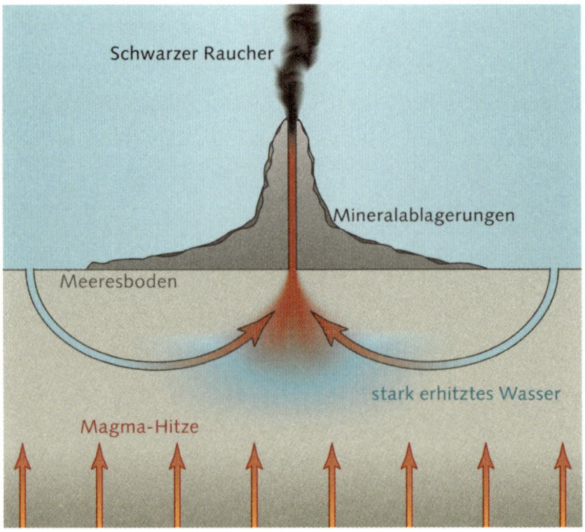

samt den Fraßspuren von hungrigen Fischen und Haien und vor allem samt einer Kollektion von Spezialisten, die seinerzeit damit beschäftigt waren, die Walknochen zu beseitigen. Das ist aber nicht das einzig Ungewöhnliche an diesem Fossil, denn da ist auch noch die Tatsache, dass dieser Kadaver niemals in der Tiefsee gelegen hat, sondern im flachen Wasser am Boden hängen blieb. So etwas ist selten, denn normalerweise werden tote Wale durch Faulgase aufgetrieben und driften dann davon. Warum auch immer er dort liegen blieb, er wurde an Ort und Stelle besiedelt – und zwar unter anderem von sechs bis sieben Zentimeter langen Muscheln, die heute noch Nachfahren an heißen Tiefseequellen haben. Von denen ist bekannt, dass sie auf heiße Tiefseequellen und Kadaver spezialisiert sind und entfernte Verwandte im flachen Wasser haben.

Könnten große Kadaver so etwas wie Sprungbretter gewesen sein, die es Flachwasserorganismen erlaubten, sich diese besonderen chemischen Lebenswelten der Tiefsee zu erschließen? Dieser Walkadaver wäre theoretisch genau am richtigen Platz versunken: Er lag auf halbem Weg vom Strand in die Tiefsee, hätte ein isoliertes Ökosystem bieten können, in dem neue, evolutionäre Entwicklungen ablaufen. Gut, er selbst kommt dafür nicht infrage, denn die Lebenswelt der Black Smoker ist mindestens schon seit 65 Millionen Jahren besiedelt, und an Wale war da noch nicht zu denken. Aber damals lebten schwimmende Saurier, und auch die hätten perfekte Sprungbretter für die Evolution abgegeben.

Vielfalt und Vergänglichkeit

Ein Black-Smoker-Feld ist nicht wie das andere. Die chemische Zusammensetzung ihres Wassers variiert, und zwar je nachdem, wo sich die Quellen bilden, ob an einem mittelozeanischen Rücken oder einer Subduktionszone, und auch die Zusammensetzung des Untergrunds spielt eine Rolle. Zudem verändern sich die Felder mit der Zeit. Sie können über Jahrhunderte oder sogar Jahrtausende den immer gleichen Chemikaliencocktail ausspeien, um dann innerhalb weniger

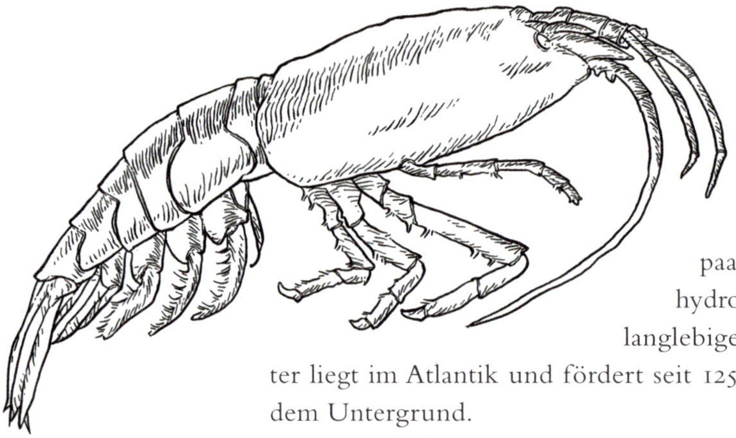

Tage ihre Zusammensetzung komplett zu verändern. Der einzelne Schlot wird dabei nicht alt, er wächst für ein paar Jahre oder Jahrzehnte. Die hydrothermalen Systeme selbst sind langlebiger: Der derzeitige Rekordhalter liegt im Atlantik und fördert seit 125 000 Jahren heißes Wasser aus dem Untergrund.

Rimicaris exoculata
Größe: 5 cm
Diese blinde Garnele, die das geologische Licht der Black Smoker wahrnehmen kann, liebt es dicht an dicht: Sie lebt mit bis zu 2500 Individuen pro Quadratmeter zusammen.

Das heißt jedoch nicht, dass die Tiefseegarnelen seit 125 000 Jahren stabile Verhältnisse vorfinden würden. Die Zeit der Fülle kann an einem Schlotfeld schnell vorbei sein: Wissenschaftler haben durchaus erlebt, dass sie bei einem Besuch ein blühendes Ökosystem vorfanden, und beim nächsten Mal waren die Röhrenwürmer verschwunden, die Muscheln starben oder waren schon tot. Dann hat sich im Untergrund die hydrothermale Aktivität verlagert, die Leben spendende Säure sprudelt andernorts.

Die Frage ist nur, wie die hoch spezialisierten Arten es schaffen, sich an diese andere Stelle zu retten – oder besser: wie ihre Larven das schaffen. Lassen sich Larven einfach passiv treiben und »hoffen«, irgendwie am richtigen Ort anzukommen? Oder folgen sie winzigsten chemischen Spuren im Meerwasser, die ihnen den rechten Weg zum nächsten Smoker weisen? Nutzen sie tote Wale dabei als Zwischenstation?

Möglich ist alles – aber die Strategie muss effizient sein, um ihr Überleben in so extremen und wechselhaften Ökosystemen sicherzustellen. So haben am Juan de Fuca Ridge vor der Küste des US-Bundesstaats Washington Lavaausbrüche innerhalb weniger Jahrzehnte gleich mehrfach Schlotfelder vernichtet. Danach jedoch wurde der Ozeanboden erstaunlich schnell wieder besiedelt. Statt der ausgelöschten Lebensgemeinschaften der Smoker machten sich nun Bakterien über den neuen Lebensraum her. Für sie war Fiesta: Direkt unter der frischen Oberfläche wuchsen und gediehen sie in dem nun nur noch angenehm warmen Hydrothermalwasser, das aus den Quellen sprudelte. Sie ernährten sich von den Schwefelverbindungen darin, bildeten dichte Matten. Dass sie da waren, sah man schon von Weitem (falls man bei der geringen Eindringtiefe des Lichts in der Tiefsee von weit sprechen kann): Sie verrieten sich durch die weißen Fäden, die sie in den Wasserstrom absonderten. Es sah aus, als arbeitete dort eine Schneekanone: Bis zu 50 Meter hoch quollen weiße Flocken heraus. Aber auch die größeren Organismen ließen sich nicht lange bitten. Noch nicht einmal ein Jahr nach dem Lavaausbruch siedelten schon wieder die ersten Röhrenwürmer dort und bald auch die ersten Muscheln. Die Ökosysteme sind für die Meeresbewohner, die mit ihren Bedingungen zurechtkommen, höchst attraktiv.

Eine tiefe Wiege des Lebens?

Als Jack Corliss 1977 den ersten Smoker erblickte, wusste er sofort: »Wir hatten etwas ganz Besonderes gefunden, das war klar. Wir hüpften vor Freude, fühlten uns wie Astronauten auf dem Mond.« Was sie gefunden hatten, war vielleicht nicht so spektakulär wie eine Mondlandung, aber dafür – wie sich herausstellen sollte – viel bedeutsamer. Die Schlote am Tiefseeboden kippten ein Dogma der Biologie, und die Wissenschaft machte einen gewaltigen Satz nach vorne. Bis dahin galt: Das irdische Leben – selbst in den tiefsten Tiefen der Tiefsee – hängt von der Sonne ab, direkt oder indirekt, und zwar über die Biomasse, die durch die Fotosynthese entsteht. Aber die Lebewesen an den Schwarzen Rauchern wurzeln sozusagen in der Chemie – genau wie die an den White Smokern, den »Weißen Rauchern«, die die Geologen inzwischen auch entdeckt haben und an denen aus Heißwasserfontänen vor allem Barium, Kalzium und Silikate ins Tiefseewasser sprudeln. Kilometer unter der lichterfüllten Oberfläche der Meere gibt es Oasen, denen das Sonnenlicht gleichgültig ist, die ganz von der Energie abhängen, die der Vulkanismus zur Verfügung stellt – und damit die Erde selbst.

Der ungeheure Druck, die extreme Hitze der Quellen, die unmittelbar auf die Eiseskälte des Tiefseewassers trifft, die ewige Finsternis und das mit giftigen Chemikalien beladene Wasser – die Welt der Black

DUNKLE SONNE DER TIEFSEE

Auf den Müll der Wissenschaftsgeschichte gehört auch die Ansicht, dass alle Fotosynthese vom Sonnenlicht abhängt. Selbst in der Tiefsee gibt es Mikroorganismen, die Fotosynthese betreiben! Diese Künstler gehören zu den Grünen Schwefelbakterien: Für sie werden die Tiefseeschlote zu Sonnen, denn sie nutzen deren geothermische Strahlung, um aus Schwefelwasserstoff und Kohlendioxid Biomasse aufzubauen.

Die geothermische Strahlung ist ziemlich geheimnisvoll. Auf ihre Existenz wurden Biologen Ende der 1980er-Jahre aufmerksam, als sie an Schwarzen Rauchern auf dem Rücken der Garnelen *Rimicaris exoculuta* eigenartige Sinnesorgane bemerkten: Mit diesen »Augen« nehmen die Tiere die tiefrote bis fast infrarote Strahlung der Schlote wahr. Daneben gibt es an einem Black-Smoker-Feld noch andere geologische »Lichtquellen«. Ein bisschen Licht entsteht auch, wenn das 350 Grad Celsius heiße Wasser auf das 2 Grad Celsius kalte Meerwasser trifft und dabei Mineralien auskristallisieren. Außerdem tritt Sonolumineszenz auf, also Licht, das emittiert wird, wenn in einer Flüssigkeit Bläschen kollabieren.

Insgesamt reicht das aber für nicht mehr als ein äußerst schwaches Glimmen. Deshalb muss das Grüne Schwefelbakterium, das den wenig romantischen Namen GSB1 erhielt, auch sehr genügsam sein: Es bekommt so viel Licht ab wie seine »Kollegen« in etwa 80 Metern Wassertiefe. Wer mit so wenig Licht – sprich Energie – auskommen muss, lebt langsam. Etwa alle drei Jahre können sich die Zellen einmal teilen. Kolibakterien brauchen dafür nur etwa 20 Minuten. Außerdem hasst GSB1 Sauerstoff: Ist er in der Nähe, fällt es in eine Art Starre, einen Ruhezustand, bis er wieder verschwunden ist.

Smoker gehört zum Ungewöhnlichsten, was diese Erde zu bieten hat. Jedenfalls aus unserer Sicht. Ein Tiefsee-Borstenwurm würde wohl genau das Gegenteil behaupten, und seine Welt dürfte den Anfängen der Erde näher sein als unsere. Sie war schon zu Beginn vom Meer bedeckt, und Vulkane gab es auch reichlich. Damals wie heute drang das Meerwasser an den Klüften der rauen Basaltfelsen in den Boden ein, wurde vom Magma tief unter den Spalten aufgeheizt, sprudelte dann – beladen mit Gasen, Metallen und Mineralen, mit Stickstoff, Phosphor, Schwefel – als ätzende, heiße Flüssigkeit an den submarinen Quellen heraus. Diese Schlote sind natürliche Reaktoren, an denen eine Vielzahl von chemischen Reaktionen gleichzeitig abläuft.

Deshalb rätseln Wissenschaftler auch seit der Entdeckung dieser Quellen, ob nicht die Wiege des Lebens an einem Black Smoker gestanden haben könnte. Die Entdecker der Schwarzen Raucher verfielen schnell auf diese Idee, aber es dauerte eine Weile, ehe sie sie zu veröffentlichen wagten. Zu radikal war der Szenenwechsel, denn bis dahin suchte man den Anfang allen Lebens vor allem an lichtdurchfluteten Tümpeln, in die unter einer seltsamen (und – wie wir inzwischen wissen – so nie existenten) Uratmosphäre Blitze einschlugen. So jedenfalls hatten sich Harold Urey und Stanley Miller von der University of Chicago in den 1950er-Jahren den Übergang von organischer Chemie zur Biologie vorgestellt.

Die Black Smoker hatten eindeutig ein paar interessante Eigenschaften: Das junge Leben wäre dort unten vor den verheerenden Einschlägen von Kometen und Asteroiden sicher gewesen, die die Erde in ihrer Frühzeit immer wieder getroffen haben. Und auch das harsche UV-Licht der Sonne, das bis zur Erfindung der Sauerstoff produzierenden Fotosynthese ungehindert von jeglicher Ozonschicht in die obersten Wasserschichten eindrang, hätte ihnen gleichgültig sein können. So gesehen sind die Schlote idyllische Orte.

Inzwischen liefern genetische Untersuchungen an schlotbewohnenden Schwefelbakterien den Verfechtern dieser Theorie des »Garten Eden der Tiefsee« ein paar Indizien. Die Analyse ergab, dass etliche der Mikroorganismen keiner der bestehenden Bakterien-Großgruppen der »normalen Welt« zuzuordnen sind. Außerdem sehen viele der Mikroorganismen, die dort unter härtesten Bedingungen existieren, auf den ersten Blick zwar aus wie Bakterien, es sind jedoch keine. Sie sind vielmehr Mitglieder des exklusiven Klubs der Archaeen, einzelliger Lebewesen, die jeden Mikrobiologen begeistern.

Manchen von ihnen machen Temperaturen von 100 Grad Celsius nichts aus, andere bevorzugen große Kälte, Salzlauge oder Säuren. Dabei überstehen sie höllische Bedingungen nicht nur, sie brauchen sie sogar, um sich wohlzufühlen und zu vermehren: Sie sind »Extremophile«, Organismen fürs Extreme. Das geht allerdings nicht ohne eine entsprechende Ausstattung. So schützen sie sich zum Beispiel durch den besonderen Bau der Zellmembran vor ihrer harschen Welt. Oder sie produzieren kochfeste Enzyme, also Eiweiße, die ihren Stoffwechsel steuern. Oder, oder, oder – für jede Umwelt muss das Passende da sein, egal, ob sie an einem Black Smoker lebt, in den kältesten und trockensten Tälern der Antarktis oder tief begraben in den Steinen der Erde.

Wie die Bakterien besitzen auch die Archaeen keinen Zellkern, zählen also zu den sogenannten Prokaryoten. Bei ihnen schwimmt die Erbsubstanz DNA frei im Zellplasma herum. Außerdem sind ihre Zellen viel einfacher gebaut als die der Organismen mit Zellkern, der Eukaryoten, zu denen alle höheren Tiere und damit auch wir Menschen gehören. Eukaryoten stecken ihre Erbsubstanz in einen Zellkern. Ihre Zellen sind auch größer und komplexer als die der Prokaryoten. Es war eine wissenschaftliche Revolution, als die Mikrobiologen mit der Entdeckung der Archaeen erkannten, dass sich die Lebenswelt nicht nur in zwei Äste aufteilt: in den der zellkernlosen Bakterien und den der zellkernbesitzenden Eukaryoten. Es gibt vielmehr noch einen dritten Ast, den der zellkernlosen Archaeen. Die nächste Überraschung war, dass die anderen beiden Äste von diesem Archaeenast abzweigen. Archaeen sind anscheinend die urtümlicheren Lebewesen, und unter den Wärme liebenden Archaeen fanden sich die primitivsten bislang bekannten Organismen. Sie stehen den Anfängen also näher. Und so stellte sich plötzlich eine große Forschergemeinde die Frage, ob das Leben vielleicht als Überzug auf oder in den Steinen an einer submarinen Hydrothermalquelle begann.

Der Ozeanograf John Murray wäre von solchen Diskussionen wohl begeistert gewesen. Die *Challenger* machte sich zu den Fidschi-Inseln und zum südpazifischen Tonga auf und erreichte wieder die Tropen – ein gewaltiger Gegensatz zu den Monaten vorher. »Es ist sehr heiß«, klagte denn auch Joe Matkin – und am schlimmsten war wohl die Aussicht, dass es die nächsten fünf Monate so bleiben würde. Am 10. Juli 1874 überquerten sie die Datumsgrenze, am 19. erreichten sie Tonga. Eine Delegation von Tongaern fuhr in zwei Kanus der *Challenger* entgegen: »Sie waren alle nackt, aber bevor sie an Bord kamen, band sich jeder mit großer Würde und Stolz ein Leinentuch um die Hüften«, erzählt Matkin. Die Tongaer bewunderten die Maschinen, und man bewirtete sie unter Deck. Weil Sonntag war, wollten sie jedoch keinesfalls Handel treiben: Der Sonntag gehöre Gott allein, man besuche nur die Messe – oder besser: die Messen, denn es fanden fünf statt. Am Montag sei das etwas ganz anderes, und man werde ihnen gerne Früchte und alles verkaufen, was ihr Herz begehre. Also konnte die *Challenger* erst am nächsten Tag die Lager füllen und brach dann in Richtung Fidschi-Inseln auf. Unterwegs erfreute man sich an spektakulären Sonnenuntergängen, begegnete Fliegenden Fischen und Buckelwalen, deren Erscheinen zwei große Walfangschiffe in Tonga sehnsüchtig erwarteten. Und daneben lief die wissenschaftliche Arbeit an Bord wie gehabt.

Pompejiwurm
Alvinella pompejana
Größe: 10–15 cm
Tiefe: 2600–2900 m
Weil Hydrothermalfelder erlöschen, entlassen Pompejiwürmer ihre Eier ins eiskalte Tiefseewasser, wo sie in eine Kältestarre verfallen. Sie treiben durchs Wasser, bis der Temperaturanstieg in der Nähe eines anderen Hydrothermalfelds sie weckt: Ab 10 Grad Celsius teilen sich die Zellen weiter und entwickeln sich zum fertigen Wurm.

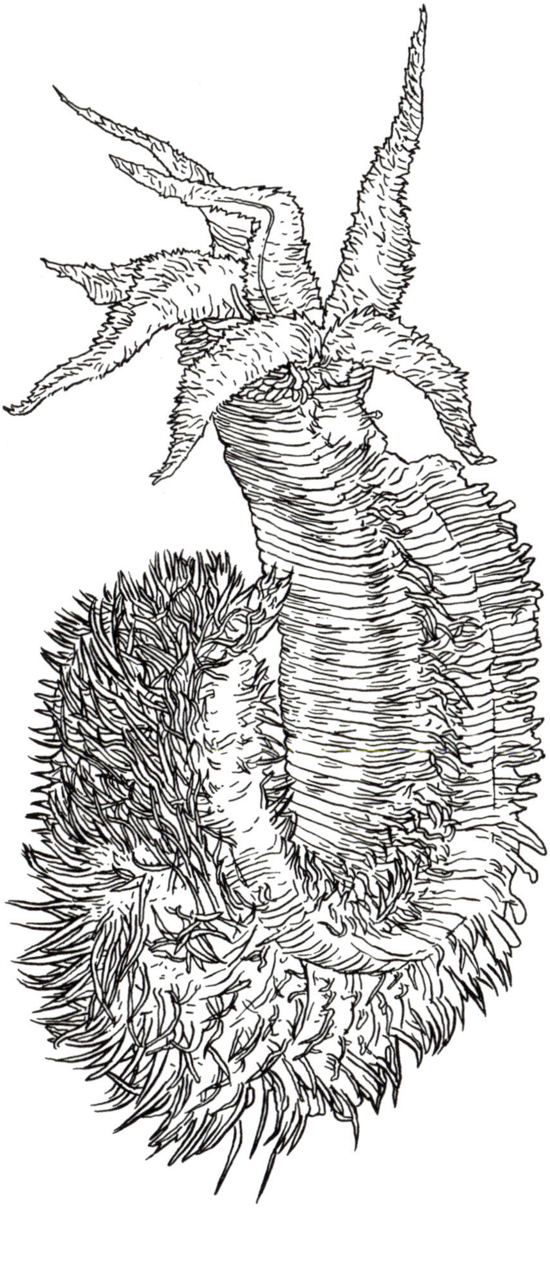

11

Die Verlorene Stadt –

Vom Leben im Rohrreiniger und dem Abenteuer auf einem Vulkan

Kaum auf den Fidschi-Inseln angekommen, erreichte die Mannschaft der *Challenger* die Neuigkeit, dass ein französisches Kriegsschiff, die *Cher,* neben dem sie in Sydney gelegen hatten, auf ein Riff gelaufen war. Wieder einmal wurde ihnen die Gefährlichkeit ihrer Aufgabe bewusst, und die Stimmung an Bord war gedrückt. Am 1. August 1874 brachen die Wissenschaftler zu einer kleinen Expedition zu ein paar der größeren Inseln auf. Also erteilte Kapitän George S. Nares in Levuka, einer Kleinstadt auf der Insel Ovalau, der gesamten Besatzung die Erlaubnis zum Landgang. Diese Entscheidung bereute er bald zutiefst, denn sie hatte Folgen: Mehr als die Hälfte der Mannschaft sprach so sehr einem teuflischen Rumgebräu namens »Fije Pioneer« zu, dass die volltrunkenen Männer wie Vieh an Bord gehievt werden mussten. Manche randalierten sogar. Besonders schlimm erging es einem 24-Jährigen, der im Kartenraum Dienst tat und erst in Sydney an Bord gekommen war – »in Lumpen gekleidet«, wie Schiffssteward Joseph Matkin bemerkte: »Er nennt sich Dawson, aber ich bezweifle,

Abb. links: Staatsqualle Physophora hydrostatica *Größe: 7 – 12 cm Tiefe: 700 – 1 000 m Die kleinen weißen Anhängsel in den wie ein Netz ausgebreiteten Tentakeln dieser Staatsqualle ähneln Ruderfußkrebsen. Wahrscheinlich lockt sie so ihre Opfer an, die auf eine gute Mahlzeit hoffen.*

dass das sein richtiger Name ist.« Der Kapitän habe ihn aus Mitleid in Dienst genommen, obwohl er unter Delirium tremens litt: »Wenn er nüchtern ist, zittern seine Hände stark, und er hat den Gang eines alten Mannes.« Nun, in Levuka, hatte Dawson dieses Problem nicht. Sinnlos betrunken, wie er war, wollte er in einer um seine Hüfte geschlungenen Tierblase Rum an Bord schmuggeln. Als die Wachen ihn erwischten, geriet er außer sich vor Wut. Er versuchte, einen der Wachleute zu erstechen, und tobte so sehr, dass er in Ketten gelegt werden musste – zu Joe Matkins Leidwesen genau vor seiner Tür: Zum Schlafen kam er bei dem Lärm und der Flut gottloser Flüche nicht. Am nächsten Morgen befand sich Dawson, der Sohn eines anglikanischen Priesters zu sein vorgab, in einem grauenhaften Zustand. Es ging ihm schlecht, und er bat jeden um Verzeihung, schwor, nie wieder auch nur einen Tropfen Alkohol anzurühren. Matkin kommentierte das trocken: »Diese Reue wird wohl nicht sehr lange anhalten. Man sieht sofort, dass seine Jahre auf dieser Welt begrenzt sind.«

Das Forschungsschiff R/V Atlantis *gehört der U.S. Army und wird von der Woods Hole Oceanographic Institution betrieben. Von diesem Schiff aus wird das Forschungs-U-Boot* Alvin *eingesetzt.*

Am 30. August 1874 kehrte die *Challenger* nach Australien zurück, um nach weiterer Arbeit in den Gewässern dort am 8. September in die Arafurasee aufzubrechen, ein Nebenmeer des Indischen Ozeans zwischen Australien, Neuguinea und Timor. Man näherte sich den Banda-Inseln – und damit Niederländisch-Indien: Nun segelte die *Challenger* in den Gewässern einer fremden Kolonialmacht, etwas, was der Besatzung gar nicht gefiel, schließlich war die Konkurrenz zwischen beiden Nationen groß. Joe Matkin schrieb: »Diese Route wird selten von anderen Schiffen genommen als niederländischen. Sie sind hier die Alleinherrscher und halten es nach ihrer eigenen Art.« Und die war eben nicht die britische, auch wenn man die gepflegten Landsitze allgemein bewunderte.

Am 30. September ankerte die *Challenger* auf der Molukkeninsel Seram, einer niederländischen Strafkolonie. Trotzdem fanden die Männer sie wunderschön, vor allem wegen der eleganten niederländischen Kolonialhäuser. Sie passierten die Inseln Obi und Bacan, fuhren an Makian vorbei. Am 15. Oktober waren sie in Ternate, lagen unterhalb des Vulkans Gamalama, der friedliche weiße Wölkchen ausstieß, vor Anker. Gamalama reizte den Naturforscher Henry Nottidge Moseley und den *Challenger*-Unteroffizier Andrew F. Balfour, also erklommen sie ihn zusammen mit vier malayischen Führern. Je höher sie jedoch kamen, umso zögerlicher wurden ihre Begleiter. Sie erreichten einen erloschenen Krater. Die Führer erklärten ihnen, dass es von nun an gefährlich würde: »Sie taten ihr Bestes, um uns zu überzeugen, dass wir nicht weitergehen sollten. Auf der letzten Etappe zum aktiven Krater blieben sie zunächst zurück, und als wir den Anstieg in Angriff nahmen, drehten sie sich um und rannten, so schnell sie konnten, zurück. Später erfuhren wir, dass die Eingeborenen diesen Vulkan abergläubisch fürchten. Sie glauben, in dem Moment, in dem jemand die Spitze erklettert, wird es einen schrecklichen Ausbruch und ein starkes Erdbeben geben«, schrieb Moseley und gab dann zu, dass der Aufstieg auch reale Gefahren barg, denn die Basaltblöcke, über die sie kletterten, waren erst vor Kurzem gefördert worden. Auch war es riskant, in den aktiven Krater zu klettern: Dampfwolken drifteten über seinen Grund, verwirbelten, versperrten den Blick auf das gequetschte rote Gestein auf der anderen Kraterseite. Schnell gaben Moseley und Balfour ihren Plan auf, in den Krater hinabzusteigen. »Die Dämpfe machten das Atmen sehr mühsam. Aus den Rissen im Gestein traten allerorten ätzende Gase aus, die die Lava zersetzten. In den meisten Rissen sahen wir auch kleine Mengen an Schwefel.« Stattdessen genossen sie die spektakuläre Aussicht vom Vulkangipfel.

Der Gamalama ist entstanden, weil vor Indonesien die alte pazifische Ozeankruste an einer Subduktionszone wieder zurück ins Erdinnere sinkt. Obwohl seine mittelozeanischen Rücken sehr aktiv sind, ist der Pazifik ein schrumpfendes Meer. Rein statistisch gesehen ist es auch an der Zeit, dass er verschwindet, denn mit einem Alter von rund einer Milliarde Jahre ist er längst jenseits der Lebenserwartung eines Meeres. Er hat schon viele andere Ozeane werden und vergehen sehen. Der berühmteste ist wohl die Thetys, aus der die Alpen und der Himalaja hervorgingen. Derzeit erlebt der Pazifik das Wachsen des Atlantiks mit. Der bringt es allerdings gerade einmal auf 160 Millionen Jahre und verdankt seine Existenz dem Auseinanderbrechen des Pangäa-Kontinents, des Superkontinents, zu dem vor mehr als 250 Millionen Jahren (fast) alle Landmassen der Erde verschmolzen waren.

VON SUPERKONTINENTEN

Bleiben alle Kontinente auf ihrem derzeitigen Kurs, werden in 75 bis 100 Millionen Jahren der Atlantische und der Indische Ozean gewaltige Meere und alle Landmassen wieder verschmolzen sein, und zwar genau dort, wo heute der Westpazifik liegt. Der Pazifik wäre dann Vergangenheit. Aber mit der Plattentektonik ist es so eine Sache: Die Strömungen im Erdmantel können es sich wieder anders »überlegen« und ihre Richtung ändern. Genau das ist schon mehrfach passiert, weshalb es den Pazifik schon so lange Zeit gibt. Noch ist also nicht ausgemacht, dass er tatsächlich verschwinden wird.

Tektonisch wird der Atlantik vom Entstehen neuer Ozeankruste dominiert, in der Karibik und vor Gibraltar gibt es allenfalls die Anfänge von Subduktionszonen. Allerdings fördert der Mittelatlantische Rücken die Lava für den frischen Meeresboden nicht überall gleich schnell. Er ist kein Fließband. In manchen Abschnitten läuft die

Produktion auf Hochtouren, in anderen scheint sie zu stocken, sodass dort so gut wie kein Basalt fließt. Die großen Störungszonen quer zum Mittelatlantischen Rücken, die die einzelnen Abschnitte gegeneinander versetzen, heilen ohnehin nicht durch Lava. Dort können die dehnenden Kräfte der Plattentektonik die Erdkruste bis in den Erdmantel hinein aufreißen. Das passiert gerade an einer ganz besonderen Stelle im mittleren Atlantik: Position 30° N, 42° W – das Atlantis-Massiv.

Über diesem Seeberg, der sich 15 Kilometer vom Mittelatlantischen Rücken entfernt an einer solchen Transformstörung erhebt, kreuzt im Dezember 2000 das US-Forschungsschiff *Atlantis.* Black Smoker erwartet man hier nicht. Die Distanz zum Rücken ist zu groß, als dass dieser Berg noch vom Vulkanismus aufgeheizt werden könnte. Trotzdem interessieren sich die Geologen schon seit Jahren für den gewaltigen Felsbrocken, der höher als der Eiger ist, also ein veritabler Viertausender in der Tiefsee. Der Grund für die Faszination: Meistens sind Unterwasserberge Vulkane – aber nicht so das Atlantis-Massiv. Es besteht vielmehr aus schwerem grünem Peridotit, dem Gestein, aus dem der Erdmantel ist. Das Mantelgestein wird hier an der großen Transformstörung aus mehreren Kilometern Tiefe nach oben gezerrt, wie ein Teppich, den man unter einem Möbelstück hervorzieht.

Am 4. Dezember 2000 standen für die Nachtschicht wieder Aufnahmen des Meeresbodens auf dem Arbeitsplan, und die *Atlantis* zog das automatische Kamerasystem hinter sich her. Anders als in den 1970er-Jahren können die Geologen inzwischen am Fernsehschirm verfolgen, was sich unter ihnen tut. Der Betrieb an Bord war reine Routine, bis kurz nach Mitternacht: Gretchen Früh-Green von der Eidgenössischen Technischen Hochschule Zürich hatte im Kontrollraum Dienst. Sie überwachte die Kamerabilder, die über das Glasfaserkabel übertragen wurden – und sah plötzlich unglaubliche Aufnahmen. Sie rannte zur Kabine der Fahrtleiterin, der Meeresgeologin Deborah Kelley von der University of Washington in Seattle – dann starrten beide auf den Schirm. In der Nähe des Atlantis-Gipfels schienen schneeweiße »Hochhäuser« aus dem Dunkel aufzutauchen, Türme wuchsen wie Kathedralen empor, Kristallvorhänge drapierten sich um ein Kliff. Das war Lost City, die »Verlorene Stadt«.

»Die Nachricht von dem Fund verbreitete sich wie ein Lauffeuer auf dem Schiff, jeder war aufgeregt, hüpfte herum«, erinnert sich Deborah Kelley. Kaum hatte sich die Aufregung etwas gelegt, wurde das Programm umgeworfen und der einzige Tauchgang mit dem U-Boot *Alvin* geplant, der auf dieser Fahrt noch möglich war: fünf Stunden, in denen die besten Proben genommen und möglichst viele Bilder gemacht werden sollten. Der nächste Arbeitstag verlief normal, wenn auch unter Hochspannung – am übernächsten Tag ging es los, und Deborah Kelley war mit an Bord: »Diese riesigen, absolut gigantischen weißen Türme – wir fühlten uns, als führen wir durch einen Sequoia-Wald mit seinen kirchturmhohen Bäumen. Sie müssen wissen, in *Alvin* sitzt man wie in einem VW-Käfer, in dem man sich zu dritt auf die Vordersitze quetscht. Man kann nur sehen, was unmittelbar vor den Bullaugen ist. Wir sind ganz still geworden. Es war so vollkommen anders als alles, was wir je erlebt hatten – fast schon spirituell.«

Mit der Verlorenen Stadt war erneut ein Ökosystem entdeckt worden, das unabhängig von der Sonne ist und auf chemischen Prozessen in der Erde basiert. Dabei waren die Black Smoker schon lange nicht mehr die einzigen Lebenswelten dieser Art. Inzwischen hatte man auch die Cold Seeps gefunden, »Kalte Quellen«, also Stellen, an denen Methan und Schwefelwasserstoff oder methanversetzte Salzlaugen aus dem Meeresboden dringen.

Methansee mit Muschelstrand

1984 fanden Tiefseeökologen im Golf von Mexiko die erste Methanquelle. Sie entdeckten sie durch eine auffällige Ansammlung goldener Muscheln und weißer und roter Röhrenwürmer – ein weiteres Dorado in den Schlammweiten der Ozeane. Seitdem wurden in allen Weltmeeren bis in Tiefen von 7800 Metern ähnliche Lebenswelten gefunden. Während die Black Smoker an vulkanisch aktive Zonen gebunden sind, scheinen Methanquellen fast ein Allerweltsphänomen zu sein. Sie sammeln sich überall, wo aus dem Untergrund Methan und Schwefelwasserstoff sickern oder sprudeln. Man findet sie beispielsweise über

Öl- und Gaslagerstätten oder auch an Kontinentalrändern oder vor Flussdelten, wo über Jahrmillionen hinweg große Mengen Plankton in die Sedimente eingearbeitet und in der Tiefe zu Erdöl oder Erdgas umgewandelt wurden.

Deborah S. Kelley ist Professorin an der School of Oceanography der University of Washington in Seattle.

Das Methan, das hier aus den Quellen sickert, ist der einfachste Kohlenwasserstoff und der wichtigste Bestandteil im Erdgas. Es entsteht, wenn organisches Material tief in der Erde durch biologische und chemische Prozesse abgebaut wird. Dabei löst es sich zunächst in dem Wasser auf, das sich unendlich langsam durch die Porenräume der Meeressedimente bewegt. Sobald sich irgendwo ein feiner Riss auftut, etwa nach einer Rutschung am Kontinentalabhang oder entlang einer geologischen Störungsfläche, steigt gasreiches Wasser auf, eine Quelle beginnt zu sprudeln.

Besonders ergiebige Cold Seeps fließen über Zonen, unter denen Methanhydrate liegen – das Eis der Tiefsee. Methanhydrate sind eine gefrorene Mischung aus Wasser und vor allem Methan, das sich in geradezu atemberaubenden Mengen darin anreichert. Sie sehen zwar aus wie matschiger Schnee, aber sie brennen, wenn man sie anzündet. Methanhydrate entstehen da, wo das Meer tiefer als 500 Meter ist, und dann auch noch ein Stück weit im Boden drin, denn sie sind nur stabil, wenn der Druck hoch und die Temperatur niedrig genug ist. Es gibt ein regelrechtes Fenster: Unterhalb von rund 1 000 Metern im Meeresboden wird es ihnen zu warm, weil in der Erde die Temperatur mit der Tiefe ansteigt. Zu nah an der Oberfläche löst sich das Eis auf, weil der Druck zu gering wird. Das Methan, das hier freigesetzt wird, gelangt ins Porenwasser – und dann strömt es zur nächsten Quelle.

Wo methanreiche Quellen aus dem Ozeanboden entspringen, bilden sich bizarre Landschaften: Weiße Kalkkrusten überziehen den Schlick, Schlammvulkane brechen aus, dunkle Salzseen liegen ruhig da. Vor allem aber wimmelt es an ozeanischen Methanquellen nur so von Leben – es ist ihr Markenzeichen. Röhrenwürmer siedeln dort, Muscheln, Schnecken, Garnelen … Das gelöste Methan, das aus dem Boden sickert, wird von Archaeen unter Sauerstoffausschluss mit Sulfat aus dem Meerwasser zu Kohlendioxid und Schwefelwasserstoff umgesetzt, und dabei scheiden sie die weißen Kalkkrusten aus. Mit ihrer Arbeit legen die Archaeen die Basis für das ganze reiche Ökosystem. Auf ihren Schwefelwasserstoff stürzen sich die Bakterien ebenso wie die Röhrenwürmer und Muscheln – und alles wächst dicht an dicht, wie auf einem gut gedüngten Feld.

Wie an den Black Smokern können Röhrenwürmer auch an den Cold Seeps regelrechte Wälder bilden. Und wie ihre Kollegen an den heißen Quellen sparen auch sie sich den Verdauungstrakt, halten sich lieber einen Eingeweidesack voller Schwefelbakterien. Ansonsten ha-

EIN VULKAN AUS SCHLAMM

Vor der Küste Nordnorwegens gibt es in mehr als 1250 Metern Wassertiefe eine seltsame Struktur namens Håkon Mosby. Es ist ein Schlammvulkan, ein Gebilde, bei dem aus einer dicken Schicht Methanhydraten im Untergrund Unmengen von Methan, Wasser und Schlamm aus dem Meeresboden quellen. Dabei entsteht etwas, das wie ein Vulkankrater aussieht – allerdings ein flacher, denn ein Schlammvulkan erhebt sich höchstens zehn Meter über dem Grund. In seinem Förderzentrum geht es turbulent zu. Dort wird aus Tiefen von vielleicht zwei Kilometern frischer Schlamm hervorgepresst. An manchen Stellen schießt Methan heraus wie aus einer geschüttelten Mineralwasserflasche. Anderswo fliegen Gashydratbröckchen herum wie die Flöckchen in einer Schneekugel.

Antje Boetius vom Max-Planck-Institut für Marine Mikrobiologie in Bremen hat den Håkon Mosby jahrelang untersucht und seine Struktur erkundet. In seinem unruhigen »Auge« haben es selbst Mikroorganismen schwer. Dort lebt so gut wie nichts. Etwas weiter draußen setzt sich der Schlamm, allerdings bleibt die Methankonzentration sehr hoch. Hier perlen nur noch feine Schnüre von Gasbläschen aus dem Schlamm. In dieser Zone überziehen schwarze Flecken den Boden. In ihnen leben methanfressende Archaeen in Symbiose mit Bakterienpartnern. Weiter zum Rand des Schlammvulkans hin werden die schwarzen Flecken von dichten weißen Bakterienteppichen überwuchert, in denen Organismen siedeln, die den Schwefelwasserstoff suchen. Das ist die Zone der *Beggiatoa*-Bakterien, die man sogar mit bloßem Auge als dünne Fäden erkennt. Je weiter man sich vom Krater entfernt, umso mehr nehmen Methan und Schwefelwasserstoff ab, und im äußersten Ring »wächst« ein dichter Rasen von Röhrenwürmern, da sie sich hier nicht mehr vergiften können.

Methan ist ein sehr mächtiges Treibhausgas, das den Klimawandel immens anheizen kann. Deshalb kann sich der Mensch bei Lebensgemeinschaften wie der am Håkon Mosby dafür bedanken, dass sie es zu Biomasse verarbeiten. Am besten sind darin die Archaeen und Bakterien in den schwarzen Flecken, die in der sauerstofflosen Zone im Zentrum leben: Messungen der Geochemiker zeigen, dass sie kein Methan entweichen lassen. Ins Meer gelangt das Treibhausgas nur im Auge des Schlammvulkans, und auch zwischen den Röhrenwürmern sickert es noch heraus, den Rest erledigt das Ökosystem.

ben sie schon ihre Eigenheiten entwickelt – wie etwa lange »Wurzeln«, um ihre Bakterien mit ausreichend Sulfiden zu versorgen. Außerdem vermuten Forscher, dass sie über diese Wurzeln auch ihre sulfathaltigen Exkremente an die Umgebung abgeben, damit die Archaeen sie recyceln können. Das wäre Kreislaufwirtschaft auf Tiefseeart. Anders als an den Black Smokern setzen die Röhrenwürmer an den Methanquellen nicht auf Rekordwachstum: Pro Jahr legen sie nur ein paar Zentimeter zu, dafür können sie bis zu 250 Jahre alt werden. Überhaupt: Langlebigkeit scheint sich an den Cold Seeps zu lohnen, denn diese Kalten Quellen bieten einen wesentlich stabileren Lebensraum als die launischen Schlotfelder der mittelozeanischen Rücken. Auch *Calyptogena*-Riesenmuscheln mit ihren bakterienbesetzten Kiemen haben sich an die Methanquellen anpassen können. Einige Arten besitzen spezielle Blutpigmente: Mit ihnen kommen sie auch dann noch zurecht, wenn einmal wenig Sauerstoff im Wasser ist, denn in so einer Umgebung kann der immer wieder einmal knapp werden. Ihr Blut hat noch eine besondere Eigenschaft: Es kann Sulfide binden, um es zu den Bakterien zu schaffen – und das Ungewöhnliche ist, dass der Schwefelwasserstoff für die Muscheln selbst giftig ist.

Lost City, Star unter den ungewöhnlichen Lebenswelten

Die Cold Seeps sind zwar vollkommen anders als die Black Smoker, in puncto Ungewöhnlichkeit stehen sie den heißen Quellen jedoch in nichts nach. Aber gegen die Verlorene Stadt am Atlantis-Massiv haben beide Ökosysteme überhaupt keine Chance. Lost City ist wohl das Exotischste, das man sich denken kann, der extremste Lebensraum der Erde überhaupt.

Als Deborah Kelley an jenem 6. Dezember 2000 *Alvin* durch die Verlorene Stadt manövrieren ließ, zeigte das Thermometer, dass hier Wasser mit Temperaturen zwischen 40 und 90 Grad Celsius aus dem Boden quillt. Aber anders als an den Schwarzen Rauchern ist es nicht sauer, sondern eine Lauge. Der pH-Wert liegt zwischen neun und elf:

Abb. rechts: Lost City wächst am Atlantis-Massiv, einem untermeerischen Gebirge in der Nähe des Mittelatlantischen Rückens. Es ist der wohl ungewöhnlichste Lebensraum auf der Erde.

Was da hervorkommt, ist nichts anderes als heißer Rohrreiniger – und zwar ein Rohrreiniger, der mit Methan, Schwefelwasserstoff, Wasserstoff und Kohlendioxid beladen ist. Trifft diese Mixtur auf das kalte Meerwasser, fallen Kalk und ein Magnesiummineral namens Brucit aus, die die Türme wachsen lassen.

Anscheinend ist das Leben in heißem Rohrreiniger ungeheuer kompliziert. Zunächst sah Lost City für die Forscher an Bord von *Alvin* verlassen aus, eine Geisterstadt. Nur ein Wrackbarsch schaute missmutig ins helle Scheinwerferlicht. Erst als das U-Boot dicht vor den Kaminen stand, bemerkte man Lebewesen. Man sah, wie sich Kolonien von Mikroorganismen wie durchsichtiger Seetang im warmen Wasser wiegten.

Ihre Analyse ergab, dass tatsächlich nur wenige Gruppen von Lebewesen heiße Lauge mögen. Außen an den Kaminen bilden Bakterien diesen wogenden Biofilm, im extremen Inneren leben andere zusam-

EIN BISSCHEN SONNE MUSS SEIN

Auch wenn die Sonne für ihren eigenen Lebensunterhalt nicht nötig ist – so ganz gleichgültig ist sie vielen der chemieversessenen Tiefseeorganismen nicht. Das fiel den Meeresbiologen auf, als sie die Tiere an Laugenseen am Grund des Golfs von Mexiko untersuchten. Diese Form der Cold Seeps sammelt sich in der Tiefsee an, wo Salzstöcke im Meeresboden stecken. Das Meerwasser laugt sie ab, und die Brühe, die sich bildet, nimmt aus dem Sediment gleich auch noch reichlich Methan auf – und wieder kann ein Ökosystem entstehen.

Die Ufer dieser untermeerischen Salzseen, die sich nicht mit dem restlichen Ozean vermischen, weil ihr Wasser schwerer ist, säumen Muscheln mit Bakteriensymbionten, und zwischen und über ihnen krabbeln Garnelen. Futter gibt es immer reichlich, aber seltsamerweise halten Garnelen und Muscheln einen Jahreszyklus ein. So tragen die meisten weiblichen Garnelen der Art *Alvinocaris stactophila* im Herbst frische Brut an ihren Beinen, und die Larven schlüpfen im Frühling. Auch bei den Muscheln gibt es einen Zyklus. Nur – warum?

Die Antwort hat etwas mit den Jungen zu tun. Die Cold Seeps sind wie Inseln in der Tiefsee und können weit voneinander entfernt liegen. Wenn eine Art neue Lebensräume erobern will, muss sie ihre Larven mit der Strömung ziehen lassen. Weil die Kleinen auf ihrer vielleicht recht langen Reise etwas fressen müssen, werden sie losgeschickt, wenn es am meisten Nahrung gibt – zur Zeit der Algenblüte. So halten es auch einige Organismen an den Schwarzen Rauchern. Aber längst nicht alle lassen ihren Nachwuchs für sich selbst sorgen. Die Jungen der Röhrenwürmer etwa müssen sich nicht um Verpflegung kümmern: Sie werden, mit Eidotter versehen, auf die Reise geschickt. Folglich sind ihnen die Jahreszeiten tatsächlich gleichgültig.

SERPENTINISIERUNG – DAS BAUPRINZIP DER VERLORENEN STADT

Lost City entsteht, weil Meerwasser in das Atlantis-Massiv einsickert. Das Mineral Peridotit, das den Berg aufbaut, stammt aus dem Erdmantel, also einem tieferen Stockwerk der Erdkruste, und ist unter den Bedingungen an der Oberfläche nicht stabil. Es reagiert mit dem Meerwasser, nimmt es auf und verwandelt sich dabei in Serpentinit, einen grünlichen Schmuckstein, der häufig für Wandverkleidungen verwendet wird. Bei dieser Reaktion entsteht Wärme, die das eingedrungene Wasser auf 40 bis 90 Grad Celsius aufheizt. Gleichzeitig werden Methan, Schwefelwasserstoff und Wasserstoff frei. Außerdem nimmt die Lauge reichlich Kohlendioxid auf, das im Peridotit eingeschlossen war. Ein weiterer wichtiger Effekt dieser Serpentinisierung ist auch die Volumenzunahme des Gesteins: Es entstehen noch mehr Risse und Spalten, in die das Wasser eindringen kann, und gleichzeitig schwillt das Gebirge an – es wächst.

men mit Archaeen. DNA-Analysen zeigen, dass in den Kalktürmen ungeheuer viele und sehr eng verwandte Arten leben: Sie sind als Anpassung an diesen extremen Lebensraum entstanden. Zudem scheinen sie in Arbeitsgemeinschaften unterschiedliche Stoffwechselreaktionen auszuführen – etwas, das man normalerweise nur aus der Tierwelt kennt: »So etwas haben wir niemals zuvor gesehen«, erklärte der Mikrobiologe John Baross. »Im Grunde erzählt das sehr viel über das Unvermögen von Lebewesen, sich an die in Lost City herrschenden Bedingungen anzupassen.«

Denn die sind hart. So brauchen alle Lebewesen Metalle wie Eisen oder Nickel, damit ihr Stoffwechsel funktioniert. In der Verlorenen Stadt jedoch gibt es sie nicht. Außerdem fehlt den Archaeen und Bakterien das Kohlendioxid, mit dem sie sonst überall auf der Welt ihre Biomasse aufbauen können. Was aus dem Atlantis-Massiv quillt, fällt beim Kontakt des »Rohrreinigers« mit dem Meerwasser sofort aus und baut als Kalk die Türme auf. Trotzdem überwuchern Bakterien Lost City und sind sogar mit bloßem Auge zu erkennen. Es geht ihnen also großartig. Nur wovon sie leben, verstehen die Biologen nicht ganz. Ein Teil der Antwort liegt darin, dass im Inneren von Atlantis unentwegt Wasserstoff, Methan, komplexere Kohlenwasserstoffe wie Ethylen, Propan oder Butan und andere Verbindungen entstehen – und zwar rein anorganisch! Lost City ist das erste Ökosystem, für das nachgewiesen ist, dass im Fels große Mengen Kohlenwasserstoffe entstehen, und zwar wie in der chemischen Industrie und nicht wie bei der natürlichen Entstehung von Erdöl und Erdgas aus abgestorbenen Meeresorganismen. Die Mikroorganismen der Verlorenen Stadt nutzen eben diese anorganischen Kohlenwasserstoffe. Zwischen ihnen und Lost City herrscht so etwas wie eine Symbiose: Die »Stadt« ernährt sie, und dafür bauen ihre Bewohner sie auf. Denn um den zarten »Mikrobentang« wachsen Kalkkristalle, umwuchern die Mikroorganismen, sodass sie irgendwann als Fossilien im Inneren der Kamine enden.

Weil es selbst im Paradies die Schlange gab, haben auch die Mikroben in Lost City Feinde. Es sind sogar überraschend viele. Dabei waren die Tiere den Forschern zunächst gar nicht aufgefallen. Erst der Einsatz eines Unterwasserstaubsaugers brachte ihre Existenz an den Tag: In den Hohlräumen und Spalten der aktiven Kamine verstecken sich Schnecken, Flohkrebse, Ringel- und Fadenwürmer, Muschelkrebse und Muscheln. Allerdings haben sie höchstens die Größe eines Daumennagels, und außerdem sind sie durchsichtig – für das menschliche Auge also schwer zu erkennen. Auffällige Stars wie bei der schwarz

ÖKOSYSTEM UNTER DEM EIS

Inzwischen ist in der Antarktis eine höchst ungewöhnliche Kalte Quelle entdeckt worden, die ihre Existenz dem Schelfeis verdankt. Es geht um den Nordwesten des Weddellmeers. Seit dem Ende der jüngsten Eiszeit schwamm dort eine gigantische Eisplatte, das mehr als 3000 Quadratkilometer große Larsen-B-Schelfeis. Anfang 2002 brach es ab und zog davon. Zu ihrer großen Überraschung entdeckten die Forscher am Meeresboden darunter eine neue Lebenswelt, die sich 11 000 Jahre lang unter dem schwimmenden Eispanzer entwickelt hatte.

Dort, wo früher das Zentrum des Schelfeises gewesen war, bedeckt eine mehrere Quadratkilometer große weiße Matte den Meeresboden. Es sieht aus, als hätte jemand einen krümeligen Käse darübergestrichen. Dort stößt ein riesiger Schlammvulkan Methan und Schwefelwasserstoff aus. Kanäle, die von herausquellenden Flüssigkeiten stammen, durchziehen seine Flanken. Rund um den Vulkan herum sitzen große Muscheln. Unter dem Eis war ein Cold Seep entstanden – die erste Kalte Quelle, die in der Antarktis entdeckt worden ist.

Seit das Larsen-B-Schelfeis fort ist, verändert sich das System. Schlamm und Sand beginnen die Bakterienmatten zu überdecken, weil die Gletscher an Land nun nicht mehr durch das Schelfeis zurückgedrängt werden, sondern fließen und jede Menge Schutt in dieses Meeresgebiet hineintragen. Das Ökosystem stirbt.

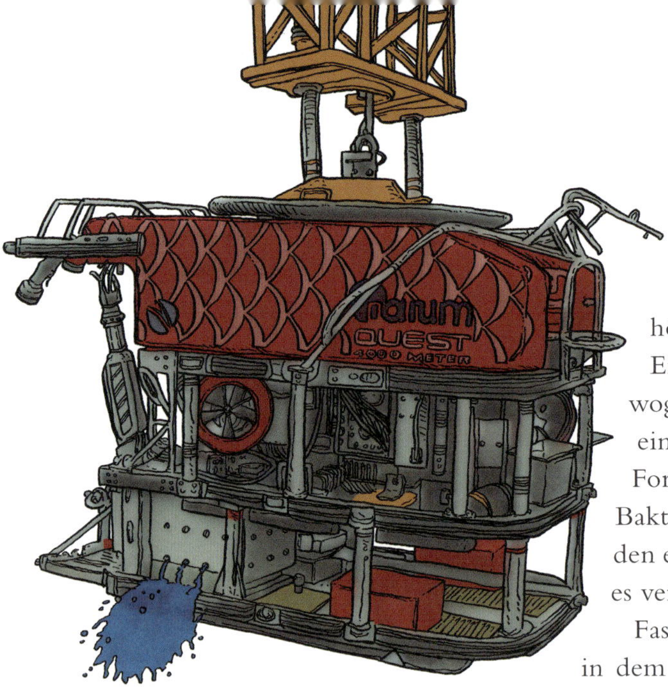

Marum-Quest: Das am Zentrum für Marine Umweltwissenschaften (Marum) in Bremen stationierte ROV ist ein kommerzielles Robotersystem für die Offshore-Industrie, das für die Forschung umgerüstet worden ist. Es arbeitet bis in 4000 Meter Tiefe.

rauchenden Konkurrenz gibt es nicht. Dafür leben hier, wie es sich für eine Großstadt gehört, zahlreiche Individualisten. Ein paar der Tiere grasen den wogenden »Bakterientang« ab, bei ein paar anderen vermuten die Forscher, dass sie Symbiosen mit Bakterien eingegangen sind – und den einen oder anderen Räuber gibt es vermutlich auch.

Fast zwei Drittel der Tierarten, die in dem »Unterwasserstaubsauger« landeten, kommen nur in der Verlorenen Stadt vor, sind einmalig – sogar endemisch, kommen nur dort vor. Der Rest hat anscheinend Verwandte an den Black Smokern. »In mancher Beziehung erinnert Lost City an die Galapagosinseln«, meint Deborah Kelley nachdenklich. Die Tierarten, die in der weißen Stadt auf Atlantis leben, sind wahrscheinlich auch dort entstanden. Zeit genug hatten sie: Dieses seltsamste aller Ökosysteme existiert seit mindestens 30 000 Jahren: »Dass die Vielfalt so hoch ist, ist bemerkenswert, denn wir verstehen noch nicht einmal, wie die Tiere überhaupt dort hingekommen sind und wie sie sich angepasst haben. Wenn wir Lost City untersuchen, können wir vielleicht erkennen, wie die Evolution von Organismen an einer einzigen Stelle abläuft.« Denn ehe das Atlantis-Massiv komplett zu grünem Serpentinit verwandelt sein wird und die chemische Glut erlischt, werden noch einmal sechs Millionen Jahre vergehen.

Eine weitere Wiege des Lebens?

Derzeit kennen wir zwar kein zweites Lost City, aber es können sich durchaus noch weitere Verlorene Städte irgendwo in der Tiefsee verbergen – überall dort, wo an großen Störungszonen keine Lava fließt, die die Risse schließt, sodass irgendwann ein Stück vom Erdmantel offen liegt. Die geochemischen Prozesse, die heute unter Atlantis ablaufen, waren vor Jahrmilliarden, als die Erde noch jung war, weitverbreitet. Ähnliche Steine finden sich beispielsweise in Barberton, Südafrika. Dort sind sie 3,5 Milliarden Jahre alt. Diese Tatsache treibt die Fantasie der Forscher an: Könnte an einem Platz wie dem Atlantis-Massiv die Wiege des Lebens gestanden haben?

Was die »Chemiefabrik« Lost City produziert, gehört zu den Schlüsselsubstanzen allen Lebens: große Mengen an Wasserstoff, Methan, Ethylen, Propan, Butan, Acetate oder Ameisensäure. Es fehlen nur ein paar Atome Stickstoff, Sauerstoff und Schwefel, dann ließe sich daraus alles Mögliche bauen, von der Zellmembran bis zu Aminosäuren. Eines fehlt jedoch – die Metalle. Die bekommt man besser von einem Black Smoker, dessen schwarzer »Rauch« ja aus puren Schwefelverbindungen von Eisen, Kupfer, Zink oder Mangan besteht. Aber was wäre passiert, wenn man die kohlenwasserstoffreichen Flüssigkeiten von Lost City mit den metallreichen eines Black Smokers gemischt hätte? Vielleicht

Mit speziell entwickelten Beprobungssystemen wie der Slurp-Gun – einer Art Unterwasserstaubsauger – lassen sich lebendige Tiere wie diese Garnelen für biologische Untersuchungen einsammeln.

DIE ASPHALTVULKANE IM GOLF VON MEXIKO

Neben Schwarzen Rauchern, Verlorenen Städten und Kalten Quellen haben die Meeresbiologen inzwischen noch eine weitere Form von einem chemischen Ökosystem entdeckt: Leben auf dem Asphalt. Asphaltvulkane gibt es im nördlichen Golf von Mexiko, wo aufsteigende Salzstöcke ein paar Hundert Meter hohe Tiefseehügel am Meeresgrund wachsen lassen (wenn man so will, eine Variante der Insel Helgoland, die ja nichts anderes ist als ein Stück Nordseeboden, das durch einen Salzstock nach oben geschoben wurde).

An den Flanken dieser Salzstöcke haben sich Öllagerstätten gebildet, und das Öl sickert an einigen Stellen auch heraus. An anderen wird es anscheinend von Mikroorganismen zu natürlichem Asphalt zersetzt – und aus noch unbekannten Gründen fließt dieser Asphalt, sieht dann so zerklüftet aus wie zähflüssige Lava. So erhielt das Phänomen auch den Namen Asphaltvulkan. Wie genau diese »Asphaltlava« fließt und welche Rolle dabei die Methanhydrate spielen könnten, die es in ihrer Nachbarschaft immer gibt, wird noch erforscht. Aber auch den Asphalt haben sich die Tiefseebewohner als Lebensraum nicht entgehen lassen. Bartwürmer »wurzeln« in den Rissen im Asphalt, ebenso Muscheln, die mit Bakteriensymbionten leben, und über allem krabbeln Krebse und kriechen Seegurken.

lag ein System wie Lost City neben einem Black Smoker, als das Leben auf der Erde entstand? Als vor 3 oder 4 Milliarden Jahren das Leben auf der Erde entstand, war das Meerwasser außerdem vollkommen anders als heute: Es gab darin keinen freien Sauerstoff, dafür jedoch Unmengen an gelöstem Eisen. Das hätte also für die Entstehung des Lebens ebenso zur Verfügung gestanden wie die vielen Schlüsselsubstanzen, die die Erde in einem Lost City selbst beisteuert. Vielleicht begann alles eingeschlossen in diese winzigen Zellen aus Kalk, die die weißen Türme durchziehen. Noch ist das reine Spekulation. Die Forschungen fangen gerade erst an. Aber eines ist klar: Weiter entfernt von der Sonne als Lost City kann auf der Erde nichts sein. Denn der Kohlenstoff, von dem seine Bewohner leben, ist uralt und stammt aus dem Erdmantel. Ungewöhnlicher geht es wirklich nicht mehr.

Solche Ökosysteme gab es am Ende des 19. Jahrhunderts noch nicht einmal im Science-Fiction-Roman. Nachdem Henry Nottidge Moseley und Andrew F. Balfour ihr Abenteuer am Vulkan Gamalama überstanden hatten, war es bald Zeit aufzubrechen. Am 17. Oktober 1874 setzte die *Challenger* die Segel und fuhr in Richtung Philippinen. Die Stadt Manila war für Leutnant Lord George Campbell eine große Enttäuschung. Er hatte eine Art zweites Havanna erwartet, schließlich wurden hier wie dort Zigarren gefertigt. »Aber es gibt keine großen Cafés, in denen auf der Galerie Musikgruppen spielen und köstliche Drinks serviert werden. Keine dunkeläugigen Kreolinnen und spanischen Damen, in deren Haaren Glühwürmchen funkeln – nichts, was den Charme von Havanna ausmacht.« Vielmehr sah er sich unversehens in eine »viertklassige spanische Stadt« versetzt, »in der die scharfen Garnelencurrys im Hotel die einzige Abwechslung sind …«. Und die von den zahlreichen Erdbeben pittoresk zerstörten Kirchen. Nein, seine Lordschaft war von der Fähigkeit der spanischen Regierung, eine Kolonie zu führen, nicht überzeugt. Und so war er froh, dass die *Challenger* Manila am 11. November 1874 wieder verließ. Fünf Tage später lief sie in Hongkong ein, wo ein Schock auf die Mannschaft wartete.

Alvinocaris stactophila
Diese kleine Garnele ist an einigen Methanquellen im Golf von Mexiko in ein paar Hundert Metern Wassertiefe entdeckt worden.

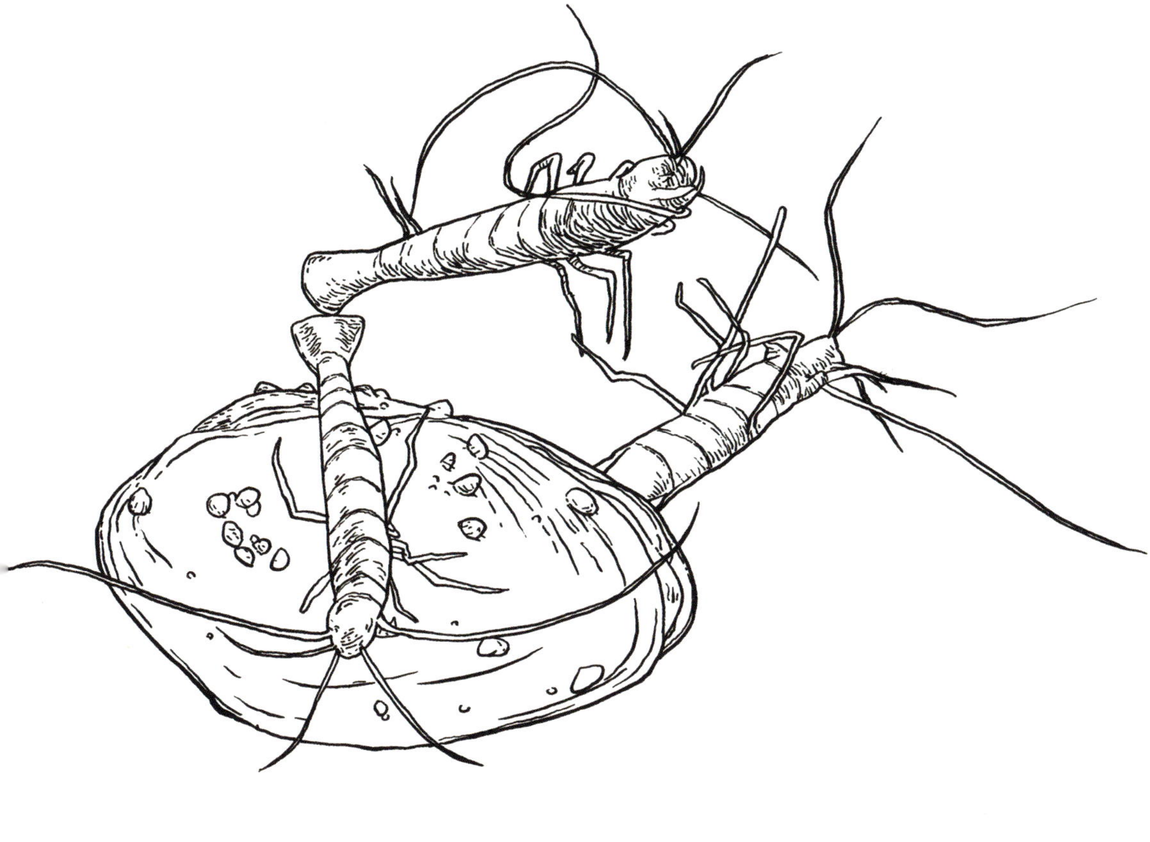

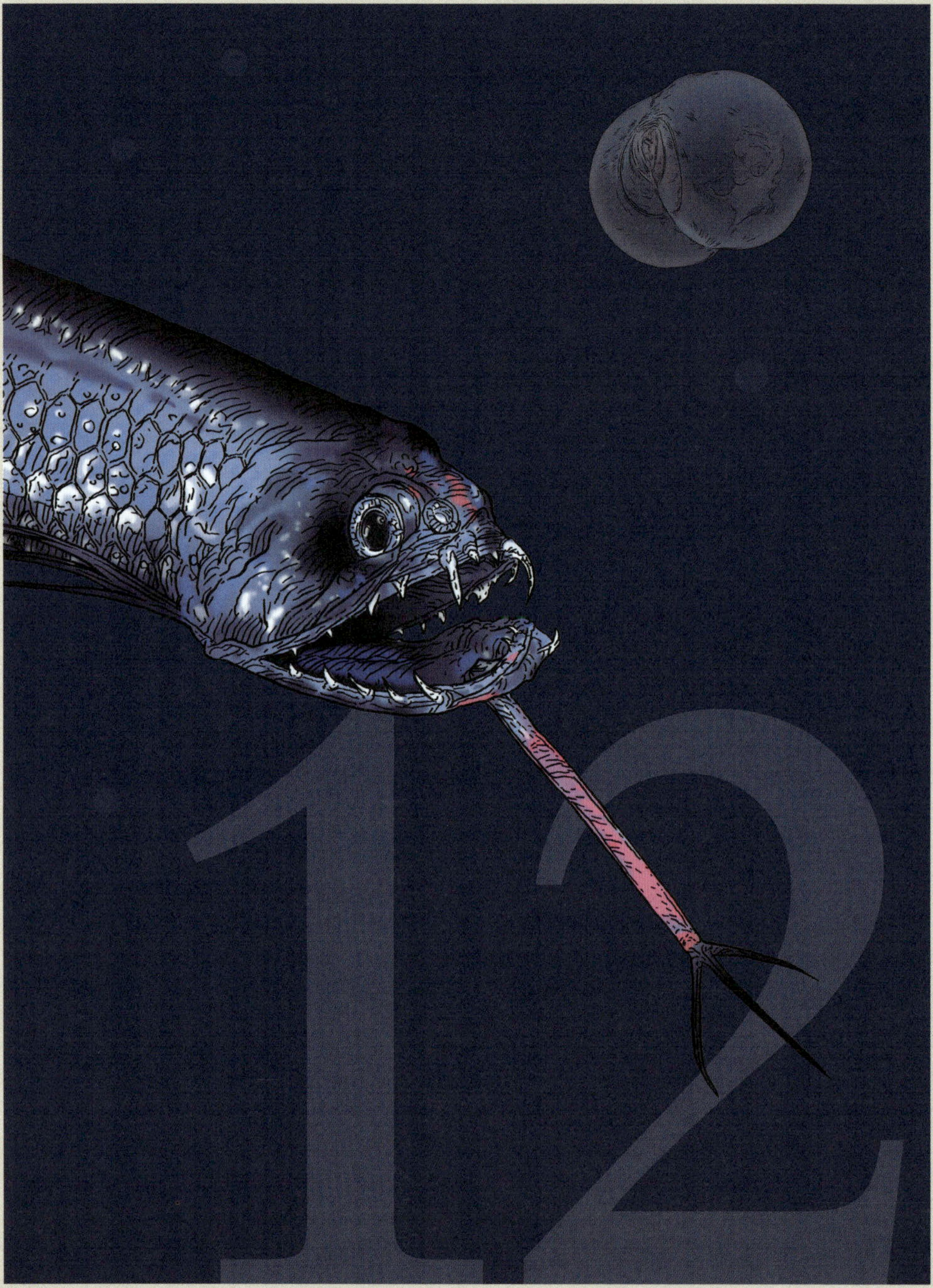
12

Riffe in der Nacht –

Vom Schicksal des Granatbarschs und dem tiefsten Punkt der Welt

Kurz nach dem Einlaufen in den Hafen von Hongkong erhielt Kapitän George S. Nares ein Telegramm aus England: Er und der Erste Offizier Pelham Aldrich sollten sofort zurückkehren, um ab kommendem April eine Arktis-Expedition zu kommandieren – einen Winter und zwei Sommer lang. »Die jüngste österreichische Expedition ist wohl der Grund für die Eile«, schrieb Joseph Matkin an seine Mutter. Rivalitäten zwischen den Nationen wurden im 19. Jahrhundert auf vielen Feldern ausgetragen, besonders gerne als Wettrennen zu den Polen. Für die Männer an Bord der *Challenger* war die Nachricht ein Schock. Nares hatte sie hierher gebracht, sie vertrauten ihm – und nun würde er nicht bis zum Ende dabei sein. Selbst Expeditionsleiter Charles Wyville Thomson war entsetzt, berichtet Matkin: »Er wollte alles abbrechen und nach Hause fahren, aber der Kapitän überredete ihn, das nicht zu tun.«

Abb. links: Schuppendrachenfisch Stomias atriventer *Größe: bis 25 cm Tiefe: 100 – 1500 m Große, lichtempfindliche Augen, ein riesiges Maul, bedrohliche Zähne, silberne Schuppen, die ihn mit der Umgebung verschmelzen lassen: Schuppendrachenfische sind perfekt an das Leben im Zwielicht angepasst.*

Stattdessen wurde zu Ehren von Nares ein großes Abschiedsessen gegeben. Einer an Bord war jedoch nicht davon überzeugt, dass die

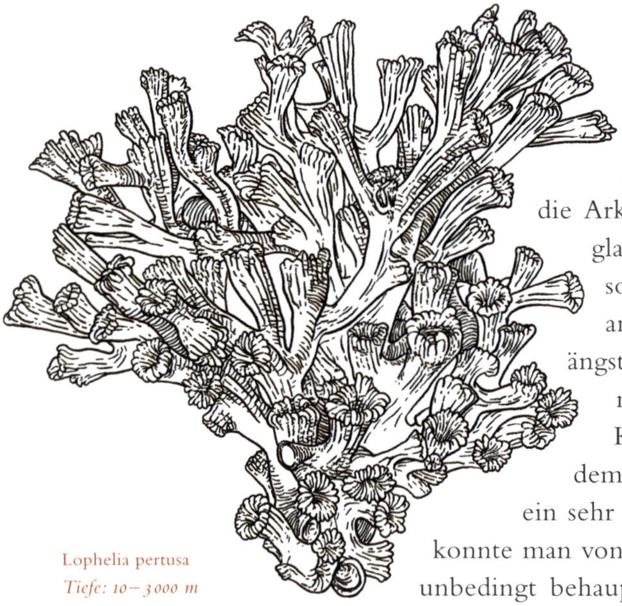

Lophelia pertusa
Tiefe: 10–3000 m
Lophelia pertusa *und ihre »Schwesterart«* Lophelia prolifer, *leben dort, wo das Wasser kalt und nährstoffreich und der Boden hart und felsig ist. Jeder Korallenpolyp besitzt 16 giftige Tentakel, mit denen er Nahrung aus dem Wasser fischt.*

Admiralität den richtigen Mann für die Arktis-Expedition ausgewählt hatte: »Ich glaube nicht, dass er stark genug für eine solche Reise ist. In der Antarktis litt er an ›Rheumatismus‹, und er ist ein recht ängstlicher Mensch und – wie ich glaube – nicht tatkräftig genug für ein solches Kommando.« Traurig war Matkin trotzdem, schließlich war Kapitän Nares auch ein sehr netter Mann und ein guter Chef. Das konnte man von seinem designierten Nachfolger nicht unbedingt behaupten. Kapitän Frank Thurle Thomson von der *HMS Modesty* sollte das Kommando übernehmen: »Ihm eilt wegen seiner Tyrannei ein schlechter Ruf voraus.«

Am 10. Dezember 1874, zum Abschied von Nares und Aldrich, spielte die Band *Auld Lang Syne*. Wehmut machte sich breit – und Furcht. Dann kam Thomson an Bord. Es war der 22. Dezember. Erstaunt verfolgten die Matrosen seinen Einzug. Der Kapitän wurde von seinen Dienern begleitet, einem Klavier, zwei Geigen und seinem Lieblingskater. Der sollte übrigens eine schreckliche Zeit an Bord erleben, weil die Matrosen nachts den kräftigen Bordkater, den sie aus Kapstadt mitgenommen hatten, auf ihn hetzten.

Am 6. Januar 1875 brach die *Challenger* erneut in Richtung Philippinen auf. Über Mindanao ging es nach Neuguinea. Die Eingeborenen dort waren nicht gerade freundlich gestimmt und schickten ihnen 30 Kanus mit mehr als 150 Kriegern entgegen. Um die Stimmung zu verbessern, setzte Kapitän Thomson mit einigen Männern über und nahm kleine Geschenke mit. Aber anstatt dankbar zu sein, sprang kämpferisch »eine Horde nackter, mit Speeren, Pfeil und Bogen bewaffneter Frauen aus dem Busch heraus« und griff sie an, berichtet Lord George Campbell. Weil wissenschaftliche Arbeiten unter diesen Umständen wenig sinnvoll waren, brach die *Challenger* so schnell wie möglich wieder auf und setzte Kurs auf die Admiralitätsinseln im Bismarck-Archipel. Ihren Ankerplatz benannten sie jedoch zuvor noch nach Kapitän Nares.

Auf dem Bismarck-Archipel wurde die Besatzung am 3. März 1875 sehr freundlich empfangen. Die Eingeborenen waren hervorragende Handwerker und schlugen vor, mit der Besatzung einen Schnitzereihandel aufzuziehen, und die Männer überlegten durchaus, ob sich nicht zu Hause ein gutes Geschäft mit den Souvenirs machen ließe. Doch das Leben auf der Insel war sehr einfach und spielte sich zwischen dem Pazifik und dem undurchdringlichen Regenwald ab – das wurde schnell langweilig. So waren alle froh, als es nach einer Woche weiterging. Dabei mag auch eine Rolle gespielt haben, dass sich die Stimmung merklich zu trüben begann: Vielleicht fanden es die Männer des Stamms nicht so lustig, dass die Weißen ihren Mädchen Perlen schenkten …

Zu den Admiralitätsinseln gehören viele unbewohnte Atolle, die ihre Existenz Korallen verdanken, die in den lichtdurchfluteten Gewässern über erloschenen Vulkanen wachsen. Solche Flachwasserriffe sind für die meisten Menschen ein Synonym für Buntheit und Artenvielfalt.

Dass Korallen auch fernab der Sonne und ohne Algensymbionten leben, ist noch relativ unbekannt. Dabei wurden diese Arten schon 1755 in der *Naturgeschichte Norwegens* erwähnt. Die Fischer damals kannten sie schon sehr genau, denn wo immer sie mit ihren Netzen solche seltsamen »Seebäume« heraufholten, war der Fang gut. Die Seebäume waren anscheinend nichts anderes als *Lophelia pertusa,* die wichtigste

KORALLENBLEICHE

Flachwasserkorallen leben in Symbiose mit Algen, die intensiv Fotosynthese betreiben und die Korallen so mit Kohlenhydraten versorgen und ihnen dabei helfen, Kalk zum Aufbau des Korallenskeletts aus dem Meerwasser zu fällen. Es sind also sehr nützliche Untermieter. Doch die Algen reagieren empfindlich auf Wärme und ultraviolettes Sonnenlicht. Geraten sie durch UV-Strahlung unter Stress, beginnen sie Giftstoffe zu produzieren. Für die Korallen wäre dieses Gift tödlich. Also reagieren sie und stoßen die Algen aus. Diese Lösung schafft jedoch ein neues Problem, denn ohne ihre Symbionten hungern die Korallen und sterben ab, wenn die Algen nicht zurückkehren. Dann bleibt von ihnen nichts als der weiße Kalkmantel: Sie bleichen also aus.

Diese Korallenbleiche ist nichts Neues, aber durch den menschengemachten Klimawandel steigen die Wassertemperaturen an, sodass sich die Korallen nicht mehr erholen können. Ganze Riffe sterben ab – und mit ihnen verschwindet das bunte, reiche Ökosystem.

riffbildende Koralle im Nordatlantik, die durchaus Ähnlichkeit mit einem stark verzweigten Busch hat.

Die Fischer des 18. Jahrhunderts wären jedoch erstaunt gewesen zu erfahren, welche Ausmaße die Tiefwasserriffe annehmen. Das hat erst die Suche nach Öl- und Gaslagerstätten des 20. Jahrhunderts ans Tageslicht gebracht und der Einsatz von automatischen oder ferngesteuerten Tauchbooten für Industrie und Forschung bewiesen. Wie eine Perlenkette ziehen sie sich in bis zu 1 000 Meter Tiefe am Kontinentalabhang entlang: beispielsweise von der Nordspitze Norwegens nach Süden, über Schottland, Irland und Frankreich bis nach Spanien.

Anders als ihre tropischen Gegenparts sind Tiefwasserriffe kalte Welten, an Temperaturen um plus 4 Grad Celsius angepasst. Der gewaltigste bislang bekannte Einzelkomplex liegt vor den nordnorwegischen Lofoten: Nachdem im Norden die Eisschilde am Ende der jüngsten Eiszeit geschmolzen waren, hat *Lophelia pertusa* dort in 350 Metern Tiefe ein Riff von 35 Kilometern Länge und drei Kilometern Breite aufgebaut. Beeindruckend sind auch die Dimensionen des Sula-Rückens vor Trondheim mit mehr als 13 Kilometern Länge und bis zu 600 Metern Breite.

DIE SPUR DER GENE

Genetische Untersuchungen haben inzwischen gezeigt, dass die Riffe von Gibraltar bis Nordnorwegen zusammengehören. Ihre Polypen haben sich einst mit einem aus dem Mittelmeer kommenden Meeresstrom nach Norden ausgebreitet.

Allerdings schienen die Lophelien im Mittelmeer ausgestorben zu sein – schienen, denn inzwischen haben Wissenschaftler um André Freiwald vom Institut für Paläontologie der Universität Erlangen-Nürnberg mehrere Riffe entdeckt, die sich im tiefen Mittelmeer in zerklüfteten Schluchten und überhängenden Wänden verstecken. Am spektakulärsten sind wohl die »Hängenden Gärten von Linosa«: Vor der Insel Linosa heften sich seit Jahrtausenden in Wassertiefen zwischen 500 und 1 000 Metern Korallen und Tiefsee-Austern »kopfüber« an die Gesteinsdecken von Spalten und Höhlen im Fels. Inzwischen sind sie zu meterbreiten Galerien herangewachsen. Während die tieferen Schichten dieser Galerien tot sind, sitzen ganz außen die lebenden Lophelien und sammeln Plankton.

Im Mittelmeer Tiefwasserkorallen zu finden, damit hatten die Wissenschaftler nicht unbedingt gerechnet, schließlich sind weite Teile des Meeres während der vergangenen Eiszeit trockengefallen. Aber irgendwo müssen ein paar die schlimme Zeit überstanden haben.

Gorgonenhaupt
Gorgonocephalus caputmedusae
Größe: Zentralscheibe 6,5 cm, Arme 70 cm
Tiefe: 50–900 m
Die Gorgonenhäupter gehören zu den Schlangensternen und besitzen stark verzweigte Arme, mit denen sie Planktontiere fangen.

Auch die Riffe im kalten Tiefenwasser sind Paradiese. Ihre Artenvielfalt ist ungeheuer groß. Im Schutz der dichten Lophelienwälder gedeihen solitäre Korallenarten ebenso wie zarte Schwämme, Muscheln, Seelilien oder Seesterne, darunter auch der *Gorgonocephalus caputmedusae,* Gorgonenhaupt genannt, den Kapitän John Ross 1818 aus der Baffin Bay heraufbefördert hat. Auch für Fische sind die Riffe Oasen in den endlosen Weichboden der Tiefsee. Sie tummeln sich auf dem lebenden Riffdach, ebenso in der Schuttzone, wo sie sich in den Höhlen und Spalten zwischen abgestorbenen Ästen verstecken. Besonders schätzen sie jedoch, dass die Tiefwasserriffe eine ideale Kinderstube abgeben, wo die Kleinen sich vor allzu viel Nachstellungen verstecken können.

Kein Wunder also, dass es auch viele wirtschaftlich interessante Fische wie Rotbarsch, Seehecht oder Seelachs dorthin zieht, denn Tiefwasserkorallen haben auch ein sehr gutes Gespür für die richtige Lage, etwas, von dem auch die Fische profitieren. Lophelien und ihre Verwandten schätzen exponierte Standorte, weil dort starke Strömungen lästiges Sediment wegschaffen, das sie ersticken könnte, und gleichzeitig reichlich Plankton und andere Nahrungspartikel herbeitragen. Schließlich müssen sie ohne die Algensymbionten selbst dafür sorgen, satt zu werden. Das funktioniert nur, wo sie genügend Beute fangen können. Die hell gefärbten Polypen in ihren dicken Korallenkelchen leben davon, Plankton aus dem Wasser zu filtern – eine beliebte Methode unter Tiefseebewohnern. Dabei ist *Lophelia pertusa* anscheinend wählerisch und verzehrt nur Zooplankton, unter anderem kleine Krebse, die im Wasser driften. Die zweite wichtige Art, *Madrepora okulata,* hingegen ist eher ein »Allesfresser«, der auch pflanzliches Plankton nicht verachtet.

Ihre Riffe richten die Korallen nach den Strömungen aus: Sie wachsen nur dort aktiv, wo sie direkt vom Wasser umspült werden, und wenn sie in Regionen mit ausgeprägten Jahreszeiten leben, passen sie sich an diesen Rhythmus an. »Dann regnen zweimal im Jahr kleine Krebse auf sie herab, und die Korallen schwimmen geradezu in Futter«, erklärt Wolff-Christian Dullo vom Kieler Meeresforschungsinstitut IFM-GEOMAR. Von dieser Fülle zehren die Polypen den Rest des Jahres, aber offenbar gelingt ihnen das recht gut: Immerhin legen die Riffe um die zweieinhalb Zentimeter pro Jahr zu. Sie wachsen wirklich rasant. So haben die Lophelien auf dem Sula-Rücken bei Trondheim in nur 8700 Jahren 30 Meter hohe Mauern gebildet – schließlich musste nach der jüngsten Eiszeit zuerst der Gletscher den norwegischen Kontinentalschelf räumen, ehe *Lophelia* loslegen konnte. Außerdem leben Tiefwasserriffe lange. In der Porcupine Seabight, einer Trichterbucht vor der irischen Westküste, sind die bis zu 200 Meter hohen Rifftürme schätzungsweise zwei Millionen Jahre alt.

Berge, die am Meeresgrund wachsen

An den Kontinentalrändern bilden Tiefwasserkorallen Strukturen, die es durchaus mit dem Great Barrier Reef als größtem Korallenriff der Erde vor der Küste Australiens aufnehmen können. Aber sie verachten auch den Mittelatlantischen Rücken als Lebensraum nicht, zumindest sind da inzwischen erste kleine Vorkommen entdeckt worden. Und vor allem lieben sie auch Seamounts, meist Vulkane in Meeresbecken, die sich mit ihren steilen Hängen Hunderte oder Tausende von Metern über den Meeresboden erheben, aber die Wasseroberfläche nicht (oder nicht mehr) erreichen. Die meisten sind erloschen, nur wenige sind noch aktiv wie der Loihi vor Hawaii.

Schon die Wissenschaftler der *Challenger*-Expedition nahmen Proben an Seamounts. Allerdings reichte ihre technische Ausrüstung bei Weitem nicht, um zu erahnen, was sich da unter den Wellen ausbreitete. Sie stellten nur fest, dass die Wassertiefen dramatisch abnahmen und gleichzeitig die Fauna ungewöhnlich reich wurde. Diese Vielfalt begeisterte sogar den Naturforscher Henry Nottidge Moseley, der es normalerweise bei seinen Reisebeschreibungen peinlich vermied, sich

SEAMOUNTS UND HOTSPOTS

Erst »Big Island« Hawaii ganz im Südosten, dann Maui und die anderen Hauptinseln, später weiter im Nordwesten die Midways und das Kure-Atoll: Die Inseln des Hawaii-Archipels liegen wie an einer Perlenschnur aufgereiht inmitten des Pazifischen Ozeans. Nach einem scharfen Knick nach Norden schließen dann die Unterwasserberge der sogenannten Emporer Chain ebenso regelmäßig – wie im »Gänsemarsch« – an die Hawaii-Inseln an, ein insgesamt 4000 Kilometer langes Gebilde. Jeder dieser Berge ist durch Vulkanismus entstanden. Die ältesten dieser Seamount-Kette, die vor der Küste Kamtschatkas und den Aleuten liegen, bringen es auf 70 bis 80 Millionen Jahre. Je weiter man nach Südosten kommt, desto jünger werden die Feuerberge. Die jüngste Insel Hawaii ist gerade einmal 500000 bis eine Million Jahre alt.

Seamounts wie die von Hawaii sollen entstehen, wo sich tief aus dem Inneren der Erde von der Kern-Mantel-Grenze ein »Pilz« aus ultraheißem Material wie ein Schneidbrenner zur Oberfläche durchfrisst und dort Vulkane speist. Eigentlich ist dieser Strom so heiß, dass er schmelzen müsste, aber durch den Umgebungsdruck bleibt das fließende Gestein fest. Erst wenn er rund 100 Kilometer unterhalb der Erdoberfläche angelangt ist, bildet sich über dem Schneidbrenner, dem Plume, ein Hotspot, ein »Heißer Fleck«. Hier reicht der Druck nicht mehr aus, Magma entsteht, das sich durch Risse in der Erdkruste seinen Weg nach oben bahnt. Es sammelt sich schließlich in größeren Magmenkammern in etwa fünf bis zehn Kilometern Tiefe und speist von dort aus die Vulkane.

Weil diese Mantel-Plumes über viele Jahrmillionen stationär bleiben, zieht die Plattentektonik die Erdkruste darüber hinweg – und so entsteht eine ganze Kette von Vulkanen. Über dem Plume, im Hotspot, sitzt der aktive Vulkan, und die erloschenen verwittern und sinken langsam zurück unter das Meer. Guyots sind also Zeugen für die Plattenbewegungen.

Offen ist die Frage, wie stationär die Hotspots sind. So kann der Knick in der hawaiianischen Inselkette daher rühren, dass vor etwa 43 Millionen Jahren bei der Kollision von Indien mit Eurasien die Meereskrustenplatte ihre Richtung änderte – oder der Hotspot hat sich verlagert. In diesem Fall wäre der Hotspot in der Zeit von vor 81 bis vor 47 Millionen Jahren mit 40 Millimetern pro Jahr südwärts gewandert und wäre dann entweder stehen geblieben oder hätte seine Bewegung stark vermindert.

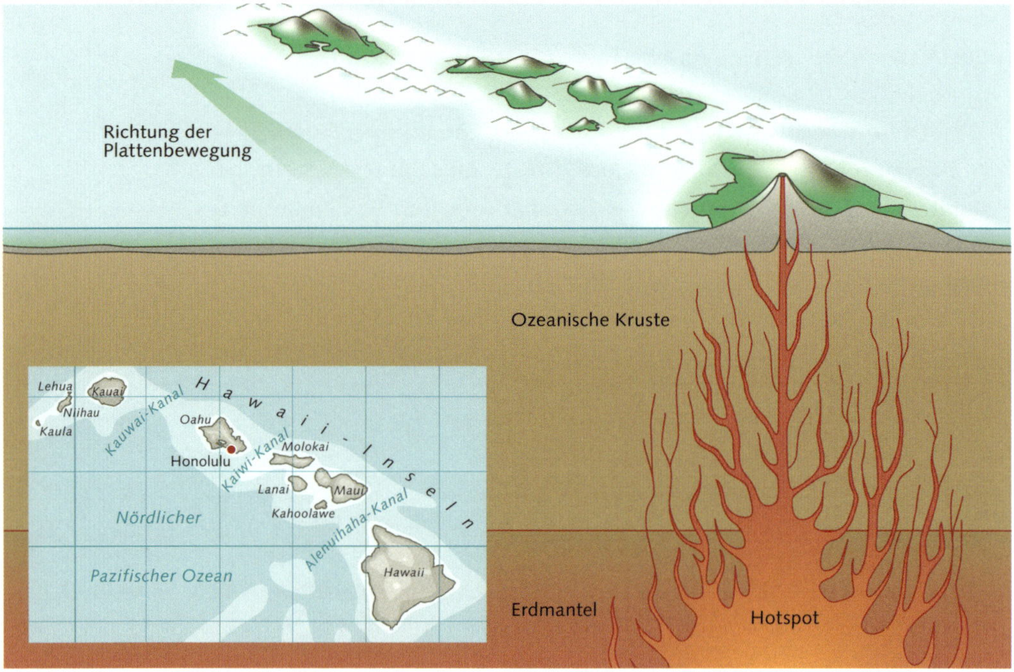

Hotspots sind Zentren vulkanischer Aktivität, die abseits der Plattengrenzen liegen. Unter einem Hotspot ist der Erdmantel besonders heiß, weil dort in etwa 150 Kilometer breiten Aufstiegszonen, den »Mantle-Plumes«, Material aus dem tiefen Erdinneren aufsteigt. Nahe der Erdoberfläche schmilzt das heiße Gestein, und Magma entsteht, das die Vulkane speist.

zu Dredschen und Ähnlichem zu äußern: »Normalerweise fanden wir überall in der Tiefe mit ermüdender Regelmäßigkeit die immer gleichen Tiere. Allerdings gab es auch eine oder zwei Örtlichkeiten, wo wir auf Erwähnenswertes trafen, weil sie besonders reich an Tiefseeformen waren, die in vergleichsweise flachem Wasser lebten.« Die eine Örtlichkeit lag vor der Insel Sombrero in Dänisch-Westindien, die andere vor den Kermadecinseln im südwestlichen Pazifik – und beide waren Seamounts, »Seeberge«.

Was es mit diesen flachen Stellen auf sich hat, wurde allerdings erst klar, als der amerikanische Geologe Harry Hammond Hess während des Zweiten Weltkriegs mit dem Sonar über sie »stolperte«. Plötzlich sah er seltsam abgeflachte Berge, von denen viele 1 000 bis 2 000 Meter unter dem Meeresspiegel gipfelten. Hess vermutete, dass diese Strukturen, die er zu Ehren des Princeton-Geologen Arnold Henri Guyot »Guyots« nannte, einmal vulkanische Inseln gewesen seien, deren Spitzen von den Wellen abgetragen wurden und die dann absanken.

Die untermeerischen Vulkane sind ein verlockendes Angebot an alle Tiefwasserkorallen, sich das Leben leicht zu machen, schließlich beeinflussen die Berge die Strömungen in ihrer Nähe und bringen das außerhalb der starken Tiefenströmungen fast still stehende Wasser auf Touren: An ihren Flanken und über ihnen erreicht es Fließgeschwindigkeiten von mehreren Dezimetern pro Sekunde, zehnmal mehr als normal. Das Wasser ist voll mit anorganischen und organischen Nährstoffen, was die Lebensgemeinschaften an den Seamounts explodieren lässt. Von Bakterien bis zum Hai fühlen sich alle möglichen Lebewesen magisch angezogen.

Unterwasserberge sind so etwas wie die Urwälder der Tiefsee. Während der Schlick des Tiefseebodens vor allem das Reich der Würmer

LEBEN AN DEN MITTELOZEANISCHEN RÜCKEN

Die mittelozeanischen Rücken sind nicht nur geologisch gesehen ungewöhnliche Zonen, sondern auch biologisch. Seit der Jahrtausendwende ist der Mittelatlantische Rücken zwischen Island und den Azoren genauer untersucht worden, und dabei haben die Meeresbiologen Erstaunliches gelernt. Weil er mit seinen hohen Seebergen, den steilen Basaltflanken, den rauen Canyons und den sanften, weich mit Sediment bedeckten Anstiegen vielfältige Lebensräume bietet, ist auch er ein Hotspot der biologischen Vielfalt. Wer sich an einen mittelozeanischen Rücken ansiedelt, hat Glück mit seinem Lebensraum, was vor allem daran liegt, dass er – genau wie die Seeberge – die Strömungen auf Touren bringen und sich über ihm Wirbel und interne Wellen bilden. Dabei schlägt das Wasser in Schichten an inneren Grenzflächen tiefer in der Wassersäule Wellen, die sogar brechen können wie ihre Gegenstücke an der Meeresoberfläche. Turbulenzen entstehen, die das Futter für alle verwirbeln und so Nahrung nach unten schaffen. Für die Bodenbewohner am Mittelatlantischen Rücken hat das die erfreuliche Folge, dass ihre Mahlzeiten reichlicher ausfallen und nicht über so viele Zwischenstufen zu ihnen gelangen wie in den langsamen Wassern der abyssalen Ebenen.

Im Grunde ist so ein Rücken eine Kette von Seebergen, sodass dort Ökosysteme über weite Strecken hinweg vernetzt werden und sich Tiere sehr gut ausbreiten können. Anders als gedacht, zeigten sich deshalb rechts und links der Bergkette keine großen Unterschiede bei den Bewohnern. Allerdings wirken sich sehr wohl Wassermassengrenzen aus. Das kalte Tiefenwasser aus der Arktis hat eine andere Fauna als das wärmere südlich der Front, die die beiden Massen voneinander trennt. Aber es gibt einen Überlappungsbereich. Darin ist es jedoch für die an Kälte gewöhnten Tiere des Nordens einfacher, sich ein wenig mehr nach Süden auszubreiten, als für die an Wärme gewöhnten, sich die nördlicheren Gefilde zu erschließen. Die Grenze zwischen den Wassermassen ist also nur von einer Seite her durchlässig. Jedenfalls zeigt das eine Analyse der Verbreitungsgebiete. Und noch etwas zeigt sie: Die Fauna des Südens ist artenreicher, aber dafür leben im Norden mehr Individuen der einzelnen Arten.

und Schnecken ist, die sich dort von der kargen, herabrieselnden Kost aus abgestorbenem Plankton und Fischkot ernähren, sind die Seamounts Paradiese für Riffbildner wie *Lophelia pertusa* und Solitäre wie die schwarzen Korallen, für Fächer- und Weichkorallen. Die urtümlichen Brisingid-Seesterne strecken ihre Arme in die Strömung, Schwämme klammern sich an den Fels, in höheren Lagen auch Kolonien von Moostierchen, dazwischen wuchern Seeanemonen und Seelilien – und über sie krabbeln Schlangensterne. Wo ohnehin schon starke Tiefenströmungen für Tempo sorgen, werden Seamounts sogar zu einer Tiefseevariante des Schlaraffenlands: An einem Seeberg in der Nähe des Macquarie-Rückens im Südpazifischen Ozean schleppt der Zirkumpolarstrom so viel Nahrung heran, dass zehn Millionen Schlangensterne dicht gedrängt nebeneinandersitzen und nur ihre Arme heben müssen, um satt zu werden, das jedenfalls erklären die Biologen, die 2008 an Bord des neuseeländischen Forschungsschiffes *Tangaroa* diese »Schlangenstern-City« entdeckt haben.

Ihr Nahrungsreichtum macht Seamounts ebenso wie die Tiefwasserriffe am Kontinentalabhang zu beliebten Aufenthaltsorten für Fische – allerdings für starke und muskulöse Fische, schließlich müssen sie mit der starken Strömung fertig werden. Dafür gibt es dann für sie auch reichlich zu fressen: andere Fische etwa oder Kalmare und Garnelen oder Zooplankton, das bei der frühmorgendlichen Wanderung von den Futterplätzen an der Oberfläche zurück in den Schutz der Tiefsee am Seeberg hängen bleibt. So schwimmen große Schulen von Granatbarschen (auch Kaiserbarsche genannt oder Orange Roughy), Pelagischen Panzerköpfen oder Nördlichen Schleimköpfen über die Korallenwälder hinweg, ruhen sich dort aus oder pflanzen sich fort und nutzen die nahrungsreichen Seeberge als Kinderstuben.

Natürlich werden auch große Räuber vom Nahrungsreichtum an Seebergen angezogen. Haie gibt es dort, aber auch Riesenkraken und bizarre Kopffüßer wie den Langarm-Kalmar *(Magnapinna)*. Der sieht mit seinen sehr langen und sehr dünnen Arme ausgesprochen seltsam aus: Wo sie am Kopf festgewachsen sind, stehen sie senkrecht nach außen ab, dann knicken sie wie an einem Ellbogengelenk ein, und die Tiere schleppen sie beim Schwimmen wie eine Schleppe hinter sich her.

Die Auswirkungen der Seamounts zeigen sich aber nicht nur in der Tiefsee, sie reichen vielmehr bis an die Wasseroberfläche, denn über ihnen bilden sich Wirbel, sogenannte »Taylor-Kappen«. Das Wasser in diesen Wirbeln schleppt gelöste Nährstoffe aus der Tiefsee hoch hinauf, versorgt das Plankton damit, das zu wuchern beginnt und selbst wiederum dafür sorgt, dass viele andere satt werden. Also treffen sich dort Thunfische, Meeresschildkröten oder Seevögel. Weil Meerestiere ein gutes Gedächtnis für reiche Futtergründe haben, geben die Seeberge in den Weiten der Ozeane hervorragende Treffpunkte für sie ab.

Bei ihren Untersuchungen haben die Meeresbiologen festgestellt, dass eigentlich jeder Seeberg einmalig ist: An ihnen leben nicht nur ungeheuer viele verschiedene Arten, ein großer Teil von ihnen kommt auch nur dort vor, nur an diesem einen Berg. Diese vielen sogenannten

SAG MIR, WIE VIEL BERGE WACHSEN ...

Es war Henry Menard von der Scripps Institution of Oceanography in Kalifornien, der es sich in den 1950er-Jahren zum Ziel setzte, die Bedeutung der Seeberge für die Tiefsee zu erforschen. Dazu musste er zunächst wissen, wie viele es überhaupt gibt. Also fragte er jeden Fischer, den er traf, und auch die U.S. Navy. Aus den Angaben berechnete er, dass es im Pazifik etwa 10 000 Seeberge geben müsse, die höher sind als 1 000 Meter. Die Zahl erschien ihm ungeheuer groß, inzwischen jedoch ist klar, dass sie viel zu niedrig war. Es sind eher 30 000 bis 50 000. Berücksichtigt man auch noch diejenigen, die kleiner sind als 1 000 Meter, kommt man, grob geschätzt, auf 600 000 bis 1,5 Millionen Seeberge.

Der Pazifik ist ein altes Meer mit aktiven Subduktionszonen: Dort spielt sich ein Großteil der vulkanischen Aktivität auf der Erde ab, und deshalb gibt es dort auch Massen an Seebergen. Im jungen Nordatlantik, wo die Subduktion noch keine große Rolle spielt, sind bislang noch nicht einmal 1 000 Seeberge in Karten verzeichnet – und auch dafür muss man schon die kleinen mit einbeziehen.

Dass jedoch längst nicht alle Seamounts bekannt sind, beweist eine Geschichte, die sich am 8. Januar 2005 abgespielt hat. Das war ein schlechter Tag für die *USS San Francisco*, ein atombetriebenes Jagd-U-Boot der Los-Angeles-Klasse. Es war in der Nähe von Guam im Marianen-Archipel unterwegs und schoss mit 65 Stundenkilometern in 150 Metern Wassertiefe dahin. Man sollte so schnell wie möglich das australische Brisbane erreichen. Die Seekarte zeigte freie Bahn. Plötzlich ein infernalisches Kreischen und Krachen. »Es war wie im Film *Matrix*«, mailte ein Soldat nach Hause, »alles wurde langsamer, schwebte – und dann flog es schneller vorwärts, als das Gehirn es verarbeiten konnte.« Die *USS San Francisco* hatte sich geradewegs in einen der vielen nicht auf Karten verzeichneten Seamounts gerammt. Der Maschinist Joseph Allen Ashley aus Akron, Ohio, starb dabei, mehr als 60 andere Besatzungsmitglieder wurden verletzt, einige davon schwer.

endemischen Formen könnten durchaus eine direkte Folge der Wirbel sein, denn darin bleiben die Eier und Larven der Seamount-Bewohner gefangen. Das hat seine Vorteile. Bleiben die Kleinen im Wirbel, werden sie mit hoher Wahrscheinlichkeit einen guten Siedlungsplatz am eigenen Berg finden und nicht auf den Schlammebenen verloren gehen. Außerdem gibt es ja erwiesenermaßen reichlich Nahrung, und auch das verbessert die Überlebenschancen. Warum also in die Ferne schweifen? Die Seeberge sind langlebige Strukturen, es macht also Sinn zu bleiben, obwohl man vergleichsweise isoliert lebt vom Rest der Meere. Und weil solche isolierten Lagen ideal sind, um neue Arten entstehen zu lassen, kann sich die Evolution austoben.

Die Geschichte des Roten Granatbarschs

Es ist gerade ihr Fischreichtum, der die Ökosysteme Tiefwasserriff und Seeberg bedroht. Nachdem weite Teile der Meere durch Industrie- und illegale Fischerei geplündert worden waren, nahmen die großen Fangflotten die Tiefsee ins Visier. In den 1960er-Jahren entdeckten sie Pelagische Panzerköpfe, die auf den Emperor Seamounts nordwestlich von Hawaii heimisch waren. Sowjetische und japanische Trawler machten Jagd auf den Fisch und fingen 900 000 Tonnen. Und das war es dann – wahrscheinlich haben die Japaner und Russen sie bis zum letzten Vertreter ihrer Art aufgegessen.

Eine neue Beute musste her. In den Gewässern vor Neuseeland tauchten russische und japanische Forschungsexpeditionen auf und entdeckten den Granatbarsch, der damals noch Schleimkopf hieß. Er hatte zunächst Glück, dass die dicke Schleimschicht, die ihn überzieht, wie eine halbe Flasche Lebertran wirkt. Als die Besatzung den neuen Fisch an Bord probierte, bekamen die Männer schrecklichen Durchfall und ließen die Finger davon. Dann gingen die Neuseeländer selbst in ihren Gewässern auf Tiefseefischfang und fingen Unmengen an Schleimköpfen. Allerdings wollte zunächst niemand diese seltsamen orangeroten Fische essen – bis man den Schleim entfernte und den Fisch marktwirksam in Granatbarsch umtaufte. »Er schmeckte gut, und das war sein ›Durchbruch‹«, erinnert sich Tony Koslow von der Scripps Institution of Oceanography in La Jolla, Kalifornien. Er ist Meeresbiologe und einer der Pioniere in der Erforschung des Granatbarschs.

Der Granatbarsch lässt sich in seinem Leben Zeit: Er wird rund 150 Jahre alt und pflanzt sich mit 35 Jahren zum ersten Mal fort. Aber das wusste man alles nicht, als das Tier einen Goldrausch auslöste. Damals, es war Ende der 1980er-Jahre, arbeitete Tony Koslow für die australische Regierung und leitete ein Forschungsprogramm zum Granatbarsch. Seit Kurzem liefen in Hobart, Tasmanien, Schleppnetztrawler ein, die fast überquollen: In ihren Laderäumen steckten 100 Tonnen Granatbarsch – im Wert von vielen Millionen Dollar. Jede Fahrt brachte ein Vermögen ein – da war es egal, dass man an den untermeerischen Vulkankegeln, die die Granatbarsche als Lebensraum bevorzugten, immer Gefahr lief, ein Netz zu verlieren. Der Gewinn war das Risiko wert. Dicht an dicht standen die orangefarbenen Fische dort unten, man musste sie nur einsammeln. Und besonders ergiebig war St. Helens Hill, ein kleiner Vulkan, der etwa 500 Meter über den Meeresboden aufragte. Es war der Laichplatz der Granatbarsche: In jedem Juli kamen sie von weit her zur Küste Tasmaniens und drängten sich dort zusammen. Das Fanggebiet war so klein, dass immer nur ein Trawler fischen konnte, erzählt Tony Koslow. Und während der eine arbeitete, warteten Dutzende anderer in der Reihe darauf, sich die Lagerräume vollstopfen zu können.

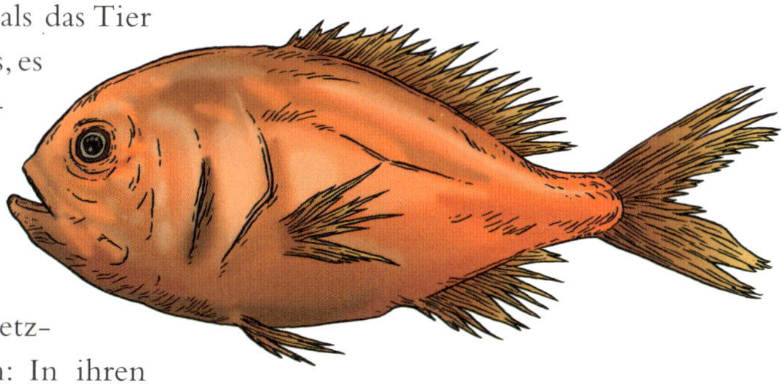

Wenn sich nichts ändert, ist das Schicksal des Kaiserbarschs besiegelt: Er wird aussterben. Als begehrter Speisefisch ist er ein lohnendes Ziel für die Tiefseefischerei.

St. Helens Hill blieb zerstört zurück. Die Granatbarsche sind verspeist, die Korallenwälder zerschlagen – so wie an Hunderten von anderen Seebergen auch. Die Schleppnetze brauchten nur zwei, drei Minuten, um 70 Tonnen Granatbarsche vom Meeresboden heraufzuholen – und nach fünf Jahren war in Tasmanien alles vorbei. Granatbarsch ade. Zumindest dort. Tony Koslow konnte das damals nicht verhindern. Er erinnert sich: »Als die Fischer erkannten, wie alt die Granatbarsche waren, wie langsam sie sich fortpflanzten und wie klein der Bestand war, wurden sie nicht etwa vorsichtiger, sondern sie wollten alles einsammeln, was noch da war, keinen Dollar versäumen.«

Und danach? Danach zogen die Schiffe weiter, wie Heuschreckenschwärme des Meeres. Jetzt gab es ein paar fette Fangjahre an den Unterwasserbergen im Indischen Ozean. Inzwischen sind die Seeberge im Nordatlantik das Ziel. Dort arbeiten selbst Fischer aus Neuseeland. Und wo sie gewesen sind, verschwinden die Granatbarsche. Zwar werden Unterwasserberge zunehmend unter Schutz gestellt – zumindest einige von ihnen –, aber die Trawler sind schnell, und es wird nicht nur legal gefischt …

Den Tiefwasserriffen geht es nicht besser als den Seamounts. Dort zerschlagen die Grundschleppnetze der Tiefseefischerei die *Lophelia*-Riffe. Diese Fischerei hat sich seit den späten 1980er-Jahren entwickelt, als die küstennahen Fischbestände zurückgingen: Um die letzten Tiere zu erwischen, fräsen sich die Netze, mit zentnerschweren Metallreifen beschwert, durch den Meeresboden und zerschlagen wahllos Muschelbänke, Riffe und Seegraswiesen – und damit die Kinderstuben vieler Fischarten. Die schweren Metallketten, die die am Boden lebenden Fische aufscheuchen, sind auch nicht besser. Zurück bleibt Zerstörung.

Zu Zeiten der *Challenger*, in den 1870er-Jahren, waren die Fischer noch nicht das größte Problem, sondern die Wal- und Seehundfänger, und auch das hatte man noch nicht erkannt. Die *Challenger*-Besatzung wäre wohl erstaunt gewesen, ein Hightechschiff der Fischindustrie zu sehen. Moderne Fangflotten orten ihre Beute mit hochgenauen 3-D-Sonargeräten, die Schallwellen aussenden und damit die großen Schwärme entdecken können. Mit digitalen Karten und GPS lassen sich die Meere selbst direkt an scharfkantigen Riffen oder Wracks plündern, ohne dass die teuren Schleppnetze zerreißen. Auf offener See umfahren die Trawler die Schwärme mit ausgelegten Netzen und holen sie dann bis auf den letzten Fisch ein. Starke Motoren ziehen diese riesigen Netze selbst noch aus 2000 Metern Wassertiefe wieder hoch. Bis zu 100 Kilometer lange Treibnetze spannen sich wie senkrecht stehende Vorhänge auf und warten auf Beute, ebenso wie die Langleinen von bis zu 130 Kilometern Länge mit Zehntausenden von Haken daran.

Wären die Männer an Bord der *Challenger* von dieser gigantomanischen Technik fasziniert gewesen oder erschreckt? Auf jeden Fall hätten sie sich auf dem nächsten Fahrtabschnitt nach Japan wohl etwas mehr von der wunderbaren Technik des 21. Jahrhunderts gewünscht. Für sie waren es ungeheuer anstrengende Wochen, denn es ging mitten durch die Rossbreiten. Der Wind schien einzuschlafen, und weil die Kohle knapp wurde, lag die *Challenger* mehr, als dass sie fuhr. Jeder Tag eine Geduldsprobe. In den Mannschaftsquartieren gab es immer wieder Streit, und da verbesserte es auch nur kurz die Stimmung, dass sie am 23. März 1875 in der Nähe der Marianen-Inseln den tiefsten Punkt der Erde fanden. »Wir müssen das Lot in ein Tiefseetal abgelassen haben«, schrieb Joe Matkin an seine Mutter, »dort ging es so weit von der Oberfläche in die Tiefsee hinab, wie der Mount Everest hoch ist.« Es war kurz vor Ostern, und da erschien es als besonderes Geschenk, dass man an Karfreitag das erste Schiff seit sechs Wochen zu sehen bekam. Es gab noch andere Menschen, und die Welt war nicht unbemerkt untergegangen.

Madrepora oculata
Größe: bis zu 50 cm
Tiefe: 55–1950 m
Wie Lophelia *lebt auch diese Koralle überall in den Meeren außerhalb der Polarregionen. Ihr kalkhaltiges Skelett bildet große Fächer aus filigranem Geäst. Weil sie zerbrechlich ist, »schätzt«* Madrepora *den Schutz von robusten Korallenarten, sie kann aber durchaus auch dominieren. Dann dient ihr der dichte Schleim, den sie absondert, als Schutz vor dem Gefressenwerden.*

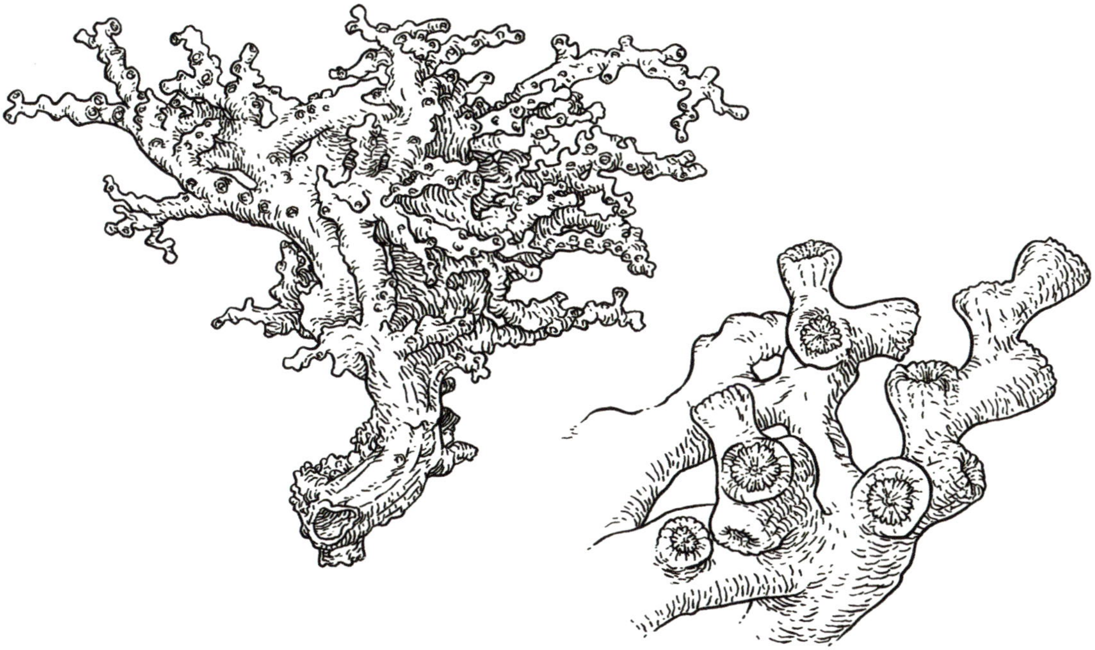

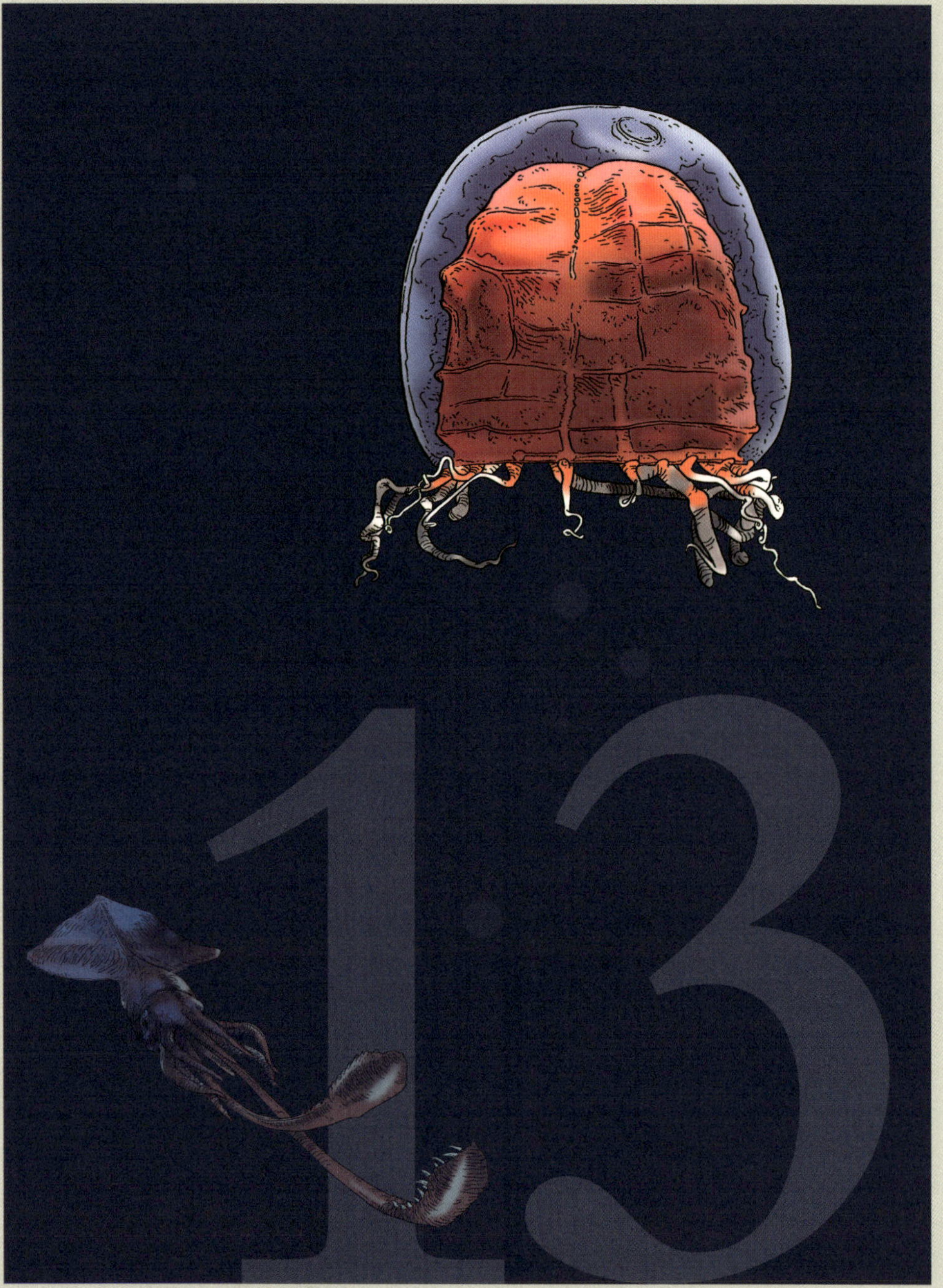
13

Die Zeichen an der Wand –

Vom Stress der Meere und einer glücklichen Heimkehr

Die *Challenger* schien sich Japan nur zentimeterweise zu nähern. Die Kohlevorräte waren dahingeschwunden wie Schnee in der Sonne. Man musste sich auf die Segel verlassen. Weder Trawls noch Dredschen förderten Interessantes zutage, bemerkte Campbell: »Oft kam nichts anderes herauf als etwas Bims und ein paar Manganknöllchen.« So ereignislos, wie es vorwärtsging, war die Arbeit umso härter, die Fahrt schien kein Ende zu nehmen.

Endlich, am 11. April 1875, frischte der Wind auf, am nächsten Tag erreichten sie Yokohama. Dort wartete auf Joseph Matkin ein Brief seiner Tante Lizzy mit einer traurigen Botschaft: Sein Vater war tot. Schon fast vier Monate war es her, dass sie ihn beerdigt hatten. Trotzdem versuchte Joe Matkin, in einem Brief seine Mutter aus der Ferne zu trösten: »Es ist unser erster großer Verlust, aber ich bin sehr dankbar, dass er noch miterleben durfte, wie aus allen seinen Kinder etwas geworden ist, weil er für eine gute Erziehung gesorgt hat. Wenn Du diesen Brief erhältst, werden wir schon auf dem Heimweg sein, und

Abb. links: Origamiqualle Pandea rubra *Größe: 15 cm Tiefe: 500–1 000 m Die Polypen von* Pandea rubra *setzen sich an einer bestimmten Art planktonisch lebender Meeresschnecken* (Pteropoda) *fest, bis sie erwachsen werden. Wenn sich die Schneckenhäuser durch die Meeresversauerung auflösen, wird auch* Pandea rubra *verschwinden.*

Du wirst die Monate zählen und nicht mehr die Jahre, die vorüberfliegen. Wenn ich wieder da bin, werde ich die Navy verlassen, nichts kann mich mehr aufhalten. Ich habe ein wenig Geld und – was noch wichtiger ist – einen guten Leumund, und so werde ich wohl noch viele Jahre zu Hause verbringen.«

Joe Matkin trauerte. Seine Befürchtung vom Beginn der Reise hatte sich bewahrheitet. Er hatte seinen Vater nie wiedergesehen. Für die anderen jedoch war Japan ein Abenteuer. Alles war fremd und neu, denn das Land hatte sich Ausländern gerade erst geöffnet. Allerdings durften sich Fremde ohne besondere Pässe nur in den Vertragshäfen und in einigen Stadtvierteln von Tokio und Osaka aufhalten. Als Mitglieder einer wissenschaftlichen Expedition hatten die Offiziere und Wissenschaftler der *Challenger* jedoch keine Probleme, diese beeindruckend wirkenden Dokumente zu erhalten. So machten sie sich mit Rikschas auf – Vehikel, die erst wenige Jahre zuvor die bis dahin allgegenwärtigen Sänften abgelöst hatten. Japan beeindruckte die Mannschaft der *Challenger* tief, allen voran Henry Nottidge Moseley. Er hatte einen Rechtsanwalt kennengelernt, mit dem er das Land bereiste und sich in den Vierteln der Buchhändler verlor. Aber sie schwärmten auch alle von der Schönheit der Landschaft – und vor allem von der der Damen. Sie faszinierten die nach Monaten auf See ausgehungerten Männer, ganz besonders die Geishas. Das viktorianisch geprägte Urteil der Briten lautete, sie seien niedlich, viele von ihnen sogar hübsch, mit ihren weiß geschminkten Nacken und Stirnen und den rot gemalten Lippen, aber den britischen Ladys seien sie an Intellekt weit unterlegen. Als er einem Hochzeitszug mit einer bunt wie eine Puppe geschminkten Braut begegnete, konnte Lord George Campbell sich das Lachen nicht verkneifen. Außerdem vermerkte er missbilligend, dass sich die verheirateten Frauen die Zähne schwärzten, die Augenbrauen abrasierten und durch aufgemalte Balken ersetzten – und sich so hässlich machten wie nur möglich. Auch verglich er China mit Japan: Dort wüschen die Menschen ihre Kleider, legten aber weniger Wert auf die Reinlichkeit ihrer Körper, während es in Japan umgekehrt sei. Joe Matkin hingegen fiel auf, wie sauber die Straßen japanischer Städte waren – so ganz anders als die chinesischen.

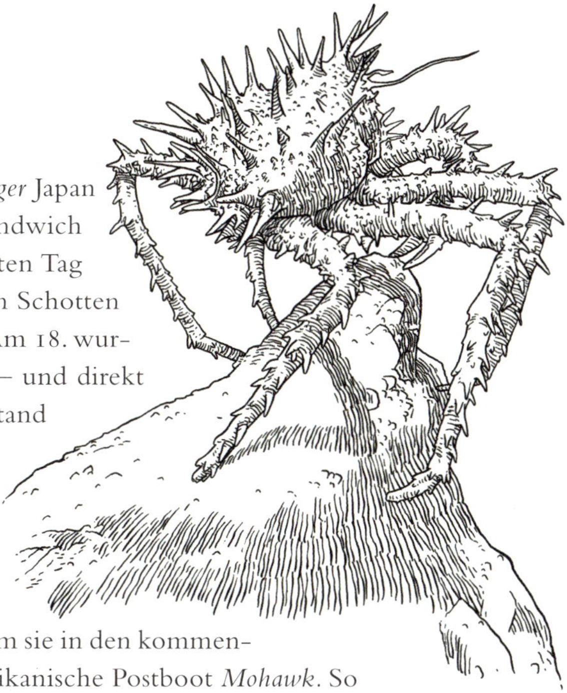

Am 16. Juni 1875 verließ die *Challenger* Japan in Richtung Hawaii, damals noch »Sandwich Islands« genannt, und schon am nächsten Tag war der Tod wieder zu Gast. Es traf den Schotten James Macdonald. Alkoholvergiftung. Am 18. wurde sein Körper dem Meer übergeben – und direkt danach ging die Arbeit weiter. Loten stand auf dem Programm.

Diesmal führte die Route quer durch den Nordpazifik – und dieser Fahrtabschnitt war ebenso mühsam, langwierig und langweilig wie der nach Japan zuvor. Das einzige Schiff, dem sie in den kommenden Wochen begegneten, war das amerikanische Postboot *Mohawk*. So waren alle erleichtert, als sie am 27. Juli Honolulu erreichten. Joe Matkin mochte die Stadt, weil sie ihn an England erinnerte. Allerdings erhielt er diesmal keine Post. Er war enttäuscht. Er beklagte sich in einem Brief, dass er noch nicht einmal Näheres zum Tod seines Vaters erfahren habe, fürchtete, in Vergessenheit zu geraten. Es wurde Zeit, dass diese Fahrt zu Ende ging.

Königskrabbe
Paralithodes camtschaticus
Größe: Beinspannweite bis 180 cm
Ende der 1960er-Jahre brachten sowjetische Fischereiexperten die Königskrabbe aus dem Nordpazifik in die Barentsee. Die alles fressende Krabbe vermehrte sich stark und erobert auf ihren Wanderungen in 300 Metern Tiefe die norwegische Küste. Die Folgen für das Ökosystem sind noch unklar.

Auch Moseley zog es nach Hause, aber er war trotzdem hocherfreut über den Besuch des hawaiianischen Königs Kalākaua I. an Bord der *Challenger*. Der Monarch interessierte sich lebhaft für die Wissenschaften: »Er war der erste unter all den Besuchern, die ich durch das Mikroskop schauen ließ, der die Seegurke *Synapta* sofort identifizierte.« Diese Seegurke hatte zu Beginn ihrer Expedition Schlagzeilen gemacht. Zeichnungen von ihr waren in allen Zeitungen erschienen: Das bis zu zwei Meter lange dünne Wesen galt als eine der wunderbarsten Tiefsee-Entdeckungen der gesamten Expedition – und Seine Majestät hatte sie erkannt! Noch begeisterter war Moseley von dem Orchester, das bei dem Empfang aufspielte. »Das polynesische Ohr ist wunderbar dazu in der Lage, die Feinheiten der europäischen Musik aufzunehmen«, schrieb er und fragte sich, ob die Chinesen und Japaner, deren Musik doch so anders sei, eines Tages auch eine solche Virtuosität erreichen könnten.

So erfreulich und erhebend der hohe Besuch verlief, so enttäuscht war man allgemein vom Anblick des hawaiianischen Vulkans Mauna Loa. Lord Campbell fasste zusammen: »Er sieht lächerlich klein aus, eher wie ein Maulwurfshügel.« Trotzdem stiegen seine Lordschaft und Moseley in Begleitung eines Führers hinauf, und sie bereuten es nicht. Der Blick war aller Mühe wert: »Plötzlich nahmen wir zu unserer Rechten zwischen den Wolken ein rotes Glühen wahr, das immer stärker wurde. Dann lösten sich die Wolken, die uns bis dahin die Sicht genommen hatten, auf – und Mauna Loa zeigte uns seinen lang gestreckten Gipfel, aus dessen Mitte eine Säule von grellem Licht und Rauch flackerte …«

Am nächsten Morgen waren sie wieder im Hotel, wo sie staunend das »Vulkanhaus« besuchten: eine Grashütte über einer aktiven Spalte. Der herausquellende Dampf kondensierte im Gras und wurde zusammen mit dem Regenwasser in die Hütte geleitet und in großen Tanks gesammelt, damit der geneigte Gast immer ein warmes Bad nehmen konnte. In der Badewanne hatte das Wasser die Farbe von Whiskey – und es war fraglich, wie zuträglich es der Gesundheit war. Bei dem zweiten Bad gab es da keinen Zweifel. Es stand direkt über einer vulkanischen Quelle, aus der schwefelige Dämpfe drangen: eine »grauenhafte Vorrichtung«, so Campbell. Man zog sich aus, setzte sich in die Box, schloss den Deckel, sodass nur Kopf und Hals herausschauten – und »bevor man die Gefahr bemerkt, ist man entweder schon lebendig gehäutet worden, oder man hat sich in einen feuchten Matsch verwandelt«. So seltsam die Warmwasserbereitung anmutete, so bequem waren die Zimmer und so gut das Essen: »Es ist ein einsam gelegenes und unerwartet komfortables Haus, 1200 Meter über dem Meer, am Rand eines fortwährend aktiven Vulkans, auf einer Ebene, die ständig von Erdbeben erschüttert wird. Den ganzen Luxus schleppen Mulis über 50 Kilometer hinweg auf einem stark zerfetzten Lavaweg heran.«

Am späten Nachmittag kletterten Moseley und Campbell in den Kilauea-Krater. Sie stapften durch Schlackenfelder, über verdrehte Lavaschnörkel – »das Erbrochene der Erde« –, während um sie herum nur Dampf war und Rauch, der aus jedem Riss und jeder Spalte drang. Als die Sonne unterging, nahmen das Schwarz, Grau und Weiß der

Landschaft ein tiefrotes Glühen an. Ein zartes rotes Flechtwerk schimmerte hindurch: »Ein paar Dezimeter unter unseren Füßen rann die geschmolzene Lava Hawaiis aus ihren gebrochenen Arterien«, schrieb Campbell.

Am 19. August 1875 ging es weiter Richtung Tahiti und Gesellschaftsinseln. Wieder eine lange, langweilige Passage, ein ganzer Monat auf See mit Loten, Dredschen und Trawlen. Es war heiß, es war feucht, es regnete viel: Selbst die unermüdlichsten unter den Wissenschaftlern interessierten sich angesichts der mehr als mageren Ergebnisse nicht mehr für das, was aus der Tiefe kam – lediglich die Pflicht hielt sie bei der Stange. Den anderen ging es nicht besser: Jeder an Bord wollte nur noch nach Hause. Alle waren brummig. Zu beschwören, dass man eine ganz fantastische Arbeit machte, eine höchst wichtige Arbeit, half nicht mehr viel: »Ein Hoch auf die *Challenger* – und mögen wir sie bald nicht mehr sehen müssen«, so formulierte es Campbell.

In diese Stimmung hinein platzte die nächste Tragödie, die diesmal nicht dem Alkohol geschuldet war. Am 15. September schrieb Joe Matkin seiner Mutter, dass einer der Wissenschaftler gestorben sei. Eine Woche zuvor habe sich Rudolf von Willemoes-Suhm nicht wohlgefühlt, über eine Erkältung geklagt: »Daraus entwickelte sich an seinem Kopf eine Wundrose, er fiel ins Delirium. Am Sonntag ging es ihm so schlecht, dass die Messe ausfiel und die Glocken nicht geläutet werden durften. Am Montag war er noch kränker. Sein Zustand war so schlimm, dass er fantasierte und auf Deutsch redete. John Young Buchanan, der Chemiker an Bord, verstand es, konnte ihm wenigstens antworten. Von Willemoes-Suhm erzählte von den Schlachten des französisch-preußischen Kriegs, die er als Soldat zu gewinnen geholfen hatte und in denen er verwundet worden war. Morgens sprang er aus dem Bett, erklärte, dass er seine Eltern besuchen müsse – am nächsten Tag starb er um drei Uhr nachmittags.« Rudolf von Willemoes-Suhm wurde 28 Jahre alt.

Moseley war niedergeschlagen, voller Trauer: »Während der gesamten Reise saß ich neben ihm. Wir mikroskopierten Tag für Tag an demselben Tisch. Ich habe so viel von ihm gelernt, und ich glaube, dass ich immer in seiner Schuld stehen werde. Er war ein unermüdlicher

Die Polarstern *ist der Forschungseisbrecher des Alfred-Wegener-Instituts für Polar- und Meeresforschung in Bremerhaven. 320 Tage im Jahr ist das Schiff für die Forschung unterwegs – in arktischen Gewässern ebenso wie in antarktischen.*

Arbeiter. Er glaubte an seine Zukunft, und ich bin davon überzeugt, dass er sich einen Ruf als hervorragender Wissenschaftler hätte etablieren können, wenn er seine Ergebnisse hätte veröffentlichen können.« Von Willemoes-Suhm wurde dem Meer übergeben.

Im 19. Jahrhundert verlangten Expeditionen sehr viel Mut. Sie waren eine einsame Angelegenheit. Monate- oder jahrelang waren die Männer unterwegs, hörten kaum etwas von zu Hause. Die Fahrt der *Challenger* wurde durch ihre Länge zur Qual. Aber ohne sie wäre – trotz der noch mangelhaften Ausrüstung – die Ozeanografie um vieles ärmer. Die Besatzung erlebte damals die Meere in einem Zustand, den es heute nicht mehr gibt: Die Ozeane waren noch nicht bis an ihre Grenzen überfischt, die Ökosysteme noch nicht durch den Menschen bis zum Äußersten belastet. Die Welt unter den Wellen war noch in Ordnung. Inzwischen gibt es wohl nirgends auf der Erde mehr unberührte Meeresgebiete. Noch nicht einmal in der Tiefsee.

Der Mensch belastet die Ozeane auf vielfältige Weise. Beispiel: TBT, Tributylzinnhydrid, eine farblose Verbindung aus Zinn und einem organischen Rest, die jahrzehntelang als Zusatz für Schiffsanstriche eingesetzt wurde. Sie ist hochgiftig, sodass Muscheln und Algen keine Chance mehr hatten, sich am Schiffsrumpf festzusetzen. Als Michael Türkay von der Senckenbergischen Naturforschenden Gesellschaft in Frankfurt am Main 1993 während einer langen Forschungsexpedition durch das östliche Mittelmeer interessehalber die Inhalte der Trawls auf Müll hin untersuchte, fand er vor allem zahllose Flöckchen Schiffsfarbe. Was so harmlos aussah, entpuppte sich später als höchst gefährlich: Mit diesen Flöckchen gelangt das TBT in die Nahrungskette und damit in die Organismen. Wird die Belastung chronisch, sind hormonelle Störungen die Folge: Bei vielen Schneckenarten bildeten die Weibchen plötzlich männliche Geschlechtsorgane aus, wurden unfruchtbar. In viel befahrenen Schifffahrtsgebieten traf das bis zu 90 Prozent der Individuen – und nicht nur im flachen Wasser. Bei einer Untersuchung in der japanischen Suruga-Bucht stellte sich heraus, dass sich die TBT-Gehalte in Fischen, Krabben, Stachelhäutern oder Schnecken am Tiefseeboden kaum von denen in Strandnähe unterscheiden.

Während das TBT sozusagen für den Gebrauch auf dem Meer erfunden worden ist, gibt es eine große Klasse von Stoffen, die nur als Abfall dort landen. Zwar ist es seit 1972 verboten, an Land produzierten Müll mit Schiffen auf hoher See zu verklappen, aber zum einen ist der Ozean weit, und es gibt durchaus illegale Aktionen, und zum anderen führen viele Wege ins Meer. Über Flüsse, das Grundwasser und Abflussrohre gelangt Plutonium aus den Atomwiederaufbereitungsanlagen hinein, Industrieabwässer voll krebserregender Substanzen, Quecksilber und andere hochgiftige Schwermetalle, organische Umweltgifte wie polychlorierte Biphenyle (PCB) oder düngemittel- und pestizidbelastete Abwässer.

Lange Zeit hat man sich nicht vorstellen können, dass sich Pflanzenschutzmittel wie DDT oder die chemischen Weichmacher PCB bis in die Tiefsee hinein auswirken. Man glaubte, Barrieren schirmten sie ab, stabile Wasserschichten etwa, und die chemischen Verbindungen seien schon lange abgebaut, ehe sie in den arktischen und antarktischen Durchmischungszonen abgetaucht und sich in den Tiefseebecken ausgebreitet haben könnten. Weil es ein paar Tausend Jahre dauern sollte, ehe das Tiefenwasser wieder die Oberfläche erreicht, schienen die Systeme ausreichend träge zu sein. Außerdem glaubte man an den Effekt der Verdünnung: Die Tiefsee macht mehr als 90 Prozent des Wasservolumens im Meer aus – was sollte da schon passieren? Inzwischen ist klar, dass das alles nur ein frommer Wunsch war. Die Tiefsee ist durchlässig: Was an der Oberfläche passiert, dringt bis zum Boden durch, und das gilt nicht nur für die Algenblüten. Also weisen heute manche Tiefseefische so hohe Gehalte an Chemikalien auf, dass man in den Vereinigten Staaten Schwangere vor dem reichlichen Verzehr warnt. Selbst am Mittelatlantischen Rücken – weit weg von allem Land – messen die Meeresbiologen erstaunlich hohe Schadstoffgehalte. Was wir in die Umwelt verklappen, landet irgendwann wieder auf unserem Tisch.

Der Müll und das Meer

Unser Müll kann dabei erstaunliche Wege einschlagen, selbst nahe dem Nordpol. So arbeitet die *Polarstern* – das Flaggschiff des Alfred-Wegener-Instituts für Polar- und Meeresforschung in Bremerhaven – seit Jahren in der Framstraße. Immer wieder bezieht sie dort zwischen Spitzbergen und Grönland Position, um das Ökosystem nach allen Regeln der modernen Tiefsee-Erkundung zu entziffern. Bis zum Nordpol sind es von dort aus noch 1 000 Kilometer, und im Sommer glänzt am Horizont (noch) das Packeis in der Mitternachtssonne. So weit weg von den großen Städten und den Schifffahrtsstraßen sollte es eigentlich keine Spur von uns geben. Aber die Kameras der ferngesteuerten Forschungs-Unterwasserfahrzeuge, der ROV, zeigen etwas anderes: Der Zivilisationsmüll ist schon da.

So tauchten im Scheinwerferlicht des *ROV Victor 6 000*, eines ferngesteuerten Tauchfahrzeugs des französischen Meeresforschungsinstituts Ifremer, nicht nur Seegurken und Haarsterne auf, sondern sogar eine Chipstüte mit chinesischen Schriftzeichen, »Made in Hongkong«. Darin steckten noch ein paar gesalzene Kartoffelchips. Diese Tüte ist für François Galgani mehr als ein Souvenir für seine Sammlung erstaunlicher Gegenstände vom Tiefseeboden. Der Meeresbiologe er-

MÖGEN SIE KLÄRSCHLAMM?

Jahrzehntelang hat die Stadt New York (und nicht nur sie) ihren Klärschlamm per Schiff ins Meer verfrachten lassen. Bis 1992 hielt die Praxis an. Genügend Zeit also, dass die Forscher der Woods Hole Oceanographic Institution in Massachusetts herausfinden konnten, was mit den Resten menschlicher Fäkalien im Ozean geschieht: Die Abfälle aus der Abwasserreinigung werden gefressen, landen in der Nahrungskette, und zwar noch Hunderte Kilometer von New York entfernt. Isotopenanalysen von Tiefseewesen, mit denen man feststellen kann, was sie gerne fressen, zeigten, dass beispielsweise Seegurken den reich mit Organischem gespickten Schlamm als Himmelsgabe auffassten. Auch Seeigel sagen nicht Nein, ebenso wenig alle anderen, die feinen organischen Schlick aus dem Wasser filtern. Dann werden sie gefressen, und was sich in der Tiefseegurke an Schadstoffen angesammelt hat, wird vom Nächsten verdaut. Von Stufe zu Stufe reichern sich die Gifte an – und viele Speisefische stehen recht weit oben in der Nahrungskette ...

forscht am Ifremer in Issy-les-Moulineaux die Müllfracht der Meere: »Wir haben 1992 mit einem Experiment zur Erfassung des Mülls am Meeresboden begonnen und seitdem Dutzende von Forschungsfahrten entlang der Küsten Europas unternommen. Es ist beeindruckend, wie es in einigen Gebieten aussieht, etwa im Nordwesten des Mittelmeers, wo vielleicht 300 Millionen Stück Müll am Tiefseeboden liegen.« Selbst in der Framstraße dürften sich inzwischen 15 Millionen Stück Müll angesammelt haben, schätzt Galgani: Das meiste ist Plastik. Denn das ist nur anfangs leicht und schwimmt. Mit der Zeit siedeln sich Mikroorganismen darauf an, Algen oder kleine Schalentiere. So wird auch Plastik irgendwann zu schwer und sinkt. Die Strömungen verteilen alles bis in die entferntesten Winkel der Erde, fegen es sogar in Tiefseemüllkippen zusammen.

Dabei geht es um ungeheure Mengen. Jahr für Jahr werfen Schiffsbesatzungen trotz eines internationalen Verbots allein fünf Millionen Tonnen Plastikmüll über Bord. Dazu kommt, was Flüsse und starke Regenfälle mit sich schleppen, was Wind und Wellen von den Stränden und offenen Mülldeponien aufraffen, und vor allem das, was bei Stürmen an schlecht verzurrten und mit Plastik beladenen Containern von den zahllosen Schiffen verloren geht. Besonders »beliebt« bei den Meeresforschern sind dabei die kleinen bunten Pellets, aus denen Kunststoffe gefertigt werden. Sie sind für Lebewesen besonders

PLASTIK, PLASTIK, ÜBERALL PLASTIK

Der Gehalt an Mikroplastikmüll im Meer steigt schnell an, wie sich dank einer Idee des Plymouther Meeresbiologen Alistair Hardy beweisen lässt. Er hatte in den 1930er-Jahren Handelsschiffe auf den Nordatlantikrouten überredet, Planktonfallen hinter sich herzuschleppen, die wie gigantische Handtuchspender funktionieren: Ein langes Seidentuch wird über die Öffnung gezogen und filtert das Plankton aus dem Wasserstrom heraus. Jede Seidenrolle dokumentiert 500 Seemeilen – und sie sind heute eines der wertvollsten Archive der Ozeanografie überhaupt: Es zeigt, dass 1990 die Proben dreimal mehr Mikroplastik enthielten als die in den 1960er-Jahren.

Sir Alister Hardy (1896 – 1985) war ein Experte für Zooplankton. Das Bild zeigt ihn mit einem der ersten »Continuous Plankton Recorder«, einer kontinuierlich arbeitenden Planktonfalle.

teuflisch. Inzwischen stecken außerdem in Haushaltsreinigern oder Peelingcremes schonende Plastikkügelchen, die oft so klein sind, dass sie durch die Kläranlagen rutschen. Solche Kügelchen werden auch eingesetzt, um alte Farbe oder Überzüge von Flugzeugen oder Schiffen zu entfernen. Gibt man nicht acht, landen auch sie im Abwasser und irgendwann im Meer. Außerdem nagt an jeder Küste die Brandung den großen Kunststoff mit der Zeit klein: Im Lauf von Monaten und Jahren wird er zu feinstem Sand.

DER SIEGESZUG DES PLASTIKS

Kunststoffe werden seit den 1940er-Jahren hergestellt. Sie sind leicht, haltbar und billig, und es gibt sehr viel davon: Die Produktion ist von etwa fünf Millionen Tonnen im Jahr 1950 auf heute jährlich weit mehr als 200 Millionen Tonnen angewachsen. 40 Prozent dienen als Verpackungsmaterial und enden spätestens nach einem Jahr im Müll. Dazu kommen noch einmal so viele Einmalartikel aus Kunststoff, macht insgesamt 80 Prozent – bei einem Material, das Jahrhunderte oder Jahrtausende übersteht. Vor allem in der Tiefsee könnte Plastik sogar ewig halten. Dort unten ist es kalt, es gibt kein Licht, wenig Sauerstoff, und die Zerfallsprozesse laufen anders ab als an Land. Sogenannter »biologisch abbaubarer Kunststoff« zersetzt sich dort bei Temperaturen um –1 bis +4 Grad Celsius nicht: Selbst an Land brauchen viele dieser Kunststoffsorten um die 40 Grad, um sich zu zersetzen.

Nach einer Studie des UN-Umweltprogramms UNEP treiben von Pol zu Pol mittlerweile auf jedem Quadratkilometer Meeresoberfläche 18 000 große Plastikteile: Vom Äquator bis zu den Polen – überall schwimmt Plastik.

Ob groß oder klein, der Müll gelangt in die Nahrungskette, und zwar nicht nur, weil Meeresschildkröten Plastiktüten oder Kinderballons mit ihrer Leibspeise, den Quallen, verwechseln und grausam verenden. Oder weil sich Robben in den Verpackungen von Sixpacks verfangen und qualvoll sterben. Oder weil Vogeleltern ihre Jungen mit Plastikmüll füttern, im Glauben, es seien Fische. Die Kleinen verhungern dann bei vollem Magen.

Kunststoff ist in allen Größen heimtückisch, aber besonders, wenn er fein zermahlen ist. In manchen Regionen kann ungeheuer viel Mikroplastik im Wasser treiben. So hat sich in den pazifischen Rossbreiten ein Müllwirbel gebildet, der größer ist als Zentraleuropa und in dem es mehr feine Kunststoffkörnchen gibt als Plankton. Kein Wunder also, dass sie gefressen werden. Ist Plastik erst einmal puderfein zermahlen, wird seine Oberfläche unglaublich groß. So groß, dass Zusätze wie Flammschutzmittel, Weichmacher oder antimikrobielle Substanzen, die bei der Produktion der Kügelchen zugefügt worden sind, freigesetzt werden können. Außerdem saugt Mikroplastik Chemikalien aus dem Meerwasser auf wie ein Schwamm – und Gifte wie DDT, Dioxine und PCB dümpeln ja reichlich darin. An den Oberflächen des Plastikmülls liegen ihre Konzentrationen tausendmal höher als im Meerwasser.

DIE PILLE FÜR DEN FISCH

Auch die von Menschen ausgeschiedenen Medikamente passieren die Klärwerke und legen sich wie ein Band um die Küsten. Medikamente wurden dafür entwickelt, bereits in geringsten Konzentrationen zu wirken, sodass sie im Meer Schaden anrichten können. Fische, die durch die Antibabypille beiderlei Geschlecht haben, sind nur die Spitze des Eisbergs. Selbst Beruhigungsmittel oder Antidepressiva wie Prozac sind in Fischen nachgewiesen worden. Auch solche Stoffe können über die Nahrungskette in die Tiefsee gelangen.

Richard Thompson von der University of Plymouth hat sich im Labor angeschaut, was mit den winzigen Plastikpartikeln passiert. Die kleinsten sind feiner als der Durchmesser eines menschlichen Haars – und sie werden offensichtlich von Muscheln, Krebschen und Würmern sehr gerne gefressen. Im Experiment stürzten sich die Wattwürmer und Entenmuscheln regelrecht auf die mundgerechten Plastikhäppchen. Für Richard Thompson war das umso erschreckender, als die von ihm getesteten Organismen unten in der Nahrungskette stehen. Waren die Bissen zu groß, blieben sie im Verdauungstrakt stecken und verstopften ihn ebenso wie der große Kunststoffabfall den der Schildkröten und Vögel, die daran verhungern können, weil kein Platz mehr da ist für wirkliche Nahrung. Waren die Teilchen klein genug, passierten sie den Verdauungstrakt unverändert – aber wohl nur scheinbar. »Wir haben Mikroplastikmüll, der mit Schadstoffen beladen war, im Laborexperiment den Bedingungen ausgesetzt, der im Verdauungstrakt der Wattwürmer herrscht. Und tatsächlich wurden die Schadstoffe freigesetzt. Schon kleine Mengen an Plastik erhöhen die Schadstoffbelastung eines Wattwurms also erheblich«, so Thompson. Was für den Wurm gilt, gilt wahrscheinlich auch für die Planktonkrebschen, die nachts von den Wanderern aus der Tiefsee gefressen werden – und wohl auch für die Seelilie, der in der Tiefsee ein bisschen Plastikmüll in die Tentakel getrieben wird …

Wenn Meere sauer werden

Nicht nur Chemikalien bedrohen die Meere bis zum Grund, auch der Klimawandel. Durch Erwärmung können sich Nahrungssysteme verändern, ebenso Strömungen. Noch nicht einmal der mächtige Golfstrom scheint vollkommen gefeit. Dabei sind diese Meeresströmungen die wohl wichtigste Verbindung der lichten Lebensräume oben mit den finsteren Lebensräumen unten. Sie versorgen selbst die entlegensten Winkel der Ozeane mit Nährstoffen und vor allem mit Sauerstoff. Ohne sie sähe die Tiefsee überall aus wie das Schwarze Meer, wo es unterhalb von 200 Metern keinen Sauerstoff mehr gibt und nur noch Bakterienmatten eine bizarre Welt aufbauen.

Aber das Kohlendioxid wirkt auch ganz direkt. Denn mehr Kohlendioxid in der Atmosphäre bedeutet nicht nur, dass sich die Erde aufheizt. Vielmehr löst sich auch ein beträchtlicher Teil im Meerwasser. Das bremst zwar den Treibhauseffekt und damit die Erwärmung, aber es entsteht dabei Kohlensäure – die Meere werden saurer. Selbst wenn der Mensch den Klimawandel durch drastisches Kohlendioxidsparen in den Griff bekommt und den schlimmsten Temperaturanstieg verhindern kann, den Preis der Meeresversauerung wird er auf jeden Fall zahlen müssen. Das Ausmaß der Veränderung lässt sich einfach vorhersagen, es ist reine Chemie: 2100 werden die Ozeane so sauer sein, wie sie es das letzte Mal beim Aussterben der Saurier waren.

Nicht so leicht vorhersagen lässt sich, wie die Tiere und Pflanzen darauf reagieren. Deshalb schwimmen während des Sommers im dunklen Wasser des norwegischen Raune-Fjords südlich von Bergen seltsame Behälter: jeweils zehn Meter lang, zwei Meter breit, mit einer hohen, lichtdurchlässigen Haube bedeckt. In diesen überdimensionierten Reagenzgläsern stecken Modellökosysteme: 27 Kubikmeter Zukunftsozean, erklärt der Kieler Meeresbiologe Ulf Riebesell vom Leibniz-Institut für Meereswissenschaften IFM GEOMAR, der in den Modellwelten Plankton auf eine chemische Zeitreise schickt – und zwar ins Jahr 2100 und ins Jahr 2150.

Je nachdem, woraus die Planktonwesen bestehen, reagieren sie sehr unterschiedlich auf das, was mit ihnen geschieht. Wer Kalk für seinen Körperaufbau braucht, dem geht es schlecht. Die wunderbar symmetrischen Kalkalgen *(Coccohithophoridae)* beispielsweise verlieren ihre Form. In den Laborversuchen sehen sie nicht mehr aus wie kleine Kunstwerke, sondern gleichen eher gerupften Wollbällen. Ob sie in dieser Verfassung fit sind fürs Überleben, ist fraglich.

Abb. rechts: Victor 6000 *ist ein ferngelenktes Tauchfahrzeug des französischen Meeresforschungsinstituts Ifremer, das noch in einer Tiefe von 6000 Metern arbeiten kann.*

Auch Muschellarven bekommt die Säure schlecht. Sie reagieren sehr empfindlich auf Veränderungen in der Chemie und verschwinden zunehmend mit steigendem Kohlendioxidgehalt. Fischlarven brauchen Kalk für den Aufbau ihrer Otolithen, der Gehörsteine der Fische. Ist das Meer zu sauer, funktioniert das nicht – und die Larvenentwicklung wird gestört. Wenn der Mensch so weitermacht wie bisher, könnten Fische in 50 bis 70 Jahren nicht mehr erwachsen werden und damit keine Nachkommen mehr zeugen, fürchten manche Forscher.

Wer keinen Kalk für seinen Körper braucht, dem macht die Meeresversauerung nichts aus, jedenfalls nicht in den Riebesell'schen Zukunftsozeanen. Im Gegenteil. Diatomeen, also kieselige Algen, die auf Siliziumdioxid setzen, haben sogar einen Vorteil davon. Sie können das viele Kohlendioxid nutzen und ihre Fotosynthese ankurbeln: Bis zu 40 Prozent mehr Kohlenstoff zogen sie für ihre Biomasse aus der Luft heraus. Auch die Bakterien gediehen.

Die künstlichen Welten des Ulf Riebesell zeigen aber auch, dass sich die Auswirkungen der sauren Meere in die Nahrungskette hinein fortsetzen. Selbst wenn die Diatomeen unter den neuen Bedingungen schneller wachsen, den Krebsen, die mit diesem »Fast Food« gefüttert werden, bekommen sie nicht gut. Sie wachsen langsamer und haben weniger Nachkommen – und damit hätten all die Meeresbewohner weniger zu fressen, bei denen die Krebse auf dem Speisezettel stehen.

victor

LEBEN IM CHAMPAGNER

Der Vulkan Eifuku im Marianenbogen ist ein natürliches Labor für die Ozeane der Zukunft, denn an seinen Flanken strömt aus der »Champagner-Quelle« flüssiges Kohlendioxid. Langsam, wie Gelee, löst es sich in 1600 Metern Tiefe aus dem Meeresboden und macht das normalerweise leicht basische Meerwasser saurer. Eigentlich sollten in einer solchen Umgebung Lebewesen mit Kalkschalen nicht überleben, weil sie sich auflösen. Trotzdem gibt es Muscheln, und zwar *Bathymodiolus brevior*. Sie leben an der Champagner-Quelle genau dort, wo dicke Strahlen von flüssigem Kohlendioxid aus der Erde strömen, dicht an dicht in riesigen Kolonien. Allerdings ist es eine Versammlung von Senioren. Anscheinend ist die Fortpflanzung unter diesen Bedingungen so schwierig, dass sie vielleicht nur gelingt, wenn der Kohlendioxidfluss aus der Quelle nachlässt. Was auch nicht zu finden ist, sind leere Muschelschalen. Die Tiere produzieren, solange sie leben, einen schützenden Überzug, der sie vor dem Säureangriff bewahrt. Sobald sie sterben, löst sich der Überzug auf – und mit ihm die Schale.

Bathymodiolus-Muscheln, die an einem normalen Black Smoker leben, erzeugen zwar auch diese Hülle um ihre Schalen, aber diese hat durchaus Lücken. An der Champagner-Quelle können sie sich kein Loch erlauben. Außerdem wächst *Bathymodiolus* hier nur halb so schnell wie anderswo, ihre Schalen sind papierdünn, manchmal sogar durchsichtig. Dass die Muschel trotzdem in Massen vorkommt, hat vermutlich zwei Gründe: Zum Ersten lieben die symbiontischen Bakterien, mit denen sie zusammenlebt, diese Wasserchemie und liefern der Muschel reichlich Zucker als Nahrung. Zum Zweiten fehlen die räuberischen Krabben, die *Bathymodiolus* sonst verfolgen. Warum, ist unklar, denn andere, nicht jagende Krabben leben hier durchaus.

Die Überlebenstricks von *Bathymodiolus brevior* sind ausgefeilt, und sie hat wohl sehr viel Zeit gebraucht, um sich daran zu gewöhnen. Die Meeresversauerung durch den menschengemachten Kohlendioxidausstoß wird schnell gehen, und schon heute gibt es in den Küstengewässern Anzeichen dafür, dass Organismen wie Korallen oder das Zooplankton mit Kalkschalen durch die Veränderungen im pH-Wert beeinträchtigt sind – und in einem normalen Ökosystem gibt es immer Räuber. Lebewesen mit schwachen Schalen haben keine Chance. Für die Zukunftsozeane ab 2050 bedeuten die Muschelpflaster an der Champagner-Quelle also keine Entwarnung.

Auch die Fischlarven sind nicht nur für die Erhaltung der eigenen Art wichtig, sondern ein bedeutender Teil der Nahrungskette. Ebenso die Larven der Muscheln oder die Kalkalgen. Wer von ihnen abhängt, wird sein Menü ändern müssen oder verschwinden. »In den Zukunftsozeanen werden wohl viele Gruppen von Organismen nicht mehr konkurrenzfähig sein«, erklärt Ulf Riebesell, »das heißt, sie werden möglicherweise aus der Nahrungskette herausbrechen, und es werden Lücken entstehen. Die Frage ist, ob die ökologischen Nischen, die sich dann auftun, mit anderen Organismen gefüllt werden oder ob sie offen bleiben.« Das weiß noch niemand.

Ulf Riebesell fürchtet, dass es die Tiefwasserriffe als Erste treffen wird. Sie wachsen ohnehin in Bereichen, in denen das Wasser nicht mehr sehr viel saurer werden dürfte, wenn sich die Polypenskelette nicht auflösen sollen. Laborversuche haben gezeigt, dass Korallenpolypen zwar überleben, wenn ihr Kalkskelett weggeätzt wird, aber sie sind dann sehr empfindlich, und viele sterben – und sei es, weil sie gefressen werden.

Im Lauf der Erdgeschichte war der Kohlendioxidgehalt in der Luft oft höher als heute – und den Meeren ging es trotzdem gut: Denn alles war im Gleichgewicht. Etwa vor 100 Millionen Jahren. Damals waren die Vulkane sehr viel aktiver als derzeit, es war sehr viel wärmer, und der natürliche Kohlendioxidgehalt in der Luft lag höher. Dieses Kohlendioxid löste sich natürlich im Oberflächenwasser der Ozeane – aber auch im Regenwasser. Deshalb wurde nicht nur das Meer sauer, sondern auch der Regen. Der griff die Steine stärker an, kurbelte die Verwitterung an, die viel Kalk aus den Steinen löste. Dieser gelöste Kalk landete über viele Stationen im Meer und brachte das System wieder ins Lot. Im Prinzip ist es also kein Problem, wenn der Kohlendioxidgehalt ansteigt – solange der Anstieg langsam läuft. Über Zehntausende oder Hunderttausende von Jahren gesehen können sich die Meereschemie und die Organismen darauf einstellen. Aber heute läuft der Kohlendioxidausstoß um den Faktor 50 schneller, als es natürliche Quellen wie Vulkane oder hydrothermale Quellen zu normalen Zeiten schaffen.

Das System steht sozusagen auf der Turbostufe. Auch so etwas ist schon einmal passiert, nämlich vor 55 Millionen Jahren. Damals begann sich der Nordatlantik zu öffnen, und dieses Ereignis war von einem höchst intensiven Vulkanismus begleitet, gegen den jeder Ausbruch seit Menschengedenken nur wie ein Streichholzfunken wirkt. Es wurden so große Mengen an Kohlendioxid freigesetzt, dass die Meere sehr sauer wurden und der Treibhauseffekt aus dem Ruder zu laufen begann. Das ohnehin schon sehr warme Klima verwandelte sich in einen Backofen. Nachdem sie die Steine aus dieser Zeit analysiert haben, vermuten die Geologen, dass dadurch die Gashydrate in den Meeressedimenten schmolzen. Unmengen an Methan wurden freigesetzt und fachten den Klimawandel erst recht an, schließlich ist Methan als Treibhausgas 25-mal wirksamer als Kohlendioxid. Das trieb die Wassertemperaturen nach oben, und noch mehr Methaneis löste sich auf – ein Teufelskreis setzte ein. Gleichzeitig lebt Methan in der Atmosphäre nicht lange, innerhalb von 1 000 Jahren zerfällt es – unter anderem zu Kohlendioxid, das die Meere wiederum noch saurer macht ... Das Ergebnis: Vor 55 Millionen Jahren kippten die Ozeane um. Weite Bereiche wurden unbewohnbar, ein Massenaussterben setzte ein – und in der Arktis badeten die Krokodile.

Erstickte Tiefsee

Die größte akute Bedrohung der Tiefsee ist jedoch die Überdüngung durch die Intensivlandwirtschaft. Dadurch gelangen überreichlich Nährstoffe ins Meer, Stickstoff und Co. finden ihren Weg über das Grundwasser und über Flüsse auch in die Meere. Die Folge sind Algenblüten, die nach ihrem Absterben den Sauerstoffgehalt im Wasser sinken lassen: Er wird bei ihrer Zersetzung aufgebraucht. Dass dies in Seen schnell katastrophal werden kann, ist bekannt, aber inzwischen wachsen auch in den Ozeanen die »Sauerstoffmangelgebiete«. Zunächst sterben die Bodenlebewesen, später die Fische, die im freien Wasser schwimmen – und dann ist das Gebiet biologisch tot.

Entdeckt wurden solche Todeszonen in den 1930er-Jahren in der Ostsee. Die Ostsee ist ein flaches Binnenmeer und leidet deshalb ohnehin unter Sauerstoffmangel. Aber in den 1960er-Jahren weitete sich das Problem aus – genau zu der Zeit, als der Einsatz von Düngemitteln in der Landwirtschaft rasant zunahm. Was den Menschen volle Teller bescherte, schadete den Meeren. 1995 waren 305 Meeresregionen von Sauerstoffarmut betroffen, 2009 waren es über 400, darunter auch so prominente Gebiete wie das Kattegat vor Norwegen. Auf einer Fläche, die etwa zwei Dritteln Deutschlands entspricht, fühlen sich nur noch Bakterien wohl. Auch der Mississippi schleppt aus halb Nordamerika so viel Dünger in den Golf von Mexiko, dass Jahr für Jahr Todeszonen entstehen, die Tausende von Quadratkilometern groß werden.

Wo sich die sauerstofflosen Zonen ausbreiten, sieht es wieder aus wie vor Jahrmilliarden, als es noch keine Tiere gab – oder wie in den Tiefen des Schwarzen Meeres, wo im sauerstofffreien Wasser nur Bakterienriffe wachsen. Vielleicht schwebt in den Tiefen eines solchen Ozeans auch der eine oder andere Vampirtintenfisch – denn er braucht nur wenig Sauerstoff und hat schon viele schlechte Zeiten in der Tiefsee überstanden …

Forscher des Monterey Bay Research Institute haben in einem ihrer Beobachtungsgebiete festgestellt, dass sich dort seit 1989 die Zahl der Grenadierfische verdoppelt hat. Die Ursache vermuten sie in den Effekten des Klimawandels und der kommerziellen Fischerei in der Region.

Von all dem ahnte man damals noch nichts, als die *Challenger* sich auf die Heimreise machte. Bis zur Erfindung des Plastiks war es noch lange hin, und ehe man bemerkte, dass es einen Treibhauseffekt gibt, sollten noch fast 100 Jahre vergehen. Für das Schiff war Tahiti die nächste Station, von dort aus ging es in Richtung Valparaiso. Das Wetter schien vielversprechend: Es sah aus, als käme man schnell vorwärts – doch der Wind legte sich wieder. Glücklicherweise dauerte die Windstille diesmal nur zwölf Tage. Dann sahen sie vor sich die chilenische Insel Juan Fernández – die Robinson-Crusoe-Insel. Moseley war begeistert: »Mit der größten Spannung näherten wir uns dem Schauplatz, an dem Alexander Selkirk so einsam und voller Härte gelebt hat. Für viele von uns war diese Insel mehr oder weniger der Grund, aus dem wir diese Expedition begonnen haben. Ich jedenfalls spürte beim Lesen von *Robinson Crusoe* zum ersten Mal den Wunsch, zur See zu fahren, und Darwins Reisebeschreibungen machten die Sache dann perfekt.«

Am Tag der Ankunft sah die Insel wild aus, abweisend mit steilen Basaltfelsen und Wolken, die die höchsten Spitzen verhüllten: »Bislang habe ich Selkirk nicht genügend bemitleidet, weil ich mir vorgestellt habe, auch die reale Insel sei wie die von Dafoe, tropisch und reich«, schrieb Lord Campbell. Das Bemitleiden holte er nun nach. Aber nur bis zum nächsten Morgen. Dann glänzte Sonne auf dem Meer,

Tomopteris species
Größe: wenige mm bis 30 cm
Tiefe: 0–4000 m
Wird Tomopteris *gestört, sondern diese Würmer eine leuchtende Flüssigkeit ab. Bei* Tomopteris nisseni *ist sie gelblich: warum, ist ein Rätsel, denn gut sichtbar ist gelb in der Tiefsee nicht. Dort unten ist eigentlich Blau die Farbe der Abschreckung.*

Schwärme von Seevögeln schossen über die Felsen und das Wasser dahin – schöner als Tahiti, dachte Campbell nun. Er war glücklich.

Schon am 15. November 1875 verließen sie die Insel. Kapitän Frank Thurle Thomson, der sich übrigens als sympathischer Mensch und fähiger Kapitän entpuppt hatte, ließ Wein ausschenken, um an den dritten Jahrestag ihres offiziellen Auftrags zu erinnern. Am 7. Dezember erreichten sie das chilenische Valparaiso. Dort warteten auf zwei Crewmitglieder neue Befehle: Leutnant A. F. Balfour und Leutnant Lord George Campbell. Beide waren zum Oberleutnant befördert worden und verließen die *Challenger* Anfang Dezember 1875, um nach Montevideo auf der anderen Seite des Kontinents zu reisen, und zwar über Land, sodass sie die Anden erleben sollten und die Pampas – etwas, das sich Campbell schon immer gewünscht hatte.

Am 11. Dezember lichtete die *Challenger* in Valparaiso die Anker. Unter Dampf verließ sie bei Morgengrauen den Hafen und stoppte, um den Kompass zu kalibrieren. Bis Januar 1876 erkundete die Mannschaft die Fjorde um die Halbinsel Tres Montes herum und weiter südlich den Messier- und den Sarmiento-Kanal, bevor sie sich in die Magellanstraße aufmachte, um das notorisch schlechte Wetter der westpatagonischen Küste zu vermeiden. Um sie herum erhoben sich die Anden – und die südlichsten Ausläufer des Feuerrings, dem sie nun schon so lange folgten. Es ging zurück in den Atlantik.

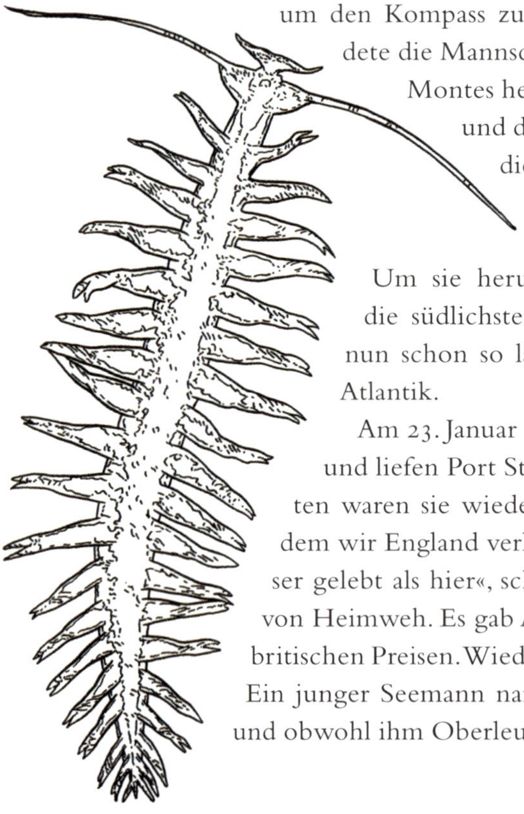

Am 23. Januar 1876 erreichten sie die Falklandinseln und liefen Port Stanley an: Zum ersten Mal seit Monaten waren sie wieder in einer britischen Kolonie. »Seitdem wir England verlassen haben, haben wir nirgends besser gelebt als hier«, schrieb Joseph Matkin, wohl getrieben von Heimweh. Es gab Ale und Portwein, und alles zu guten, britischen Preisen. Wieder sorgte der Alkohol für einen Toten. Ein junger Seemann namens Thomas Bush fiel über Bord – und obwohl ihm Oberleutnant Carpenter hinterhersprang und

ihn herausholte, konnte der Schiffsarzt ihn nicht retten. Nach einer Stunde Wiederbelebung gab man auf und erklärte ihn für tot, schrieb Matkin. Die Trauer hielt erneut Einzug an Bord. Bush war beliebt gewesen und hatte nach der Heimkehr heiraten wollen.

In Montevideo, der Hauptstadt Uruguays, wo man wenige Tage später ankerte, verließ Navigations-Unteroffizier Herbert Swire das Schiff. Er war seit Tahiti schwer krank, und man schickte ihn mit dem Postschiff *Douro* nach Hause. Die *Challenger* hingegen fuhr nach Norden, über Ascension Island ging es zu den Kapverden, von wo aus sie wieder dem Mittelatlantischen Rücken folgte. Mitte Mai passierte sie die Azoren. Das Wetter war schlecht, also entschied man sich, im portugiesischen Vigo Kohle an Bord zu nehmen. Der Stopp wurde so kurz wie möglich gehalten. Alle wollten heim – trotz des wieder einmal schlechten Wetters. Am Abend des 23. Mai 1876 sichtete man die Lichter des bretonischen Kaps Ushant, am nächsten Morgen den Nebel, der die britische Küste verdeckte. Um 9 Uhr legte die *Challenger* an – sie waren zu Hause. Endlich.

Was danach geschah

Zurück in England, kehrten die Wissenschaftler an ihre Institute zurück. Proben wurden an die besten Spezialisten rund um die Erde verteilt. Die Auswertungsarbeit lief auf Hochtouren. Ein extra in Edinburgh eingerichtetes Büro koordinierte alle Aktivitäten. Die ersten Berichte wurden verfasst. Da erkrankte Charles Wyville Thomson schwer, musste seine Position als leitender Wissenschaftler aufgeben. Er starb an Erschöpfung am 10. März 1882, noch bevor der erste Band des offiziellen Berichts veröffentlicht werden konnte.

Seinen Platz in Edinburgh übernahm John Murray. Er sollte nun zur Seele dieser Phase der *Challenger*-Expedition werden. Bis 1895 brachte er 50 Bände heraus. Dabei zahlte er einen beträchtlichen Teil der Arbeiten aus eigener Tasche, weil das Finanzministerium das Projekt nicht bis zum Ende finanzieren wollte. Die Entscheidung mag ihm leichtgefallen sein, denn er verdankte sein großes Vermögen eben dieser

Expedition. Nachdem ihm in Südostasien reiche Phosphatvorkommen aufgefallen waren, hatte er auf den Weihnachtsinseln eine Firma zur Produktion von Düngemitteln gegründet. John Murray starb 1914 in der Nähe von Edinburgh durch einen Autounfall.

Henry Nottidge Moseley kehrte zunächst an sein altes College nach Oxford zurück, wo er seine Daten aufarbeitete und sich vor allem mit den evolutionären Aspekten beschäftigte. 1879 wurde er zum Mitglied der Royal Society berufen, die höchste Ehre für einen britischen Wissenschaftler. 1881 trat er eine Zoologieprofessur an der University of Oxford an, wo er sich der Anthropologie zuwandte. Depressionen und Kopfschmerzen machten ihm das Leben jedoch unerträglich. Am 10. November 1891, bevor der letzte Band des *Challenger*-Berichts geschrieben worden war, starb er an einer Bronchitis. Henry Nottidge Moseley wurde 47 Jahre alt.

John Young Buchanan kehrte nach Edinburgh zurück, wo er ein privates Labor gründete. Später begleitete er Prinz Albert I. von Monaco auf seinen ozeanografischen Expeditionen. Buchanan sollte erst mit 82 Jahren sterben, als letzter Überlebender der Wissenschaftscrew an Bord.

Kapitän George Nares übernahm das Kommando über die britische Arktis-Expedition 1875/76. 18 Monate war er unterwegs und erreichte mit der *HMS Alert* den nördlichsten Punkt, an dem bis dato jemals ein Mensch gewesen war. Dann zwangen ihn Skorbut und die mangelhafte Ausrüstung zur Umkehr. Nares erhielt zahlreiche Ehrungen, wurde unter anderem nach seiner Rückkehr aus der Arktis geadelt. Als er 1892 in den Ruhestand ging, bekleidete er den Rang eines Vizeadmirals. Er starb am 15. Januar 1915.

Die Briefe Joseph Matkins wurden der Scripps Institution of Oceanography übergeben und schließlich veröffentlicht. Zurück in England, verließ er die Marine und arbeitete als Beamter in London. 1880 heiratete er Mary Swift. Das Paar bekam sechs Söhne. 1894 ging der damals 41-jährige Matkin in Pension und kehrte mit seiner Familie an seinen Geburtsort Oakham zurück. 1914 zog er nach seiner Scheidung wieder nach London, wo er 1927 an den Folgen eines Autounfalls starb.

Lord George Granville Campbell verließ die Royal Navy als Leutnant und heiratete Sybil Lascelle Alexander. 1915 starb er im Alter von 64 Jahren.

Navigationsoffizier Herbert Swire überstand die Krankheit, die ihn in Tahiti befallen hatte. Von Südamerika aus kehrte er nach Southampton zurück, sodass er sechs Wochen vor der *Challenger* zu Hause war. Herbert Swire sollte der letzte Überlebende der *Challenger*-Mannschaft sein. Er starb 1934.

Kronenqualle
Periphylla periphylla
Größe: bis zu 100 cm
Tiefe: 0–7000 m
Dies ist die wohl am weitesten verbreitete Tiefseequalle der Welt – und wenn die Bedingungen für sie günstig sind, wie in manchen norwegischen Fjorden, kann sie auch flache Lebensräume erobern und den Fischen den Garaus machen. Das Ökosystem bleibt zerstört zurück und scheint sich auch nicht mehr zu erholen.

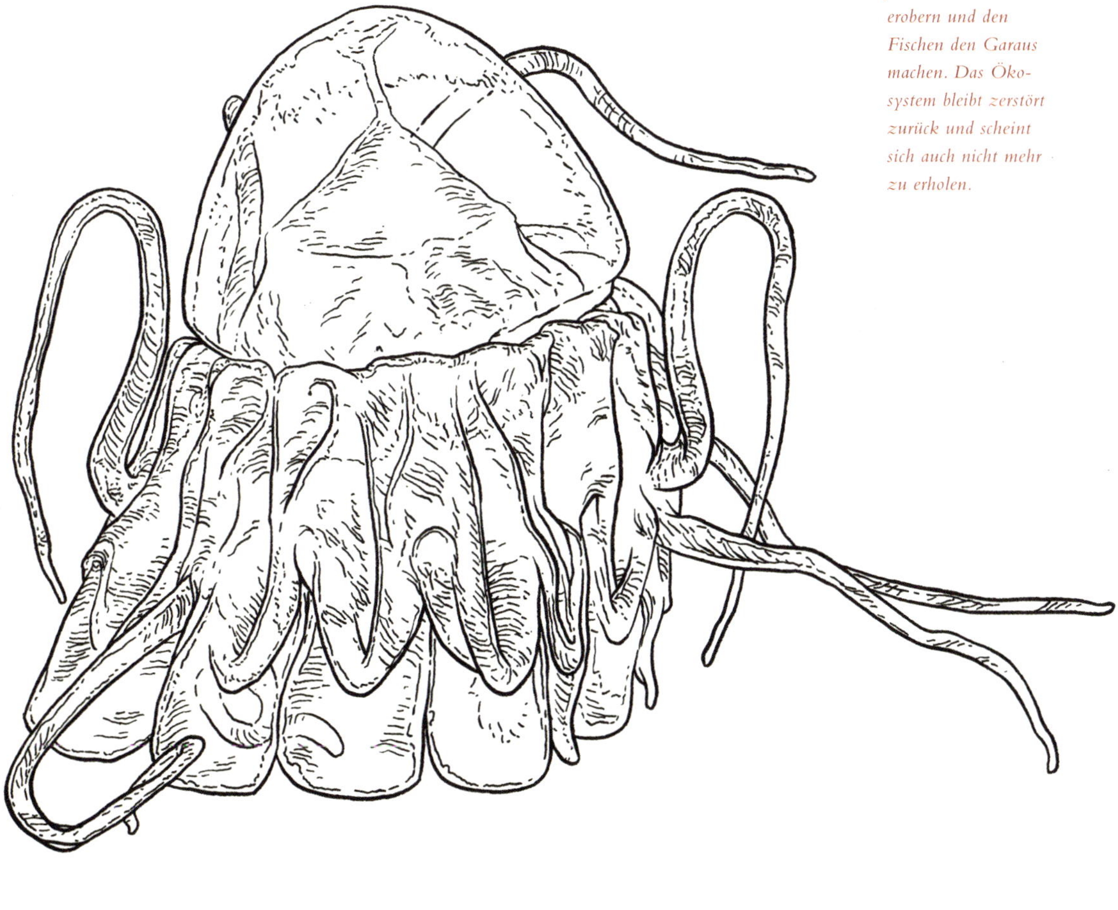

Epilog

Zeiten des Wandels

Bewertet man die *Challenger*-Expedition rückblickend, so hat sich die Mühsal gelohnt, auch wenn Mannschaft und Wissenschaftler oft über die harte, eintönige Arbeit geflucht haben. Wie viel diese Reise alle an Bord gekostet hatte, zeigt die Zahl der Desertionen. Rund ein Viertel der 269 Mann Besatzung stahl sich während der dreieinhalb Jahre davon, wurde lieber kriminell, als länger zu bleiben. Diese Männer hatten es in der Enge der überfüllten *Challenger* nicht mehr ausgehalten, waren zermürbt angesichts der endlosen unsichtbaren Schlammweiten, die sie wieder und wieder ausmaßen und beprobten, waren demoralisiert, wenn einer von ihnen wegen ein paar Steinen starb. Es muss schreckliche Stunden an Bord gegeben haben, voller Angst und voller Heimweh. Aber auch Abenteuer und glückliche Stunden, wenn sie erlebten, was nur wenigen vergönnt ist. Deshalb wohl blieben die meisten.

Alle an Bord der *Challenger*, die Mannschaft und die Wissenschaftler, legten damals den Grundstein für die moderne Ozeanografie: Ihre

Expedition gehört immer noch zu den großartigsten Unternehmungen, die je durchgeführt worden sind. Bis heute gibt es Meeresgebiete, die seit dem Besuch der *Challenger* nie wieder Ziel einer ausführlichen Forschungsfahrt waren, etwa der Mittelozeanische Rücken im Südatlantik.

Was die Forscher trotz ihrer beschränkten Mittel herausfanden, ist großartig – und mehr als einmal veränderten sie die Glaubensströmungen in der Wissenschaft ihrer Zeit. Seitdem ist das Meeresforschern immer wieder gelungen, etwa 1977 mit der Entdeckung der Black Smoker. Sie kippte das Dogma, dass alles Leben auf der Erde von der Sonne abhängt. Die Forscher der *Challenger* machten Schluss mit dem Glauben, dass die Tiefsee unbewohnbar sei.

Seit damals sind durch den technischen Fortschritt bei den Erkundungsmethoden unsere Erkenntnisse über die Meere förmlich »explodiert«, obwohl wir lange Zeit mehr über den Mars wussten oder die Rückseite des Mondes als über den größten Lebensraum der Erde, die Tiefsee. Und es stimmt auch, dass unser Wissen bis heute sehr lückenhaft ist. Aber wir beginnen zu erkennen.

Dabei steckt die Tiefsee immer noch voller Geheimnisse, die ganze Forschergenerationen beschäftigen werden. Allerdings ist die Arbeit an Bord inzwischen längst nicht mehr so hart wie im 19. Jahrhundert, und sie fordert auch nicht mehr so viele persönliche Opfer. Moderne Expeditionen sind sehr viel spezialisierter und kürzer – und mit Internet und Skype halten die Crews via Satellit Kontakt mit der Heimat. Aber das Abenteuer Forschung lockt immer noch.

Allerdings müssen wir auf die Tiefsee achtgeben. Sie platzt zwar vor Leben, aber das war nicht immer so. Das bunte Netzwerk aus zahllosen Biotopen ist geologisch gesehen jung, bringt es nur auf ein paar Millionen Jahre. Im Lauf von Hunderten Millionen von Jahren Erdgeschichte ist den Meeren mehr als einmal der Sauerstoff ausgegangen – und dann konzentrierte sich das Leben höchstens noch auf die lichtdurchfluteten Zonen, wo das Plankton für Sauerstoff sorgte. Über den Weiten des Abyssals schwappte eine giftige, sauerstofflose Suppe, in der nur Bakterien waberten. Manchmal rührte ein Erdbeben samt Tsunami diese Brühe auf, tötete das Leben im Licht – und die Meere leerten sich. Massenaussterben hat es immer wieder gegeben. Die Ozeane sind nicht davor gefeit. Und auch jetzt gerade stehen die Weltmeere wieder unter Stress: Überfischung, Verschmutzung, Umweltzerstörung, Klimawandel, Meeresversauerung, sich abschwächende Ozeanströmungen ... Bedrohungen gibt es viele. Welche Folgen es für uns hätte, wenn die Tiefsee aus den Fugen geriete, ahnen wir noch nicht einmal. Es erscheint uns weit weg, aber das ist es mit Sicherheit nicht. Sorgen wir dafür, dass Menschen auch in 100 Jahren noch aufbrechen können, um mit der Tiefsee einen der faszinierendsten Lebensräume der Erde zu erforschen.

Glossar

Bathyskaph steht für Tiefsee-U-Boot. Der Begriff wurde von Auguste Piccard geprägt, und zwar aus den beiden griechischen Wörtern *bathos* (Tiefe) und *skaphos* (Schiff). Mit dem Bathyskaph *Trieste* erreichte Auguste Piccards Sohn Jacques am 23. Januar 1960 den tiefsten Punkt der Welt: die Challengertiefe im Marianengraben. Bis heute hat das niemand den beiden nachgemacht, nur der mittlerweile verloren gegangene japanische Tauchroboter Kaiko ist noch einmal bis dort unten hin vorgedrungen.

Das **Benthal** ist der Bereich des Meeresbodens. Er ist in Zonen unterteilt:
Das **Bathyal** (*bathys* – tief) ist der Bereich des Kontinentalabhangs, wo der Meeresboden vom flachen Kontinentalschelf bis zur Tiefseeebene absinkt, also etwa der Bereich zwischen 200 Metern und 2 000 bis 3 000 Metern Wassertiefe.
Dann folgen die Ebenen des **Abyssals** (*Abyssus* – grundlose Tiefe). Das sind die Tiefseebecken, die bis etwa 6 000 Meter hinabreichen.
Darunter beginnt die **Hadalzone** (*hades* – Unterwelt), die auch die Tiefseegräben umfasst.

Als **Cirren** bezeichnet man die Körperanhänge verschiedener Tiere, darunter auch von Tiefseekraken. Charakteristisch für die **Cirrentragenden Kraken** *(Cirroctopoda)*, zu denen unter anderen *Grimpotheutis* und *Stauroteuthis* gehören, sind die Flossen am Hinterende des Körpers, die diesen Tieren den Spitznamen »Dumbo-Kraken« eingebracht haben. Außerdem sind ihre Arme nicht nur mit einer Reihe von Saugnäpfen besetzt, sondern auch mit zwei Reihen von Cirren. Die ältesten sicheren Vertreter der Cirroctopoda sind aus der Oberkreide bekannt, als noch Saurier über die Erde liefen.

Coccolithen sind winzige Plättchen aus Kalk, die die kugeligen, gallertartigen Körper der einzelligen **Coccolithophorida** umgeben. Coccolithophorida gehören zu den Haptophyten. Sie sind Kalkalgen, leben also von der Fotosynthese. Mehrfach traten diese Algen im Lauf der Erdgeschichte so häufig auf, dass sie sogar Gesteine aufbauten. Die weißen Kreidefelsen von Calais oder Dover bestehen zum großen Teil aus fossilen Coccolithen.

Diatomeen, Kieselalgen, gibt es seit der Trias (250–200 Jahre vor unserer Zeit). Sie sind Einzeller und scheiden um ihre Körper ein Gehäuse aus zelluloseartigem Material ab, dem außen ein Panzer aus Kieselsäure (Opal) aufgelagert ist.

Dieses Gehäuse besteht aus zwei Klappen, von denen eine wie ein Deckel über die andere greift. Die Schalen tragen oft kunstvolle Muster. Eigentlich sind sie zu schwer, sollten also untergehen. Um das zu verhindern, setzen die Diatomeen auf Öltröpfchen, die ihnen Auftrieb geben. Sie sind wichtige Bestandteile der Nahrungskette.

Eine **Dredsche** ist ein Netz, das an einem sehr schweren Rahmen befestigt ist und dann von einem Schiff über den Meeresboden gezogen wird, um Proben vom Untergrund und den Lebewesen zu nehmen.

FCKW steht für Fluorchlorkohlenwasserstoffe. Dabei handelt es sich um eine große Gruppe organischer Verbindungen, die unter anderem als Treibgase oder Kältemittel verwendet worden sind. FCKW sind zwar ungiftig, aber sehr gefährlich, weil sie den Ozonschutzschild der Erdatmosphäre zerstören.

Foraminiferen sind meist räuberische Tiere, die sich mit Gehäusen aus Kalk oder auch aus aneinandergeklebten Partikeln umgeben. Obwohl Foraminiferen manchmal mehrere Zentimeter groß werden, bestehen sie in ihrem Inneren immer aus einer Zelle. Ihre Gehäuse sind von vielen Poren und Öffnungen durchbrochen, aus denen sie für die Jagd klebrige, fadenförmige Zellfortsätze herausstrecken. Mit ihnen fangen sie ihre Beute, meist Bakterien und Algen, manche schrecken dabei selbst vor kleinen Krebsen oder Larven nicht zurück. Einige Foraminiferen beherbergen allerdings auch symbiontische Algen. Die meisten Foraminiferen leben im Meer, auch als Bestandteil des Planktons. An manchen Stellen sind sie so zahlreich, dass das Sediment des Meeresbodens zu einem großen Teil aus ihren Schalen besteht. Wie auch die Algen bilden sie einen wichtigen Teil der Nahrungskette im Ozean.

Mit der **Fotosynthese** schaffen es Pflanzen, Algen und auch einige Bakterien, Lichtenergie in chemische Energie umzuwandeln. Dazu benutzen sie lichtabsorbierende Farbstoffe, allen voran Chlorophyll. Das Kohlendioxid aus der Luft und Wasser werden mithilfe des Sonnenlichts in Traubenzucker und Sauerstoff umgewandelt. Diesen Sauerstoff setzt die Pflanze frei, und dann können wir ihn atmen. Eine ältere Version der Fotosynthese, die von einigen Bakterien betrieben wird, setzt Schwefelwasserstoff statt Wasser ein. Dabei wird kein Sauerstoff frei.

Gashydrate entstehen im Meeresboden, wo der Druck hoch und die Temperatur niedrig genug ist, damit Wasser und Gase wie Methan zu einer Art Schnee gefrieren, sobald genügend Gas vorhanden ist. Dann werden die Gasmoleküle in einem Gitter aus Wassermolekülen so »eingefangen«, dass ein Käfig aus mehreren Wassermolekülen ein Gasmolekül einschließt. Dieses Eis kann reichlich Gas speichern. Ein Kubikmeter Gashydrat enthält in etwa 164 Kubikmeter des entsprechenden Gases.

Guanin ist einer der vier Grundbausteine der DNA, wird aber auch in anderen biologisch wichtigen Molekülen eingesetzt.

Hotspot – siehe Plume

Kieselalgen – siehe Diatomeen

Konvektionszellen (Strömungszellen) sind eine Möglichkeit des Wärmetransports. Sie entstehen, wenn in beweglichen Massen genügend große Temperaturunterschiede auftreten, sei es in der Luft, in Flüssigkeiten oder auch in den durch Hitze und Druck beweglichen Gesteinen des Erdmantels. Werden beispielsweise Luftmassen erwärmt, dehnen sie sich aus, verlieren dabei an Dichte und erhalten so einen Auftrieb gegenüber der Umgebung. Sie beginnen aufzusteigen. Die kühleren Luftmassen sind hingegen dichter und schwerer. Sie sinken ab. Weil das nicht an ein und derselben Stelle geht, bewegt sich die Luft so lange zur Seite, bis sie die Auftriebskraft überwindet und nach unten sinken kann. Wenn sie über den Boden fließt, wird die kühle Luft dann wieder aufgeheizt, und der Kreislauf beginnt erneut: Eine Strömungszelle entsteht.

Nekton bezeichnet alle Tiere in den Ozeanen und Binnengewässern, die aktiv und unabhängig von der Strömung schwimmen können.

El Niño (spanisch – »das Christkind«) heißt ein Phänomen, dem peruanische Fischer seinen Namen gaben, weil etwa alle vier Jahre um die Weihnachtszeit die Fischschwärme ausblieben. Für die Fischer beginnt dann eine bedrohliche Flaute. Außerdem überziehen in solchen El-Niño-Jahren sintflutartige Niederschläge und Orkane das Land.
Normalerweise drückt der Passatwind die warmen Wassermassen an der Oberfläche des Ostpazifiks nach Westen und macht Platz für den kalten Humboldtstrom, der vor der Westküste Südamerikas aufsteigt. Sein nährstoffreiches Wasser lässt das Plankton gedeihen und lockt die Fische an. In einem El-Niño-Jahr »schlafen« im Oktober die Passatwinde ein, weil sich die Luftdrucksysteme verändern. Und sofort

flutet das im Westpazifik zusammengetriebene warme Oberflächenwasser zurück nach Osten und erreicht in der Weihnachtszeit die Küste von Südamerika. Das warme Wasser blockiert den Humboldtstrom. Er kann nicht mehr aufsteigen, seine Nährstoffe fehlen, das Plankton reagiert – und die Netze der Fischer bleiben leer.

Pelagial (nach griechisch *pélagos* – Meer) ist der Lebensraum des freien Wassers.
Das **Epipelagial** ist die mehr oder weniger lichtdurchflutete Zone des Meeres und reicht bis in eine Tiefe von 200 Metern. Hier sorgen Algen für die primäre Biomasseproduktion.
Das **Mesopelagial** erstreckt sich von 200 bis 1 000 Metern Tiefe. Es ist die Zwielichtzone und markiert den Beginn der lichtlosen Tiefsee. Je tiefer man kommt, desto mehr nimmt das blaue Dämmerlicht ab, das gerade noch eindringt.
Das **Bathypelagial** reicht von 1 000 bis zu 4 000 Metern Tiefe. Es ist absolut finster.
Das **Abyssopelagial** reicht von 4 000 bis 6 000 Metern Tiefe.
Das **Hadopelagial** ist die tiefste Zone und reicht von 6 000 Metern bis zum tiefsten Punkt im Ozean. Dort ist der Druck 1 100-mal höher als an der Wasseroberfläche.

Photophoren sind Organe, mit denen Lebewesen Licht erzeugen.

Unter **planetarischer Zirkulation** versteht man globale atmosphärische Zirkulationssysteme. Es sind Hoch- und Tiefdruckgürtel, die vor allem von der Sonnenenergie angetrieben werden. Sehr stark vereinfacht steigt in den Tropen warme Luft auf und fließt in Richtung Pole ab, während am Boden kühlere Luft zurückfließt. Die Erddrehung (Corioliskraft) lenkt die Luftmassen ab, wodurch auf jeder Halbkugel große Strömungszellen entstehen:
Die **innertropische Konvergenzzone** ist eine 100 Kilometer breite Tiefdruckrinne, die um den Äquator reicht. Sie entsteht, weil die Sonne über dem Äquator im Zenit steht, sodass sich hier die bodennahen Luftmassen am stärksten aufwärmen, aufsteigen und nach Norden und Süden abfließen.
Diese **Hadley-Zellen** liegen nördlich und südlich der innertropischen Konvergenzzone. Die Luft, die aus dem Äquatorialgebiet in großer Höhe abgeflossen ist, kühlt immer weiter ab und beginnt zu sinken. Der Luftdruck in Bodennähe erhöht sich, der subtropische Hochdruckgürtel entsteht. In Bodennähe strömt die Luft zurück zum Äquator. Die Konvektionen in diesen Hadley-Zellen sind sehr stabil, sodass die Passatwinde, die hier herrschen, das ganze Jahr über zuverlässig wehen.
Über den Polen bilden sich die **Polarzellen** aus. In ihnen fließen kalte, trockene Luftmassen über den Polarregionen abwärts. Dadurch steigt der Luftdruck. In Bodennähe fließen diese Luftmassen in Richtung Äquator, wobei sie durch die

Corioliskraft nach Osten abgelenkt werden. Etwa beim 60. Breitengrad haben sie sich genügend erwärmt, um wieder aufsteigen zu können und zu den Polarregionen zurückzukehren.
Zwischen Hadley-Zelle und Polarzelle liegt die instabile **Ferrel-Zelle,** auch **Westwinddrift** genannt, da die Luft darin nach Westen strömt. Dort wird in Bodennähe Luft polwärts verlagert. Die Ferrel-Zelle ist die instabilste, weil hier feuchtwarme Westwinde auf kalte polare Ostwinde treffen. In ihr gibt es die größten Energie- und auch die größten Temperaturunterschiede.

Das **Plankton** umfasst alle Organismen, die im Wasser leben und von den Strömungen getrieben werden, die also nicht gezielt eine Richtung einschlagen können.

An einem **Plume** steigt ultraheißes, aber festes Gestein wie ein gigantischer Schneidbrenner tief aus dem Erdinneren auf. In der Nähe der Oberfläche, wo der Druck zu gering wird, entsteht dann Magma – ein Hotspot bildet sich, der Vulkane an der Oberfläche speist. Das passiert nicht nur unter Hawaii, sondern auch in der Eifel.

Pteropoden sind winzige Schnecken, die im Plankton leben.

Quallen (Cnidaria) bevölkern seit mehr als 500 Millionen Jahren die Weltmeere und gehören zu den ältesten Tieren auf der Erde. Quallen sind im Grunde nicht viel mehr als eine geleeartige Substanz, die aus Wasser, Eiweißen und Zucker besteht und rundherum von einer einfachen Zellschicht umgeben ist. Ihr Körperbau ist sehr simpel: Sie besitzen weder ein Gehirn noch ein Herz oder eine Lunge, und ihr Mund ist gleichzeitig ihr After. Das Nervensystem der Quallen ist ein gleichmäßig über den Körper verteiltes Netz von Neuronen. Damit können die Tiere ihre Bewegungen koordinieren und die Informationen aus ihren Licht- und Schweresinnesorganen verarbeiten. Zur Jagd und Feindabwehr setzen Quallen Nesselzellen ein: Die öffnen sich bei Berührung und katapultieren einen Faden heraus, der in das Beutetier eindringt und das Opfer mit einem Nervengift tötet oder betäubt.

Radiolarien, Strahlentierchen, sind einzellige Lebewesen mit einem Zellkern, die ein Skelett aus Opal, aus Siliziumdioxid, bauen. Sie gehören zum Plankton und stehen an der Basis der Nahrungsketten. Ihre Nahrung nehmen sie über fadenförmige Ausstülpungen ihres Plasmas auf.

Rifte (vom engl. *rift* – Spalte) bilden sich über Schwächezonen in der Erdkruste, dort, wo die im Erdmantel aufsteigenden Konvektionsströmungen oder Plumes auf sie treffen. Die Erdkruste wird darüber gedehnt und reißt schließlich auf. Magma fließt. An solchen Riftsystemen kann ein Kontinent auseinanderbrechen, etwas, das wahrscheinlich gerade am Ostafrikanischen Graben passiert. Verändern sich die Konvektionsströmungen im Erdmantel nicht, bricht Afrika dort eines Tages auseinander, und ein neues Meer entsteht. Dann wird aus dem Ostafrikanischen Graben ein mittelozeanischer Rücken.

Rippenquallen (Ctenophora) sind fragile Tiere, die auf den ersten Blick wie Quallen aussehen. Da sie keine Nesselzellen besitzen, gelten sie zoologisch nicht als echte Quallen. In der Tiefsee lebende Rippenquallenarten sind zur Tarnung oft bunt gefärbt und erzeugen durch Biolumineszenz Licht. Eine Art setzt bei Gefahr sogar eine leuchtend rote Tinte frei. Rippenquallen leben räuberisch. Ihre Beute, die sie von ihren Tentakeln in der Mundöffnung abstreifen, verdauen sie im Schlund durch starke Verdauungsenzyme, bevor sie mit Schleim und Geißelzellen in den Magen befördert und vollends zersetzt wird. Wie Quallen schaffen sie Unverdauliches durch den Mund hinaus, und genau wie sie besitzen sie weder Herz noch Kreislauf. Die Atmung läuft ebenso wie die Ausscheidung von Abfallprodukten aus dem Zellstoffwechsel über die Körperoberfläche. Rippenquallen haben auch kein Gehirn, sondern ein einfaches Nervennetz, das um Schlund, Tentakel, die namensgebenden »Rippen« und das Gleichgewichtsorgan herum konzentriert ist. Dieses Nervennetz ist mit den Muskelzellen verbunden. Obwohl Rippenquallen unauffällig sind, kann ihr Einfluss auf das Ökosystem sehr groß sein: Wenn sie in neue Lebensräume geraten, können sie sich massenhaft vermehren und Nahrungsketten zerreißen.

Symbiose ist das Zusammenleben von Individuen, die zwar unterschiedlichen Arten angehören, sich aber gegenseitig Vorteile bringen. Der größere der beiden Partner wird als Wirt bezeichnet, der kleinere als Symbiont.

Als **Trawl** bezeichnet man das Fischen mit Schleppnetzen.

Quellen und Literatur zum Weiterlesen

Ballard, Robert D., *Tiefsee – Die großen Expeditionen in der Welt der ewigen Finsternis.* München: Ullstein 2000

Boyle, Peter, *Life in the Mid Atlantic.* Bergen: Museum Press 2009

Broad, William, *The Universe Below – Discovering the Secrets of the Deep Sea.* New York: Touchstone 1997

Campbell, George, *Log-Letters from »The Challenger«.* London: Elibron Classic Series, Adamant Media Corporation 2006

Caroll, Sean B., *Die Darwin-DNA – Wie die neueste Forschung die Evolutionstheorie bestätigt.* Frankfurt a. M.: S. Fischer 2008

Chun, Carl, *Aus den Tiefen des Weltmeeres.* Jena: Gustav Fischer 1903

Corfield, Richard, *The Silent Landscape: The Scientific Voyage of the HMS Challenger.* Washington D.C.: The Joseph Henry Press 2003

Darwin, Charles, *Die Entstehung der Arten.* Hamburg: Nikol 2008

Ellis, Richard, *Seeungeheuer – Mythen, Fabeln und Fakten.* Berlin: Birkhäuser 1997

Fisher, Osmond, *Physics of the Earth's Crust.* Charleston: BiblioBazaar 2008

Gage, J. D., und P. A. Tyler, *Deep-Sea Biology – A Natural History of Organisms at the Deep-Sea Floor.* Cambridge: Cambridge University Press 1991

Herring, Peter, *The Biology of the Deep Ocean – Biology of Habitats.* Oxford: Oxford University Press 2007

Kohl, Johann Georg, *Geschichte des Golfstroms und seiner Erforschung. Zu den ältesten Zeiten bis auf den großen amerikanischen Bürgerkrieg. Eine Monographie zur Geschichte der Ozeane und der geographischen Entdeckungen.* Bremen: Müller 1868

Koslow, Tony, *The Silent Deep: The Discovery, Ecology and Conservation of the Deep Sea.* Chicago: Chicago University Press 2007

Kunzig, Robert, *Der unsichtbare Kontinent – Die Entdeckung der Meerestiefe.* Hamburg: Mare 2002

Levere, Trevor H., »Science and the Canadian Arctic, from Sir John Ross to Sir George Strong Nares«. In: *Arctic,* vol. 41, Juni 1988, S. 127–137

Moseley, Henry Nottidge, *Notes by a Naturalist – an Account of Observations Made During the Voyage of H.M.S. »Challenger« 1872–1876.* London: T. Werner Laurie 1944

Nield, Ted, *Superkontinent – Das geheime Leben unseres Planeten: Eine abenteuerliche Reise durch die Erdgeschichte.* München: Kunstmann 2008

Nouvain, Claire, *The Deep – The Extraordinary Creatures of the Abyss.* Chicago and London: The University of Chicago Press 2007

Orsenna, Érik, *Lob des Golfstroms.* München: C.H. Beck 2006

Piccard, Jacques, *11 000 Meter unter dem Meeresspiegel.* Würzburg: Arena 1977

Piccard, Jacques, *Logbuch aus der Meerestiefe.* Frankfurt a. M.: S. Fischer 1979

Piccard, Jacques, und Robert S. Dietz, *Zur tiefsten Tiefe.* Wiesbaden: Brockhaus 1962

Rehbock, P. F., *At Sea with the Scientifics: The Challenger Letters of Joseph Matkin.* Hawaii: University of Hawaii Press 1993

Thomson, Charles Wyville, *The Depths of the Sea.* New York: Macmillan & Co. 1873

Wertenbarker, William, *The Floor Of The Sea: Maurice Ewing and the Search to Understand the Earth.* Boston, Massachusetts: Little, Brown and Company 1974

Internetseiten zum Thema

http://www.coml.org – Homepage des »Census of Marine Life« (Zensus des Marinen Lebens), der eine Art Volkszählung der Meere durchgeführt hat

http://www.serpentproject.com/default.php – Homepage des Serpent-Projekts, bei dem industrielle ROV in Zeiten, in denen sie nicht gebraucht werden, für die Meeresbiologen Beobachtungen durchführen

http://celebrating200years.noaa.gov/rarebooks/welcome.html – eine Sammlung von Fahrtberichten aus dem 19. Jahrhundert, die die US-amerikanische Wetter- und Ozeanografiebehörde NOAA anlässlich ihres 200-jährigen Bestehens ins Netz gesetzt hat

Register

Danksagung

Die Tiefsee gehört zu den faszinierendsten Lebensräumen auf der Erde – und ich möchte an dieser Stelle all denen meinen Dank ausdrücken, die mir über Jahre hinweg in vielen Interviews diese wunderbare Welt unter den Wellen nähergebracht haben. Allen voran jedoch möchte ich an dieser Stelle Michael Klages vom Alfred-Wegener-Institut für Polar- und Meeresforschung erwähnen, der das Buch gegengelesen hat. Vielen herzlichen Dank!

Auf Konferenzen und bei Labor- und Institutsbesuchen nahmen sich viele Wissenschaftler Zeit, um mir ihre Forschungen zu erklären. Zu nennen sind Paul Tyler, David Billet und Alan Hughes vom Southampton Oceanographic Centre sowie Monty Priede von der University of Aberdeen, Ricardo Serrao Santos von der Universität der Azoren in Horta und Odd Aksel Bergstad vom norwegischen Meeresforschungsinstitut in Flødevigen, die mir alle mit viel Geduld die Zusammenhänge in den Meeren erläuterten, ebenso wie Jim Barrey, Steve Haddock oder Bruce Robinson vom Monterey Bay Research Institute.

Mein Dank gilt Deborah Kelley von der University of Washington und Gretchen Früh-Green von der ETH Zürich für ihre Erläuterungen zu Lost City, ebenso John Baross von der University of Washington und Jack Corliss von der Central European University in Budapest, die mir über die Entdeckung der Black Smoker und die Besonderheiten geochemischer Lebenswelten erzählten. Antje Boetius vom Max-Planck-Institut für Mikrobiologie in Bremen war immer sehr gerne bereit, mir Einblick in ihre spannenden Forschungen auf diesem Gebiet zu gewähren, ebenso Craig Smith von der Universität von Hawaii und Daniel Prieur von der Universität in Brest sowie Olaf Rune Godø vom norwegischen Meeresforschungsinstitut IMR in Bergen.

André Freiwald von der Universität Erlangen und Reinhold Leinfelder vom Berliner Museum für Naturkunde brachten mir die Kaltwasserriffe näher. Tony Koslow von der Scripps Institution of Oceanography und Richard Thomson von der University of Plymouth berichteten von der Gefährdung des einmaligen Lebensraums, auch François Galgani vom Ifremer und Kristina Gjerde. Sie ist Referentin für Hochseefragen bei der internationalen Naturschutzorganisation IUCN.

Wolf-Christian Dullo vom IFM-GEOMAR in Kiel hat über seine Arbeit gesprochen, sein Institutskollege Ulf Riebesell und auch IFM-GEOMAR-Direktor Peter Herzig. Sie alle nahmen sich viel Zeit, ebenso Gerhard Bohrmann vom Marum in Bremen. Auch Tracey Sutton vom Virginia Institute of Marine Science sei hier erwähnt, Marsh Youngblouth von der Harbor Branch Oceanographic

Institution, Ingvar Bjerkedal vom Bergen Museum und ganz besonders Mike Vecchione vom Museum of Natural History der Smithsonian Institution.

Die Geophysiker Hans-Peter Bunge von der Ludwig-Maximilians-Universität in München, Onno Oncken vom Geoforschungszentrum Potsdam und Kent Condie vom New Mexico Institute of Mining and Technology in Soccorro erzählten von der Plattentektonik.

An dieser Stelle möchte ich dem Alfred-Wegener-Institut ganz besonders für die Gelegenheit danken, an Bord der *Polarstern* mehr über die Tiefsee in den Polargebieten zu erfahren. AWI-Forscher Thomas Soltwedel stand dabei bereitwillig Rede und Antwort, ebenso seine Kollegin Karen von Juterzenka und Eberhard Sauter sowie Ingo Schaeve. Ebenfalls an Bord und sehr gute Interviewpartner waren Claude de Broer von der Universität Gent, Michael Schmid von der Akademie der Wissenschaften und Literatur in Mainz und Dieter Piepenburg vom Institut für Polarökologie der Universität Kiel. Vielen Dank an Sie für Ihre Bereitschaft, mir neben der vielen Arbeit an Bord Auskunft zu geben.

Diese Liste ist nicht vollständig, und ich möchte die Interviewpartner um Verzeihung bitten, die hier aus Platzgründen nicht erwähnt werden können.

Danken möchte ich zum Schluss noch Katja Scholtz vom **mare**verlag, meiner Lektorin Claudia Jürgens, der Grafikerin Simone Hoschack, der Bildredakteurin Petra Koßmann und vor allem Nikolaus Gelpke. Danke auch für die Geduld mit mir.

Dagmar Röhrlich, geboren 1956 in Aachen, studierte Geologie und arbeitet als freie Wissenschaftsjournalistin. Für ihre Arbeiten im Rundfunk und in den Printmedien hat sie etliche renommierte Auszeichnungen erhalten, darunter den »Georg-von-Holtzbrinck-Preis« für Wissenschaftsjournalismus (1999). Zuletzt erschienen von ihr *Evolution auf der Achterbahn oder Warum wir Menschen unsere Existenz einem Vulkanausbruch verdanken* (2006) und *Die Spur des Menschen oder Was die Erde alles aushalten muss* (2009). Dagmar Röhrlich lebt in Köln.

Jan Feindt, geboren 1975 in Lüneburg, studierte Illustration unter Yirmi Pinkus in Tel Aviv/Israel. Er lebt und arbeitet seit 2002 als freiberuflicher Illustrator in Berlin. Seine Arbeiten erschienen unter anderem im amerikanischen *Rolling Stone,* in *Wired, Dazed and Confused* und in der *New York Times.*